Dirk Van den Abeele

Unzertrennliche

Band 2: Mutationen – Farbschläge – Ausstellungen

übersetzt von Heinz Schnitker

Arndt-Verlag

Impressum

Dirk Van den Abeele:
Unzertrennliche
– Mutationen, Farbschläge, Ausstellungen

Übersetzt von Heinz Schnitker

1. Auflage (2010)
Arndt-Verlag

ISBN 978-3-9813383-3-1

Gesamtgestaltung:

Thomas Arndt

Lektorat:

Walter Weinberger

Druck:

Strube OHG, Felsberg

Bildnachweis:

Andersen, U. R.: 166, 174
Arndt, T.: 42
BVA: 18, 200, 201, 241
De Pauw, K.: 33 rechts, 250
Epil, J.: 321
Heistek, J.: 92
Kempeneers, G.: 24
Onderdelinden, P.: 212
Onsman, I.: 43, 50
Pietro, P.: 232
Serlet, G.: 167
Tran, R.: 168 links, 182, 183 links
Uittenbogaard, E.: 9, 17, 97,
Van der Veen, W.: 91 rechts

Alle anderen Bilder von Dirk Van den Abeele.

Titelbilder:

Dirk Van den Abeele

Rechts: Lutino-Erdbeerköpfchen

Inhalt

Inhalt

Rußköpfchen dilute violett (links)

Rußköpfchen dilute D blau (rechts)

Rosenköpfchen

Keine andere Agaporniden-Art hat so viele Mutationen hervorgebracht wie das Rosenköpfchen.

Genetik

Genetik ist für manche ein völlig unverständliches Teilgebiet der Biologie mit vielen schwierigen Wörtern, für andere dagegen eine interessante Beschäftigung. Genetik ist die Wissenschaft, die sich mit der Vererbungslehre befasst.

Wenn Sie das Wunder der Mutationen verstehen wollen, brauchen Sie einige Grundkenntnisse in Genetik. Diese Kenntnisse kommen Ihnen bei der Zucht Ihrer Vögel sicher zugute. Es ist nämlich nichts so schön, wie anhand einiger einfacher Formeln bereits im Vorhinein sagen zu können, welche Farben man von bestimmten Zuchtpaaren züchten kann.

In diesem Buch werden nur die sogenannten „Mendelschen Regeln“ ausführlich beschrieben. Diese Gesetzmäßigkeiten treffen nämlich fast immer zu. Wir müssen zwar berücksichtigen, dass bei bestimmten genetischen Abweichungen oder Mutanten in besonderen Ausnahmefällen auch von „Nicht-Mendelschen Vererbungsmustern“ gesprochen wird. Da dieses Thema jedoch ausgesprochen komplex ist, werden in diesem Kapitel nur die wichtigsten Ausdrücke erklärt.

Mendel

Zu allen Zeiten gab es Menschen, die sich die Frage stellten, warum ein Sohn seinem Vater und seiner Mutter ähnlich sieht. Wie kommt es, dass manche Eigenschaften typisch für bestimmte Familien sind (große Nase, Hautfarbe, Haarfarbe, usw.)? Eine eindeutige Antwort darauf konnte früher niemand geben. Aber es ist eine Tatsache, dass ein Kind immer seinen biologischen Eltern ähnelt.

Im Jahr 1866 erscheint in Brünn in Österreich (jetzt Brno in Tschechien) ein Artikel „Versuche über Pflanzenhybriden“. Der Autor ist Johann Gregor Mendel (1822-1884), der spätere Abt des Augustinerklosters. Er beschreibt im Jahrbuch der „Vereinigung für Naturstudien“ in Brünn die Kreuzungsversuche, die er im Klostergarten mit verschiedenen Erbsenrassen durchgeführt, und die Vererbungsregeln, die er daraus abgeleitet hatte. Aber die damalige wissenschaftliche Welt verstand seine Arbeit nicht. Erst sechzehn Jahre nach seinem Tod Anfang 1900, wurden die Vererbungsregeln von drei Botanikern – unabhängig voneinander – erneut entdeckt: von dem Deutschen Correns (1864-1933), dem Niederländer De Vries (1848-1935) und dem Österreicher Von Tschermak (1871-1962). Aber da Mendel der eigentliche

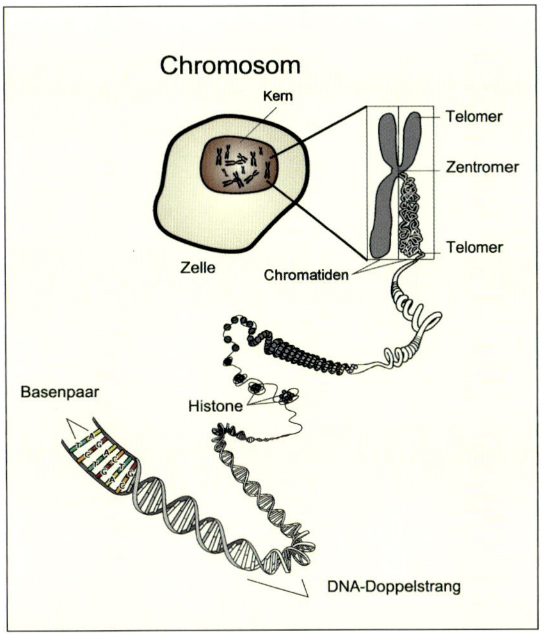

Gregor Mendel

gilt als Vater der Vererbungslehre (links)

Rechts: Die zumeist x-förmigen Chromosomen bestehen aus der DNA („Desoxyribonukleinsäure"), die aufgrund einer unterschiedlichen Anordnung von vier verschiedenen Basenpaaren alle Erbinformationen enthalten.

Begründer war, werden diese genetischen Regeln „Mendelsche Regeln" genannt.

Mendel war der erste, der die Grundlagen für die Vererbungslehre (Genetik) legte und Vererbung mehr oder weniger voraussagen konnte. Dies hatte er mit vielen Kreuzungsexperimenten mit Erbsenpflanzen herausgefunden. Er hatte jedoch ein Problem: Er konnte es nicht erklären. Niemand konnte sagen – geschweige denn beweisen – wo in jedem Lebewesen die genetische Information zu finden war. 1869, drei Jahre nach Mendels Veröffentlichung, entdeckte der Schweizer Chemiker Friedrich Miescher (1844 - 1895) eine unbekannte säure- und phosphorreiche Komponente in weißen Blutkörperchen, die aus recht großen Molekülen aufgebaut war. Miescher nannte diese neue Verbindung „Nuklein". Er nahm an, dass dieses „phosphorartige Etwas" mit Vererbung zu tun haben könnte. Als 1889 andere Chemiker dieses Nuklein gesäubert hatten, indem sie die letzten Spuren von Protein entfernten, blieb ein weißer Puder übrig. Das war die DNA. – Aber es sollte noch einmal sechzig Jahre dauern, bevor man sich darüber klar wurde, dass dieser weiße Puder die menschlichen Gene waren, die die Antwort auf Mendels Fragen enthielten.

Zellen

Beinahe jedes Lebewesen (Pflanzen, Pilze und Tiere) ist aufgebaut aus einer oder mehreren Zellen. Zellen sind die kleinsten „Bausteine" jeder Lebensform. Es was vor allem der Deutsche Rudolph Virchow (1821 - 1902), der als erster die Zelle als kleinsten Baustein des Lebens erkannte. Die Anzahl der Zellen unterscheidet sich von Individuum zu Individuum. So gibt es Wesen, die nur aus einer Zelle bestehen (Einzeller), und Wesen (wie wir Menschen), die aus zehn- bis hunderttausend Milliarden von Zellen aufgebaut sind. Diese Zellen variieren in Struktur und Größe, je nach der Aufgabe, die sie erfüllen. Die kleinsten Körperzellen sind wahrscheinlich die weißen Blutkörperchen mit einem Durchmesser von drei bis vier Mikron. Ein Mikron oder Mikrometer (µ oder µm) ist ein Tausendstel eines Millimeters. Ein Nanometer oder Millimikron (nm oder mµ) ist ein Tausendstel eines Mikrons oder ein Millionstel eines Millimeters. Die größte bekannte Zelle ist die Eizelle.

Geschlechtschromosomen

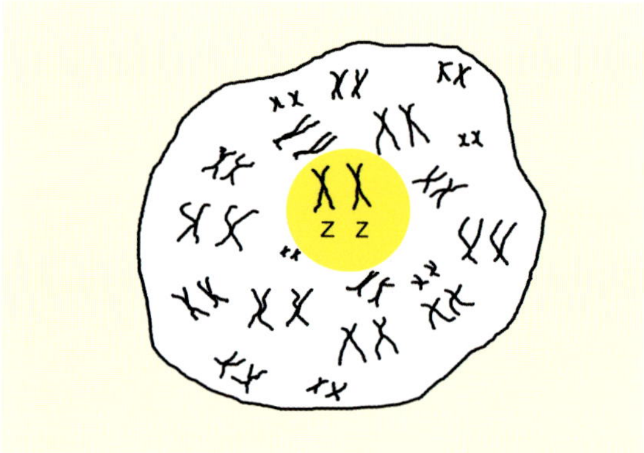

Figur 1: Zellkern bei einem Männchen. Bei den Vögeln haben die Männchen zwei gleiche Geschlechtschromosomen: ZZ.

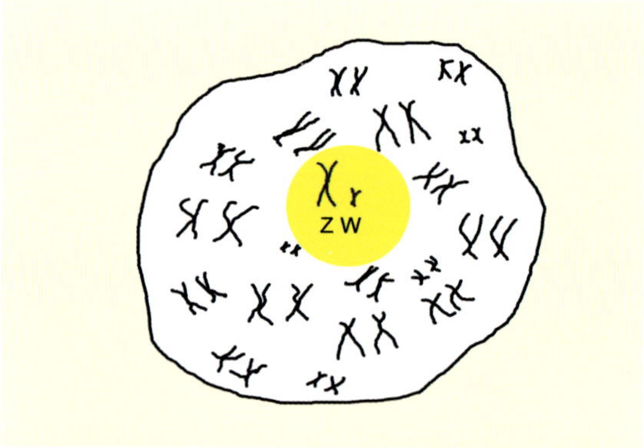

Figur 2: Zellkern bei einem Weibchen. Die Weibchen haben dagegen zwei unterschiedliche Geschlechtschromosomen: Z und W.

Ob es nun Fettzellen, Muskelzellen oder Nervenzellen sind, sie alle bestehen aus den folgenden Bestandteilen: Zellmembran, Zellflüssigkeit oder Zytoplasma und einem Nukleus oder Zellkern. Prokaryoten sind Zellen ohne Zellkern. In diesen Zellen befindet sich die DNA nicht in einem durch eine Membran abgetrennten Teil (dem Zellkern), die DNA schwebt vielmehr frei in der Zelle (Bakterien sind z.B. Prokaryoten).

Zellmembran

Die Zellmembran dient dazu, die Zelle zusammenzuhalten. Sie ist extrem dünn. Dieses Häutchen hat einen Durchmesser von ungefähr 7 bis 10 Nanometer (Millionstel eines mm) und besteht hauptsächlich aus einer doppelten Lage Phospholipiden (Fettmolekülen) mit Eiweiß dazwischen. Die Zellmembran enthält auch einige „Öffnungen". Diese Ionen-Kanäle bestehen hauptsächlich aus Eiweißen und können geöffnet und geschlossen werden. Die Eiweiße „selektieren" dabei, was herein oder heraus kommt.

Zytoplasma

Diese gallertartige Flüssigkeit enthält eine ganze Anzahl von sog. Organellen (kleinen Zellorganen) und Stoffe, die jeweils ihre spezifische Funktion bei der Wirkungsweise der Zelle erfüllen. Mitochondrien sind Organellen, die man die „Energiezentralen der Zelle" nennen könnte. Sie sorgen für das gute Funktionieren der Zelle. Mitochondrien haben ihre eigene DNA, die mitochondriale DNA (mtDNA). Weil sich die Mitochondrien nicht im Zellkern befinden, vererbt sich die mtDNA ausschließlich über die Mutter. Im Zytoplasma befinden sich die Ribosomen (die beim Dekodieren des genetischen Codes und der Produktion von Eiweißen eine Rolle spielen) und die Zentriolen (diese spielen eine Rolle bei der Zellteilung). Letztere scheinen für eine gute Funktionsweise der Zellen ausgesprochen wichtig zu sein, da die Gene, die für diese Organellen kodieren, stark „konserviert" sind (im Verlauf der Zeit wenig Veränderungen erlebt haben).

Nukleus

Im Nukleus oder Zellkern jeder Zelle befindet sich das Erbmaterial.

Chromosomen und Chromatiden

Walther Flemming (1843 - 1905), ein deutscher Anatomieprofessor, entdeckte 1882 die Chromosomen. Der Ausdruck Chromosomen wurde allerdings erst 1888 durch seinen Landsmann Heinrich Wilhelm Gottfried Waldeyer (1836 - 1921) eingeführt.

Meistens misst der Zellkern ungefähr ein Drittel der gesamten Zelle. Er enthält bei jedem Lebewesen neben dem Kernplasma das Erbgut (die Chromatinfäden) und ein Kernkörperchen oder Nukleolus. In normalem Zustand, wenn die Zelle sich nicht teilt, erscheint das Innere des Zellkerns wie ein Wirrwarr von Chromatinfäden. Man kann sich das in etwa vorstellen wie ein Watteknäuel mit verschiedenen Wollfäden darin. Wenn eine Zelle sich zum Teilen vorbereitet, wird erst von jedem dieser Chromatinfäden eine Kopie gemacht. Diese beiden Kopien hängen dann noch an einer Stelle aneinander fest. Dieser Verbindungspunkt heißt Zentromer. Die zwei identischen Chromatinfäden werden Chromatiden genannt. Danach transformieren sich diese lang ausgestreckten Fäden zu viel kürzeren und dickeren „Stäbchen". Erst jetzt werden die eigenständigen Stäbchen deutlich sichtbar und Chromosomen genannt.

In den Figuren 1 und 2 sehen Sie die Chromosomen immer zu zweit (also als Paar) liegen. Die Paare können sich in der Größe voneinander unterscheiden. Die Anzahl der Chromosomen im Zellkern unterscheidet sich von Art zu Art: so hat ein Mensch 46 Chromosomen (23 Paare), eine Katze hat 38 (19 Paare), ein Pferd 66 (33 Paare), ein Hund 78 (39 Paare) und Kirschlorbeer hat 72 Chromosomen (36 Paare).

Ein Rosenköpfchen hat, wie der Mensch, 46 Chromosomen, also 23 Chromosomen-Paare (Christides 1991). Von anderen Agapornidenarten ist (noch) nicht genau bekannt, wie viele Chromosomen sie besitzen. Es ist so, dass es außer Makrochromosomen (großen, deutlich sichtbaren) auch noch eine unbekannte Anzahl kleinerer Chromosomen (Mikrochromosomen) gibt. Wenn Sie die Bilder in Figur 1 und 2 genau anschauen, sehen Sie, dass es einen kleinen Unterschied gibt zwischen den Chromosomen, die sich beim Männchen und beim Weibchen im Zellkern befinden. Weil dieses Chromosomenpaar bei Männern und

Frauen verschieden ist, spricht man auch von „Geschlechtschromosomen". Die anderen Chromosomenpaare heißen „autosomale Chromosomen". Bei einem Männchen gibt es zwei Z-Chromosomen, während ein Weibchen ein Z- und ein W-Chromosom hat. Die Z-Chromosomen beim Männchen sind gleich groß, aber das Z- und das W-Chromosom im Zellkern eines Weibchens unterscheiden sich in der Länge deutlich voneinander. Das ist nur bei Vögeln, Schmetterlingen und Reptilien so. Bei allen anderen Lebewesen – also auch beim Menschen – ist es genau anders herum: Da hat die Frau zwei normale (große) Chromosomen und das wird dann mit XX angegeben. Der Mann hat beim Menschen (und anderen Säugetieren) ein großes und ein kleines Chromosom. Das gibt man bei diesen Arten mit X und Y an.

„Warum wird bei Vögeln das Geschlechtschromosom denn nun anders geschrieben als bei Säugetieren?" werden Sie sich wahrscheinlich fragen. Früher wurde bei Vögeln doch auch von X und Y gesprochen? Warum sollte man das nun ändern? Nun, um das zu verstehen, muss man wissen, dass zu diesen Geschlechtschromosomen in den letzten

Rosenköpfchen Aqua-Türkis (AquaTurquoise)

Die Geschlechtschromosomen der Vögel unterscheiden sich von denen der übrigen Tiere. Sie werden darum mit Z und W angegeben.

Geschlechtschromosomen

Rosenköpfchen aqua

Alle Informationen zur Farbgebung eines Agaporniden sind in der DNA festgehalten.

Jahren viel geforscht wurde. Und das führte zu einigen überraschenden Ergebnissen. So hat man u.a. festgestellt, dass die X- und Y-Chromosomen beim Menschen eigentlich noch relativ „jung“ sind. Die Entwicklung dieser Geschlechtschromosomen soll erst vor etwa 320 Millionen Jahren begonnen haben (als sich die gemeinsamen Vorfahren von Vögeln und Säugetieren trennten). Die Geschlechtschromosomen entwickelten sich im Verlauf der Evolution immer weiter und erfuhren einige einschneidende Veränderungen, wahrscheinlich verursacht durch Inversion (aber angesichts der Komplexität dieses Vorgangs gehe ich hier nicht weiter darauf ein). Infolge dieser evolutionären Entwicklung können die Geschlechtschromosomen in fünf Gruppen aufgeteilt werden, die alle ihren typischen Aufbau haben.

Zunächst einmal haben wir Geschlechtschromosomen, so wie sie bei den Vögeln, Schlangen usw. aussehen. Diese sollen sich vor etwa 320 Millionen Jahren entwickelt haben, zu dem Zeitpunkt, als die Vögel sich zu einem eigenständigen Zweig innerhalb der Evolution entwickelt haben. Dann haben wir Geschlechtschromosomen, wie sie sich von da an bei den eierlegenden Säugetieren entwickelt haben. Diese Entwicklung fand vor 240 bis 320 Millionen Jahren statt. Bei der dritten Gruppe sehen wir den Typ Geschlechtschromosomen, den wir bei Beuteltieren wiederfinden; diese Evolution hat vor 130 bis 170 Millionen Jahren stattgefunden. Die vierte Gruppe sind die Geschlechtschromosomen, die wir bei Halbaffen und anderen Säugetieren wiederfinden. Vermutlich haben sich diese vor 80 bis 130 Millionen Jahren entwickelt. Als fünfte und letzte Gruppe haben wir dann die Geschlechtschromosomen, wie sie bei den höheren Primaten, also auch beim Menschen aussehen.

Weil die Geschlechtschromosomen bei den Vögeln im Vergleich zu den anderen vier Gruppen in der Zusammensetzung völlig unterschiedlich sind, ist man davon überzeugt, dass sie sich bei unseren Vögeln im Lauf der Evolution aus einem ganz anderen Chromosomenpaar als bei den Säugetieren entwickelt haben. Das beweist auch die Tatsache, dass die Eigenschaften, die bei Vögeln und Reptilien auf dem Geschlechtschromosom liegen, bei Säugetieren meistens auf einem autosomalen Chromosom zu finden sind. Um diesen Unterschied klar zu machen, haben die Wissenschaftler entschieden, die Geschlechtschromosomen in dieser Gruppe mit Z und W zu benennen.

Z steht bei Vögeln für das aktive Geschlechtschromosom (was beim Menschen X ist) und W steht für das nicht aktive Geschlechtschromosom (beim Menschen als Y angegeben). Für Vögel (und auch für Schlangen, bestimmte Reptilien usw.) bedeutet das, dass ein Männchen ZZ hat und ein Weibchen ZW. Als Eselsbrücke kann man sich leicht merken: Das Geschlechtschromosom „W“ erinnert im Deutschen ganz einfach an das Wort „Weibchen“.

Beim Weibchen wird das Z-Chromosom als das „aktive“ Chromosom angesehen. Das W-Chromosom hält man im Allgemeinen für ein Stück nichtkodierendes Heterochromatin. Auf diesem Stück sitzen bei Vögeln keine Gene, die farbbestimmend sind. Früher dachte man, dass überhaupt keine Gene auf dem W-Chromosom vorhanden seien, aber Prof. Hans Ellegren von der Abteilung Evolutionäre Biologie der Universität in Uppsala, Schweden, identifizierte im Jahr 2000 drei Gene auf dem W-Chromosom der Vögel.

Wie die Geschlechtsbestimmung bei Vögeln auf molekularem Niveau determiniert wird, ist zum großen Teil immer noch ein Geheimnis. Man weiß nur, dass der Prozess sich von dem bei Säugetieren deutlich unterscheidet. Es ist nicht klar, ob das Vorhandensein des weiblichen W-Chromosoms die Entwicklung zum Weibchen aktiviert oder die Anzahl der Z-Chromosomen das „Mann-Sein" bestimmt. Bei den drei Genen auf dem W-Chromosom scheinen die ersten zwei Gene (CHD1W und ATP5A1W) bei der Geschlechtsbestimmung nicht beteiligt zu sein. Das dritte Gen, PKCIW genannt, ist interessanter. Man hat entdeckt, dass es das Eiweiß produziert, das funktionell nur bei weiblichen Vögeln vorkommt. Aber da das wahrscheinlich keine Folgen für Farbmutationen hat und da diese Materie sehr komplex ist, gehen wir hier nicht weiter darauf ein.

Das Karyogramm oder die Chromosomenkarte

Im Verlauf der Jahre ist es gelungen, bestimmte Verfahren zu entwickeln, durch die man die Chromosomen sichtbar machen kann. So kann man nun einen viel deutlicheren Einblick in das gesamte Geschehen bekommen und die Chromosomen nach bestimmten Kriterien ordnen. So eine Übersicht nennt man Karyogramm oder Chromosomenkarte. Auf diesen Karyogrammen werden die Chromosomen abgebildet, und zwar der Länge nach: von groß nach klein. Die Geschlechtschromosomen werden immer getrennt aufgeschrieben. Wenn Chromosomen derselben Länge dabei sind, wird manchmal auch noch ein Unterschied gemacht, je nachdem, wo das Zentromer liegt. Wenn das Zentromer sich in der Mitte befindet, spricht man von metazentrisch, bei ungefähr einem Viertel von submetazentrisch, und wenn sich das Zentromer am Ende befindet, spricht man von akrozentrisch.

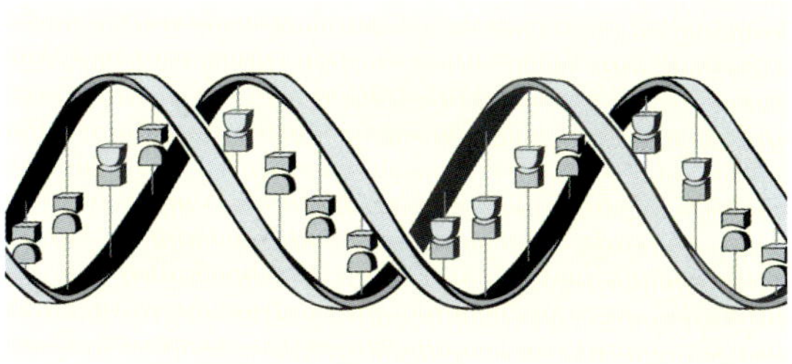

DNA-Strang

in der grafischen Darstellung

DNA und Gene

Wenn Sie Chromosomen kurz vor einer Zellteilung aus der Nähe anschauen würden, könnten Sie sehen, dass ein einzelnes Chromosom aussieht wie eine lange Perlenkette. Diese Perlenkette besteht einerseits aus spezifischen Eiweißen (den „Perlen"), um die herum die DNA (die „Kette") gewickelt ist. Diese DNA-Kette nennt man auch einen Chromatid. Der Name DNA ist eine Abkürzung für „desoxyribonucleic acid" (Desoxyribonukleinsäure). James D. Watson und Francis H. C. Crick waren die ersten, die im Jahr 1953 ein korrektes Modell der Struktur der DNA erstellen konnten. Seit der Erstellung dieses DNA-Modells ging es für die genetische Forschung mit Riesenschritten vorwärts. Denken Sie nur an neuere Anwendungen wie etwa das Klonen von Säugetieren, den Nachweis von Blutsverwandtschaft (Vaterschaftstest) oder das Aufspüren von Verbrechern: Ein Minimum an hinterlassenen körpereigenen Stoffen wie Speichelreste auf Zigarettenkippen oder einzelne Haare reicht bereits aus, um eine Person zu identifizieren.

Sie können sich die DNA am besten als einen enorm langen Code vorstellen, der aus nur vier Buchstaben besteht, nämlich C, T, A und G. Diese vier Buchstaben entsprechen vier verschiedenen „Basen", nämlich Cytosin (C), Thymin (T), Adenin (A) und Guanin (G). Sie sind die Bausteine des genetischen Codes. – Sie fragen sich vielleicht, wie

Aufbau der DNA

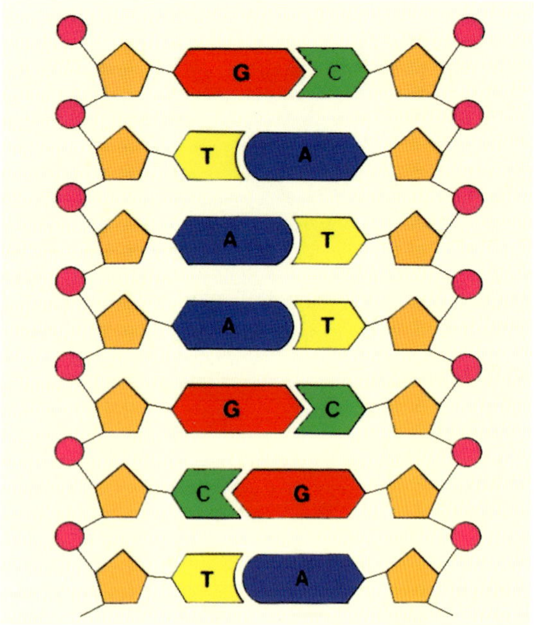

Chemischer Aufbau eines doppelten DNA-Stranges

A: Adenin
T: Thymin
G: Guanin
C: Cytosin

das sein kann, dass diese vier Basen verantwortlich sind für die Speicherung der kompletten genetischen Information. Das ist folgendermaßen zu erklären: Jede Abfolge (Kombination) von drei Basen (z.B. ATG oder CTT oder AGC) ist eigentlich ein Code für eine bestimmte Aminosäure. Mit diesen vier Basen sind 64 mögliche Kombinationen zu je drei möglich: 4 x 4 x 4. Mit anderen Worten: Theoretisch können 64 Aminosäuren gebildet werden. (Vom Menschen sind bislang nur 20 proteinogene Aminosäuren bekannt, bei Agaporniden ist die Anzahl der Aminosäuren noch gänzlich unbekannt). Beim Menschen sind diese 20 Aminosäuren die Bausteine für unsere Eiweiße (manche Aminosäuren können mehrere Codes haben). So gibt es Eiweiße, die aus nur zehn Aminosäuren aufgebaut sind, andere bestehen aus mehr als hundert Aminosäuren. Das bedeutet, dass wir mithilfe dieser zwanzig Bausteine bzw. Aminosäuren eine enorme Anzahl verschiedener Eiweiße bilden können, die lebensnotwendig sind. Vergleichen Sie es mit einer Art Morse-Alphabet: Da kann man auch nur mit einem Punkt und einem Strich verschiedene Kombinationen bilden, aber mit all den verschiedenen Kombinationsmöglichkeiten lässt sich trotzdem das ganze Alphabet abbilden. Hier passiert genau das Gleiche, nur mit den „Buchstaben“ A, T, C und G. Das Stückchen DNA, das den genetischen Code für die Bildung eines Eiweißes enthält, nennt man dann Gen (ein Mensch hat ungefähr 30.000 Gene, die Anzahl der Gene bei Agaporniden ist noch unbekannt).

Aus der Nähe betrachtet ist die DNA aufgebaut wie ein doppelter Strang. Wir könnten sie etwa mit einer Treppe vergleichen, wobei die Basen die Stufen bilden und beide Stränge miteinander verbinden. Die Art der Koppelung ist genau festgelegt, an jedes A wird nämlich immer ein T gekoppelt (und umgekehrt) und an jedes G immer ein C (und umgekehrt).

An den Basen finden wir eine Kombination von Phosphorsäure-Verbindungen und Desoxyribose-Zucker; diese werden durch Wasserstoffbrücken zusammengehalten.

Um den genetischen Code in Eiweiße zu „übersetzen“, werden beide „Worte“ voneinander abgekoppelt, wonach diese dann durch die Ribosomen im Zytoplasma „gelesen und übersetzt“ werden können.

Hier ein Beispiel für einen „Code“, aus dem ein Gen aufgebaut sein kann:

TTA | ACG | ATC | GGG | TAT | AAG | GTG |
AAT | TGC | TAG | CCC | ATA | TTC | CAC

Wie lang ein Gen ist, lässt sich nicht so einfach sagen: Alle Gene unterscheiden sich nämlich in der Größe (bzw. Länge). Die verschiedenen Gene bilden zusammen einen Chromatid-Faden. Der Ort, an dem ein Gen sich auf dieser Kette (aus Chromatiden) befindet, heißt Locus. Der genetische Code für alle Eiweiße (also alle Gene bzw. alle DNA-Moleküle in einem Zellkern) bildet das genetische Material für diese Zelle und bestimmt zusammen das Äußerliche, die Gesundheit, die Anlagen usw. eines Lebewesens. Kurz gesagt, dieser genetische Code bildet praktisch den Programierungs-Code für das Individuum. Und jede Veränderung im Genotyp (im genetischen Grundmuster) ist eine Mutation.

Hemizygot, homozygot, heterozygot und Allele

Die meisten Gene sind normalerweise doppelt vorhanden, denn dasselbe Gen ist ja immer auf jedem Chromosom des Paares zu finden (außer bei den Geschlechtschromosomen). Wie bereits erwähnt, besteht bei einem männlichen Agaporniden das Geschlechtschromosom aus zwei Z-Chromosomen, und bei einem Weibchen aus einem Z- und einem W-Chromosom. Das W-Chromosom, das viel kleiner ist als das Z-Chromosom, enthält kaum Information. Wenn die Gene auf dem Z-Chromosom liegen, ist beim Weibchen also nur ein Chromosom davon vorhanden. Man spricht dann von „hemizygot" (hèmi = halb).

Wenn die Information bzw. die Zusammenstellung des genetischen Codes auf beiden Chromosomen gleich ist, dann wird von „homozygot" gesprochen. Bei Vögeln spricht man von „reinerbig", z.B. „reinerbig grün" oder „reinerbig blau". Die Vögel sind dann für nichts anderes „spalterbig" (heterozygot). Wenn die Information bzw. die Zusammenstellung des Gens auf einem der Chromosomen anders ist, spricht man von „heterozygot". Wenn ein grüner Vogel mit einem blauen verpaart wird, sind die Nachkommen „heterozygot grün" (bzw. spalterbig in Blau). Gene, die auf homologen Chromosomen denselben Platz (Gen-Ort, Locus) auf dem Chromosom einnehmen und die dieselbe Eigenschaft bestimmen (z.B. die Farbe „aqua"), werden Allele genannt. Allele mutieren immer unabhängig voneinander, wodurch der Träger des diesbezüglichen Gens heterozygot wird.

Zellteilungen

Alle Lebewesen – also auch unsere Agaporniden – bestehen aus vielen verschiedenen Arten von Zellen. Es sterben ständig Zellen ab, die ersetzt werden müssen. Dieser Prozess endet erst mit dem Tod eines Individuums. Jeder Agapornide entsteht ja zunächst aus dem Verschmelzen einer Eizelle mit einer Samenzelle. Es müssen also unendlich viele Zellen zusätzlich gebildet werden. Dabei ist wichtig, dass der genetische Code in jedem Zellkern gleich bleibt, schließlich muss immer dieselbe Information weitergegeben werden. Um das zu garantieren, hat die Natur einen einfachen, aber genialen Prozess entwickelt: die Zellteilung. Es gibt zwei verschiedene Arten von Zellteilungen:

Rußköpfchen dilute grün

Diese Mutation vererbt autosomal rezessiv. Deshalb können Männchen und Weibchen gleichemaßen spalterbig sein.

Somatische Zellteilung

Zum einen sind Körperzellen für die Erhaltung des Körpers nötig und zum anderen Zellen für die Fortpflanzung: die Geschlechtszellen (Eizellen und Samenzellen).

Körperzellen und Geschlechtszellen haben zwei unterschiedliche Funktionen: Einerseits sollen sie andere Zellen ersetzen und sich vervielfältigen (Mitose) und andererseits sollen sie miteinander verschmelzen können (Meiose). Die Zellteilung von Körperzellen verläuft daher anders als die Zellteilung bei den Geschlechtszellen.

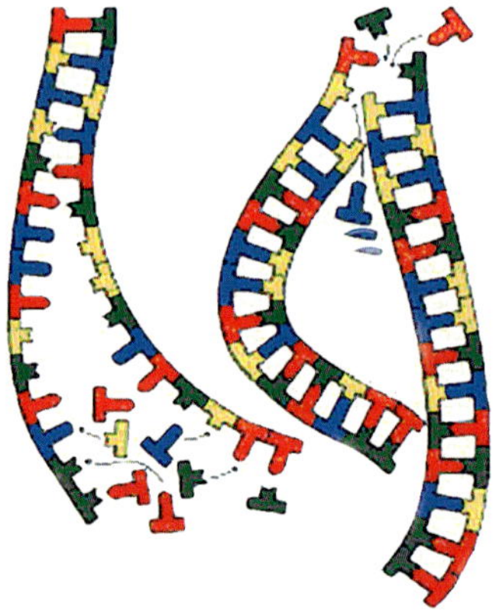

Bei der Mitose

spaltet sich die DNA reißverschlussartig; anschließend wächst das fehlende Stück wieder nach und die Zelle kann sich teilen

Somatische Zellteilung oder Mitose

Diese Art der Zellteilung geschieht bei den Zellen, die für den Unterhalt und das Wachstum des Vogelkörpers verantwortlich sind.

Bei der Mitose wird eine perfekte Kopie der gesamten Zelle mit allen Chromosomenpaaren gemacht. Bei Agaporniden sorgt die Mitose z.B. für Prozesse wie: die Federn ersetzen, das Krallen- und Schnabelwachstum, die Heilung von Wunden, das Heranwachsen usw.

Nach dem Erstellen einer exakten Kopie der Chromosomen teilt sich die Zelle und die Kopie bildet dann den Zellkern der neuen Zelle. Wie geht das vor sich? Bei der Mitose geht die DNA wie eine Art Reißverschluss auseinander: wie eine Leiter, von der die linke Hälfte (inklusive der Hälfte der Sprossen) zur einen Seite der Zelle wandert und die andere Hälfte zur anderen Seite der Zelle. Unmittelbar darauf wächst an den Sprossen das passende Gegenstück wieder an. An eine Adenin-

Stadien der Mitose

Bei der Mitose unterscheidet man vier verschiedene Stadien, nachdem die Chromatiden sich einmal verdoppelt haben:

Prophase
- Die Chromosomen werden allmählich kürzer und dicker (die Chromatiden hängen auf der Höhe des Zentromers noch aneinander fest).
- Die Zentriolen verdoppeln sich und beide wandern zur gegenüberliegenden Seite der Zelle und bilden da ein Arte Pol.
- Der Nukleolus verschwindet.
- Die Kernmembran löst sich auf.

Metaphase
- Die Kernmembran ist völlig verschwunden und die Chromosomen liegen dadurch frei im Zytoplasma.
- Die Chromosomen bewegen sich zur Mitte der Zelle zwischen die zwei Zentriolen (Pole).
- Zwischen den Zentromeren und den Zentriolen entstehen Fäden.

Anaphase
- Die Zentromere spalten sich.
- Die Schwesterchromatiden werden durch die Fäden auseinander gezogen (man spricht nun von Tochterchromosomen).
- Von jetzt an sind es wieder einfache DNA-Moleküle.

Telophase
- Die zwei Gruppen Tochterchromosomen gruppieren sich neu und werden mit einer Kernmembran umgeben.
- Die Chromosomen entrollen sich wieder zu Chromatin-Fäden.

base (A) lagert sich also immer eine Thyminbase (T) und an eine Guaninbase (G) immer eine Cytosinbase (C). Dadurch wird die DNA-Leiter wieder komplett und bildet ein vollständiges Chromosom. Bei dem Teil, der „abgerissen“ wird, geschieht dasselbe. An jedem T „wächst“ wieder ein A an und an jedem G ein C. Und jedes neu gebildete Chromosom bewegt sich zur jeweils anderen Seite der Zelle, sodass diese sich jetzt spalten kann. Bei der Mitose entsteht so immer wieder eine neue Zelle mit genau demselben Chromosomensatz wie in der Mutterzelle.

Reduktionsteilung oder Meiose

Bei der Meiose oder Reduktionsteilung werden die Fortpflanzungszellen (Ei- und Samenzelle) gebildet, die dann jeweils nur ein Chromosom von jedem Chromosomenpaar der ursprünglichen Zelle besitzen. Diese Teilung findet bei der Bildung der Geschlechtszellen statt. Bei den Männchen sind das die Samenzellen und bei den Weibchen die Eizellen (tatsächlich ein „Ei“).

Zu Anfang der Meiose spaltet sich das Chromosomenpaar zunächst in zwei Teile. Dabei geht ein Chromosom von jedem Paar zum anderen Zellenpol. Die Zelle spaltet sich das erste Mal und so entstehen zwei neue Zellen, aber jede mit nur einem Chromosom von jedem Paar. Dort spaltet sich das Chromosom wie bei der Mitose und so werden dann wieder zwei neue Chromosomen gebildet. Auf diese Weise werden bei den Männchen vier neue Samenzellen gebildet, die immer von jedem ursprünglichen Chromosomenpaar nur ein Chromosom besitzen. Bei den Weibchen geht es genauso, aber es wird schließlich nur eine neue Eizelle gebildet. Diese Fortpflanzungszellen heißen Gameten.

Wie bei der Mitose können bei der Meiose eine Reihe Phasen unterschieden werden (siehe rechten Kasten). Der Unterschied ist hier jedoch, dass nicht die einzelnen Chromatiden auseinander genommen werden, sondern die homologen Chromosomen.

Stadien der Meiose

Prophase I

- Die Chromosomen werden kürzer und dicker.
- Die homologen Chromosomen suchen einander auf und kommen mit ihren übereinstimmenden Teilen beieinander zu liegen (Synapsis).
- Die Bivalente werden nun gut sichtbar. (Bivalente sind ein Paar beieinander liegende homologe Chromosomen, also die vier Chromatiden, manchmal auch Tetrade (= griechisch für vier) genannt).
- Die homologen Chromosomen kommen in Verbindung (kommen teilweise übereinander zu liegen). Die Plätze, wo sie einander kreuzen, heißen Chiasmata.
- Die homologen Chromosomen beginnen sich auf der Höhe der Zentromeren voneinander zu lösen, bleiben aber auf der Höhe der Chiasmata noch fest aufeinander. Nun sind die vier eigenständigen Chromatiden deutlich sichtbar.
- Die Zentriolen verdoppeln sich und beide wandern zur gegenüberliegenden Seite und bilden dort eine Art Pol.
- Der Nukleolus verschwindet.
- Die Kernmembran löst sich langsam auf.

Metaphase I

- Die Kernmembran ist völlig verschwunden und die Chromosomen liegen dadurch frei im Zytoplasma.
- Die Chromosomen bewegen sich pro Bivalent (Paar) zur Mitte der Zelle zwischen die zwei Zentriolen (Pole).
- Es werden jetzt zwei mal zwei Chromatiden an den Fäden festgemacht.
- Die Chiasmata halten die homologen Chromosomenpaare noch immer zusammen.

Anaphase I

- Nun kommt die Trennung, die Entkoppelung, und die homologen Chromosomen (zwei Chromatiden) werden auseinander gezogen.
- Die Anzahl der Chromosomen ist jetzt halbiert.

Telophase I

- Die Chromosomen, die noch aus zwei miteinander verbundenen Chromatiden bestehen, werden zu den Zellpolen gezogen.
- Die zwei Gruppen Tochterchromosomen, die jede eine haploide (kommt von haploos = einfach) Anzahl Chromosomen hat (von denen jedes noch aus zwei Chromatiden besteht), gruppieren sich neu und werden mit einer Kernmembran umgeben.

Jetzt geht die normale Zellteilung (Mitose) weiter (siehe nachfolgenden Kasten), mit dem Unterschied, dass nicht nochmal eine Verdoppelung der DNA stattfindet, da ja jedes vorhandene Chromosom schon aus zwei Chromatiden besteht und sie noch nicht entrollt sind.

Prophase II
- Die Zentriolen verdoppeln sich und beide wandern zur gegenüberliegenden Seite und bilden dort eine Art Pol.
- Der Nukleolus verschwindet.
- Die Kernmembran löst sich langsam auf.

Metaphase II
- Die Kernmembran ist völlig verschwunden und die Chromosomen liegen dadurch frei im Zytoplasma.
- Die Chromosomen bewegen sich zur Mitte der Zelle zwischen die zwei Zentriolen (Pole).
- Zwischen den Zentromeren und den Zentriolen entstehen Fäden.

Anaphase II
- Die Zentromere spalten sich.
- Die Schwesterchromatiden werden durch die Fäden auseinander gezogen (man spricht nun von Tochter-Chromosomen).
- Von jetzt an sind es wieder einfache DNA-Moleküle.

Telophase II
- Die zwei Gruppen Tochter-Chromosomen gruppieren sich neu und werden mit einer Kernmembran umgeben.
- Die Chromosomen entrollen sich wieder zu Chromatin-Fäden.

Da diese meiotische Teilung sich gleichzeitig in den beiden Tochterzellen vollzieht, entstehen faktisch vier „Enkel-Zellen", von der jede eine haploide Anzahl Chromosomen besitzt. Diese werden Gameten oder einfach Fortpflanzungszellen genannt.

Rosenköpfchen opalin aqua: Mutationen entstehen durch Fehler bei der Verdoppelung des genetischen Materials.

Zygoten

Wenn die Gameten sich gebildet haben, ist das Individuum in der Lage, sich fortzupflanzen. Bei einer eventuellen Befruchtung verschmilzt eine männliche Fortpflanzungszelle (Samenzelle) mit einer weiblichen Fortpflanzungszelle (Eizelle). So wird die befruchtete Eizelle komplett, denn es wird aus zwei „halben Zellen" eine komplette Zelle gebildet, die wieder alle Chromosomenpaare besitzt. Mit anderen Worten: die haploiden Chromosomen werden wieder homologe Chromosomen. Die befruchtete Eizelle wird auch Zygote genannt. Diese neue Zelle enthält so die Hälfte des genetischen Codes (der Eigenschaften) des Vaters aus der Samenzelle und die Hälfte des genetischen Codes (der Eigenschaften) der Mutter aus der Eizelle. Dieser neue genetische Code, der in der Zygote gebildet wird, wird danach von Neuem an jede Köperzelle über somatische Zellteilungen weitergegeben. So wird das neue Leben aufgebaut, Zelle für Zelle.

Neben den normalen autosomalen Chromosomen gibt es auch die Geschlechtschromosomen: beim Vogelmännchen ZZ und beim Weibchen ZW. Der Vater gibt dabei immer das Z-Chromosom mit (denn er hat kein W-Chromosom). Wenn die Mutter nun das W-Chromosom mitgibt (50% Wahrscheinlichkeit), wird eine Zygote mit einem Z- und einem W-Chromosom (also weiblich) gebildet. Wenn die Mutter ebenfalls ein Z-Chromosom mitgibt, wird die Zygote männlich (ZZ). Vorsicht, das bedeutet nicht, dass die Geschlechtsbestimmung einzig und allein von den Chromosomen abhängt. Nein, es gibt noch mindestens einen weiteren autosomalen Faktor, der dafür verantwortlich ist. Es wäre also ein Missverständnis, wenn behauptet würde, dass nur die Geschlechtschromosomen dafür verantwortlich sind.

Mutationen

Durch die Art der Zellteilungen werden immer dieselben genetischen Informationen weitergegeben, von Zelle zu Zelle und über die Fortpflanzungszellen von Generation zu Generation. Trotzdem kann während der Verdoppelung des genetischen Materials ein „Fehler" auftreten. So kann z.B. bei der Spaltung der Chromatiden ein Stück abbrechen, wodurch sich der gesamte Code dieses Gens ändert. Durch die Veränderung bekommt der Vogel dann einen anderen Genotyp (eine andere Zusammenstellung der Gene). Das kann manchmal dazu führen, dass die Jungen nicht lebensfähig sind, aber auch zu Vögeln, die anders aussehen (deren Phänotyp sich ändert). Diese werden den veränderten genetischen Code an ihre Nachkommen weitergeben.

Vergessen wir jedoch nicht, dass auch bestimmte Krankheiten und andere Abweichungen eine genetische Ursache haben. Eine Mutation betrifft also nicht nur eine andere Farbe. Richtig ist, dass man bei allen genetisch bedingten „Abweichungen von der ursprünglichen Wildform" von einer

Rosenköpfchen türkis

Mutation spricht. Dieser Ausdruck wurde durch den Niederländer Hugo De Vries (1848-1935) eingeführt. Später stellte sich dann allerdings heraus, dass erst 1910 durch Morgan die erste echte Mutation bei der Fruchtfliege festgestellt wurde.

Die neue Form, die durch Mutation entsteht, heißt „Mutant".

Wenn Mutationen einzelne Gene betreffen, spricht man von Gen-Mutation, wenn sich ganze Chromosomen ändern, nennt man das Chromosom-Mutation, und wenn sich sogar die Anzahl der Chromosomen (das Genom) ändert, dann wird das Genom-Mutation genannt.

Externe Faktoren

Natürlich spielen externe Faktoren bzw. Umweltfaktoren auch eine Rolle bei der Bestimmung des Phänotyps (des äußerlichen Erscheinungsbildes):

„Multicolor"-Pfirsichköpfchen

Bei dieser Farbveränderung handelt es sich lediglich um eine nicht erbliche Modifikation.

Nicht deshalb, weil ein Vogel genetisch die Anlage hat, dick zu werden, wird er auch dick. Wenn er nicht genug zu fressen bekommt, wird er mit Sicherheit mager bleiben. Ein Vogel kann vielleicht die genetische Veranlagung haben, schnell zu fliegen. Aber in einem kleinen Käfig wird er das nie zeigen können. – Ein Vogel kann also alle guten Qualitäten seiner Eltern mitbekommen, aber wenn die Ernährung oder andere externe Faktoren mangelhaft sind, wird er sie sicher nicht völlig entfalten können.

Modifikationen

Wenn sich bei Vögeln die Farbe der Federn ändert, ohne dass dieser Faktor genetisch bedingt ist, sondern durch eine Krankheit oder Ernährungsmängel, dann spricht man von einer Modifikation. Eine Modifikation ist niemals erblich bedingt und wird zum großen Teil durch externe Faktoren verursacht.

Arten der Vererbung

Im Normalfall sind von den meisten Genen immer zwei vorhanden (eins auf jedem Chromosom, natürlich außer auf dem Geschlechtschromosom). Dass wir für die meisten Eigenschaften über zwei Gene verfügen, ist wahrscheinlich eine Absicherung, die Mutter Natur eingebaut hat, um den Verlust bestimmter Eigenschaften zu vermeiden. Wenn bei einem Individuum eine Veränderung an einem bestimmten Gen eines Chromosoms auftritt, dann ist das Individuum heterozygot (heteros = verschieden, zygotus = zusammengebracht). Weil die meisten Gene ein homologes Gegenstück auf einem anderen Chromosom haben, sprechen wir von Allel-Paaren. Es ist auch für die meisten Gene ausreichend, dass eines von ihnen normal funktioniert. Dann hat das mutierte Gen keinerlei Einfluss und verhält sich untergeordnet (rezessiv) gegenüber dem nicht mutierten Allel. So sehen wir, dass sich viele Mutanten rezessiv gegenüber der Wildform verhalten. Wenn die Expression (der phänotypische Ausdruck) des mutierten Gens stärker ist als die des unveränderten anderen Gens, spricht man davon, dass sich dieses Gen dominant verhält oder von einem dominanten Mutanten.

Mit anderen Worten: Wenn wir Mutant A mit einer Wildform verpaaren und die Jungen haben (einen Teil der) Merkmale des Mutanten A, dann ist Mutant A dominant über B. Wenn die Wildform noch immer dominiert, dann wird der Mutant als rezessiv (untergeordnet) angesehen.

Wenn eine dominante Mutation nur auf einem Chromosom des Paares vorkommt, dann heißt das „einzelfaktorig" (EF). Wenn der Vogel homozygot ist (die Mutation sich also auf beiden Chromosomen des Paares befindet und die Zusammenstellung von beiden Chromosomen wieder gleich ist), dann spricht man hingegen von „doppelfaktorig" (DF).

Rosenköpfchen
DF pale headed

Kommt eine dominante Mutation auf beiden Chromosomen eines Paares vor, spricht man von doppelfaktorig oder DF.

Es gibt auch noch andere Formen von Dominanz: Co-Dominanz. Hierbei sind beide Faktoren verhältnisgleich zueinander und jeder hat eigentlich 50% Einfluss auf das Geschehen.

Bei der „unvollständigen Dominanz“ besteht ein deutlicher Unterschied zwischen EF und DF. Aber EF hat sicher nicht 50% Einfluss wie etwa bei der Co-Dominanz (die Faktoren sind also nicht verhältnisgleich).

Den Ausdruck Semi-Dominanz verwendet man, wenn die homozygote Form (sprich: DF) letal oder nicht-lebensfähig ist.

Dominant: Der Faktor ist immer gut vorhanden und man kann keinen deutlichen Unterschied zwischen EF oder DF machen.

Eine rezessive Eigenschaft kommt nur dann zum Ausdruck, wenn das Gen oder Allel auf beiden Chromosomen des Paares mutiert ist. So ist die Farbe Blau eine rezessive Mutation bei Agaporniden. Wenn ein grüner Vogel mit einem blauen gekreuzt wird, sind alle Nachkommen heterozygot grün/blau (der Schrägstrich deutet den „spalt“-Faktor an). Anders ausgedrückt: Da der blaue Faktor nur auf einem von beiden Chromosomen mutiert ist und diese Eigenschaft sich gegenüber dem ihm gegenüber liegenden, nichtmutierten „grünen“ Gen auf dem anderen Chromosom untergeordnet verhält, werden alle Nachkommen grün sein. Der verborgene blaue Faktor kann zwar weitergegeben werden an die Nachkommen, aber er kommt in der ersten Generation nicht zum Ausdruck.

Natürlich geschieht dies nicht nur bei Farbmutationen. Der Vogel kann auch Träger eines Gens sein, das ihn krank machen kann. Wenn es ein rezessives Gen ist und nur einmal auf einem Chromosom vorhanden ist, hat das Tier selbst keine Probleme damit. Der Vogel kann diese Eigenschaft jedoch an seine Nachkommen weitergeben.

Ein Vogel hat also autosomale Chromosomen und ein einzelnes Paar Geschlechtschromosomen (SL: sex-linked). Wenn sich eine rezessive Eigenschaft auf einem autosomalen Chromosomenpaar befindet, dann heißt das „autosomal rezessiv“. Ist die Mutation dominant und auf einem autosomalen Chromosom zu finden, heißt das „autosomal dominant“. Wenn die Mutation sich auf den Geschlechtschromosomen befindet, werden diese beschrieben als geschlechtsgebunden (SL) rezessiv und geschlechtsgebunden (SL) dominant.

Pfirsichköpfchen pastell blau

Beide Farbkomponenten (pastell und blau) vererben rezessiv.

Multiple Allele

Wie bereits erwähnt wird ein Gen aus vier verschiedenen Basen gebildet: Cytosin (C), Thymin (T), Adenin (A) und Guanin (G). Dabei sitzen immer Cytosin (C) und Guanin (G) – bzw. umgekehrt – zusammen. Adenin (A) und Thymin (T) kommen ebenfalls immer zusammen vor. Ein Gen kann aus mehreren zehntausend Basen bestehen. Ein Code, aus dem ein Gen bestehen kann, ist z.B.:

TTA | ACG | CCC
AAT | TGC | GGG

Nun kann dieses Gen mutieren, z.B. wenn die ersten zwei Basen umgekehrt zu liegen kommen. Dann erhalten wir den Code:

AAA | ACG | CCC
TTT | TGC | GGG

Aber dasselbe (noch nicht mutierte) Gen kann in einer anderen Generation auch auf andere Art mutieren. So kann es z.B. bei einem anderen Vogel geschehen, dass auf demselben Gen nicht die ersten, sondern die letzten Basen vertauscht werden. Dann lautet der Code:

TTA | ACG |CGG
AAT | TGC | GCC

So entsteht eine alternative Form desselben Gens. Daran sehen wir, dass es die Möglichkeit zu verschiedenen Zusammenstellungen des Gens gibt und dass auf demselben Gen verschiedene Varianten möglich sind. Die verschiedenen Gene, die durch Mutation aus demselben Gen entstehen, nennt man multiple Allele. Ein Allel ist also eine bestimmte Form oder ein bestimmter Zustand eines Gens. Jeder Vogel kann nur zwei verschiedene Allele von einem bestimmten Gen besitzen (jeweils eines auf demselben Locus bzw. Genort der zwei homologen Chromosomen).

In der Praxis bedeutet das, wenn es bei autosomal-rezessiver Vererbung zwei (verschiedene) Mutationen gibt, die auf unterschiedlichen Genorten liegen und miteinander kombinieren, dass dann immer Wildform-Junge herauskommen, die spalterbig in beiden Mutationen sind, z.B. blau x rezessiv Ino ergibt grüne Vögel, die spalt sind in blau und in NSL (non sex-linked) Ino.

Wenn zwei (verschiedene) Allele (Mutationen) vom selben Gen miteinander kombiniert werden, kommen dabei keine Wildform-Vögel mehr heraus. Logisch, denn dasselbe Gen ist ja auf beiden Chromosomen mutiert. Wenn es hier um zwei verschiedene Varianten desselben Gens geht, entsteht meistens eine Zwischenform. Die beiden Allele verhalten sich in diesem Fall co-dominant im Hinblick aufeinander. So ist z.B. pallid ein Allel (auch Allele oder multiple Allel-Morphe genannt), mit anderen Worten eine Variante des geschlechtsgebundenen Ino-Faktors beim Rosenköpfchen. Und beim Schwarzköpfchen ist pastell ein Allel des rezessiven (NSL) Ino-Gens. Darum ergibt die Kombination von pastell x rezessiv Ino viel blassere Pastell-Vögel beim Schwarzköpfchen. Die Vögel sind auf dem einen Allel des Chromosoms pastell (Reduktion des Eumelanins um 50%) und durch das mutierte Allel auf dem anderen Chromosom des Paares sind sie Ino (100% Reduktion des Eumelanins). Die Folge davon ist in diesem Fall eine Zwischenform (intermediär) mit einer Aufhellung von ungefähr achtzig Prozent. Wenn diese dann mit der Wildform zurückgekreuzt werden, sind 50% der Jungen spalt Ino und 50% der Jungen sind spalt pastell. Diese Allel-Morphen existieren auch bei den Psittacin-Mutanten. Allerdings ergibt sich hier meistens keine Zwischenform, sondern eine andere Erscheinungsform, die dann das Resultat der additiven Wirkung ist, die multiple Allele manchmal haben können. Sie ergänzen einander also in diesem Fall.

Das künstliche Entstehen von Mutationen

Nicht immer entstehen Mutationen lediglich durch einen Fehler in der Zellteilung. Sie können auch künstlich erzeugt werden. Allerdings ist zu dieser Frage noch nicht das letzte Wort gesprochen. Muller (1890-1967) bewies 1927, dass Röntgenstrahlen Mutationen zustande bringen können. Aber auch ultraviolette Strahlung, bestimmte chemische Stoffe (krebserzeugende Stoffe wie Verdünnung oder Benzol) und ungewöhnlich hohe oder niedrige Temperaturen sollen Einfluss auf Mutationen

Schwarzköpfchen PastellIno

Die beiden Mutationen pastell und Ino sind Allele voneinander und ergeben als Zwischenform blassere Pastell-Vögel

haben können. Radioaktivität kann tatsächlich genetisches Material verändern. Das haben leider die verschiedenen missgebildeten Babys bewiesen, die nach dem Abwurf der Atombombe auf Hiroshima und Nagasaki geboren wurden.

Gen-Mutationen

Dies ist die am meisten vorkommende und wichtigste Form, wie sich Mutationen zeigen. Sie treten rein zufällig auf. Die Mutationen sind nicht gerichtet und entstehen keinesfalls als Anpassung an Einwirkungen aus dem Umfeld. Für seinen Träger sind solche Mutationen manchmal neutral, aber gelegentlich können sie auch nachteilig sein. So sind bestimmte Mutationen in homozygotem (d.h. reinerbigem) Zustand (wenn sie auf beiden Chromosomen eines Paares liegen) manchmal tödlich. Dann heißen sie Letal-Faktoren oder letale Gene. Andere Mutationen werden nicht einmal bemerkt. So können z.B. bestimmte Gesundheitsprobleme durch genetische „Mutationen" entstehen. Bei den Agaporniden sind es jedoch die Farbmutationen,

Opalin-Lutino-Rosenköpfchen (und Orangemaske)

Die Kombination von Opalin und Lutino kann nur durch Crossing-over entstehen.

die den Züchter am meisten interessieren. Sie dürfen jedoch nicht vergessen, dass sogar die Zuchtergebnisse und die Fruchtbarkeit genetisch bestimmt sein können. Wenn Sie Ihre Vögel selektieren, müssen Sie also versuchen, diese Dinge auch im Blick zu behalten.

Chromosom-Mutationen

Veränderung in der Struktur der Chromosomen heißen Chromosom-Mutationen. Bei der Zellteilung können Stücke abbrechen und verloren gehen (meistens ist das tödlich) oder ein Stück kann sich verkehrt herum einfügen. Ein Bruchstück kann sich auch an einen nicht homologen Chromosom anhängen oder zwei homologe Chromosomenpaare können ein nicht-homologes Stück austauschen, dann spricht man von Translokation. Wenn zwei homologe Chromosomen an nicht homologen Stellen durchbrechen (an ungleichen Plätzen) und die daraus hervorgehenden Bruchstücke sich aneinanderfügen, kommen in einem der beiden Chromosome manche Gene doppelt vor. Das nennt man Duplikation. Die Eigenschaften eines Organismus hängen nicht nur von den vorhandenen Genen ab, sondern auch von ihrer Reihenfolge auf den Chromosomen.

Genom-Mutationen

Hierbei verändert sich die Anzahl der Chromosomen, das Genom. Das hat meist mit Unregelmäßigkeiten, die während der Meiose auftreten, zu tun. So können Chromosomen sich vermehren oder sogar vermindern. Wenn die Chromosomen zu zahlreich sind oder eine Reihe von ihnen fehlt, spricht man von Aneuploidie. Der Verlust von Chromosomen ist meist letal. Zu viele Chromosomen verursachen ebenfalls Probleme. Bei Menschen mit einer zusätzlichen Kopie des Chromosoms 21 entsteht etwa das Down-Syndrom.

Crossing-over

Frans Alfons Janssens (1863-1924), Professor für Biologie und Zytologie an der Katholischen Universität von Leuven, entdeckte 1909 die Chiasmata (die Plätze, wo die Chromatiden übereinander zu liegen kommen) in der Prophase I. Er sah darin eine wichtige Ursache für das Entstehen von eventuellen Mutationen und den Austausch von Genen. Seine Untersuchungsergebnisse wurden später auch von Thomas H. Morgan verwendet.

In einer bestimmten Phase während der Meiose bilden die Chromatiden Paare und werden dabei ineinander verstrickt. Das geschieht während der Prophase I, zu dem Zeitpunkt, an dem die Chromosomen eine Tetrade bilden. Die Chromatiden können an einem bestimmten Punkt brechen und die Stücke heften sich im Nachhinein an den übereinstimmenden Stücken des Chromatiden an, der daneben liegt. Mit anderen Worten: Die abgebrochenen Stücke heften sich am verkehrten Teil an. – Diese Rekombination von Genen wurde durch den englischen Forscher Bateson (1861-1921) nachgewiesen.

Aufgrund der Tatsache, dass sich zu diesem Zeitpunkt bei der Tetrade vier Chromatiden beieinander befinden und verschiedene Kreuzungsplätze oder Chiasmata existieren, gibt es natürlich auch verschiedene Möglichkeiten, wie der Bruch oder die Rekombination entsteht. Angesichts der Komplexität des Crossing-over wird in diesem Buch jedoch nicht so intensiv darauf eingegangen. Die Häufigkeit, mit der ein Crossing-over stattfindet, wird als Crossing-over-Frequenz für diese Gameten bezeichnet. Die neuen Kombinationen von Genen, die bei der Verschmelzung von zwei Gameten entstehen, heißen Rekombination oder Rekombinanten. Durch Crossing-over können sich neue Allel-Kombinationen ergeben.

Crossing-overs kommen bei Vögeln regelmäßig vor. Deutliche Beispiele dafür sind z.B. die Opalin-Lutino-Mutationen. Beide Mutationen liegen auf dem Z-Chromosom. Es ist ein Crossing-over nötig, um beide Mutationen auf dasselbe Z-Chromosom zu bekommen. Der Abstand auf dem Chromosom zwischen den beiden Loci, auf denen sich die Mutanten befinden, bestimmt zum großen Teil die Crossing-over-Frequenz. Opalin und Ino liegen weit auseinander auf dem Chromosom und haben dadurch mehr Chancen, bei einem eventuellen Bruch voneinander getrennt zu werden, als wenn die Gene dicht beieinander liegen.

Der Prozentsatz an Crossing-over zwischen cinnamon (Zimt) und opalin ist 33 %, zwischen opalin und Ino (und natürlich pallid, das ein Allel von SL-Ino ist) sind es 30 %. Das deutet darauf hin, dass diese Mutationen auf dem Geschlechtschromosom ziemlich weit auseinander liegen. Der Prozentsatz an Crossing-over zwischen cinnamon und SL-Ino (oder pallid) ist 3 %. Mit anderen Worten: cinnamon und SL-Ino liegen auf dem Z-Chromosom sehr dicht beieinander.

Wir dürfen außerdem nicht vergessen, dass außer einem Crossing-over auch eine Rück-Kreuzung möglich ist. Denn auch die Chromosomen, die durch Crossing-over entstanden sind, können wieder brechen, wodurch die Rekombinanten von Neuem voneinander getrennt werden und wieder neue Mutationen entstehen.

Andere Vererbungsmuster

Bis jetzt haben wir nur Vererbungsmuster beschrieben, die mit den Mendelschen Gesetzen erklärt werden können. Sie beziehen sich auf Merkmale, die durch ein Allelen-Paar bestimmt werden. Nun gibt es neben diesen auch noch andere Vererbungsmuster. Die Wissenschaft hat festgestellt, dass die Entwicklung bestimmter Merkmale nicht durch den Code eines Gens bestimmt wird, sondern dass in bestimmten Fällen mehrere Gene dabei beteiligt sind. Diese Materie ist ziemlich schwierig und kommt – soweit das bekannt ist – nur wenig bei Vögeln vor.

Mottle-Pfirisichköpfchen

Bei dieser Mutation scheinen mehrere Gene beteiligt zu sein. Sie ist mit normalen Vererbungsmustern nicht zu erklären.

Modifizierende Gene

Schwarzköpfchen DF blau gesäumt

Modifizierende Gene

Wenn mehrere Gene bei der Entwicklung bestimmter Merkmale, die auf anderen Loci, ja sogar auf verschiedenen Chromosomen liegen können, beteiligt sind, können die Gene sich auf verschiedene Arten zueinander verhalten. Wenn Gene den Ausdruck eines anderen Gens verstärken oder unterdrücken, spricht man von Epistase oder Hypostase.

Das unterdrückende, überlagernde Gen nennt man epistatisch.

Polygenie

Die Wirkung (mehrerer) verschiedener Gene, die auf verschiedenen Loci oder sogar auf verschiedenen Chromosomen liegen, tragen dazu bei, dass letztendlich eine bestimmte Eigenschaft zustande kommt. Hier ist es die Summe der verschiedenen Effekte, die schließlich das Äußere des Individuums bestimmen.

Translokation

Bei Translokation löst sich ein Stückchen der DNA vom ursprünglichen Chromosom ab und heftet sich an ein anderes, nicht homologes Chromosom. In der Humangenetik sind verschiedene Formen von Translokation bekannt. Bei Vögeln ist nur ein Mutant bekannt, der möglicherweise durch Translokation verursacht sein kann. Aber da hierfür noch die nötigen wissenschaftlichen Beweise fehlen, gehe ich darauf nicht weiter ein.

Antizipation

Bei Antizipation sehen wir, dass der Effekt eines Gens von Generation zu Generation zunimmt, wenn die Träger dieses mutierten Gen-Locus sich paaren. Denn während der Erzeugung der reproduktiven Zellen lassen sich Stücke der DNA innerhalb dieses einzelnen Gens leicht verdoppeln. So wird das Gen sich tatsächlich in den darauffolgenden Generationen verlängern und seinen Effekt verstärken.

Mutationszucht

Pfirsichköpfchen und Schwarzköpfchen in der Voliere

Mutationen können sich meistens nur in menschlicher Obhut etablieren.

Das Züchten von so viel wie möglich verschiedenen Farbmutationen ist zweifellos eine der größten Herausforderungen für Züchter. Die Farben bestimmen ja zu einem großen Teil die Popularität einer Art.

Der Liebhaber kann selbst entscheiden, was er züchten will. Sie können sich auf die „normale" grüne Wildform beschränken oder Sie spezialisieren sich auf verschiedene Farben oder auf nur eine bestimmte. Das Züchten der verschiedenen Mutationen ist nicht so einfach, wie es auf den ersten Blick vielleicht erscheint. Natürlich können Sie „auf gut Glück" züchten und aufs Geratewohl einige Mutationen „zusammenschmeißen". Dann brauchen Sie nur abzuwarten, was später im Nest herauskommt.

Aber wenn Sie die Mutationszucht planen oder sich auf bestimmte Farben konzentrieren wollen, ist es natürlich wichtig, dass Sie wissen, wie Sie diese Farben züchten müssen. Es kann einem am Anfang schwindelig werden, wenn man all die genetischen Fachausdrücke hört wie „spalterbig in..., rezessiv, dominant, geschlechtsgebunden" usw. – Trotzdem sind diese Ausdrücke ein wesentlicher Bestandteil des notwendigen Wissens. Die folgenden Kapitel sind sehr wichtig für den Mutationszüchter. Die Vererbungslehre (Genetik) ist eine schwierige Materie, und sie ist vielleicht nicht nach dem ersten Mal Lesen voll und ganz zu verstehen. Dennoch ist es sehr wichtig, dass Sie versuchen, alles Schritt für Schritt nachzuvollziehen. Manchmal ist es nötig, den Text mehr als einmal gründlich durcharbeiten oder jemanden zu fragen, der es Ihnen erklären kann. Schließlich wurde Rom auch nicht an einem Tag erbaut! – Nehmen Sie sich also Zeit, um diese Informationen in Ruhe zu studieren.

Wenn Sie mit der normalen Zucht von Agaporniden genug Erfahrung haben, können Sie den Schritt zur Mutationszucht wagen. Wichtige Tipps sind: Fangen Sie erst mit einer Mutation an. Und unabhängig davon, welche Mutation Sie züchten, sorgen Sie stets dafür, dass Ihnen ein Stamm reiner Vögel der Wildform zur Verfügung steht. Die Grund-Regel ist: Ohne gute Wildvögel gibt es keine guten Mutationen!

Was sind Mutationen?

In der Natur trifft man bei Agaporniden nur eine Form an, nämlich die „Wildform" oder die grünen Agaporniden. Im Verlauf der Jahrhunderte hat die Evolution die Entwicklung dieser Vögel in eine bestimmte Richtung gelenkt und das Ergebnis davon ist diese Grund- oder Wildform. Die Merkmale dafür liegen alle in den Genen und werden von Generation zu Generation weitergegeben. Trotzdem passiert es hin und wieder, dass beim Weitergeben der Gene (sprich: der Fortpflanzung) ein Fehler vorkommt und plötzlich ein anders gefärbter Vogel auftritt. Das ist meistens die Folge eines „genetischen Fehlers". Wenn diese „Abweichung" nun auch noch an die Nachkommen weitergegeben werden kann, weil das Merkmal weiter vererbt

Schwarzköpfchen DD blau

Wer mit der Mutationszucht beginnt, sollte bereits mit der normalen Zucht von Agaporniden Erfahrung haben.

wird, dann spricht man von einer Mutation. Mutation bedeutet „Veränderung". Man könnte also sagen, dass jede Mutation eine „Abweichung vom normalen Muster" ist.

Passen Sie aber auf, denn in einigen seltenen Fällen kann es passieren, dass diese Abweichung nicht genetisch bestimmt ist und deshalb auch nicht an die Nachkommen weitergegeben werden kann. In diesem Fall spricht man von einer Modifikation.

Es gibt wenige bzw. keine Berichte über Mutationen bei Agaporniden in der Wildnis. Gleichwohl können solche „anders gefärbten" Vögel auch in freier Natur entstehen. Farbmutationen haben in der Natur allerdings meist nur wenige Überlebenschancen. Das kommt daher, dass die meisten „Mutanten" in der Anfangsphase schwach sind und sterben, bevor sie sich fortpflanzen konnten. In der Natur gilt ja das Recht des Stärkeren: Es sind immer die stärksten Männchen, die die größte Auswahl haben, was potentielle Partner betrifft, und die so ihre Gene an die Nachkommen weitergeben können. In der Natur muss ein Vogel selbst auf Nahrungssuche gehen. Und auch hier sind es die stärksten, die die erste Wahl haben. Ein Weibchen, das nicht stark genug ist, um selbst für seinen Nistplatz zu sorgen, kann sich nicht fortpflanzen. Ein schwächeres Individuum ist auch gegen natürliche Feinde schlechter gewappnet. In der Natur haben die stärksten und am besten angepassten Vögel die größte Chance zu überleben. So schön die Natur auch ist: die Kehrseite der Medaille ist, dass die Vögel täglich ums Überleben kämpfen müssen. Das nennt man „natürliche Selektion" oder „survival of the fittest" (das „Überleben der Bestangepassten").

In Menschenobhut haben Farbmutanten jedoch viel mehr Chancen, sich durchzusetzen. Das kommt daher, dass diese anders gefärbten Vögel sich durch zielgerichtete Zucht und eine entsprechende Versorgung durchaus vollständig entwickeln können. Denn der Züchter bestimmt, wer welchen Zuchtpartner bekommt. Er sorgt für ausreichend Nahrung und Wasser. Hier gibt es auch keine lebensbedrohlichen Feinde.

Ein Züchter kann mit seinem Wissen über Genetik ein Zuchtprogramm erstellen, sodass seine Mutationsvögel überleben. So vermag er mit ihnen einen Stamm aufzubauen.

Da eine Mutation immer ein normaler Vogel ist, der aus diesem oder jenem Grund eine andere Farbe entwickelt hat, ist es natürlich auch wichtig, die Struktur der Federn eines Vogels zu studieren. Denn jede Farbveränderung hängt eng zusammen mit den Bestandteilen einer Feder.

Arten der Vererbung

Es gibt zwei Arten der Vererbung: autosomal und geschlechtsgebunden. Eine Mutation, die auf einem autosomalen Chromosom liegt, vererbt autosomal; eine Mutation auf dem Geschlechtschromosom vererbt geschlechtsgebunden. Daneben gibt es verschiedene Möglichkeiten für die Merkmalsbildung: dominant und rezessiv. Ein erblicher Faktor vererbt also z.B. autosomal, und dabei kann die Merkmalsbildung sich dominant oder rezessiv verhalten.

Bei Agaporniden kennt man bis heute drei verschiedene Erbgänge, nämlich autosomal rezessiv, autosomal dominant und geschlechtsgebunden (SL = sex-linked) rezessiv. Dennoch wird hier eine Übersicht über alle Möglichkeiten gegeben, denn was es jetzt noch nicht gibt, kann später noch entstehen. Und nichts schließt aus, dass bei Agaporniden eine SL-dominante Mutation entsteht.

Rosenköpfchen dominant gescheckt aqua

Autosomal dominant

Bei einem dominanten Merkmal ist e i n Zuchtvogel mit diesem Merkmal genug, um in der ersten Generation Nachkommen mit denselben Merkmalen zu bekommen, wenn der Elternvogel der Träger des dominanten Merkmals ist (der Faktor „dominant" kommt in einer Reihe verschiedener Gradierungen vor, vgl. das Kapitel Genetik). Im Gegensatz zu rezessiven Mutationen können Vögel für ein dominantes Merkmal nie „spalterbig" sein. Einfach ausgedrückt: Entweder sie sind dominant oder sie sind es nicht. Lassen Sie sich also nie einen Agaporniden andrehen, der „spalterbig für den Dunkelfaktor" ist, denn das geht nicht. Man kann einen dominanten Faktor grundsätzlich überall einzüchten, aber er kommt nicht immer gleichermaßen deutlich zum Ausdruck.

Merken Sie sich stets: Eine Mutationen-Kombination, die keine deutlichen Merkmale mehr aufweist und demzufolge auch nicht mehr zu erkennen ist, hat keinerlei Nutzen für einen Vogelzüchter. Von ihr kann man nur dringend abraten.

Wenn eine Mutation dominant ist, kann man zwischen einzel- und doppelfaktorigen Vögeln unterscheiden. Wie kommt das? Es liegt daran, dass die erblichen Eigenschaften auf den Chromosomen wiederzufinden sind. Diese Chromosomen befinden sich im Kern aller Zellen. Die Chromosomen liegen stets zu zweit, darum wird auch von einem Chromosomenpaar gesprochen. Jede (normale) Körperzelle besitzt eine Anzahl autosomaler Chromosomen mit den autosomalen Eigenschaften darauf. Daneben gibt es auch noch ein Paar Geschlechtschromosomen.

Aus den Fortpflanzungszellen entwickeln sich bei den Weibchen die Eizellen und bei den Männchen die Samenzellen. Die Eizellen oder Samenzellen besitzen nur einen einfachen Chromosomensatz, also von jedem Paar ein Chromosom. Wenn eine Befruchtung stattfindet, werden die Chromosomen des einen Elternteils (die Hälfte eines Chromosomenpaares) mit den Chromosomen des anderen Elternvogels (der anderen Hälfte) kombiniert. Zusammen bilden sie ihrerseits ein neues Chromosomenpaar. Mit anderen Worten: Die

Chromosomenpaare eines jungen Vogels bestehen aus einem Chromosom des Vaters und einem der Mutter. Dadurch besitzt der Vogel zu 50 % die genetischen Eigenschaften und erblichen Anlagen des Vaters und zu 50 % die der Mutter.

Wenn der Vater ein Chromosom mit einer dominanten Mutation darauf mitgibt und die Mutter hat diese Mutation nicht, dann hat nur eines von den zwei Chromosomen diesen Faktor und das Merkmal ist einzelfaktorig. Wenn beide Elternvögel ein Chromosom mit einem dominanten Faktor darauf mitgeben, dann wird das doppelfaktorig genannt (Die Mutation ist auf beiden Chromosomen vorhanden).

Zur Verdeutlichung wird hier als Beispiel der Dunkelfaktor genommen. Der Dunkelfaktor vererbt dominant.

Die zwei Felder Nummer 1 und 2 in Figur 1 stellen sozusagen die Chromosomen des Männchens dar. Das Männchen ist einzelfaktorig (EF) dunkelgrün, dargestellt durch das braune Feld. Die Mutter ist ebenfalls EF dunkelgrün (das Feld 4 ist braun). Jedes Feld bekommt eine Nummer von 1 bis 4. Sie wissen, dass immer eines von den zwei Chromosomen an einen Gameten mitgegeben wird. Es gibt daher zwei mal zwei Möglichkeiten, also vier Kombinationen, die die Nachkommen in sich tragen können:

Bei der Kombination EF x EF ist einer von vier Vögeln DF (doppelfaktorig), was einer Wahrscheinlichkeit von 25% auf doppelfaktorige Junge entspricht. Zwei von vier Vögeln sind EF, das ist eine 50%ige Wahrscheinlichkeit. Schließlich gibt es noch einen von vier Vögeln, der unverändert

Links: Rosenköpfchen dominant grüngescheckt

Bei dominanten Erbgängen sind die Mutationen bereits in der F1-Generation äußerlich sichtbar.

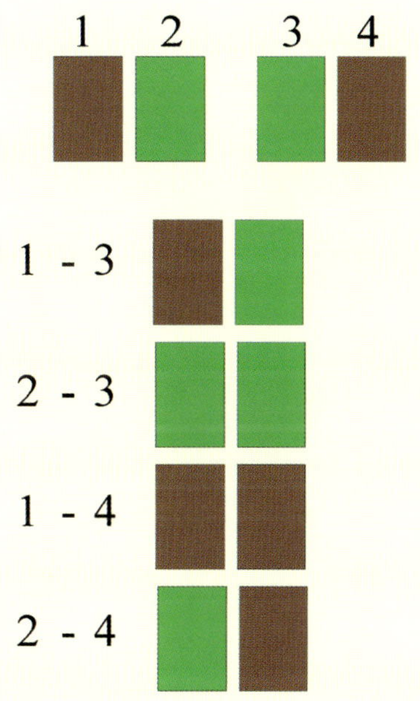

Figur 1: Vererbung des autosomal dominanten Dunkelfaktors:

1-3 = einzelfaktorig D grün
2-3 = normal grün
1-4 = doppelfaktorig DD grün
2-4 = einzelfaktorig D grün

bleibt: Es gibt also noch eine 25%ige Wahrscheinlichkeit, dass nicht-mutierte Junge aus dem Ei schlüpfen.

Vorsicht: Diese Prozentangaben sind Wahrscheinlichkeitsberechnungen, sie geben lediglich die möglichen Ergebnisse an. Das ist eine der Mendelschen Regeln, die für viele dominante Vererbungen verwendet werden kann.

Um das zu verdeutlichen, folgen hier noch mehr Beispiele von Kreuzungen mit der Wildform. Es spielt übrigens keine Rolle, ob das Männchen oder das Weibchen Träger des dominanten Faktors ist. Wenn Sie wollen, können Sie selber ein Schema

Dunkelfaktor (links)

Der Dunkelfaktor (hier ein Pfirsichköpfchen DD grün) gehört zu den autosomal dominanten Mutationsformen

Blaues Rußköpfchen (rechts)

Die Farbe blau vererbt autosomal rezessiv.

mit Feldern machen. Daran sehen Sie, wie einfach es im Grunde ist.

Einzelfaktoriger Dunkelfaktor (D grün) x Wildfarbe (grün) ergibt:

50% Wildfarbe (grün)
50% einzelfaktoriger Dunkelfaktor (D grün)

Doppelfaktoriger Dunkelfaktor (DD grün) x Wildfarbe (grün) ergibt:

100% einzelfaktoriger Dunkelfaktor (D grün)

Doppelfaktoriger Dunkelfaktor (DD grün) x einzelfaktorigen Dunkelfaktor (D grün) ergibt:

50% einzelfaktoriger Dunkelfaktor (D grün)
50% doppelfaktoriger Dunkelfaktor (DD grün)

Doppelfaktoriger Dunkelfaktor (DD grün) x doppelfaktorigen Dunkelfaktor (DD grün) ergibt:

100% doppelfaktoriger Dunkelfaktor (DD grün)

Autosomal rezessiv

Mit rezessiv ist ein untergeordneter Faktor gemeint. Ein rezessiver Faktor muss auf beiden Chromosomen eines Paares vorhanden sein, wenn er äußerlich sichtbar werden soll. Das heißt, dass überhaupt kein dominanter Faktor vorhanden ist.

Wenn die Mutation nur auf einem Chromosom des Paares vorkommt, ist der Vogel äußerlich betrachtet einfach eine Wildform, aber er ist trotzdem „Träger“ der rezessiven Eigenschaft (man nennt das „spalterbig“). Es spielt dabei überhaupt keine Rolle, wer den Faktor in sich hat: Männchen und Weibchen können beide spalterbig sein für eine rezessive Mutation.

Auch hier wird ein Beispiel mit Feldern gegeben. Betrachten Sie in diesem Beispiel das mutierte (gefärbte) Chromosom als rezessiv. In diesem

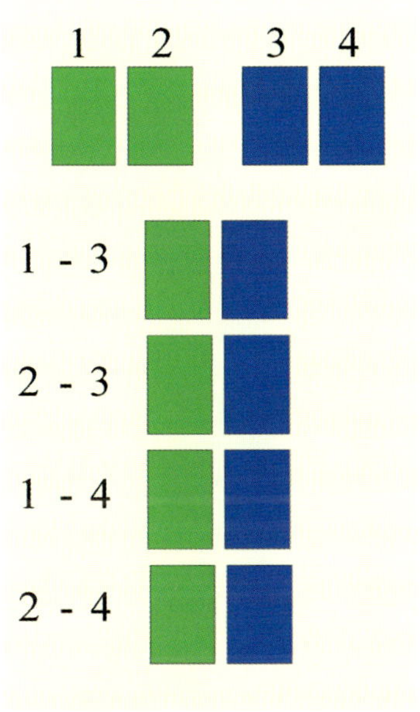

Figur 2: Vererbung der rezessiven Farbe Blau. Alle Jungen sind grün, aber spalterbig in Blau.

1-3 = grün/blau
1-4 = grün/blau
2-3 = grün/blau
2-4 = grün/blau

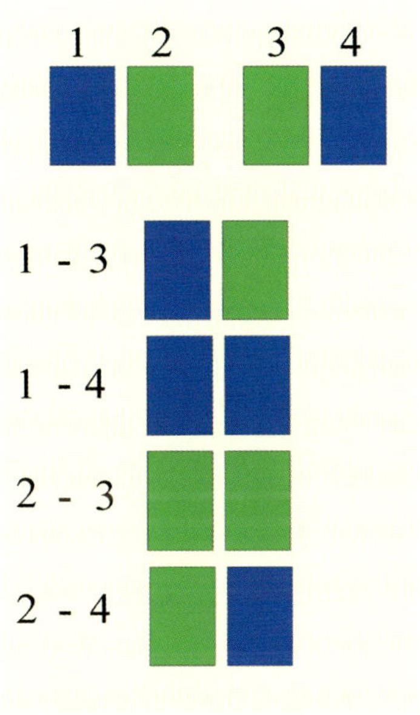

Figur 3: Kreuzung zweier Spaltvögel für die Farbe Blau

1-3 = grün/blau
1-4 = blau
2-3 = grün
2-4 = grün/blau

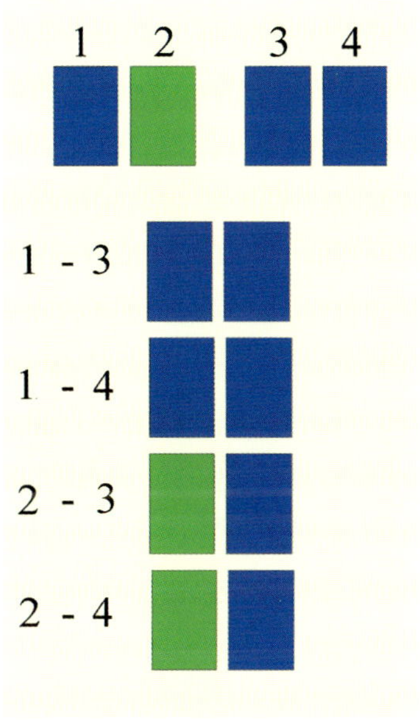

Figur 4: Probepaarung von Spaltvogel x Mutationsvogel

1-3 = blau
1-4 = blau
2-3 = grün/blau
2-4 = grün/blau

Beispiel wird ein blaues Schwarzköpfchen mit einem grünen gekreuzt. Blau vererbt bei Schwarzköpfchen autosomal rezessiv. Die erste Generation von Jungvögeln wird als F1 angegeben. Die zweite Generation (F1 x F1) wird F2 genannt. Werden die Jungen aus der F2-Generation miteinander gekreuzt, dann werden sie F3 genannt, usw.

Alle hieraus geborenen Jungen sind äußerlich (phänotypisch) grün, aber der Genotyp (genetisch) dieser Vögel ist grün spalt blau (wird immer geschrieben: grün/blau). (siehe Figur 2)

Wenn die Jungen dann untereinander gekreuzt werden, sind die Ergebnisse (F2) folgendermaßen (siehe Figur 3):

Eines von vier Jungen (25%) der F2-Generation ist homozygot oder reinrassig grün. Zwei von vier Jungen (50%) der F2-Generation sind grün spalt blau. Eines von vier Jungen (25%) der F2-Generation ist blau.

Da die spalterbigen Jungen äußerlich nicht von den reinerbigen grünen Jungen zu unterscheiden sind, müssen Probepaarungen durchgeführt werden.

Um sicher zu sein, ob ein Vogel spalterbig ist, führt man am besten die Paarung blau x grün/blau durch (siehe Figur 4).

Bei dieser Kombination ergibt die F1-Generation 50% blaue und 50% grün/blaue Vögel.

Geschlechtsgebunden rezessiv

Figur 5: Vererbung der geschlechtsgebunden rezessiven Farbe Lutino (Mutations-Männchen x normales Weibchen)

Aus dieser Kombination entstehen 50 % grün/Ino-Männchen und 50% Lutino-Weibchen.

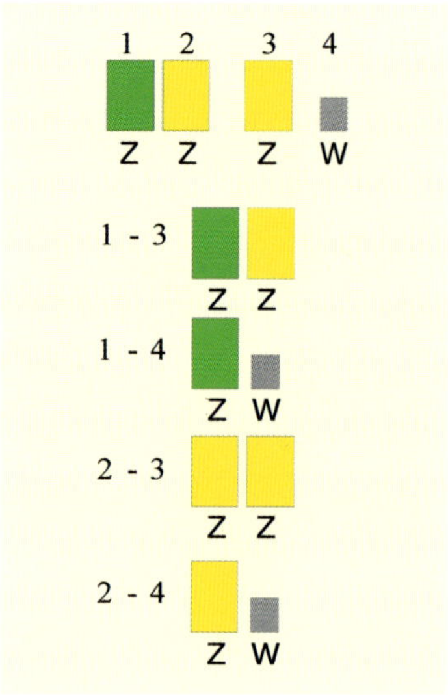

Figur 6: Vererbung der geschlechtsgebunden rezessiven Farbe Lutino (spalterbiges Männchen x Lutino-Weibchen)

Aus dieser Kombination entstehen 25 % grün/Ino-Männchen, 25% Lutino-Männchen, 25% grüne Weibchen und 25% Lutino-Weibchen.

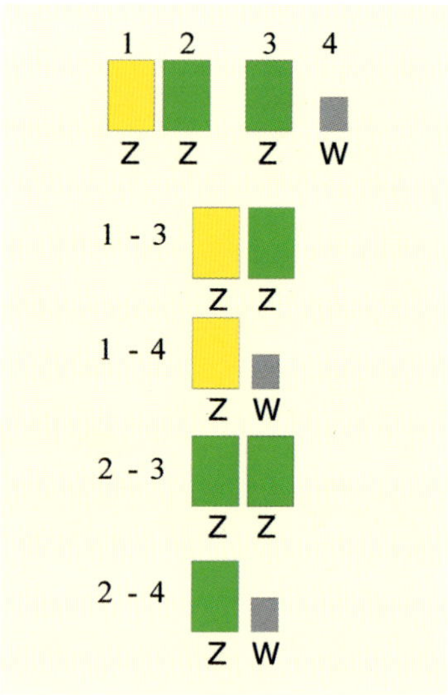

Figur 7: Vererbung der geschlechtsgebunden rezessiven Farbe Lutino (spalterbiges Männchen x grünes Weibchen)

Aus dieser Kombination entstehen 25 % grün/Ino-Männchen, 25% grüne Männchen, 25% grüne Weibchen und 25 % Lutino-Weibchen.

Geschlechtsgebunden rezessiv

Eine geschlechtsgebunden rezessive Mutation befindet sich auf dem Z-Chromosom oder dem Geschlechtschromosom. Wie Sie wissen, hat ein Vogelmännchen zwei Z-Chromosomen. Es kann also spalt sein für eine geschlechtsgebunden rezessive Mutation. Wenn die Mutation äußerlich sichtbar werden soll, müssen die Gene auf beiden Z-Chromosomen mutiert sein. Ein Weibchen dagegen hat nur ein Z-Chromosom und zeigt dadurch die Mutation schon, wenn es nur auf seinem einzelnen Z-Chromosom vorhanden ist. Das W-Chromosom enthält keine (Farb-)Information. Dadurch kann ein Weibchen nie spalterbig sein für eine geschlechtsgebunden rezessive Mutation. In Figur 5 sehen Sie das Beispiel eines Lutino-Rosenköpfchens. Beim Rosenköpfchen vererbt der Ino-Faktor geschlechtsgebunden (SL) rezessiv. Aus dieser Kombination kommen 50% Männchen grün/Ino und 50% Lutino-Weibchen. Das Vorhandensein oder das Fehlen des W-Chromosoms bestimmt, ob der Jungvogel ein Männchen oder ein Weibchen ist.

Ein anderes Beispiel wird in Figur 6 gegeben. Da sehen Sie die Kreuzung von einem spalterbigen Männchen mit einem Lutino-Weibchen. Diese Kreuzung ergibt 25% Lutino-Männchen, 25% Lutino-Weibchen, 25% grün/Ino-Männchen und 25% grüne Weibchen.

Zum Schluss das Beispiel einer Kreuzung von einem grünen Männchen spalt Ino mit einem grünen Weibchen (siehe Figur 7). Sie ergibt 25% grün/Ino-Männchen, 25% Lutino-Weibchen, 25%

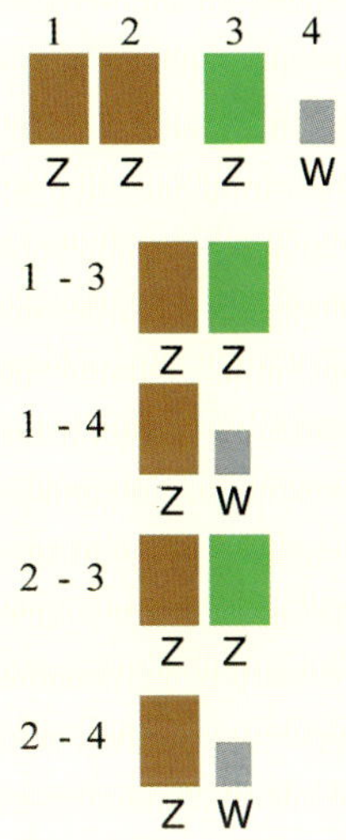

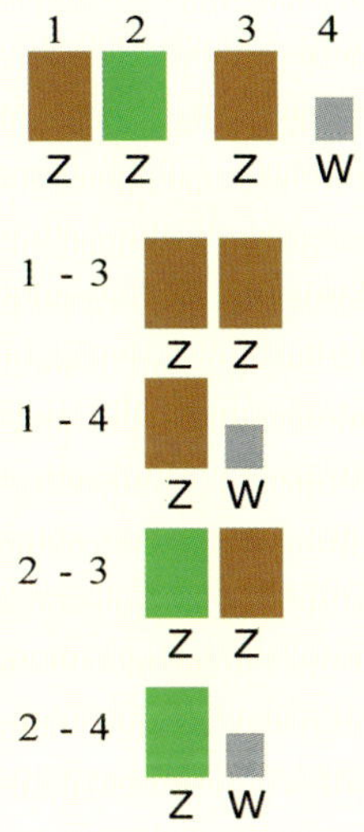

grüne Männchen und 25% grüne Weibchen. Wenn Sie also aus zwei Vögeln der Wildform plötzlich eine geschlechtsgebundene Mutation züchten, können Sie sicher sein, dass es immer ein Weibchen ist.

Geschlechtsgebunden dominant

Eine geschlechtsgebunden dominante Mutation befindet sich auf dem Z-Chromosom oder auf dem Geschlechtschromosom. Diese Mutation kann bei Männchen sowohl einzel- als auch doppelfaktorig vorkommen, weil sie zwei Z-Chromosomen haben. Ein Weibchen dagegen hat nur ein Z-Chromosom und kann dadurch niemals DF sein, nur einfaktorig. Das W-Chromosom beinhaltet aber keine (Farb-)Information. Es ist noch keine geschlechtsgebundene dominante Mutation bei Agaporniden bekannt. Darum wird als Beispiel (Figur 8) eine Pastell-Gouldamadine gebraucht. Der Pastellfaktor vererbt sich bei Gouldamadinen geschlechtsgebunden dominant.

Sie sehen, dass aus der Kombination Männchen DF pastell x Wildform alle Nachkommen EF pastell sind. Wenn allerdings ein EF-Pastell-Männchen mit einem EF-Pastell-Weibchen gekreuzt wird, erhalten Sie Resultate wie in Figur 9 abgebildet.

Die Wahrscheinlichkeit liegt bei 25% DF-Pastell-Männchen, 25% EF-Pastell-Weibchen, 25% EF-Pastell-Männchen und 25% Wildform-Weibchen.

Sie sehen, Sie können sich mit Hilfe dieser Felder im Prinzip für alle möglichen Kombinationen der Basismutanten eine Vorstellung machen. Mit ein wenig Übung werden Sie merken, dass es gar nicht so schwierig ist, wie es am Anfang scheint.

Bei unvollständig dominanten Vererbungen ist es so, dass ein EF-Weibchen meistens eine Farbe bekommt, die mit DF-Männchen vergleichbar ist, und dass die EF-Männchen meistens eine Farbe haben, die zwischen der Wildform und der Farbe der DF-Männchen liegt. Wie kommt das? Nun, eigentlich ist das ganz einfach: Bei SL dominanten Mutanten ist bei EF-Männchen immer ein dominantes Merkmal auf einem der zwei Z-Chromosomen, das durch seine dominante Wirkung Änderungen in der normalen Form zustande bringen kann. Aber das andere – nicht mutierte – Z-Chromosom sorgt ja für eine Gegenwirkung, die die vollständige Auswirkung dieses Gens blockiert. Bei EF-Weibchen gibt es kein extra Z-Chromosom, das dem dominanten Gen auf dem Z-Chromosom entgegenwirken kann, und dadurch bekommt das Gen immer seine vollständige Auswirkung.

Geschlechtsgebunden dominanter Erbgang

Figur 8 (links): Bei der Gouldamadine (pastell) entstehen aus 1-3 und 2-3 Männchen einzelfaktorig pastell und aus 1-4 und 2-4 Weibchen einzelfaktorig pastell

Figur 9 (Mitte): Die Kreuzung EF-Pastell-Männchen x EF-Pastell-Weibchen ergibt aus 1-3 DF-Pastell-Männchen, 2-3 EF-Pastell-Männchen, 1-4 EF-Pastell-Weibchen, 2-4 grüne Weibchen

Rechts: Lutino-Orangemaske-Rosenköpfchen – diese Mutation vererbt geschlechtsgebunden rezessiv.

Grundlagen der Federstruktur

Jeder Mensch – ganz gleich, ob er ein Liebhaber von Vögeln ist oder nicht – hat schon einmal gestaunt über die imponierende Farbenpracht im Gefieder der verschiedenen Vogelarten.

Alle Agaporniden-Arten sind unmittelbar an ihrem eigenen, typischen Farbmuster zu erkennen. Diese herrlichen Farben werden in der Befiederung gebildet. Ohne Federn ist z.B. der Unterschied zwischen einem Pfirsichköpfchen oder einem Schwarzköpfchen nicht zu erkennen. Die Federn sorgen bei der sexuell dimorphen Gruppe auch dafür, dass es äußerliche Unterschiede zwischen den Geschlechtern gibt. Außerdem bietet das Federkleid einiger Vogelarten eine gute Tarnung. Denken Sie dabei etwa an die Wachtelarten, die ihr Federkleid dem Boden anpassen, auf dem sie laufen. So können sie von ihren natürlichen Feinden kaum mehr gesehen werden. Andere nutzen ihre Farbenpracht, um ihre Partner zu beeindrucken und erhalten so die Chance, sich zu paaren und ihre Gene an die nächste Generation weiterzugeben. Ein bekanntes Beispiel dafür sind die Pfauen: Mit ihren prächtigen Farben und ihren auffallenden Schwanzfedern versuchen die Hähne, den Hennen zu imponieren.

Das Federkleid hat aber noch weitere lebensnotwendige Funktionen: Es sorgt für Isolierung gegen Hitze und Kälte und auch dafür, dass die Körpertemperatur konstant bleibt. Außerdem bietet es einen guten Schutz gegen die Witterungsbedingungen wie Regen und Wind und – so seltsam es auch klingen mag – gegen die Sonne und zu viel ultraviolettes Licht. Denn wie beim Menschen könnte eine zu lange Einwirkung von ultraviolettem Licht zu Hautverbrennungen führen. Auch zum Fliegen sind die Federn unentbehrlich: Ein gerupfter Vogel ist nicht in der Lage zu fliegen. Selbst wenn nur ein paar Schwungfedern fehlen, hat der Vogel große Mühe, aufzufliegen oder sein Gleichgewicht in der Luft zu halten.

Links: Erdbeerköpfchen wildfarben

Alle Federn eines Agaporniden enthalten eine unterschiedliche Konstellation von Farbstoffen.

Konturfeder

Die Federn eines Papageis unterscheiden sich deutlich in ihrer Größe und Struktur.

Der Bau der Feder

Eine Feder besteht hauptsächlich aus Keratin, das – wie unsere Fingernägel – tote Materie ist. Die Federn entwickeln sich aus der Haut. Die Grundlage für die Federn wird schon gelegt, noch bevor der Jungvogel schlüpft. In dieser Entwicklungsphase werden neben den Baustoffen auch die Farbstoffe in den Federn eingelagert. Diese Farbstoffe sind in fünf Gruppen eingeteilt:

- Melanine: Eumelanin und Phaeomelanin
- Karotenoide: Lutein, Astaxanthin, Canthaxanthin, Betakarotin, Zeaxanthin, Rhodoxanthin
- Porphyrine: Diese sind meistens braun (Coproporphyrin III), können aber auch rot (Uroporphyrin) oder grün (Turacoverdin) sein.
- Pteridines
- Psittacofulvin (verschiedene Psittacine)

Wenn eine Feder sich einmal vollständig entwickelt hat, schließt sie sich ab und fällt dann – abhängig vom Federtyp und von den erlittenen Verschleißerscheinungen – ein bis zweimal pro Jahr aus, um durch eine neue Feder völlig ersetzt zu werden. Dieser Vorgang ist als Mauser bekannt.

Entwicklung der Agaporniden

Blick in eine Voliere mit Rosenköpfchen verschiedener Mutationsformen

Die Entstehung der heutigen Vielfalt an Farbvariationen bei Agaporniden ist ein Beispiel für die Entwicklungsmöglichkeiten einer Art.

Die Entwicklung der Agaporniden

Die Grundfarben bei Agaporniden sind nicht zufällig entstanden. Im Lauf der Zeit hat sich jede Agaporniden-Art oder -Unterart zu dem Phänotyp (äußerlichen Erscheinungsbild) entwickelt, den sie jetzt hat. Dieser Prozess hat viele hunderttausend Jahre gedauert. Wenn Sie einen möglichst vollständigen Einblick in Vogelgenetik (Federstruktur und Vererbung) bekommen wollen, müssen Sie sich ein wenig mit der Geschichte auskennen und sich auch mit der Evolution der Vögel befassen.

Die Menschen haben immer schon nach Erklärungen für die Dinge um sich herum gesucht. Die meisten Religionen gaben darauf eine Antwort mit der Schöpfungsgeschichte. Darin wird erzählt, wie die Erde, der Mensch und die Tiere in einigen Tagen erschaffen wurden. So haben die frühen Menschen ihre Sichtweise auf die Evolution in ganz einfacher Form erzählt. – Das würde allerdings auch bedeuten, dass die Vögel an einem einzigen Tag ganz plötzlich entstanden sind und dass sie in der Zeit unverändert blieben. Diese Theorien wurden jahrhundertelang streng vom Glauben gelehrt. Etwa ab dem Jahr 1600 kamen in der westlichen Welt unterschiedliche neue Einsichten über die verschiedenen Lebensformen und ihre Entstehung auf. In dieser Zeit begannen die Gelehrten, sich auf bestimmte Tierarten zu spezialisieren und kamen manchmal zu erstaunlichen Feststellungen.

Der erste Wissenschaftler, der überzeugt war von der Veränderlichkeit der Arten, war der Franzose George Leclair Buffon (1707 - 1788). Er war Direktor im Königlichen Botanischen Garten in Paris. Er sah die große Vielfalt an Tier- und Pflanzenarten, aber er sah auch gewisse Gemeinsamkeiten zwischen ihnen. Daraus schloss er, dass die eine Art wohl mit der anderen zu tun haben könne. Aber in dieser Zeit schenkte man solchen Ideen leider wenig Aufmerksamkeit und noch weniger Glauben. Auch Jean Baptiste Lamarck (1744 - 1829) und Etienne Geoffroy Saint Hilaire (1772 - 1844) waren davon überzeugt, dass die Arten sich im Lauf der Zeit veränderten und sich ihrer Umgebung anpassten. Lamarck publizierte seine Auffassung über die Veränderlichkeit der Arten in seinem Werk „Recherches sur l'organisation des corps vivant“ (Untersuchungen über die Organisationsstruktur von lebenden Körpern). Er war davon überzeugt, dass die Lebensumstände bestimmend waren für die Entwicklung der Arten in eine bestimmte Richtung. Diese Theorie blieb allerdings noch jahrzehntelang unbeachtet.

Das dauerte noch bis zum 24. November 1859, als Charles Robert Darwin (1809 - 1882) sein Buch „On the Origin of Species by Means of Natural Selection, or the Preservation of Favoured Races in the Struggle for Life" (Über den Ursprung der Arten mittels natürlicher Selektion oder über den Erhalt begünstigter Rassen im Kampf um das Leben) in London publizierte. Darin sprach er über seine Sichtweise über die Entstehung des Lebens und die daraus resultierende Veränderlichkeit der Arten. Darwin versuchte zu beweisen, dass der Mensch und alle Tiere nicht an einem einzigen Tag durch ein göttliches Wesen erschaffen wurden, sondern dass man sich die Entstehung des Lebens eher wie einen Baum vorstellen müsse: Dieser beginnt als kleiner Same, der heranwächst zu einem Stamm, von dem aus sich dann unterschiedliche Zweige entwickeln. Darwin nannte das „Evolution". Jede Lebensform war demnach das Resultat der Evolution. Die Arten, die am besten an die Umgebung angepasst waren, hatten darum auch die größten Chancen zu überleben. Und die Arten entwickeln sich immer noch weiter ...

Im Gegensatz zu den früheren Werken blieb Darwins Buch nicht unbeachtet. Es war am ersten Tag sogar schon ausverkauft, weshalb schon am 7. Januar 1860 (sechs Wochen später!) eine zweite Auflage erschien. Das Werk verursachte damals einen Schock in der westlichen Welt. Es gab – genau wie heute – feurige Anhänger dieser Theorie, aber auch heftige Gegner. Viele hielten jedoch nichts von der Idee, dass Menschen und Affen vor Millionen von Jahren aus demselben Stammvater hervorgegangen sein sollten.

Die Theorie von Darwin beruht auf drei Prinzipien: Veränderlichkeit, Erblichkeit und natürliche Selektion. Obwohl sich das Verständnis und die Bedeutung dieser Begriffe im Lauf der Jahre stark verändert haben, bilden sie immer noch die

Charles Darwin

gilt als Begründer der Evolutionstheorie

Grundlage der modernen Evolutionsbiologie. Man spricht immer noch von der „Evolutionstheorie von Charles Darwin". Nach seinem Tod am 16. April 1882 wurde er am 26. April 1882 in Westminster Abbey in London begraben. Eine Ehre, die nur wenigen zuteil wird, und zugleich ein deutliches Zeichen der Anerkennung...

Auch die Entstehung der Vögel kann anhand der Evolutionsbiologie teilweise erklärt werden. Ich sage bewusst „teilweise", denn es gibt sicher noch „missing links" (fehlende Verbindungsstücke). Das bedeutet nicht, dass ich Zweifel an der Evolutionsbiologie habe. Aber es wäre wissenschaftlich nicht korrekt zu behaupten, dass wir auf alle Fragen schon Antworten haben. Wir bekommen ja täglich mehr Informationen an die Hand, die Schritt für Schritt unsere Einsichten in die Evolution ergänzen. Und die Archäologen, Paläontologen, Geologen, Taxonomen, Ornithologen usw. haben in den letzten Jahrzehnten Unterstützung von den Genetikern bekommen: Auch anhand der DNA können wir jetzt Verwandtschaften zwischen bestimmten Arten aufzeigen. Und es werden immer noch wei-

Evolutionsgeschichte der Vögel

Junges Rosenköpfchen in Namibia

Die Fähigkeit zu fliegen besitzen nicht nur Vögel, sondern auch Insekten, Fledermäuse - und früher auch manche Reptilien.

tere Fossilien gefunden, die das Bild vervollständigen. Mit anderen Worten Schritt für Schritt kommen die verschiedenen Puzzle-Teilchen an Ort und Stelle. Und demzufolge müssen wir unsere Theorien regelmäßig dem neuen Kenntnisstand anpassen.

Fliegen ist keine typische Eigenschaft von Vögeln. Die größte Gruppe von Tieren, die fliegen, sind die Insekten. Und es gibt sogar fliegende Säugetiere, denken wir nur an die Fledermäuse. Die ersten fliegenden Arten auf der Erde werden wahrscheinlich auch Insekten gewesen sein. Später kamen dann fliegende Reptilien dazu. – Die ersten fliegenden Reptilien, für die man Nachweise gefunden hat, waren die Flugsaurier (Pterosauria). Diese fliegenden Reptilien sollen sich in der späten Trias entwickelt haben, also etwa vor 220 Millionen Jahren. Manche hatten nur die Größe eines Kanarienvogels; aber andere Arten, wie das Pteranodon, hatten Flügel mit einer Spannweite von bis zu sieben oder acht Metern. Wahrscheinlich war der größte der *Quetzalcoatlus northropi* mit einer Spannweite von möglicherweise sogar zwölf Metern. Diese fliegenden Reptilien hatten keine Federn, sondern als „Flügel“ riesige Hautfalten. Die heutigen Vögel haben sich aber nicht aus diesen fliegenden Reptilien entwickelt, denn diese starben bereits vor ungefähr 65 Millionen Jahren, am Ende der Kreidezeit, aus.

Die Paläontologen sind sich zwar darüber einig, dass die Vögel sich aus einem bestimmten Zweig der Reptilien entwickelt haben. Aber hier gehen die Meinungen dann auseinander. Es gibt zwei Theorien: Eine kleine Gruppe glaubt, dass man die Vorfahren der Vögel bei den Crocodylomorphen, den Krokodilartigen, suchen muss (Walker, 1977). Wieder andere denken an die Coelurosauria (Gauthier & Padian, 1984). Die meisten Paläontologen unterstützen diese Theorie und nehmen an, dass sich aus dem Zweig der Coelurosauria vor etwa 200 Millionen Jahren eine bestimmte Gruppe „zweifüßiger“ Reptilien entwickelte: die „Compsognathidae“. Fossilien des *Compsognathus* sind aus dem Jura um den deutschen Ort Solnhofen und aus Frankreich bekannt. Zusammen mit *Ornitholestes* bildet *Compsognathus* einen Seitenzweig am Beginn des Stammbaums der späteren großen fleischfressenden Dinosaurier wie *Tyrannosaurus* und den Vorläufern der Vögel. Diese kleinen schlanken Reptilien liefen auf langen schlanken Hinterfüßen und zeigten große Übereinstimmungen mit dem Skelett der ersten „Vögel“. Es dauerte noch Millionen von Jahren, bevor die Schuppen dieser Reptilien zu Federn evoluiert waren. (Einige Vögel haben noch Scuta-Schuppen an den Füßen, denken Sie nur an Kanarien). Es gibt natürlich auch noch andere Übereinstimmungen: Sowohl Reptilien als auch Vögel legen Eier, um sich fortzupflanzen.

Das erste „Vogelfossil“ wurde 1861 in Solnhofen gefunden. Dies war der erste Fund eines „Vogels“ mit Federn. Die Art bekam den Namen *Archaeopteryx lithographica* und soll vor ungefähr 140 Millionen Jahren gelebt haben. Der Vogel war ungefähr fünfundzwanzig Zentimeter groß; er hatte eine dünne Lage Federn an seinem Körper, auffallende Kiefer mit Zähnen und gut entwickelte Vorderpfoten. Dieses prächtige Fossil ist derzeit im

Britischen Museum in London zu bewundern. Später wurden noch weitere Fossilien dieser Art gefunden. Die Wissenschaftler gehen davon aus, dass sich aus diesen Vögeln, die noch nicht gut fliegen konnten und eher in der Luft „segeln" mussten, alle heute vorhandenen Arten, also auch unsere Agaporniden, entwickelten.

Es ist für uns Menschen schwierig nachzuvollziehen, wie man sich von der einen zur anderen Art weiterentwickeln kann. Wir können uns kaum vorstellen, was ein paar Millionen Jahre umfassen kann. Gegner der Evolutionsbiologie zweifeln daher auch, weil der Sprung vom Dinosaurier zum Vogel sehr wenig Übergangsformen kennt. Doch sind in den letzten Jahren eine Reihe neuer Entdeckungen gemacht worden: So wurden schon mindestens 15 Dinosaurier gefunden, die Federn hatten. Ein wichtiger Fund gelang 1998, als man in der Mongolei ein Fossil des *Epidexipteryx hui* entdeckte (Zhang, Zhou, Xu, Wang, & Sullivan, 2008). *Epidexipteryx hui* (Griechisch für „hat Federn") war ca. dreißig Zentimeter groß und besaß deutliche Schwanzfedern. Wie bereits gesagt: Ich bin mir sicher, dass im Lauf der Zeit immer mehr Puzzleteile das Mosaik vervollständigen werden.

Die neun existierenden Arten der Agaporniden hatten irgendwann einmal einen gemeinsamen Vorfahren. Das erklärt die Gemeinsamkeiten der unterschiedlichen Arten, was die Wissenschaftler wiederum veranlasste, sie in die gleiche Gattung zu stellen. Von den neun Agaporniden-Arten sind das Pfirsichköpfchen, das Schwarzköpfchen, das Rußköpfchen und das Erdbeerköpfchen wahrscheinlich noch am nächsten miteinander verwandt. Die Tatsache, dass aus der Kombination von Angehörigen dieser vier Arten fruchtbare Nachkommen entstehen, beweist, dass sie sich erst vor kurzer Zeit verändert haben (mit „vor kurzer Zeit" kann in der Evolution allerdings durchaus „vor einigen Millionen Jahren" gemeint sein!). Wahrscheinlich war es so, dass im Lauf der Zeit einige Gruppen dieser Vögel isoliert wurden und sich aus ihnen eigene Arten entwickelten. Die unabhängige Entwicklung der übrigen fünf Agaporniden-Arten muss wesentlich früher stattgefunden haben. Diese Arten sind nämlich nicht imstande, fruchtbare Nachkommen hervorzubringen, wenn sie mit anderen Angehörigen der Gattung Agapornis gekreuzt werden. Die Evolution hat so dafür gesorgt, dass insgesamt neun Arten und fünf Unterarten von Agaporniden entstanden sind.

Jede Agaporniden-Art hat ihre eigenen typischen Farben entwickelt. Diese Farben sind die Folge der jeweils typischen Federstruktur und der darin enthaltenen Farbstoffe. Gründe für das Entstehen der unterschiedlichen Mutationen muss man daher vor allem in der Befiederung suchen.

Daunenfeder

Diese ersten Federn eines Vogels sind weich und haben keine feste Form

Der strukturelle Aufbau der Feder

Wenn Sie einen Agaporniden anschauen, fällt auf, dass der überwiegende Teil des Körpers grün ist. Was außerdem auch auffällt, ist, dass beinahe jede Art eine andere Farbe der Maske hat.

Man findet bei Vögeln zwei Arten von Federn: Daunenfedern und Konturfedern. Beim Schlupf ist ein junger Agapornide nur mit Daunenfedern bedeckt. Sie sind sehr weich und wachsen wahllos über den ganzen Körper verteilt. Diese Federn

Federaufbau

Bau einer Konturfeder

1) Innen- und Außenfahnen

2) Federschaft

3) Federäste (mit Bogen- und Hakenstrahlen)

4) Federkiel

5) Federspule

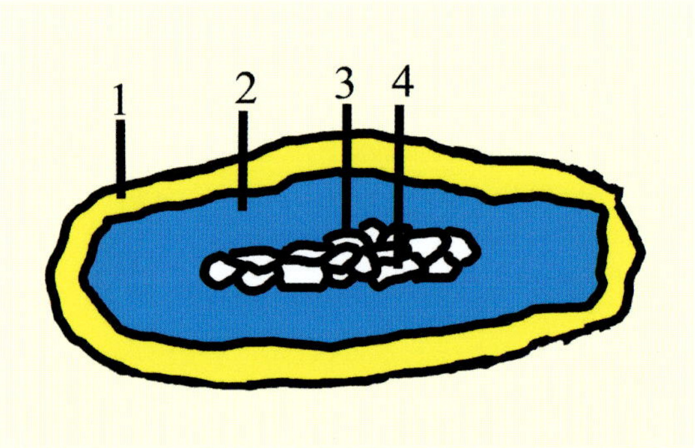

Oben: Querschnitt eines Federastes

1) Cortex
2) Schwammzone (bewölkte Zone)
3) Vakuolen (medulläre Zellen)
4) Eumelanin

unterscheiden sich alle voneinander und haben keine feste Form. Später entwickeln sich dann Konturfedern, die schließlich den Phänotyp (das äußere Erscheinungsbild) des Vogels bestimmen. Konturfedern haben allerdings alle dieselbe Form.

Die Konturfedern kann man weiter unterteilen in Schwung- und Schwanzfedern und in Deckfedern. Sie haben alle einen festen, gleichförmigen Umriss, und jede hat einen Schaft mit „Fahnen“ zu beiden Seiten. Der Schaft und die Fahnen bestehen hauptsächlich aus Keratin. Die Fahne selbst ist aus Ästen aufgebaut, die in zwei Reihen (links und rechts) auf dem Schaft eingepflanzt sind. Sie können sich das vielleicht am besten vorstellen als eine Reihe von lauter Röhrchen nebeneinander, die auf dem Schaft angeordnet sind. An den Ästen (den „Röhrchen“) sitzen wiederum kleinere Bögen und Häkchen, um alles zusammenzuhalten, wie eine Art Reißverschluss. Vielleicht haben Sie sich schon einmal eine Feder aus der Nähe angesehen. Sie werden merken, dass Sie, wenn Sie die Federäste einmal auseinandergezogen haben, diese nicht mehr fest aneinanderreihen können. Das kommt daher, dass dann meistens die Häkchen und Bögen beschädigt sind.

In der Befiederung der Agaporniden sind die Farbstoffe Eumelanin (bei der Wildform ist das schwarz) und Psittacin (das von rot bis gelb variiert) vorhanden. Wenn Sie nun den Ast einer Feder durchschneiden und unter einem Mikroskop betrachten, sehen Sie, dass man eigentlich drei unterschiedliche Ringe erkennen kann. Der äußerste Ring, Cortex genannt, enthält bei den grünen Federn eines Agaporniden gelbes Psittacin (kein Karotenoid, wie manchmal fälschlicherweise in einigen Artikeln zu lesen ist!). Es ist wichtig zu wissen, dass die Farbe des Psittacins nicht dadurch beeinflusst werden kann, dass man bestimmte Farbstoffe über die Nahrung zuführt, wie das bei Kanarien gebräuchlich ist.

Der mittlere Ring heißt Schwammzone. Er besteht aus farblosem Keratin mit einer ganz feinen, röhrenförmigen Struktur darin, einem Wirrwarr von dünnen Gängen wie bei einem Schwamm (daher der Name). Der innere Ring, die Medulla, enthält bei Agaporniden schwarze Eumelanin-Körner und medulläre Zellen. Die schwarzen Eumelanin-Körner liegen um die medullären Zellen gruppiert. Sie werden auch Vakuolen genannt. Bei Agaporniden erinnert die Form eines Federastes an ein Kanu.

Das gelbe Lipochrom (Psittacin) im Cortex ist sehr hell gefärbt.

Jetzt werden Sie vermutlich denken: „Wie geht das denn? Ein Agapornide ist doch überwiegend grün! Und es gibt keinen grünen Farbestoff in der Befiederung?“ – Ja, das stimmt! Die Zahl der Vogelarten, bei denen grünes Pigment vorkommt, ist sehr begrenzt. Turacoverdin, ein grünes Pigment, kommt unter anderem vor bei Turakos (*Tauraco*) Blutfasanen (*Ithaginis*), Straußwachteln (*Rollolus*) und Blatthühnchen (*Jacana*). Außerdem haben auch ein paar Gänsevögel-Arten wie Eiderenten (*Somateria*), und Zwergenten (*Nettapus*) grünes Pigment. Agaporniden besitzen jedoch keines, die grüne Farbe eines Agaporniden entsteht lediglich durch das Zusammenspiel von vorhandenen Farbstoffen und Licht.

Das „farblose“ Tageslicht besteht aus einer Kombination von Lichtwellen verschiedener Farbe. Vielleicht erinnern Sie sich noch an den Physikunterricht, wo ein Lichtstrahl durch ein Prisma geschickt wurde. Durch das Prisma entsteht eine „Lichtbrechung“ und die Spektralfarben (Rot, Orange, Gelb, Grün, Blau, Indigo und Violett) können getrennt voneinander wahrgenommen werden. Außerdem gibt es noch zwei Farben, die für das menschliche Auge unsichtbar sind, nämlich Infrarot und Ultraviolett. Die Kombination dieser unterschiedlichen Lichtwellen ergibt also das „weiße“ Tageslicht.

Was geschieht nun bei einer für uns grün erscheinenden Feder? Nun, das „weiße“ Tageslicht fällt auf die Federäste. Das Licht wird dabei teilweise durch die Eumelanin-Körner im Kern des Federastes angezogen. In der Schwammzone entsteht eine Reflexion dieser Lichtstrahlen durch die vorhandenen Löcher hindurch. Das erzeugt ein blaues Licht. Dieses Phänomen nennt man Interferenz. Die Lichtwellen, die in einem Winkel größer als 42° einfallen, werden direkt als weißes Licht reflektiert. Der Rest trifft auf den Cortex mit dem gelben Psittacin und ein kleiner Teil wird dort als gelbes Licht reflektiert. Aber der größte Teil des weißen Lichtes geht durch den Cortex hindurch bis in die Schwammzone. In den winzig kleinen Gängen der Schwammzone wird dann „blau“ gebildet.

Früher dachte man, dass die Farben der Federn durch den Tyndall-Effekt grün wären, aber diese Theorie ist mittlerweile überholt. Heute ist man sicher, dass das blaue Licht in der Schwammzone durch Interferenz zustande kommt. Die Theorie hierzu stammt von Jan Dyck, einem dänischen Wissenschaftler, wurde 1971 veröffentlicht und in einer neueren Untersuchung im Jahre 1998 durch Rick Prum bestätigt. Dieser wies nach, dass durch die gegenseitige Beeinflussung der Lichtstrahlen beim Zusammentreffen in der Schwammzone blaues Licht entsteht. Die vorhandenen Vakuolen in der Medulla der Feder sorgen dann dafür, dass dieses blaue Licht zurückgespiegelt wird und

Die grüne Färbung der Agaporniden

wird wie bei diesem Orangeköpfchen nicht durch Farbpigmente, sondern durch die Federstruktur erzeugt

Federstruktur des Schwarzköpfchens

Die Kopffärbung des Schwarzköpfchens

entsteht durch schwarzes Eumelanin und eine kleine Menge roten Psittacin in den Bogen- und Hakenstrahlen der Federn

schließlich durch den Cortex mit dem gelben Psittacin nach außen gelangt. Die Reflexion von blauem Licht und gelbem Psittacin im Cortex sorgt für die optische Farbe Grün. Jeder weiß, dass die Mischung von blauer mit gelber eine grüne Farbe ergibt. Bei den Agaporniden sorgt die Struktur der Feder dafür, dass das blaue Licht reflektiert wird. Darum heißt dieser Typ Federn „struktureller Typ", und man spricht von der „Strukturfarbe Blau" bei Agaporniden.

Auch die Federäste in der Kopfbefiederung der vier Agaporniden-Arten mit weißem Augenring sind vom strukturellen Typ. Aber durch das Vorhandensein von Eumelanin-Körnern im Kern und in der Schwammzone tritt keine Interferenz auf. Die Federäste der Schwanzfedern und der Innenfahnen der primären Schwungfedern besitzen dagegen ebenfalls die blaue Struktur. Allerdings ist die Struktur hier etwas anders.

Außerdem sind auch die Bogen- und Hakenstrahlen, so klein sie auch sein mögen, bestimmend für die Farbe des Vogels. So sind z.B. die Flügeldecken des Schwarzköpfchens etwas dunkler grün als die des Rußköpfchens. Die Zusammensetzung der Federäste ist zwar gleich, aber beim Schwarzköpfchen sind die Bogen- und Hakenstrahlen bei der Flügeldecken-Befiederung völlig schwarz (sprich: ganz mit Eumelanin gefüllt). Bei den Rußköpfchen sind sie dagegen nur zu drei Vierteln ihrer Länge schwarz. Anders gesagt: Es sitzt weniger Eumelanin in den Bogen- und Hakenstrahlen der Rückenbefiederung als beim Schwarzköpfchen.

Auch wenn die Federstruktur bei diesen Agaporniden-Arten gleich ist, so sorgen doch die Zusammenstellung und das Vorhandensein bestimmter Farbstoffe an bestimmten Stellen in der Befiederung dafür, dass jede Art ihre eigene typische Farbe und Zeichnung hat.

Ein weiteres Beispiel dafür ist die Kopffarbe: Bei fast allen Agaporniden befinden sich Psittacin und Eumelanin in der Kopfbefiederung. Aber die Zusammenstellung und die Verhältnisse unterscheiden sich von Art zu Art. Und darum sieht jede Art farblich anders aus.

Die Federstruktur des Schwarzköpfchens

Das erste, was beim Schwarzköpfchen auffällt, ist die pechschwarze Kopffarbe. Sie wird beim grünen Schwarzköpfchen in den diversen Standardbeschreibungen als „warm schwarz" umschrieben. Diese Farbe entsteht durch das Vorhandensein von schwarzem Eumelanin und einer kleinen Menge roten Psittacin in den Bogen- und Hakenstrahlen der Kopffedern. Dabei ist der Anteil an Eumelanin bedeutend größer als der Anteil an Psittacin, wodurch man faktisch nur die schwarze Farbe wahrnimmt. Bei blauen Schwarzköpfchen wird nun die Wirkungsweise des Psittacins unterdrückt und daher ist auch das rote Psittacin am Kopf völlig verschwunden. Dadurch hat das blaue Schwarzköpfchen nun eine anders erscheinende „kalt schwarze" Kopffarbe, denn es ist nur noch das Eumelanin vorhanden.

Federstruktur des Pfirsich- und Erdbeerköpfchens

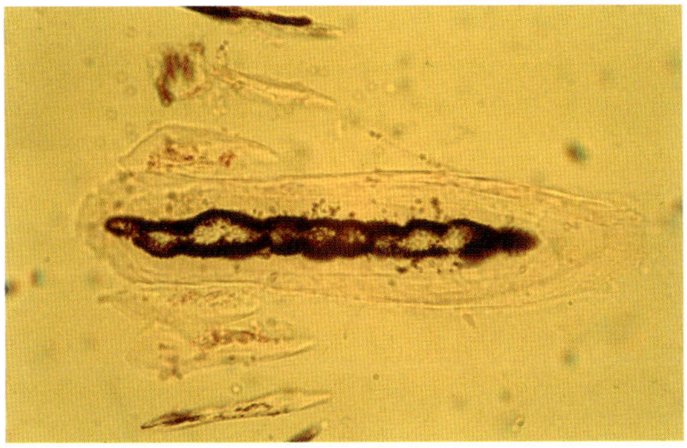

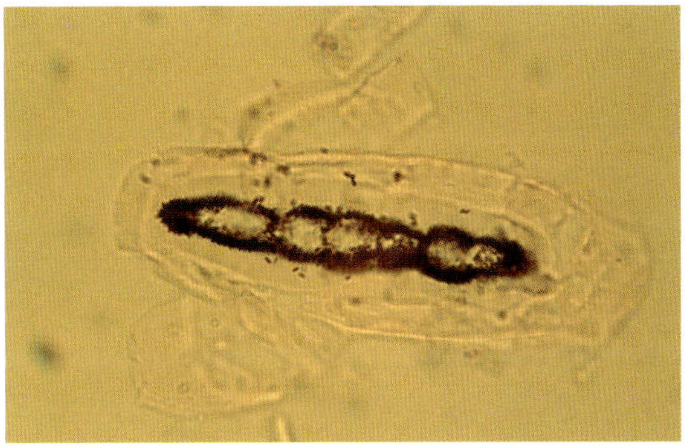

Feder-Querschnitte beim Pfirsichköpfchen

links der Querschnitt einer Flügelfeder, rechts der Querschnitt einer Brustfeder

Es gibt einen deutlichen Unterschied zwischen der grünen Körperbefiederung und der grünen Farbe der Flügeldecken. Das kommt durch das Eumelanin in den Bogen- und Hakenstrahlen der Flügeldeckfedern, die beinahe völlig schwarz pigmentiert sind. Die schwarzen Häkchen machen die allgemeine Farbe der Flügeldecken dunkler, was in den Musterbeschreibungen auch so vorgegeben wird. Die Bogen- und Hakenstrahlen der allgemeinen Körperbefiederung dagegen enthalten kein schwarzes Eumelanin, sondern gelbes Psittacin, wodurch die Gesamtfarbe viel heller grün ist. Sie wird daher als „hellgrün" umschrieben.

Die gelbe Brustfarbe wird durch gelbes Psittacin verursacht. Das Eumelanin fehlt in den Federästen der Brustbefiederung, sodass die Brust gelb bleibt. Die Bürzelfarbe beim Schwarzköpfchen entsteht durch Federchen, die von der Basis bis etwa zur Hälfte der Feder eine mauve-artige Farbe haben, während der andere (obere) Teil der Federchen „gelblich" gefärbt ist. Diese Bürzelfedern liegen nun wie Dachziegel übereinander. Die gelblichen Federn kommen daher oben auf den mauve-farbigen Untergrund zu liegen. Und das erweckt den Eindruck, dass die Bürzelfarbe des Schwarzköpfchens „mauve auf grünem Untergrund" ist.

Die Federstruktur des Pfirsichköpfchens

Die Federstruktur der grünen Federn des Pfirsichköpfchens ist vergleichbar mit dem der Schwarzköpfchen. Die orangerote Maske unterscheidet sich natürlich. Diese Farbe wird durch das dort vorhandene Psittacin gebildet, Eumelanin fehlt in der Maske. Auch die Bürzelfarbe ist für das Pfirsichköpfchen typisch. Die Bürzelfedern besitzen rein violette Federäste. An der Basis der Federäste sitzen Häkchen, die gelbes Psittacin enthalten. Aber im Gegensatz zum Schwarzköpfchen, wo die gelben Teile über die mauvefarbigen Teile zu liegen kommen, liegen hier die deutlich violetten Federn über den gelben Häkchen und das sorgt für eine überwiegend violette Farbe.

Die Federstruktur des Erdbeerköpfchens

Die Struktur der grünen Federn beim Erdbeerköpfchen ist vergleichbar mit der der Pfirsich- und Schwarzköpfchen, obwohl das Vorhandensein von schwarzem Eumelanin in den Häkchen auf den Flügeldecken deutlich weniger ist. Dadurch sind die Flügeldecken nicht so „dunkel grün" gefärbt wie beim Schwarzköpfchen. Der Hinterkopf enthält weniger Eumelanin in den Bogen- und Hakenstrahlen als beim Pfirsichköpfchen. Die Maskenfarbe wird durch orangerotes Psittacin gebildet. Der Bürzel hat dieselbe Farbe und Federstruktur wie der Rücken.

Die Federstruktur des Rußköpfchens

Das erste, was beim Rußköpfchen auffällt, sind die schwarzen Wangen, die rostbraune Stirn und der rostbraune Oberkopf. Diese rostbraune Farbe wird

Federstruktur des Rußköpfchens

Rußköpfchen wildfarben und blau

Die Mischung von Psittacin und Eumelanin in der Maske ergibt die braune Färbung.

durch das Vorhandensein von schwarzem Eumelanin und rotem Psittacin in den Federästen, Bogen- und Hakenstrahlen der Kopffedern gebildet. Die Menge des Eumelanins ist auf den Wangen bedeutend größer als das dort vorhandene Psittacin, wodurch nur die schwarze Farbe sichtbar ist. Auf der Stirn und am Oberkopf ist es dagegen umgekehrt, und das rote Psittacin überwiegt. Das Mischungsverhältnis von rotem Psittacin und schwarzem Eumelanin ergibt dann die rostbraune Farbe. Bei blauen Rußköpfchen ist die Wirkung des Psittacins unterdrückt, wodurch der Vogel eine graue Stirn und schwarze Wangen bekommt. Hier ist nur noch das Eumelanin vorhanden ohne rotes Psittacin. Dadurch erscheinen die Wangen in einer anderen Farbe: schwarz.

Auch beim Rußköpfchen gibt es einen deutlichen Unterschied zwischen der Farbe der grünen Körperbefiederung und der Farbe der grünen Flügeldecken. Aber dieser Unterschied ist nicht so deutlich wie beim Schwarzköpfchen. Das kommt durch das Eumelanin in den Bogen- und Hakenstrahlen der Flügeldeckfedern. Diese sind nur zu drei Vierteln schwarz pigmentiert. Die schwarzen Häkchen machen die allgemeine Farbe der Flügeldecken dunkler, und das wird in den Musterbeschreibungen bezeichnet als „eine Nuance dunkler als der Rest des Körpers“. Die Bogen- und Hakenstrahlen der allgemeinen Körperbefiederung enthalten kein schwarzes Eumelanin, sondern nur gelbes Psittacin, wodurch die Gesamtfarbe viel heller grün wirkt. Diese Farbe wird in den Musterbeschreibungen „hellgrün“ genannt.

Die Brust hat den typischen dunkelorangefarbenen oder lachsfarbenen Latz. Nach den Musterbeschreibungen darf dieser nicht zu groß und muss deutlich begrenzt sein. Der Bürzel soll dieselbe Farbe haben wie der Rücken. Hat der Bürzel einen blauen Einschlag, dann deutet das auf Hybridisierung (fehlende Rassereinheit) hin.

Die Federstruktur des Rosenköpfchens

Die Befiederung des Rosenköpfchens ist zum größten Teil genauso wie die der Augenring-Gruppe und besteht aus Federn des strukturellen Typs. Nur an manchen Stellen haben die Federn eine andere Federast-Struktur. So sind die Federäste der Kopfbefiederung des Rosenköpfchens vom Prunk-Typ. Bei diesem Feder-Typ sitzt kein Eumelanin in den Federästen oder Bogen- und Hakenstrahlen. Auch sind die Vakuolen im Federast kleiner, wodurch sie weniger Licht reflektieren, und die Schwammzone fehlt, wodurch kein blaues Licht reflektiert wird. Außerdem befinden sich nur Bogen- und Hakenstrahlen an der Basis bis ungefähr zur Hälfte des Federastes. An den Federastspitzen fehlen sie. Die vorhandenen Bogen- und Hakenstrahlen enthalten kein schwarzes Eumelanin, sondern eine Mischung aus gelbem und rotem Psittacin. Die Kombination von all dem sorgt dafür, dass – obwohl dasselbe rote Psittacin vorhanden ist – Rosenköpfchen eine völlig andere rote Maskenfarbe haben als z.B. Pfirsichköpfchen.

Ein weiterer Unterschied zur Augenring-Gruppe besteht darin, dass sich die Psittacin-Bildung beim Rosenköpfchen nicht auf den Schnabel erstreckt. Beim Rosenköpfchen ist der Schnabel deshalb hornfarben. Die übrige Körperfärbung ist fast so wie beim Schwarzköpfchen (das ebenfalls eine Befiederung vom strukturellen Typ hat), nur mit dem Unterschied, dass beim Rosenköpfchen die Bogen- und Hakenstrahlen in der Befiederung der Flügeldecken nur zur Hälfte mit Eumelanin gefüllt sind. Die Folge (durch weniger dunklen Farbstoff) ist, dass der Vogel auf den Flügeldecken heller gefärbt ist als das Schwarz- (da sind die Bogen- und Hakenstrahlen vollständig mit Eumelanin gefüllt) oder Rußköpfchen (wo die Bogen- und Hakenstrahlen nur zu drei Vierteln mit Eumelanin gefüllt sind.)

Die Bürzelfarbe der Wildform der grünen Rosenköpfchen ist blau. Die Spitzen der Federäste der Bürzelfedern haben hier über eine Länge von ungefähr zwei bis drei Millimetern keine Häkchen. Die Häkchen, die sich ab der Mitte bis zur Basis des Federastes befinden, enthalten zur Hälfte ihrer Länge schwarzes Eumelanin. Das erklärt die „dunklere blaue Farbe“ auf dem Bürzel.

In einem schmalen Bereich um die rote Maske sitzt eine „gräuliche“ Zone. In den Federästen dieser gräulichen Federn wird das gelbe und/oder rote Psittacin reduziert. Diese Reduktion kann je nach Vogel erheblich variieren. Bei manchen Rosenköpfchen existiert diese Zone nicht einmal.

Rosenköpfchen pallid violett türkis

Die Kombination verschiedener Faktoren sorgt für sehr unterschiedliche Farbeindrücke sowohl bei der Wildform wie auch bei Mutationsformen.

Federstruktur des Grauköpfchens

Die graue Kopffarbe des Grauköpfchens

entsteht durch eine Kombination von violettem Licht und gelbem Psittacin

Die Federstruktur des Grauköpfchens

Die Federstruktur des Grauköpfchens ist mit der der anderen Agaporniden-Arten vergleichbar, aber mit einem großen Unterschied: Beim Männchen wird die graue Kopffarbe durch eine Kombination von violettem Licht und gelbem Psittacin gebildet. Die Kopfbefiederung, die grau erscheint, ist in Wirklichkeit nicht grau. Die Federäste besitzen eine Schwammzone, aber diese spiegelt nicht die normale blaue Farbe wieder, sondern stattdessen die violetten Lichtstrahlen. Diese Federäste sind also violett, die Häkchen farblos. In der Federastbasis sitzt gelbes Psittacin. Dieses befindet sich auch in den Federästen und den Häkchen.

Zwischen der gelben Federastbasis und dem violetten Teil des Federastes sitzt eine schmale grüne Übergangszone. Die Kombination von violetten Federastspitzen und dem Mittelteil mit der gelben Astbasis ergibt Silbergrau als Gesamtfarbe.

Die Federn der Weibchen sind noch nicht untersucht worden; aber höchstwahrscheinlich werden auch sie die Violett-Struktur enthalten. Das bedeutet, falls einmal „blaue" Grauköpfchen entstehen, werden diese nicht „normal blau" sein, sondern violett gefärbt.

Genau wie bei den anderen Agaporniden enthalten die Häkchen der Bauchfedern nur gelbes Psittacin und sind dadurch heller gefärbt als die Federn der Flügeldecken, bei denen die Häkchen schwarzes Eumelanin enthalten.

Zusammenfassung

Jeder Vogel verdankt seine typischen Farben der Zusammensetzung der Befiederung. Verändert sich etwas an der Menge von Eumelanin oder Psittacin bzw. kommt es zu einer Veränderung in der Federstruktur, erscheint der Vogel anders gefärbt. Wenn diese Veränderung erblich ist (wenn alle Nachkommen dieselbe Abweichung haben), spricht man von einer Mutation. Wenn die Veränderung sich dagegen nur auf diesen einen Vogel beschränkt und nicht erblich ist, dann spricht man von individueller Abweichung oder Modifikation.

Jede Farbmutation ist also die Folge einer erblichen Abweichung, die in einer Veränderung der Farbe des Federkleides oder der Federstruktur resultiert. Eumelanin, Psittacin und die Schwammzone bestimmen zusammen die Farbe des Vogels. Verändert sich einer dieser drei Teile, dann ändert sich auch die Farbe des Vogels. Außerdem kann sich manchmal neben den Veränderungen in den Befiederung auch die Farbe der Augen, der Füße und der Krallen verändern. – Nun wird Ihnen sicher einleuchten, warum es so wichtig ist, dass ein Züchter etwas über Federstrukturen weiß...

Eumelanin

In der Haut der Vögel befinden sich Zellen, die Eumelanin und/oder Phaeomelanin bilden. Diese werden Melanozyten oder Pigmentzellen genannt. In diesen Zellen, genauer gesagt im endoplasmatischen Retikulum, werden zunächst die Matrixen (sprich: die Hüllen) der Pigmentkörner (Melanosome) gebildet (Hüllen können Sie sich am besten vorstellen wie farblose, fast unsichtbare Körner). Diese farblosen Proteinhüllen werden aus mindestens vier verschiedenen Eiweißen gebildet. Wenn diese farblosen Hüllen fertig sind, beginnt eine chemische Reaktion, die durch das Enzym Tyrosinase in Gang gesetzt wird (ein Enzym ist ein Stoff, der eine besondere Aufgabe hat; in diesem Fall muss er die chemische Reaktion aktivieren, die die Hüllen schwarz färbt: Das nennt man Pigmentsynthese). Während dieser chemischen Reaktion gibt es zwei Möglichkeiten: Entweder wird Eumelanin oder Phaeomelanin gebildet (wenn während des Umsetzungsprozesses von Dopaquinon das Enzym Cystein hinzugefügt wird – dieses Signal kommt von außerhalb des Melanozytens, nämlich aus dem Federfollikel – wird anstelle von Eumelanin Phaeomelanin gebildet; aber das ist bei Papageiartigen und ganz sicher bei Agaporniden nicht der Fall). Wenn der Prozess normal verläuft und die schwarzen Eumelanin-Körner vollständig gebildet wurden, werden sie mithilfe des (Transport-) Enzyms Myosin über lange Dendriten in der Feder abgelagert.

Das Enzym Tyrosinase besteht bei Vögeln aus 529 Aminosäuren. Jede Aminosäure wird von drei verschiedenen Basen codiert. Wenn Sie kurz nachrechnen, dann kommen Sie auf 529 x 3 = 1587 verschiedene Basen, die für den gesamten Prozess verantwortlich sind.

Es ist ein geniales System. Aber das bedeutet auch, dass Fehler (Mutationen) entstehen können, wenn die DNA sich während der diversen Zellteilungen verdoppelt. Wenn nämlich mit einer von diesen Basen bei der Bildung des Enzyms Tyrosinase etwas falsch läuft, hat das Auswirkungen auf die Tyrosinase-Aktivität, und sie wird nicht normal verlaufen. Dadurch wird dann die Qualität des gebildeten Eumelanins beeinflusst. Dieser Qualitätsunterschied wird an der Farbe des gebildeten Eumelanins sichtbar. – Außerdem kann auch ein Problem mit dem Transport-Enzym Myosin entstehen, wodurch später die Ablagerung in der Feder gestört wird.

Wildfarbene Schwarzköpfchen

haben von allen Agaporniden-Arten den höchsten Eumelanin-Anteil in der Kopffärbung.

Die wichtigsten Abweichungen

Eumelanin-Mutationen können in drei Kategorien aufgeteilt werden. Das sind die verschiedenen Formen von Albinismus (qualitative Reduktion) wie fallow (= Falbe) und Ino, Pigmentverdünnung

(quantitative Reduktion) wie dilute und gesäumt und schließlich Leucismus wie rezessiv und dominant gescheckt.

Albinismus oder qualitative Reduktion

Die bekanntesten Eumelanin-Mutationen sind zweifellos die Ino-Formen. Bei Agaporniden gibt es mehrere Ino-Formen, nämlich rezessiven Albinismus (NSL-Ino), geschlechtsgebundenen Albinismus (SL-Ino) und Falbe (fallow).

Bei rezessivem Albinismus kommt die Pigmentsynthese nicht oder kaum in Gang. Das sorgt dafür, dass leere Hüllen gebildet werden. Diese leeren Hüllen werden allerdings in der Feder abgelagert. Das nennt man Tyrosinase-negativen Albinismus (TYR-neg). Dieser Prozess kommt auch vor beim Bronze-Falben (bronze fallow), aber dann in geringerem Ausmaß. Hier kommt die Tyrosinase-Aktivität nur teilweise in Gang, wodurch eine schlechtere Qualität des Pigments gebildet wird.

Bei geschlechtsgebundenem Albinismus entstehen stark missgebildete und unterentwickelte Hüllen (Matrixen). Die Tyrosinase-Aktivität ist hier nicht in Mitleidenschaft gezogen, im Gegenteil: Man findet sogar eine im Vergleich zur Wildform zweieinhalbmal höhere Tyrosinase-Aktivität. Aber da die Hüllen zu klein und missgebildet sind, hat das keinerlei Effekt. Diese Form des Albinismus wird darum Tyrosinase-positiv (TYR-pos) genannt.

Es werden also in beiden Fällen melanosomale Hüllen gebildet, die bei NSL-Inos in normaler Anzahl vorhanden sind, aber farblos oder beinahe farblos bleiben. Bei SL-Inos färben sie sich zwar schwarz, aber sind ernsthaft missgebildet: Sie sind zu klein und zu wenig an der Zahl. Das Myosin tut hier zwar seine normale Arbeit und lagert die gebildeten Hüllen in den Federn ab – die Befiederung ist also nicht „leer“ –, aber es sitzen entweder leere oder sehr kleine, missgebildete Hüllen (Matrixen) in der Befiederung. Bei Albinismus wird kein sichtbares Eumelanin produziert, unter dem Elektronenmikroskop kann man es allerdings noch feststellen.

Beim Pale-Falbe (pale fallow) ist auch die Qualität der Hüllen (Matrixen) in Mitleidenschaft gezogen. Das verursacht eine qualitative Reduktion des Eumelanins. Eine andere Möglichkeit ist z.B., dass die Farbe während der Pigmentsynthese nicht ganz schwarz wird. Das kommt bei Zimt (cinnamon) vor. Bei Zimt entfällt die Produktion des Eumelanins in der letzten Phase. Dadurch ist das Endprodukt „braun“ gefärbtes Eumelanin. Die Hüllen haben zwar eine normale Form, nur ist das gebildete Eumelanin anders gefärbt: Es wird nicht

Links: DD blaues Schwarzköpfchen

Diese Mutation besitzt den höchsten Anteil an Eumelanin im gesamten Gefieder.

Bronze-Falbe-Rosenköpfchen D grün

Auch die Falbe-Mutationen zählen zu den Albinismen.

Quantitative Reduktion

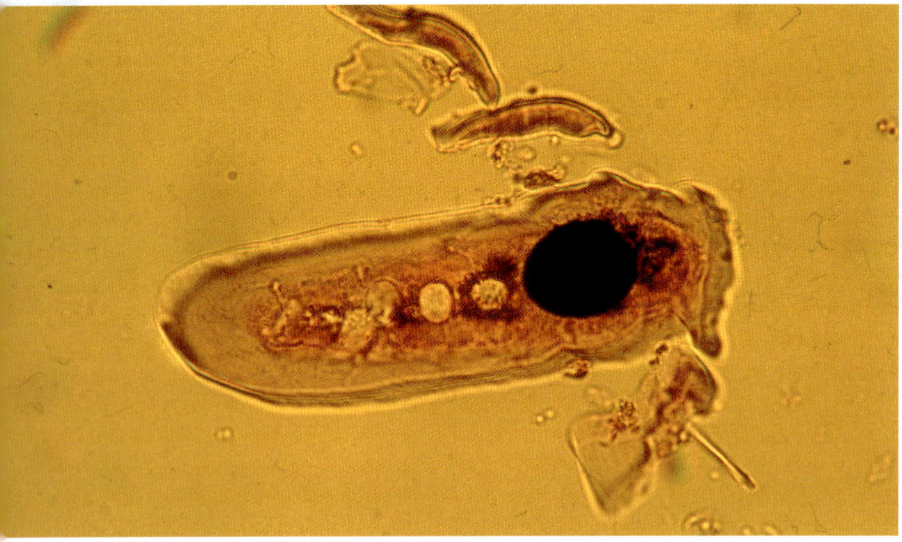

Feder-Querschnitt beim Rußköpfchen dilute

Man sieht deutlich die Verklumpung des Eumelanins

Eumelanin

- Im endoplasmatischen Retikulum des Melanozyten werden farblose Hüllen gebildet.
- Daraufhin bringt das Enzym Tyrosinase die Pigmentsynthese in Gang. Tyrosinase besteht aus 529 Aminosäuren (1587 Basen).
- Es gibt keine Umschaltung. Die Pigmentsynthese geht normal weiter.
- Das gebildete Eumelanin ist schwarz. Die Körner sind sphärisch (rund), oval, stabförmig und sogar nadelförmig.
- Eumelanin wird durch direktes Sonnenlicht beeinflusst (gebleicht).
- Eumelanin ist in alkalischen Flüssigkeiten nicht löslich.

schwarz. Es stimmt also nicht, dass bei Zimt „braunes Phaeomelanin" in den Federn abgelagert wird, wie manchmal zu lesen ist.

Albino-Mutationen korrespondieren mit mutierten Allelen von Loci, die beim Prozess der Melanisation, inklusive des Metabolismus und der Konstruktion von Melanosomen, beteiligt sind. Das Typische einer Albino-Mutation ist, im Vergleich zu den zwei anderen Gruppen, die Reduktion von Eumelanin sowohl im Körpergewebe als auch in den Federn. Die Tiere verlieren das Eumelanin also auch in den Augen, der Haut, den Füssen, dem Schnabel und den Krallen. Obwohl manche dieser Mutanten als erwachsene Vögel ein dunkles Auge haben, weisen sie alle eine helle Augenfarbe beim Schlupf auf. Die Eumelaninkörner dieser Farbschläge sind strukturell verändert. Die Veränderung an sich hängt von der Funktion des beteiligten Locus ab, aber es ist in jedem Fall eine qualitative Veränderung.

Pigmentverdünnung oder quantitative Reduktion

Es gibt auch eine sogenannte Pigmentverdünnung oder quantitative Reduktion von Eumelanin. Dies geht auf einen Defekt in der Verteilung (dem Transport) von Eumelanin zurück und hat mit der An- oder Abwesenheit von funktionierenden Transportmitteln wie Dendriten und Myosin zu tun. Alle Eumelanin-Körner werden normal gebildet, aber sie kommen nicht alle in der Feder an. Das ist u.a. bei edged (gesäumt) und dilute (übergossen) der Fall.

Eine andere Möglichkeit ist, dass während des Transports von normal gebildeten Körnern etwas falsch läuft. Dies passiert u.a. bei dilute. Da sorgt eine Mutation des „dilute"-Locus (Gens) dafür, dass das gebildete Eumelanin beim Ablagern in der Feder teilweise verklumpt. Das ergibt dann sogenannte „Makro-Melanosome" oder „Riesenkörner".

Bei quantitativer Reduktion des Eumelanins werden die Gewebe selbst nicht beeinflusst. Der Ablagerungsprozess in den Augen, der Haut und in anderen Geweben unterscheidet sich von dem in den Federn. Einfach gesagt: Diese Loci beeinflussen die Eumelanin-Ablagerung in der Haut nicht.

Leucismus

Die dritte Eumelanin-Mutation ist der Leucismus. Verschiedene Scheckungsformen werden durch

Phaeomelanin

- Im endoplasmatischen Retikulum des Melanozyten werden farblose Hüllen gebildet.
- Daraufhin bringt das Enzym Tyrosinase die Pigmentsynthese in Gang. Tyrosinase besteht aus 529 Aminosäuren (1587 Basen).
- Das genetische Signal, das die Umschaltung bei Hühnern und Finkenartigen regelt, kommt von außerhalb des Melanozyten (Federfollikel)
- Das gebildete Phaeomelanin ist von rotbrauner Farbe und die Form ist amorph.
- Phaeomelanin verbleicht nicht in direktem Sonnenlicht.
- Phaeomelanin ist in alkalischen Flüssigkeiten löslich.

Leucismus verursacht. Das hat nichts mit Tyrosinase und der Bildung oder dem Einfärben der Hüllen zu tun. Hier liegt die Ursache in der Neuralleiste (der Wanderung der Melanoblasten zur Haut bzw. im Milieu der Haut selbst). Bei Leucismus fehlen in bestimmten Hautsektoren die Melanozyten fast vollständig. Und wenn keine Pigmentzellen in der Haut vorhanden sind, kann auch kein Pigment darin abgelagert werden.

Bei rezessiv Schecke (rezessiv pied) gibt es einen Defekt in der Verteilung der Pigmentzellen von der Neuralleiste aus, dem Ort, wo die Melanoblasten entstehen, wodurch zu wenig und in manchen Gebieten gar keine Melanozyten in der Haut ankommen. Das Enzym Myosin kann seine Arbeit verrichten, aber wenn es wenig oder gar keine Melanozyten gibt, können sie nicht ausreichend Pigment ablagern, um die Feder normal zu färben. Bei dominant pied (= dominant Schecke) sind bestimmte Hautsegmente genetisch dergestalt verändert, dass die Melanozyten sich darin nicht ansiedeln können oder sogar absterben. Hier ist in den bunten Federfeldern absolut keine Hülle (Matrix) in der Feder eingelagert. Darum heißen sie amelanotische (pigmentlose) Gebiete, sie sind „leer". Es gibt dort nicht einmal farblose Melanosom-Hüllen.

Zusammengefasst gibt es drei Arten, wie sich die Eumelanin-Ablagerung in der Feder verändern kann:

- Beschädigung des Metabolismus der Eumelanin-Produktion ergibt Albinismus.

- Beschädigung in der Steuerung des Transports der Eumelanin-Körner in die gewünschten Federzonen verursacht Eumelanin-Pigmentverdünnung.

- Beschädigung von Zellen, die für die Eumelanin-Produktion verantwortlich sind, verursachen Leucismus.

Machen wir uns bewusst, dass das einen erheblichen Einfluss auf die Bildung und Ablagerung des

Pfirsichköpfchen rezessiv gescheckt grün

Die Scheckungs-Mutationen gehören zu den Leucismen.

Lutino-Schwarzköpfchen (NSL-Ino)

Bei dieser Mutation sieht man die Ausprägung des Psittacins besonders gut - die sonst durch Eumelanin stark schwarz gefärbte Maske ist bei dieser Form relativ blass.

Eumelanins hat. Eumelanin und Phaeomelanin sind dagegen zwei total verschiedene Dinge, was allein schon der große Unterschied zwischen der Produktion von Phaeomelanin und der von Eumelanin zeigt.

Wenn eine Mutation bei der Produktion des Eumelanins auftritt, scheint es sich vielleicht „nur“ um ein Verblassen der Federn zu handeln. Aber wie Sie jetzt wissen, ist das ein komplexer Prozess.

Um richtig bestimmen zu können, mit welcher Mutation man es zu tun hat, muss man beachten, was da genau mit dem Eumelanin geschieht – kombiniert mit dem Genotyp (dem genetischen Hintergrund) jeder Mutation. Früher passierte es nur allzu oft, dass man aufs Geratewohl einen Namen für eine neue Mutation erfand. Manchmal war es ein Name, der einer bereits bestehenden Mutation ähnelte oder der einfach kommerziell lukrativ war. Das ist heute nicht mehr möglich! Vergessen wir nicht, dass wissenschaftlich bereits eine ganze Reihe von Namen festgelegt ist. Und wenn man will, dass andere dieses Hobby auch ernst nehmen, müssen die neuen Mutationen auch korrekte Namen bekommen.

Psittacin (Psittacofulvin)

Im Gegensatz zu den meisten Vogelarten, wo wir neben Melaninen auch noch Karotenoide in der Befiederung antreffen, sind die Papageiartigen (Psittaciformes), also auch die Agaporniden, eine Ausnahme. Anstelle von Karotenoid treffen wir in ihren Federn ein ungewöhnlich helles Farbpigment an. Es wurde schon 1883 von Krukenberg wissenschaftlich festgestellt, und er gab dem Pigment den Namen Psittacofulvin (Krukenberg, C. F. W., 1882. Die Federfarbstoffe der Psittaciden. Vergleichend-physiologische Studien, Reihe 2, Abtlg. 2, 29 - 36). In den Jahren 1936, 1937 und 1942 wurde das durch Völker auch mehrmals untersucht und bestätigt.

So wie Karotenoide sind Psittacofulvine oder Psittacine, wie wir das nennen, „lipid-löslich“, d.h. in apolaren Lösungsmitteln wie Benzol oder Chloroform löslich. Es sind „Biochrome", und ihre Farbe ist einem mikroskopisch kleinen, natürlichen Pigment, das die Farben chemisch verursacht, zuzuschreiben. Ihre chemische Zusammensetzung versetzt sie in die Lage, manche Farben zu absorbieren und andere wiederum zu reflektieren. Die sichtbare Farbe ist eine Kombination aller sichtbaren Wellenlängen des Lichtes, die durch das Pigment widergespiegelt werden.

Bei Kanarien ist bekannt, dass die Farbe des Karotenoids in der Befiederung beeinflusst werden kann, indem man bestimmte Nahrungsstoffe verabreicht. Die Karotenoid-Farbstoffe werden von den Vögeln mit der Nahrung aufgenommen und über den Verdauungsapparat kommen sie in die Blutbahn, von wo der Stoff direkt oder indirekt in der wachsenden Feder abgelagert wird. Die Umsetzung des mit der Nahrung aufgenommenen Karotenoids in den Vogelkörper geschieht durch Enzyme, die durch erbliche Faktoren beeinflusst werden. Die Intensität der Farbe wird durch die Art des Karotenoids und die Menge, die eingelagert wird, bestimmt.

Die Federn von Agaporniden besitzen rotes, orangefarbenes und gelbes Psittacin. Neuere Untersuchungen von McGraw (2004) bei einigen Papageiartigen haben gezeigt, dass zwar in der Blutbahn bestimmte Karotenoide angetroffen werden, aber kein Psittacin. Dies bedeutet, dass Papageien zwar die Möglichkeit haben, Karotenoide aufzunehmen, aber sie verwenden diese aufgenommenen Farbstoffe nicht, um sie in den Federn einzulagern. Stattdessen entwickeln sie Psittacin. Die Ursache für das Entstehen von Psittacin werden die Wissenschaftler also wahrscheinlich in den Federfollikeln selbst zu suchen haben. Das deutet darauf hin, dass dieses Pigment nicht von aufgenommenen Farbstoffen abhängt oder beeinflusst wird. Mit anderen Worten: Im Gegensatz zu Kanarienvögeln kann man die rote, gelbe oder orangene Farbe in den Federn von Agaporniden nicht durch die Verabreichung bestimmter Ernährungs- oder Farbstoffe beeinflussen.

Erdbeerköpfchen dilute grün

Die rote Farbe in den Agapornidenfedern lässt sich nicht durch Ernährungs- oder Farbstoffe beeinflussen

Früher war es manchmal sehr mühsam, Mutationen den richtigen Namen zu geben. Irrtümer in der Namensgebung kamen leider regelmässig vor. Glücklicherweise können Sie nun auf die wissenschaftlichen Untersuchungen, die innerhalb der MUTAVI Research & Advies Groep (siehe Kapitel MUTAVI) stattfinden, zurückgreifen. Dort können Sie aufgrund der Untersuchungen zur Federstruktur von Mutationen eine Vielzahl an wissenschaftlich untermauerten Informationen bekommen. Neue Mutationen werden besser erforscht und Mängel in der Namensgebung sind mittlerweile beseitigt.

MUTAVI

Die MUTAVI-Forschungs- und Beratungs-Gruppe (MUTAVI Research & Advices Groep) wurde im Jahr 1985 von John van Eerd und Inte Onsman aufgebaut. Es ging darum, beim Schreiben von Artikeln über Genetik, Federstruktur, Pigmentierung, Mutationen u.ä. bei Vögeln zu einer stärker wissenschaftlichen Arbeitsweise zu finden. Nach dem plötzlichen Tod von John van Eerd wurde die gesamte Koordination von Inte Onsman übernommen.

MUTAVI ist eine unabhängige Organisation, die nicht an eine Vogelvereinigung gebunden ist. Es wird ausschließlich geforscht, beraten und an den Arbeitsgruppen teilgenommen, die mit MUTAVI zusammenarbeiten wollen, um auf diese Weise Untersuchungen bei verschiedenen Vogelarten besser ausführen zu können. Die Ratschläge von MUTAVI sind immer nur Richtlinien und Orientierungshilfen. In den letzten Jahren wurde hart an der Einführung einer besseren Namensgebung der diversen Mutationen und der Verbesserung genetischer Symbole und ihres Gebrauchs gearbeitet.

So werden bei MUTAVI viele Untersuchungen von Pigmentabweichungen durchgeführt, die mit Mutations-Phänotypen zu tun haben, deren Ursache oder Vererbungsweise noch nicht genau feststehen. Um Pigmentabweichungen zu bestimmen, werden von verschiedenen Federn Querschnitte von 1/4000 mm gemacht. Diese „cross-sections" werden mit Hilfe von Chemikalien eingefärbt und können nach einem Trocknungsprozess schließlich unter dem Mikroskop studiert und fotografiert werden. So kann durch einen Vergleich mit der Pigmentbildung bei der Wildform festgestellt werden, was genau mit dem Eumelanin passiert ist

Links: Pfirsichköpfchen dominant gescheckt slaty

MUTAVI untersucht alle neu entstehenden Farbveränderungen.

und mit welcher Art von Mutation man es zu tun hat. Der Vergleich dieser verschiedenen Faktoren ergibt schließlich Erkenntnisse darüber, welche Mutation vorliegt.

Selbstverständlich ist auch genetische Hintergrundinformation von immenser Bedeutung. Um die Resultate und Schlussfolgerungen zu untermauern, besitzt MUTAVI eine Datenbasis von mehr als 2.000 Artikeln. Neunzig Prozent davon bestehen aus wissenschaftlicher Literatur und dienen als Grundlage für das Beschreiben und Analysieren von Fragestellungen, die für unser Hobby relevant sind. MUTAVI besitzt eine große Bibliothek, und die neuere wissenschaftliche Literatur wird ständig nach Artikeln durchforscht, die sich mit für uns interessanten Themen beschäftigen. Das verschafft uns die Möglichkeit, bessere bzw. fundiertere Artikel zu schreiben, von denen letztendlich alle lernen und profitieren können.

Bei MUTAVI ist man der Meinung, dass die Zeit jetzt am Anfang dieses neuen Jahrhunderts reif ist, um Verbesserungen und Neuerungen vorzustellen, so dass jeder seinen Nutzen davon haben kann. Internationale Kontakte über das Internet haben deutlich gemacht, dass ein großer Bedarf an Eindeutigkeit, Übereinstimmung, Forschung und Zusammenarbeit in der Vogelwelt besteht.

MUTAVI hat eine eigene niederländisch- und englischsprachige Internetseite, die intensiv besucht wird. Untersuchungsergebnisse und Artikel werden auf dieser Seite ausführlich erläutert. Regelmäßig werden neue Ergebnisse und Entwicklungen hinzugefügt. Die wichtigsten Vogelarten, bei denen z. Z. Untersuchungen zu Mutationen, Namensgebungen und der Korrektheit genetischer Symbole durchgeführt werden, sind Agaporniden, Sperlingspapageien, Wellensittiche, Halsbandsittiche, Kanarienvögel, Gouldamadinen und Nymphensittiche.

Weiter Information über MUTAVI finden Sie auf der Website: *www.MUTAVI.info*

Bezeichnungen für Mutationen

Wie Sie vermutlich schon bemerkt haben, sind die meisten ornithologischen Vereinigungen in den letzten Jahren zur internationalen Nomenklatur für die Benennung der bestehenden Mutationen übergegangen. (Die AZ Deutschland etwa führte dieses System im Jahr 2009 ein.) Diese internationale Namensgebung ist aus der Notwendigkeit entstanden, korrekte Informationen weiterzugeben.

Als wir 1998 von der BVA (Belgische Vereinigung Agaporniden VZW) mit den anderen Dachorganisationen zusammen an einem Tisch saßen (und das geschah damals zum ersten Mal überhaupt), war die Zielsetzung lediglich, für Belgien und die Niederlande eine einheitliche Nomenklatur für Agaporniden zu entwickeln. Denn in diesen beiden Ländern, die doch dieselbe Sprache sprechen, gab es damals für Mutationen bei Agaporniden manchmal sechs bis sieben verschiedene Namen. – Dass das für einen Anfänger sehr verwirrend war, muss man nicht eigens erwähnen. – Daraufhin wurden die ersten Absprachen über einheitliche Namen für Agaporniden in Belgien und den Niederlanden getroffen.

Schon sehr schnell zeigte sich, dass innerhalb des damals aufgestellten Namenssystems immer noch einige Ungereimtheiten steckten, die in jedem Fall ausgeräumt werden mussten. So waren Ausdrücke wie fallow Typ 1 und Typ 2 nicht 100%-ig korrekt. Wir hatten auch noch mit Ausdrücken wie „isabell" usw. zu tun. Es gab noch viel zu tun. Die Herausforderung war mehr als deutlich: Es sollte nur noch einen Name für ein und dieselbe Mutation geben. Die Lösung des Problems war jedoch nicht leicht.

Links: Rosenköpfchen rezessiv gesäumt

Die internationale Bezeichnung für diese Mutation wurde erst vor kurzem von „edged dilute" in „marbled" geändert.

Das Lutino-Pfirsichköpfchen

ist eine „NSL-Ino"-Mutation

Als das Internet aufkam, wurde die Kommunikation mit anderen Ländern und Clubs viel einfacher. Zumindest dachten wir das. Leider waren es wieder die Sprachbarrieren und die unterschiedlichen Namen, die für Verwirrung sorgten. Im Jahr 1999 wurde daraufhin die Genetics-Psittacine-Gruppe im Internet gegründet. Ihre Zielsetzung war klar: Sie sollte Informationen über die existierenden Mutationen bei allen Papageiartigen untereinander weitergeben. Doch auch das war nicht so einfach, wie wir gedacht hatten. Als wir planten, nur noch die englischen Ausdrücke zu benutzen, ergab sich, dass auch jedes englischsprachige Land – und manchmal sogar jede Gegend – eigene Namen verwendete. Während wir im günstigsten Fall feststellten, dass man sich prinzipiell auf die Mutationen bei Wellensittichen bezog, fanden wir andernorts wieder völlig andere Namen vor. Schon sehr bald wurde deutlich, dass es dringend notwendig war, innerhalb der Gruppe einige Absprachen zu treffen.

Rosenköpfchen DD türkis

Früher wurden solche Vögel als „oliv Weißmaske" bezeichnet.

Da wir bei MUTAVI schon einige Jahre lang geforscht hatten, wussten wir zwar, dass es eine ganze Reihe von Namen gab, aber dass genetisch gesehen bei Papageiartigen nur eine begrenzte Anzahl von Mutationen vorkam. Das Problem bestand nun darin, dass jede Papageienart in der Wildform anders aussieht und demzufolge auch die Mutationen anders erscheinen. Wenn wir die Federn von innen untersuchten, stellten wir jedoch fest, dass fast alle Arten von Mutationen auf dieselbe Weise entstanden, sowohl genetisch als auch was die Bildung der Farbstoffe betraf. Wir konnten eigentlich bei allen Arten dieselben Namen für die vorhandenen Mutationen verwenden.

Ein zusätzliches Problem bestand darin, dass es auch zahllose Mutations-Kombinationen gab, die zu Unrecht für eine eigenständige Mutation gehalten wurden und von daher auch einen eigenen Namen bekommen hatten. Kurz und gut: Es war ein richtiges „Tohuwabohu."

Wenn wir ein stabiles System wollten, war es nötig, eine Basis für all die verschiedenen Mutationen zu finden, praktisch einen roten Faden zur Festlegung der Mutationsart. Und das war der Genotyp (genetisch: Welche Stelle ist betroffen? Wie verläuft die Vererbung?) bzw. die Entstehung der Farbstoffe und der Federstruktur des Mutanten (Was passiert da genau in der Feder?).

Für die Wahl der Namen wurde (und wird immer noch) den bereits vorhandenen Namen für Mutationen beim Wellensittich der Vorzug gegeben, vorausgesetzt, diese Namen waren wirklich angemessen. Leider mussten wir verschiedentlich feststellen, dass man hin und wieder Namen von Ländern in den Namen verwendete: z.B. Dänischer Schecke, Holländischer Schecke oder Schottischer Falbe. Natürlich waren diese Namen ungeeignet. In diesem Fall mussten wir uns von der wissenschaftlichen Literatur inspirieren lassen. Schon jahrelang wurde ja wissenschaftliche Forschung zu Mutationen bei Mäusen, Hühnern und Truthühnern betrieben. Diese Mutationen werden nach der Bildung der Pigmente klassifiziert und waren daher eine gute Informationsquelle.

So wurde Schritt für Schritt ein System entwickelt, das logisch aufgebaut war. Die Zielsetzung bestand zunächst darin, dieses System lediglich in der Genetic-Psittacine-Gruppe zu verwenden. Aber im Lauf der Zeit hat sich dann etwas völlig anderes ergeben: Aus verschiedenen anderen Gruppen und über Internet-Kontakte bekamen wir mit immer mehr Interessenten zu tun. Schon bald hörten wir, dass verschiedene andere Instanzen auch bereit waren, dieses logisch strukturierte System innerhalb ihrer eigenen Organisation anzuwenden, und dass sie darum mit MUTAVI zusammenarbeiten wollten. – Dadurch wurde der Anspruch für uns noch größer, denn je mehr Partner und Vogelarten dazukamen, umso mehr Kompromisse mussten wir machen und umso mehr Faktoren mussten beachtet werden.

Natürlich ging das nicht immer ohne „Hauen und Stechen". Dass die Vogelzüchter-Welt urkonservativ ist, wussten wir ja schon länger („Was man nicht kennt, das hat man nicht gern."). Und wir bekamen es auch jetzt zu spüren: Vorwürfe gegen das System kamen recht schnell auf. Aber sie flauten auch recht schnell wieder ab, nämlich in dem Maße, wie die Leute begriffen, dass der Vorteil dieses Systems darin bestand, endlich für dieselbe Mutation den gleichen Namen verwenden zu können. – Zugegeben, wenn man jahrelang daran gewöhnt ist, bestimmte Namen zu verwenden und man soll das dann ändern, ist das nicht immer einfach. Aber Liebhaber, die sich damit befassten, sahen schon sehr schnell den Vorteil des Systems. Und nun war es zumindest für sie eindeutig. Der gesunde Menschenverstand schien doch die Oberhand zu gewinnen und die internationale Namensgebung wurde ein Faktum.

Zur Verdeutlichung: Es gibt niemanden, der erwarten würde, dass der Züchterjargon sich von heute auf morgen ändert. Man sollte sich allerdings darüber im Klaren sein, dass es nun neben den alten Namen auch international akzeptierte Namen gibt, die für internationale Kontakte und Anmeldungen für Ausstellungen verwendet werden. Man kann sich das in etwa so vorstellen wie mit einem Dialekt und mit Hochdeutsch: Der Gebrauch bürgert sich erst nach und nach ein. Und wenn alle Redaktionen sich konsequent an die Vorgaben halten, wird es bald keine Verwirrung mehr geben.

Wie gehen wir bei der Namensfestlegung für neue Mutationen vor?

Zu Anfang muss erst einmal gesagt werden, dass wir weitaus mehr brauchen als nur ein paar Federn, um zu einem Ergebnis zu kommen. Dabei ist es zunächst von Bedeutung, ob es sich wirklich um eine Mutation handelt. Mit anderen Worten: Vererbt sich diese Form auch weiter? Wenn das der Fall ist, besteht die vorrangige Aufgabe darin, festzustellen, wie die Vererbung verläuft. Meistens braucht es doch einige Generationen, bevor wir darüber 100%ige Sicherheit haben. Danach gehen wir dann auf die Suche nach spezifischen Merkmalen wie Augenfarbe, Fußfärbung, bestimmte Federn usw.

Über Federuntersuchungen

lassen sich Mutationsformen wie Dilutismus, Leucismus und Albinismus leicht erkennen.

Mit einer Basis-Untersuchung der Federn können wir schon bestimmen, ob wir es mit einer Form von Dilutismus, Leucismus oder Albinismus zu tun haben. Bei einer begrenzten Anzahl von Mutationen ist es möglich, schon bei der ersten Untersuchung zu sagen, um welche Mutation es sich handelt. Leider sind diese Mutationen aber nicht so zahlreich und meist benötigen wir deshalb zusätzliche Informationen. Es ist auch unerlässlich, neben der Vererbungsweise herauszufinden, ob die neue Mutation eventuell ein Allel einer bereits bestehenden Mutation ist. Wir brauchen daher verschiedene Zuchtergebnisse. Sind diese Informationen einmal vorhanden, können wir schon in eine bestimmte Richtung denken und einige Mutationen ausschließen.

Beim nächsten Schritt vergleichen wir den Querschnitt der Feder mit bereits identifizierten Mutationen. Wenn es ausreichende Übereinstimmungen gibt, ist die Frage manchmal sehr schnell gelöst. Wenn es allerdings etwas vollständig Neues ist, beginnen wir zunächst einmal mit einer Recherche in der wissenschaftlichen Literatur – in der Hoffnung, dass diese Mutation vielleicht schon einmal beschrieben wurde. Das kann sehr lange dauern. Stapel wissenschaftlicher Veröffentlichungen müssen durchgesehen werden – ganz zu schweigen von den Kosten, die damit verbunden sind, denn viele Veröffentlichungen sind nur gegen Bezahlung zu bekommen. Glücklicherweise haben wir Kontakte zu verschiedenen Universitäten und Forschungszentren, die uns helfen.

Grundregeln der Namensgebung

Rosenköpfchen „opalin-ino"

Kombinationen aus Crossing-overs werden in der internationalen Mutationsbezeichnung mit Bindestrich zwischen den Basismuationen angegeben.

Wenn die Mutation ausreichend bekannt ist und es dafür noch keinen bestehenden Namen gibt, wird – immer in internationaler Absprache mit ein paar Spezialisten – nach einem passenden und wissenschaftlich verantwortbaren Namen gesucht. Ist die Ursache der Mutation jedoch immer noch unzureichend bekannt, können wir versuchen, Untersuchungen mit einem Elektronenmikroskop durchführen zu lassen. Aber wenn man weiß, dass solche Federuntersuchungen leicht 2.000 bis 3.000 Euro kosten, leuchtet einem schnell ein, warum das nicht so häufig vorkommt.

Deutsche und internationale Mutations-Bezeichnungen

Die in diesem Buch verwendeten deutschen Namen für Mutationen richten sich einerseits nach der gängigen Bezeichnung, wie sie in jüngerer Zeit von den Züchtern und Verbänden verwendet wird, unterliegen aber auch den Regeln der deutschen Rechtschreibung. Insbesondere bei der Verwendung des Bindestrichs kann es dabei zu „Konflikten" mit den international genormten Bezeichnungen für Mutationen kommen. In diesem Buch wurden deshalb in „Konfliktfällen" immer auch die internationalen Mutationsnamen in Klammer hinter den deutschen geschrieben. Lediglich bei den Kapitelüberschriften erscheint zuerst der deutsche Name, und der internationale folgt in Klammern.

Entscheidend und auch eindeutig für eine Mutation ist die internationale Bezeichnung, die – wann immer möglich – verwendet werden sollte.

Ein paar Grundregeln der internationalen Bezeichnungen:

- Die Abkürzungen EF und DF werden verwendet, um bei dominanten Mutationen einfaktorig und doppelfaktorig zu bezeichnen.
- Da es zwei Typen Inos gibt, nämlich eine geschlechtsgebundene und eine rezessive Ino-Mutation, werden diese „NSL (non-sex-linked) ino" für rezessive Inos und „SL (sex-linked) ino" für geschlechtsgebundene Inos genannt.
- Bei geschlechtsgebundenen dominanten Mutationen benutzt man SL EF und SL DF.
- Für einen Phänotyp, der durch zwei verschiedene Mutationen hervorgerufen werden kann, werden keine eigenen Namen mehr verwendet.
- Kombinationen aus Crossing-overs werden angegeben, indem man die beiden Basis-Mutationen mit einem Bindestrich dazwischen angibt, wie etwa „cinnamon-ino" oder „opalin-lutino". Man kann sich das leicht merken, da der Ausdruck Crossing-over ebenfalls einen Bindestrich hat.
- Kombinationen, die durch multiple Allele verursacht werden, gibt man an, indem man beide Namen der Basis-Mutationen direkt aneinander schreibt, z.B. „PastelIno". Man verwendet dabei Großbuchstaben, wenn man den Anfang der Mutationen angeben will. „PastelIno" etwa kommt von „pastel" und „ino". Wenn eins der beiden Allele eine dominante Vererbung hat, schlagen wir vor, den Namen dieses Allels vollständig in Großbuchstaben zu schreiben und das rezessive weiter in kleinen Buchstaben, z.B. „DOMINANTALLELRezessivAllel"
- Dunkelfaktoren werden mit dem Großbuchstaben D angedeutet.

In den meisten Ländern verwendete man die Ausdrücke grün, dunkelgrün und olivgrün. Aber andere Länder verwendeten wieder andere Ausdrücke. Auch war es für einen Anfänger manchmal schwierig zu verstehen, warum man z.B. den Ausdruck „mauve“ für einen blauen Vogel mit zwei Dunkelfaktoren verwendete. Denn das erweckte den Eindruck, dass es sich hierbei um eine eigenständige Mutation handelte, obwohl es im Wesen nichts anders ist als die Kombination von zwei dominanten Dunkelfaktoren mit Blau. Schließlich kam Clive Hesford aus England auf die Idee, die Dunkelfaktoren mit den Großbuchstaben D und DD anzudeuten und diese dem Namen der Basis-Mutation hinzuzufügen: D grün (Dunkelfaktor) oder DD grün (doppelter Dunkelfaktor). Der große Vorteil dieses Systems besteht darin, dass es sowohl bei grün als auch bei blau und jeder anderen Basis-Mutation verwendet werden kann.

Nun schauen wir uns einmal an, welche Erfordernisse und Absprachen es auf genetischem Gebiet gibt, um eine Mutation zu bestimmen. Leider ist das ein etwas komplexerer Vorgang.

Die Art der Vererbung

Eine Grundvoraussetzung für die Anerkennung einer eigenständigen Mutation ist natürlich, dass dieselbe Mutation auf dieselbe Art vererbt. Denn Vererbung kann ja auf ganz unterschiedliche Weise geschehen: autosomal rezessiv, autosomal dominant, geschlechtsgebunden (SL = sex-linked) rezessiv, geschlechtsgebunden (SL) dominant und multifaktoriell. Nur wenn wir diese Regeln konsequent durchhalten, kann man anhand des Namens bereits ableiten, wie eine Mutation vererbt. So weiß man z.B., wenn es eine cinnamon-Mutation ist, dass diese Mutation geschlechtsgebunden vererbt und sich gegenüber der Wildform rezessiv verhält. In der Vergangenheit geschah es leider mehrfach, dass bestimmte Namen sowohl für autosomal rezessive, autosomal dominante als auch geschlechtsgebundene Vererbung gebraucht wurden. Es war das reinste Chaos! – Das versuchen wir mit dem neuen System grundsätzlich zu vermeiden. Aber trotzdem können sich auch da Ausnahmen ergeben.

Zunächst einmal muss man wissen, dass der gesamte Genotyp bei Papageiartigen zum größten Teil derselbe ist. Es sind lediglich kleine Unterschiede auf den Chromosomen, die dafür sorgen, dass wir verschiedene Arten von Papageien haben. Und es ist vor allem wichtig zu wissen, dass bei den unterschiedlichen Psittaciden die Zahl der Chromosomen von Art zu Art sehr verschieden sein kann. Trotzdem besitzen alle Chromosomenpaare zusammen beinahe genau dieselben gemeinschaftlichen Gene.

Die unterschiedliche Anzahl der Chromosomenpaare ist im Lauf der Evolution entstanden. Wie man weiß, besteht einer der wichtigsten Vorteile bei der geschlechtlichen Fortpflanzung darin, dass Gene ausgetauscht werden. Jedes neue Individuum bekommt auf diese Art eine einzigartige Gen-Paarung, die (pro Chromosomenpaar) aus einem Chromosom vom Vater und einem von der Mutter besteht. Auf diesen Chromosomen finden wir zwar immer wieder dieselben Gene wieder, aber diese Gene müssen nicht per se homozygot (miteinander identisch) sein.

Während der Produktion der Geschlechtszellen (Gameten) können während der Zellteilungen auch Teile von Chromosomen verloren gehen (Deletion) oder selbst auf andere Chromosomenpaare übergehen (Transmutation). Meistens sind die Folgen davon letal (tödlich), aber das muss nicht immer so sein. Wenn bei einer bestimmten Art diese chromosomalen Abweichungen schließlich (meistens durch Inzucht) bei verschiedenen Individuen wiederzufinden sind, kann es sogar passieren, dass innerhalb der gleichen Art verschiedene Genotypen existieren.

Ein deutliches Beispiel dafür ist der Blauflügel-Sperlingspapagei (*Forpus xanthopterygius*): Bei dieser Art sind bei einer wissenschaftlichen Untersuchung im Jahre 1983 sogar drei verschiedene Genotypen gefunden worden: Eine Untersuchung von 41 Vögeln ergab überraschende Zahlen. Die meisten Vögel hatten 43 vollwertige Chromosomenpaare bzw. 86 Chromosomen insgesamt. Man fand jedoch auch ein Weibchen, das vom Chromosom 5 nur ein Chromosom des Paares besaß und somit insgesamt nur 85 Chromosomen hatte. Schließlich fand man sogar ein Männchen, dem das Chromosom 5 vollständig fehlte. Dieser Vogel hatte demzufolge nur 84 Chromosomen. Dennoch war äußerlich kein Unterschied zwischen den verschiedenen Genotypen zu erkennen. – Ein solcher Unterschied in der Anzahl der Chromosomen innerhalb einer Art wurde bei Vögeln mindestens noch viermal wissenschaftlich nachgewiesen: beim Haushuhn (*Gallus domesticus*), beim Kuhreiher (*Bubulcus ibis*), bei der Muskatamadine (*Lonchura punctulata*) und beim Schwarzkopfpirol (*Oriolus xanthornus*).

Es ist gut zu wissen, dass dieser Unterschied in den Chromosomenpaaren letztendlich dafür sorgen kann, dass Populationen dieser Vögel sich im Lauf der Zeit als eigenständige Art entwickeln können und ein Austausch von Genen (sprich: das Produzieren von Nachkommen) mit der Ursprungsart dann nicht mehr möglich ist. Aber hierbei sprechen wir wahrscheinlich über einen Zeitraum, der einige tausend Generationen umfasst.

Wie ist das möglich? Nun, nicht die ganze DNA (Gene), die wir auf den Chromosomen wiederfinden, wird gebraucht. Bestimmte Stücke der DNA haben eigentlich überhaupt keine erkennbare Funktion. Aus der DNA werden Aminosäuren gebildet, die wiederum bestimmte Eiweiße bilden. Das nennt man Eiweiß-Synthese. Während dieser Eiweiß-Synthese sorgt die RNA dafür, dass die DNA in Aminosäuren umgesetzt wird. Im Verlauf dieses Prozesses werden jedoch nicht alle Teile der DNA kodiert, sondern nur bestimmte Teile des Gens werden herausgenommen. Mit den übriggebliebenen Teilen der RNA (Exons genannt) werden dann die Aminosäuren und schließlich die nötigen Eiweiße gebildet. Wir wissen mittlerweile, dass es genau diese Eiweiße sind, die die vollständige Funktionsweise und die Eigenschaften eines Individuums bestimmen. Es ist also eigentlich nicht wichtig, ob ein bestimmtes Gen z.B. auf Chromosom 5 oder auf Chromosom 7 liegt. Wichtig ist lediglich, dass dieses Gen-Paar vorhanden ist und die nötigen Aminosäuren herstellen kann.

Deshalb können viele Arten – selbst mit einer unterschiedlichen Anzahl von Chromosomenpaaren – die gleichen typischen Eigenschaften haben: Psittaciden haben z.B. alle einen krummen Schnabel, Finkenartige dagegen einen geraden. Aber innerhalb jeder Art, ob es nun Finken oder Papageien sind, haben sie einen ganz eigenen Genotyp.

Auf diese Weise hat jede Art ihre ganz eigene genetische Zusammenstellung bekommen, und trotzdem sind die wichtigsten Gene bei allen Arten vorhanden. Wenn sich nun Translokationen (Übertragungen von Genstückchen) ergeben und diese Mutationen auf den autosomalen Chromosomen (also nicht auf den Geschlechts-Chromosomen) liegen, werden wir davon meist nichts bemerken. Denn ob sich die Mutation nun auf Chromosom 7 oder 10 befindet, sie vererben doch alle autosomal.

Verwirrender kann es jedoch werden, wenn typische Eigenschaften einer Mutation, die man normalerweise auf einem autosomalen Chromosom findet, nun plötzlich auf dem Geschlechtschromosom erscheinen und sich dann auch noch dominant vererben. Ein neueres Beispiel dafür ist wahrscheinlich die SL (geschlechtsgebundene) dominante Mutation Graufl ügel, die vor einigen Jahren beim Katharinasittich (*Bolborhynchus lineola*) entstanden ist. Das Bild, das wir dort in den Federn zu sehen bekamen, war eher eine Form von dilute als die üblichen, durch Tyrosinase beeinflussten Mutationen, die wir normalerweise auf dem Z-Chromosom antreffen. Darum gehen wir beim Katharinasittich davon aus, dass das Gen, das verantwortlich für die Wirkungsweise des Enzyms Myosin V ist, hier durch Translokation auf dem Geschlechtschromosom gelandet ist. In diesem spezifischen Fall bleibt der Name Grauflügel erhalten (so wie bei seinem autosomal rezessiven Äquivalent), aber um den Unterschied anzugeben, wird diese Mutation SL (Sex-linked oder geschlechtsgebundener) EF oder DF (einzel- oder doppelfaktoriger) Grauflügel genannt (SL EF oder DF greywing). Das EF und DF gibt deutlich an, dass diese Form dominant vererbt. SL deutet an, dass diese Mutation sich auf dem Geschlechtschromosom befindet. Wie es kommt, dass diese Mutation sich dominant verhält, kann möglicherweise mit der Tatsache zusammenhängen, dass dieses Gen „invers", also umgekehrt angeordnet ist oder dass ein Stückchen davon verloren gegangen ist. Glücklicherweise ist so etwas aber eher die Ausnahme.

Manchmal kann es auch der Fall sein, dass bestimmte gleich aussehende Phänotypen durch verschiedene Mutationen entstehen oder dass bestimmte Prozesse durch verschiedene Loci beeinflusst werden können. So unterscheiden wir z.B. mehrere Loci, die wahrscheinlich bei der Herstellung von Eumelanin beteiligt sind:

- SL ino-Locus = kodiert wahrscheinlich für das MATP-Protein (membrane-associated transporter protein). Dieses Protein soll Tyrosinase, TRP1 und TRP2 zu den Prä-Melanosomen (den Vorläufern der Pigmentzelle) transportieren. Dies wurde schon 1987 von Hiroaki Yamamoto vermutet und später von Kushimoto et al. (1998) bestätigt.
- a-Locus = Tyrosinase-negativ (kodiert für Tyrosinase) und regelt den Färbungsprozess von Eumelanin nach Schwarz.
- cin-Locus = TRP1 (Tyrosinase Related Protein, nötig, um Eumelanin schwarz zu färben).
- bw-Locus (brown-wing-Locus) = TRP2 (Tyrosinase Related Protein, auch nötig, um Eumelanin schwarz zu machen, aber dann auf einem autosomalen Chromosom zu finden). Dieses Gen kodiert für Dopachrom-Tautomerase (516 Aminosäuren 1548 Basen).
- gp100 Protein: dominant gesäumt?
- P-Protein-Gen: fallow? (= Falbe) (OCA 2 beim Menschen)

Rosenköpfchen zimt (cinnamon)

Rein äußerlich lassen sich „brown"-Mutationen und „cinnamon"-Mutationen nicht unterscheiden.

Wir haben vier Gene, die Einfluss auf die Bildung von Eumelanin haben können. Wenn wir genau hinschauen, sehen wir, dass wir eine SL-Mutation haben, die für TRP1 oder den cinnamon-Locus kodiert. Wenn dieses Gen einmal mutiert ist, sorgt diese Mutation dafür, dass nur braunes Eumelanin in den Federn zu finden ist. Der TRP2-Locus oder der brown-Locus sorgt – einmal mutiert – ebenfalls dafür, dass nur braunes Eumelanin gebildet wird. Aber dieser Locus ist absolut verschieden vom cinnamon-Locus. Der eine sitzt normal auf dem Geschlechtschromosom, der andere auf einem autosomalen Chromosom. Das Ergebnis ist optisch dasselbe: braunes Eumelanin in den Federn! Aber da beide Mutationen in diesem Fall unterschiedliche Ursachen haben, ist es nötig, einen anderen Namen festzulegen, und deshalb sprechen wir hier von cinnamon- bzw. brown-Mutation.

Sie sehen, es ist nicht immer ganz einfach. Ideal wäre es, wenn wir von jeder Art alle Chromosomen vollständig in einer Karte eintragen könnten.

Internationale Bezeichnungen

Rosenköpfchen SL ino

Der deutsche Name für diese Mutation ist SL-Lutino

Technisch ist das bereits möglich, das Problem ist nur der hohe Preis: ungefähr 25.000 Euro pro Chromosom. Das ist vorläufig noch Utopie, und deshalb müssen wir uns behelfen mit der bereits vorhandenen wissenschaftlichen Literatur. – Aber glücklicherweise sagen uns zielgerichtete Probe-Verpaarungen nach einiger Zeit meist schon, welcher Locus letztendlich bei der diesbezüglichen Mutation betroffen ist, und wir können sie mit bereits bekannten Mutationen bei anderen Arten vergleichen und ihnen so einen Namen geben.

Dann ist es noch von großer Wichtigkeit, diese Mutation in jeder Sprache ausdrücken zu können. Dafür haben wir neben den internationalen Ausdrücken auch noch unsere genetischen Symbole. Diese Symbole müssen dafür sorgen, dass jemand – selbst wenn er die Mutation nicht kennt – erkennen kann, ob die Mutation SL oder autosomal vererbt, sich dominant oder rezessiv verhält, ob es ein Allel von einem bekannten Locus ist usw. Darum wurde für jede existierende Mutation ein genetisches Symbol entwickelt. Diese Liste wurde bei MUTAVI erstellt und basiert auf den vorliegenden wissenschaftlichen Erkenntnissen. Außerdem wurde auf internationalem und wissenschaftlichem Niveau noch eine ganze Reihe von weiteren Absprachen getroffen.

Sie sehen, man muss bei der Bestimmung der richtigen Namen für eine Mutation mit mehr als einem Faktor rechnen. Wenn diese Arbeit sorgfältig verrichtet wird, wird es schließlich nach einiger Zeit viel einfacher werden. Aber wie Sie sich vermutlich gut vorstellen können: Es gibt noch viel zu tun. Wir haben ja noch nicht darüber gesprochen, wie wir uns verhalten müssen, wenn wir es mit Arten zu tun bekommen, die eine abweichende Federstruktur haben. Aber glücklicherweise ist das auch für die meisten Papageiartigen kein aktuelles Thema.

Hier folgt eine Übersicht über die verwendeten internationalen Ausdrücke für die Mutationen bei Agaporniden. Selbstverständlich sind viele dieser Ausdrücke auch bei anderen Arten von Papageiartigen wieder zu finden. Derselbe Name für dieselbe Mutation, das ist die Regel.

blue
edged
marbled
pied
rezessiv pied
fallow
bronze fallow
pale fallow
dun fallow

Internationale und deutsche Bezeichnungen

violet
misty
D (Dark - Dunkelfaktoren)
mottle
slaty
dilute
cinnamon
opaline
orange face
pale headed
(SL) Sex-linked ino
NSL ino oder autosomaler Albinismus
Albino und Lutino

Hier die Allel-Namen:

turquoise
aqua
pastel
dark eyed clear
pallid

Man hat sich dafür entschieden, für die internationalen Ausdrücke die englische Sprache zu verwenden. Ziel ist es nun, diese englischen Ausdrücke soweit wie möglich vollständig zu übernehmen. Man muss dabei vermeiden, diese Ausdrükke wieder in die eigene Muttersprache zurück zu übersetzen, denn dann können wir gleich wieder von vorne anfangen. Trotzdem gibt es Ausdrücke, die im Verlauf der Jahre in bestimmten Sprachen so stark eingebürgert sind, dass es zunächst nötig sein wird, diese noch eine Zeit lang weiter zu verwenden. Das passiert auch im Niederländischen, und ebenso hat die AZ-AGZ das beschlossen.

Es ist zusätzlich abgesprochen, dass bei neuen Agaporniden-Mutationen nach der Federuntersuchung ausschließlich der neue international zugesprochene Ausdruck verwendet wird und keine Übersetzungen erfolgen.

Die englischen Ausdrücke sind lediglich eine Frage der Gewöhnung. Man merkt dies an den vielen Wörtern wie Computer, Laptop oder Lift, die sich in unsere Sprache eingeschlichen haben.

Internationaler Name	derzeitiger deutscher Name	alter deutscher Name
dark factors	Dunkelfaktoren	
dark	D grün	Dunkelgrün
double dark	DD grün	Olivgrün
blue	blau	
aqua	aqua	Pastellblau
turquoise	türkis	Weißmaske
AquaTurquoise	Aqua-Türkis	Meerblau
orange face	Orangemaske	
pale headed	Pale Headed	
opaline	opalin	
NSL ino	NSL-Lutino	Lutino
	NSL-Albino	Albino
pastel	pastell	
DEC	DEC	Schwarzauge
SL ino	SL-Lutino / SL-Ino	Lutino
pallid	pallid	australisch Zimt
cinnamon	zimt	Zimt
cinnamon-ino	Zimt-Ino	Lacewing
marbled („edged dilute")	rezessiv gesäumt	
dilute	dilute	Pastellgelb
bronze fallow	Bronze-Falbe	West Falbe
pale fallow	Pale-Falbe	DDR Falbe
dun fallow	Dun-Falbe	
recessive pied	rezessiv Schecke	
dominant pied	dominant Schecke	
mottle	Mottle	
dominant edged	dominant gesäumt	
misty	misty	
violet	violett	
slaty	slaty	
euwing	Euwing	
faded	faded	
SF	EF (einfaktorig)	
DF	DF (doppelfaktorig)	

In dem obenstehendem Kasten finden Sie die Liste der internationalen, derzeit in Deutschland verwendeten und veralteten Namen im Vergleich.

Die internationale Nomenklatur, die auf den genetischen Farb-Mutationen basiert, schafft eine ausgesprochen starke Basis für die Zukunft, und selbstverständlich werden in diesem Buch auch diese internationalen Ausdrücke verwendet.

männlicher Taranta-Papagei pale fallow

Das Symbol für pale fallow „pf“ wird klein geschrieben, weil diese Mutation rezessiv vererbt.

Genetische Symbole und Formeln

Für jede vorhandene Mutation wurde ein genetisches Symbol entwickelt. Diese Liste wurde von MUTAVI erstellt und basiert auf wissenschaftlichen Erkenntnissen. Jedes genetische Symbol geht auf den englischsprachigen internationalen Ausdruck zurück, der für diese Mutation vorgesehen ist. Zielsetzung ist, diese Symbole durchgängig in nationalen und internationalen Veröffentlichungen zu verwenden. Außerdem wurden noch eine Reihe Absprachen auf internationalem und wissenschaftlichem Gebiet getroffen. Nachfolgend werden die wichtigsten Regelungen zusammenfassend dargestellt:

- Der Name einer Mutation wird in Texten immer mit einem kleinen Anfangsbuchstaben geschrieben, z.B. dominant pied, opaline, turquoise usw., außer wenn er am Anfang eines Satzes steht oder an einer anderen Stelle, wo ein Großbuchstabe üblich ist.
- Das Locus-Symbol muss, wenn möglich, mit dem ersten Buchstaben des englischen Namens der Mutation übereinstimmen. Es muss also vom Namen des Gens abgeleitet sein. Das Locus-Symbol darf aus höchstens drei Buchstaben (und falls nötig Zahlen) bestehen und muss sich deutlich von anderen Symbolen unterscheiden, z.B. *Slt* für slaty, *op* für opalin usw.
- Das Locus-Symbol wird mit einem Großbuchstaben geschrieben, wenn der Faktor dominant vererbt, und mit einem kleinen Buchstaben, wenn der Faktor rezessiv vererbt, z.B. *V* für violett, *pf* für pale falbe usw.
- Symbole für Allele können mit Großbuchstaben, kleinen Buchstaben oder arabischen Zahlen geschrieben werden. Das Allel-Symbol wird als Hochschrift (superscript) zum Locus-Symbol geschrieben. Wenn dem Locus-Symbol ein hochgestelltes „$^{+}$“ folgt, handelt es sich um ein nicht mutiertes Gen.

Genetische Symbole und Formeln

- Allel-Symbole dürfen niemals dazu verwendet werden, zwischen dominant und rezessiv zu unterscheiden.
- Gekoppelte Gene werden mit einer Unterstreichung („_" underscore) angegeben oder in Formeln mit einem durchgängigen Bruchstrich.
- Bei den Agaporniden werden grüne Vögel ($bl^+\_D^+ / bl^+\_D^+$) als Wildform angesehen. Hier sieht man, dass das D bzw. der Dunkelfaktor an den blau-Locus gekoppelt ist.
- Genotypen müssen immer kursiv geschrieben werden. Ein Schrägstrich zwischen den Allelen erleichtert das Lesen von Genotypen, z.B. bl^+ / bl^{tq}; Pi / Pi^+ oder dil / dil^+. Ein Semikolon gibt die unterschiedlichen Chromosomen an.
- Allele eines Gens werden hochgestellt geschrieben, z.B. bl^{tq}. Aber da es nicht möglich ist, in E-Mails Hochstellungen zu verwenden, benutzen wir da ein Sternchen (*). Das Buchstabenzeichen für das Allel wird dann vom Gen-Symbol durch so ein Sternchen unterschieden. Wir notieren erst das Locus-Symbol z.B. ino, und wenn ein Allel mutiert ist, z.B. pallid, dann wird das folgendermaßen geschrieben: ino*pd.
- Spaltvögel werden mit einem Schrägstrich (/) zwischen den Mutationen beschrieben, z.B.: grün/blau. Der Name hinter dem / ist der Faktor, den der Vogel vererbt (in dem er spalterbig ist).

Pfirsichköpfchen dominant gescheckt violett

Das Symbol für violett „V" wird groß geschrieben, weil diese Mutation dominant vererbt.

Wenn wir uns die Tabelle genauer anschauen, sehen wir, dass der Wild-Typ, also das unmutierte Gen, mit einem $^+$ Zeichen daneben notiert wird und dass eigentlich kein eigenes Symbol für Grün existiert. Grün ist ja die Wildform und müsste demnach aus allen Symbolen für die Mutanten bestehen, die wir bei Agaporniden vorfinden, begleitet

1. Liste der genetischen Symbole bei *Agapornis roseicollis*

Mutation	Art der Vererbung	Wild-Typ	Mutant
turquoise (türkis)	rezessiv	bl^+	bl^{tq}
aqua	rezessiv	bl^+	bl^{aq}
darkfactor (Dunkelfaktor)	unvollständig dominant	D^+	D
dilute	rezessiv	dil^+	dil
marbled (rezessiv gesäumt)	rezessiv	mb^+	mb
bronze fallow (Bronze-Falbe)	rezessiv	a^+	a^{bz}
pale fallow (Pale-Falbe)	rezessiv	pf^+	pf
orange face (Orangemaske)	rezessiv	of^+	of
pale headed	unvollständig dominant	Ph^+	Ph
dominant pied (dom. gescheckt)	dominant	Pi^+	Pi
rezessiv pied (rezessiv gescheckt)	rezessiv	s^+	s
violet (violett)	unvollständig dominant	V^+	V
cinnamon (zimt) (sex-linked)	rezessiv	cin^+	cin
opaline (opalin) (sex-linked)	rezessiv	op^+	op
ino (lutino) (sex-linked)**	rezessiv	ino^+	ino
pallid (sex linked)**	rezessiv	ino^+	ino^{pd}

2. Liste der genetischen Symbole bei *A. personatus*, *A. fischeri*, *A. lilianae* und *A. nigrigenis*

Mutation	Art der Vererbung	Wild-Typ	Mutant
NSL ino (lutino)	rezessiv	a^+	a
dark eyed clear (Schwarzauge)	rezessiv	a^+	a^{dec}
pastel (pastell)	rezessiv	a^+	a^{pa}
bronze fallow (Bronze-Falbe)	rezessiv	a^+	a^{bz}
blue (blau)	rezessiv	bl^+	bl
dark factor (Dunkelfaktor)	unvollständig dominant	D^+	D
edged (dominant gesäumt)	unvollständig dominant	Ed^+	Ed
mottle	multifaktoriell	mo^+	mo
misty	unvollständig dominant	Mt^+	Mt
dominant pied (dom. gescheckt)	dominant	Pi^+	Pi
rezessiv pied (rezessiv gescheckt)	rezessiv	s^+	s
slaty	dominant	Slt^+	Slt
dilute	rezessiv	dil^+	dil
violet (violett)	unvollständig dominant	V^+	V
pale fallow (Pale-Falbe)	rezessiv	pf^+	pf
dun fallow (dun-Falbe)	rezessiv	df^+	df
euwing	unvollständig dominant	Ew^+	Ew

von einem $^+$ Zeichen. Mit anderen Worten: Hier ist nichts mutiert. Glücklicherweise haben wir in der modernen Mathematik seinerzeit gelernt, dass man die Dinge vereinfachen kann.

Für Grün verwenden wir das Symbol für einen nicht mutierten blauen Mutanten. Wir schreiben es bl^+, also *bl* für blau und das hochgestellte Plus-Zeichen daneben gibt an, dass dieses Gen nicht mutiert ist. Ein grüner Vogel ist in der Formelsprache also ein unmutierter blauer.

Wenn ein bestimmtes Allel von einem Gen mutiert ist (ein teilweise mutiertes Gen), dann schreiben wir das Symbol für dieses Allel anstelle des Plus-Zeichens. Ein Beispiel dafür ist aqua. Aqua ist eine „parblue"-Mutante (= partial blue), ein Allel des blauen Locus. Also schreiben wir *bl* (blaues Gen) und hochgestelltes ^{aq} (das Symbol für das Aqua-Allel). Das ergibt zusammen bl^{aq} und gibt an, dass vom bl-Gen das Allel für aqua mutiert ist.

So können wir dann den Genotyp eines Vogels in eine genetische Formel übersetzen. Diese Formeln werden wir später auch verwenden, um die Brutergebnisse unserer Vögel zu bestimmen.

Fangen wir ganz einfach damit an, die genetische Formel für einen normal grünen Vogel aufzuschreiben. Wichtig ist zu wissen, dass der Dunkelfaktor an den *bl*-Locus gekoppelt ist. Das müssen wir also bei unserer Formel mit berücksichtigen. Das tun wir, indem wir das *bl*-Gen an den Dunkelfaktor D koppeln. Das lässt sich einfach bewerkstelligen, indem wir den Bruchstrich durchziehen zwischen bl und dem D, das für das Symbol des dominanten Dunkelfaktors steht. Weil der Dunkelfaktor dominant ist, verwenden wir einen Groß-

3. Liste der genetischen Symbole bei *Agapornis taranta*

Mutation	Art der Vererbung	Wild-Typ	Mutant
dark factor (Dunkelfaktor)	unvollständig dominant	D^+	D
misty	unvollständig dominant	Mt^+	Mt
bronze fallow (Bronze-Falbe)	rezessiv	a^+	a^{bz}
pale fallow (Pale-Falbe)	rezessiv	pf^+	pf

buchstaben für dieses Symbol. Das ergibt die folgende Formel für grün:

$$\frac{bl^+\ D^+}{bl^+\ D^+}$$

Wenn wir nun einen Vogel haben, der einen Dunkelfaktor hat, dann verweisen wir in unserer Formel darauf. Es ist ja ein Dunkelfaktor mutiert, und darum entfernen wir das zugehörende Plus-Zeichen:

$$\frac{bl^+\ D}{bl^+\ D^+}$$

Man sieht sofort, dass hier zweimal ein nicht mutierter bl-Locus (blau) ist. Wenn er nicht blau ist, ist der Vogel grün. Die Tatsache, dass ein D (Dunkelfaktor) kein Plus-Zeichen hat, weist darauf hin, dass er mutiert ist, also ist der Vogel grün mit einem Dunkelfaktor.

Wenn wir nun einen Agaporniden haben, der z.B. grün mit einem Dunkelfaktor, spalterbig in blau und rezessiv ino ist, notieren wir das folgendermaßen:

$$\frac{bl^+\ D^+}{bl\ D}\ \frac{a^+}{a}$$

Da der a-Locus nicht an den bl-Locus gekoppelt ist, wird der Bruchstrich zwischen beiden Symbolen unterbrochen.

Dieses System funktioniert problemlos, wenn die Mutation auf einem autosomalen Chromosom liegt. Wenn die Mutation auf einem Geschlechtschromosom liegt, müssen wir das natürlich klar und deutlich angeben. Das tun wir, indem wir ein Z oder ein W vor das jeweilige Gen-Symbol stellen. Dies ist z.B. die genetische Formel für ein SL-Ino-Männchen:

$$\frac{bl^+\ D^+}{bl^+\ D^+}\ \frac{Z\ ino}{Z\ ino}$$

Diese Formel gibt an, dass wir einen SL-Ino aus der Grünreihe ohne Dunkelfaktor und mit zwei Z-Chromosomen haben. Mit anderen Worten: ein Lutino-Männchen.

Taranta-Papagei Männchen bronze fallow

Diese Mutation ist ausgesprochen selten

Da ein Weibchen ein Z- und ein W-Chromosom besitzt (und wir wissen, dass dieses W-Chromosom keine genetischen Informationen enthält) schreiben wir die Formel für ein Lutino-Weibchen folgendermaßen:

$$\frac{bl^+\ D^+}{bl^+\ D^+}\ \frac{Z\ ino}{W}$$

So lässt sich von jeder Mutation eine genetische Formel aufschreiben. Aber eigentlich ist diese Art, Formeln aufzuschreiben, bei der Verwendung eines Computers nicht geeignet. Darum haben die Wissenschaftler ein System dafür erarbeitet, das etwas schneller zu schreiben ist. Wir schreiben alles nebeneinander und zwischen die Allele setzen wir einen Schrägstrich. Wenn mehrere Gene mutiert sind, kommt ein Semikolon zwischen jedes Gen, das notiert wird. In diesem Fall ergibt das also: $bl^+\_D^+/bl\_D$; *Z ino/Z ino.* So bleibt alles auch einigermaßen überschaubar.

Bestimmung von Brutergebnissen

Gameten werden während der Meiose gebildet. Anhand der vorhandenen Gameten der Eltern können Sie bestimmen, welche Eigenschaften die Jungen vererbt bekommen könnten. Die Wahrscheinlichkeiten können Sie mit einem einfachen Trick, dem „Quadrat von Punnett“, berechnen.

Reginald Crundall Punnett (1875 - 1967) bestätigte zusammen mit William Bateson (1861 - 1926) die Mendelschen Regeln mithilfe von Experimenten. 1905 schrieb Punnett das erste Buch über Genetik und Mendelismus. 1910 wurde er Professor für Genetik an der Universität von Cambridge und entwickelte eine einfache Methode, mithilfe der möglichen Gameten die Brutergebnisse von zwei Individuen zu errechnen. Er stellte alles in ein Raster, das man das „Quadrat von Punnett“ nennt und heute noch bei der Ausarbeitung genetischer Formeln verwendet.

Das System ist eigentlich einfach. Hier folgt das Beispiel einer Kreuzung zwischen einem grünen Vogel mit einem Dunkelfaktor x einem grünem Vogel mit einem Dunkelfaktor. Um das Quadrat von Punnett auszurechnen, müssen Sie die Formeln korrekt notieren. Für grün mit einem Dunkelfaktor ist das: $bl^+\_D^+ / bl^+\_D$. Beide Elternvögel haben also die folgende Formel:

$$\frac{bl^+\ D^+}{bl^+\ D}$$

Es gibt zwei mögliche Gameten, wobei für den ersten Gameten die folgende Formel gilt: $bl^+\_D^+$. Der zweite Gamet hat als mögliche Formel: bl^+_D. Bilden Sie ein Quadrat und setzen Sie die möglichen Gameten des Männchens immer in die oberste Reihe. In den Kästchen der linken Spalte notieren Sie die Gameten des Weibchens:

	bl^+_D	$bl^+\_D^+$
bl^+_D		
$bl^+\_D^+$		

Wenn Sie das getan haben, übernehmen sie einfach die Gameten von links und von oben in das Kästchen, in dem sie zusammenkommen. So erhalten Sie eine vollständige Formel der einzelnen Gameten:

	bl^+_D	$bl^+\_D^+$
bl^+_D	$\frac{bl^+\ D}{bl^+\ D}$	$\frac{bl^+\ D^+}{bl^+\ D}$
$bl^+\_D^+$	$\frac{bl^+\ D}{bl^+\ D^+}$	$\frac{bl^+\ D^+}{bl^+\ D^+}$

Zwei mal zwei Gameten ergibt vier verschiedene Kombinationen. Sie sehen nun folgende neue Formeln erscheinen:
1 x $bl^+\_D^+ / bl^+\_D^+$ oder die Formel für grün (ohne Dunkelfaktor)
2 x $bl^+\_D / bl^+\_D^+$ oder die Formel für D grün (mit einem Dunkelfaktor)
1 x bl^+_D / bl^+_D oder die Formel für DD grün (mit zwei Dunkelfaktoren)

Rechnerisch ist die Chance eins zu vier (25%), dass grüne Nachkommen entstehen, zwei zu vier (50%) für D grün und eins zu vier (25%) für DD grün. Natürlich ist das nur eine Wahrscheinlichkeitsrechnung, und Sie müssen immer auch mit dem „Faktor G“ (Glück) rechnen.

Wenn Sie eine ausführlichere Formel haben, müssen Sie nur das Quadrat erweitern. Hier das Beispiel der Kreuzung grünes Männchen mit einem Dunkelfaktor spalterbig in SL-Lutino x Weibchen SL-Lutino ohne Dunkelfaktor. Sie haben eine Mu-

Links: Rosenköpfchen DD grün

Diese Vögel werden bei der nebenstehenden Paarung mit einer Wahrscheinlichkeit von 1 : 4 gezüchtet.

Bestimmen von Brutergebnissen

	$bl^+\_D\ Z\ ino^+$	$bl^+\_D^+\ Z\ ino^+$	$bl^+\_D\ Z\ ino$	$bl^+\_D^+\ Z\ ino$
$bl^+\_D^+\ Z\ ino$				
$bl^+\_D^+\ W$				
$bl^+\_D^+\ Z\ ino$				
$bl^+\_D^+\ W$				

tation auf den Geschlechtschromosomen und müssen diese Chromosomen deutlich angeben.

Die Formel des Männchens ist $bl^+\_D/bl^+\_D^+$; $Z\ ino^+/Z\ ino$. Am ersten Teil der Formel sehen Sie, dass der Vogel grün ist mit einem Dunkelfaktor. Der zweite Teil gibt an, dass er zwei Z-Chromosomen hat und dass auf einem von beiden Chromosomen das Ino-Gen mutiert ist.

Die Formel des Weibchens ist $bl^+\_D^+ / bl^+\_D^+$; $Z\ ino/W$. Der erste Teil der Formel gibt an, dass Sie es mit einem grünen Vogel ohne Dunkelfaktor zu tun haben, der zweite Teil zeigt, dass das Individuum ein Z- und ein W-Chromosom hat (also ein Weibchen ist) und dass auf dem einen vorhandenen Z-Chromosom das Ino-Gen mutiert ist. Mit anderen Worten: Es ist die Ino-Version eines grünen Vogels und die Farbe wird Lutino genannt.

Jedes Individuum hat 2 x 2 Gameten, und es gibt also vier mögliche Kombinationen von diesen Gameten. Eine mögliche Kombination von Gameten beim Männchen kann sein, dass bl^+_D zusammen mit $Z\ ino^+$ mitgegeben wird oder $bl^+\_D^+$ zusammen mit $Z\ ino^+$ oder bl^+_D zusammen mit dem Z-Ino-Gen und schließlich $bl^+\_D^+$ mit dem Z-Ino-Gen.

Für das Weibchen müssen Sie die Kombinationen ebenfalls machen, dann tragen Sie alles in ein Quadrat von Punnett ein. Das ergibt die unten abgebildete Tabelle.

Um eine deutlichere Übersicht zu bekommen, sind die Kästchen von 1 bis 16 rot nummeriert. Jetzt schreiben Sie Schritt für Schritt die möglichen Kombinationen als Formel auf. Dieses Quadrat von Punnett ergibt folgenden Kombinationsmöglichkeiten:

- 2 zu 16: $bl^+\_D^+ / bl^+\_D^+$; $Z\ ino^+ /Z\ ino$ – das entspricht 12,5 % Wahrscheinlichkeit auf ein Männchen grün/ino

	$bl^+\_D\ Z\ ino^+$	$bl^+\_D^+\ Z\ ino^+$	$bl^+\_D\ Z\ ino$	$bl^+\_D^+\ Z\ ino$
$bl^+\_D^+\ Z\ ino$	$\frac{bl^+\ D}{bl^+\ D^+}\ \frac{Z\ ino^+}{Z\ ino}$ 1	$\frac{bl^+\ D^+}{bl^+\ D^+}\ \frac{Z\ ino^+}{Z\ ino}$ 2	$\frac{bl^+\ D}{bl^+\ D^+}\ \frac{Z\ ino}{Z\ ino}$ 3	$\frac{bl^+\ D^+}{bl^+\ D^+}\ \frac{Z\ ino}{Z\ ino}$ 4
$bl^+\_D^+\ W$	$\frac{bl^+\ D}{bl^+\ D^+}\ \frac{Z\ ino^+}{W}$ 5	$\frac{bl^+\ D^+}{bl^+\ D^+}\ \frac{Z\ ino^+}{W}$ 6	$\frac{bl^+\ D}{bl^+\ D^+}\ \frac{Z\ ino}{W}$ 7	$\frac{bl^+\ D^+}{bl^+\ D^+}\ \frac{Z\ ino}{W}$ 8
$bl^+\_D^+\ Z\ ino$	$\frac{bl^+\ D}{bl^+\ D^+}\ \frac{Z\ ino^+}{Z\ ino}$ 9	$\frac{bl^+\ D^+}{bl^+\ D^+}\ \frac{Z\ ino^+}{Z\ ino}$ 10	$\frac{bl^+\ D}{bl^+\ D^+}\ \frac{Z\ ino}{Z\ ino}$ 11	$\frac{bl^+\ D^+}{bl^+\ D^+}\ \frac{Z\ ino}{Z\ ino}$ 12
$bl^+\_D^+\ W$	$\frac{bl^+\ D}{bl^+\ D^+}\ \frac{Z\ ino^+}{W}$ 13	$\frac{bl^+\ D^+}{bl^+\ D^+}\ \frac{Z\ ino^+}{W}$ 14	$\frac{bl^+\ D}{bl^+\ D^+}\ \frac{Z\ ino}{W}$ 15	$\frac{bl^+\ D^+}{bl^+\ D^+}\ \frac{Z\ ino}{W}$ 16

1.	$bl^{+}\_D\ bl^{+}\_D^{+};\ Z\ ino^{+}/Z\ ino$	ergibt Männchen D grün/ino
2.	$bl^{+}\_D^{+}/bl^{+}\_D^{+};\ Z\ ino^{+}/Z\ ino$	ergibt Männchen grün/ino
3.	$bl^{+}\_D/bl^{+}\_D^{+};\ Z\ ino/Z\ ino$	ergibt Lutino-Männchen mit einem Dunkelfaktor (was äußerlich an der Farbe nicht zu erkennen ist)
4.	$bl^{+}\_D^{+}/bl^{+}\_D^{+};\ Z\ ino/Z\ ino$	ergibt Lutino-Männchen
5.	$bl^{+}\_D/bl^{+}\_D^{+};\ Z\ ino^{+}/W$	ergibt Weibchen D grün
6.	$bl^{+}\_D^{+}/bl^{+}\_D^{+};\ Z\ ino^{+}/W$	ergibt Weibchen grün
7.	$bl^{+}\_D/bl^{+}\_D^{+};\ Z\ ino/W$	ergibt Lutino-Weibchen mit einem Dunkelfaktor
8.	$bl^{+}\_D^{+}/bl^{+}\_D^{+};\ Z\ ino/W$	ergibt Lutino-Weibchen
9.	$bl^{+}\_D/bl^{+}\_D^{+};\ Z\ ino^{+}/Z\ ino$	ergibt Männchen D grün/ino
10.	$bl^{+}\_D^{+}/bl^{+}\_D^{+};\ Z\ ino^{+}/Z\ ino$	ergibt Männchen grün/ino
11.	$bl^{+}\_D/bl^{+}\_D^{+};\ Z\ ino/Z\ ino$	ergibt Lutino-Männchen mit einem Dunkelfaktor
12.	$bl^{+}\_D^{+}/bl^{+}\_D^{+};\ Z\ ino/Z\ ino$	ergibt Lutino-Männchen
13.	$bl^{+}\_D/bl^{+}\_D^{+};\ Z\ ino^{+}/W$	ergibt Weibchen D grün
14.	$bl^{+}\_D^{+}/bl^{+}\_D^{+};\ Z\ ino^{+}/W$	ergibt Weibchen grün
15.	$bl^{+}\_D/bl^{+}\_D^{+};\ Z\ ino/W$	ergibt Lutino-Weibchen mit einem Dunkelfaktor
16.	$bl^{+}\_D^{+}/bl^{+}\_D^{+};\ Z\ ino/W$	ergibt Lutino-Weibchen

- 2 zu 16: $bl^{+}\_D\ /\ bl^{+}\_D^{+};\ Z\ ino^{+}\ /Z\ ino$ – das entspricht 12,5% Wahrscheinlichkeit auf ein Männchen D grün/ino

- 2 zu 16: $bl^{+}\_D^{+}\ /\ bl^{+}\_D^{+};\ Z\ ino\ /\ Z\ ino$ – das entspricht 12,5% Wahrscheinlichkeit auf ein Lutino-Männchen

- 2 zu 16: $bl^{+}\_D\ /\ bl^{+}\_D^{+};\ Z\ ino\ /\ Z\ ino$ – das entspricht 12,5% Wahrscheinlichkeit auf ein Lutino-Männchen mit einem Dunkelfaktor

- 2 zu 16: $bl^{+}\_D^{+}\ /\ bl^{+}\_D^{+};\ Z\ ino^{+}\ /\ W$ – das entspricht 12,5% Wahrscheinlichkeit auf ein Weibchen grün

- 2 zu 16: $bl^{+}\_D\ /\ bl^{+}\_D^{+};\ Z\ ino^{+}\ /\ W$ – das entspricht 12,5% Wahrscheinlichkeit auf ein Weibchen D grün

- 2 zu 16: $bl^{+}\_D^{+}\ /\ bl^{+}\_D^{+};\ Z\ ino\ /\ W$ – das entspricht 12,5% Wahrscheinlichkeit auf ein Lutino-Weibchen

- 2 zu 16: $bl^{+}\_D\ /\ bl^{+}\_D^{+};\ Z\ ino\ /\ W$ – das entspricht 12,5% Wahrscheinlichkeit auf ein Lutino-Weibchen mit einem Dunkelfaktor

Das Quadrat von Punnett kann bei jeder Kreuzung verwendet werden, vorausgesetzt natürlich, dass Sie die Formeln richtig anwenden und korrekt aufschreiben. Das beinhaltet auch, dass Sie bei Männchen und Weibchen die fehlenden Gameten ergänzen. Ein Beispiel:

> Das Männchen ist $bl^{+}\_D\ /\ bl^{+}\_D;\ s/s$ (rezessiv gescheckt DD grün).
> Das Weibchen ist $bl^{+}\_D^{+}\ /\ bl^{+}\_D^{+};\ a\ /\ a$ (lutino - NSL ino).

Um die Formeln nun anwenden zu können, müssen Sie zunächst dafür sorgen, dass die Mutationen, die Sie bei den Männchen oder Weibchen wiederfinden, auch in beiden Formeln angegeben werden. Selbstverständlich müssen Sie auch angeben, ob diese bereits mutiert sind oder nicht. Die Formeln müssen im „Gleichgewicht sein".

Die vollständige Formel für das Männchen ist in diesem Fall also: $bl^{+}\_D\ /\ bl^{+}\_D;\ s/s;\ a^{+}\ /\ a^{+}$ und für das Weibchen $bl^{+}\_D^{+}\ /\ bl^{+}\_D^{+};\ s^{+}\ /\ s^{+};\ a\ /\ a$.

Danach können Sie damit beginnen, alle möglichen Gameten zu notieren und in das Quadrat einzutragen. Es gibt 3 x 2 Chromosomen, also 2 x 2 x 2 Möglichkeiten. Ihr Quadrat muss deshalb Platz haben für acht Gameten vom Männchen und acht Gameten vom Weibchen.

Einteilung der Mutationen bei Agaporniden

Wie schon mehrfach erwähnt, können wir die Mutationen nach einer Reihe von Kriterien unterteilen.

Diese Kriterien sind Eumelanin-Mutationen, Psittacin-Mutationen, Mutationen, bei denen die Verteilung der vorhandenen Farbpigmente verändert wird, und Mutationen, die die Federstruktur verändern.

Eine weitere Unterteilung nach dem Genotyp ist ebenfalls möglich.

In der nachfolgenden Aufteilung werden zuerst die internationalen Namen angeführt; die deutsche Bezeichnung steht in Klammer dahinter.

Mutationen des Eumelanins:

- NSL ino (NSL-Lutino)
- pastel (pastell)
- dark eyed clear / DEC (gelbes Schwarzauge)
- bronze fallow (Bronze-Falbe)
- SL ino (SL-Lutino)
- pallid (pallid)
- marbled (rezessiv gesäumt)
- dilute (dilute)
- pale fallow (Pale-Falbe)
- cinnamon (zimt)
- recessiv pied (rezessiv gescheckt)
- dominant pied (dominant gescheckt)
- mottle (Mottle)
- dominant edged (dominant gesäumt)
- misty (misty)
- dun fallow (Dun-Falbe)
- euwing (Euwing)

Links: Opalin-Rosenköpfchen

Opalin ist die einzige Mutation, bei der die Verteilung der Farbpigmente geändert wird.

Rosenköpfchen, Orangemaske grün

diese Form gehört zu den Mutationen des Psittacins

Mutationen des Psittacins:

- blue (blau)
- aqua (aqua)
- turquoise (türkis)
- orange face (Orangemaske)
- pale headed (pale headed)

Mutationen, die die Verteilung der beiden Farbpigmente ändern:

- opaline (opalin)

Mutationen der Federstruktur:

- dark factor (Dunkelfaktor)
- violet (violett)
- slaty (slaty)

Kreuzung eines Rosenköpfchens mit einem Rußköpfchen

Diese Vögel sind unfruchtbar

Transmutationen

Bei Transmutation, manchmal auch Hybridisierung genannt, werden Arten miteinander gekreuzt, um Merkmale von einer Art auf die andere zu übertragen. Über Transmutationen von Agaporniden ist das letzte Wort noch nicht gesprochen, denn es gibt sowohl Befürworter als auch eine ganze Reihe von Gegnern.

Diese Art der Kreuzung ist nicht neu. Bei der Zucht von Blumen etwa oder bei bestimmten Obstsorten werden häufig verschiedene Arten miteinander gekreuzt. Man spricht dann meistens von „veredeln". Bei Vögeln stößt diese Art der Arbeitsweise manchmal auf heftigen Protest, der nicht immer unbegründet ist. Wenn man Transmutationen entwickeln will, muss man sich darüber im Klaren sein, dass das mehr ist als „zwei unterschiedliche" Arten zusammenzusetzen. Neben den zu verpaarenden Vögeln muss man immer auch über ausreichend reinrassige Exemplare verfügen.

Tatsache ist, dass Transmutieren bei vielen Vogelarten passiert. Wenn die richtige Vorgehensweise beachtet wird, kann das Ergebnis sehr schön sein und das Endresultat ist nicht von einer „echten" Mutation zu unterscheiden. Der Nachteil von Transmutationen besteht darin, dass, wenn jeder einfach unkontrolliert verschiedene Arten miteinander kreuzt, zum Schluss keine reinrassigen Vögel mehr vorhanden sind.

Nicht alle Agapornidenarten bringen fruchtbare Hybriden hervor. So sind nur die Nachkommen von Kombinationen zwischen *personatus*, *fischeri*, *lilianae* und *nigrigenis* fruchtbar. Kombinationen z.B. von *roseicollis* und *personatus* bringen zwar Jungvögel hervor, aber diese sind unfruchtbar. Hier hat die Natur selbst eine Grenze gesetzt.

Als 1936 der NSL-Ino-Faktor bei Erdbeerköpfchen entstand, wurde dieser kurz darauf schon auf Schwarzköpfchen übertragen. Heutzutage gibt es eigentlich niemand, der sich noch Gedanken darüber macht, dass die Lutino-Schwarzköpfchen eigentlich keine reinrassigen Mutanten sind. Die heutigen Lutino-Exemplare sind ja nicht mehr von dem zu unterscheiden, wie ein „echtes" Lutino-Schwarzköpfchen aussehen müsste. Äußerlich betrachtet sind diese Vögel normale Lutinos, genetisch gesehen sind diese Vögel aber nicht reinrassig, sie werden immer Merkmale der ursprünglichen Arten behalten.

Vorgehensweise

Um eine Transmutation verantwortlich durchzuführen, gibt es zwei Möglichkeiten. Hier wird als Beispiel beschrieben, wie man damals den Dunkel- und den Blaufaktor vom Schwarzköpfchen auf das Pfirsichköpfchen übertrug.

Man fing an mit einem D blauen Schwarzköpfchen (der Dunkelfaktor ist ebenso wie der Blaufaktor ursprünglich beim Schwarzköpfchen entstanden) x Wildform Pfirsichköpfchen. Die aus dieser Kombination entstandenen Jungvögel waren genetisch 50% Schwarzköpfchen und 50% Pfirsich-

Links: Kreuzung eines blauen Schwarzköpfchens mit einem türkisfarbenen Rosenköpfchen

Die Nachkommen aus solchen Krezungen sind unfruchtbar.

Rechts: Kreuzung zwischen violettem Schwarzköpfchen und violettem Pfirsichköpfchen

Diese Hybriden sind fruchtbar.

köpfchen und allesamt spalt in blau. Daneben konnten 50% der Jungen auch einen Dunkelfaktor haben. Diese F1 „spalt blauen“ D grünen Exemplare wurden zurückgekreuzt mit der reinrassigen Wildform des Pfirsichköpfchens. Aus der daraus entstehenden R-Generation (bei Rückkreuzungen spricht man nicht von F-Generation, sondern von R-Generation; man schreibt RI, RII, RIII usw.) waren theoretisch 25% grün/blau, 25% D grün/blau, 25% grün und 25% D grün. Diese D grünen Vögel wurden zusammengebracht, und wenn mit etwas Glück beide Eltern spalt in blau waren, züchtete man die ersten blauen bzw. D blauen Jungen. Diese blauen Vögel wurden danach von Neuem mit reinrassigen Wildformen verpaart. Nach diesem Verfahren müssen mindestens fünf „blaue“ Generationen mit der Wildform gekreuzt werden, wenn man zu einem guten Ergebnis kommen will.

Ein anderer Weg besteht darin, dass man ein D blaues Schwarzköpfchen x Wildform Pfirsichköpfchen verpaart. Die aus dieser Kombination entstandenen Jungvögel sind genetisch zu 50% Schwarzköpfchen und zu 50% Pfirsichköpfchen. Sie sind allesamt spalt in blau und 50% der Jungen können D grün spalt blau sein. Diese F1 „spalt blauen“ D grünen Exemplare werden danach miteinander verpaart. Die daraus geborenen „blauen“ Exemplare werden dann mit reinrassigen Pfirsichköpfchen der Wildform zurückverpaart. In der darauf folgenden Generation werden die „Spalt-Vögel“ wieder miteinander verpaart, und die blauen Nachkommen werden nun ihrerseits zurückverpaart mit einer reinrassigen Wildform usw. Auch das muss mindestens fünf Generationen lang durchgeführt werden. Diese zweite Vorgehensweise ist weniger zu empfehlen, ergibt allerdings schneller ein phänotypisches Ergebnis.

Die Gefahr der Transmutation besteht darin, dass man schließlich die F3 oder F4 Generation (RIII oder RIV-Generation) miteinander kreuzt und diese Zwischenform festschreibt und als gute Exemplare ansieht. Darum ist es so wichtig, dass es immer Vögel der Wildform gibt, mit denen man weiter arbeiten kann. Mit der reinrassigen Wildform sind natürlich nicht die grünen Exemplare gemeint, die auch in diesen Kombinationen gebo-

Kreuzung eines Pfirsichköpfchens mit einem Erdbeerköpfchen in der F2-Generation

Der Bürzel dieser Tiere weist deutlich blaue Federn auf, die beim Erdbeerköpfchen normalerweise nicht vorkommen.

ren werden, da sie genauso viele Hybridisierungsmerkmale haben wie die Farbvögel aus dieser Linie. Die Wildform ist viel mehr als „nur ein grüner Vogel". Ein Vogel der Wildform kommt aus einer über Generationen gehenden Zucht von nur Wildform-Vögeln und ist in nichts spalterbig. Machen Sie sich dabei auch bewusst, dass während des gesamten Transmutationsprozesses viele „Zwischenergebnisse" geboren werden und dass diese, nachdem sie ihre ersten Nachkommen gezeugt haben, überhaupt keinen Wert mehr besitzen – weder als Zucht- noch als Ausstellungsvögel. Bringen Sie diese Vögel auf keinen Fall auf den Markt, sodass sie später in den Sammlungen anderer Züchter landen und dort die Qualität eines ganzen Stammes verderben können. Es ist aus den bereits erwähnten Gründen wichtig, dass sich nicht jeder in so ein Abenteuer stürzt. Wenn es diese Vögel einmal gibt, sollten Sie nicht versuchen, mit eigenen Experimenten das Rad noch einmal zu erfinden.

Ein guter Rat

Wenn Sie Transmutanten kaufen, um mit ihnen zu züchten, verpaaren Sie sie immer erst noch einmal mit einer guten Wildform. Mit den Spaltvögeln können Sie dann weiter züchten. Für jede Transmutation ist es lebensnotwendig, dass die Vögel immer mit der reinrassigen Wildform verpaart werden, von denen Sie einen Stamm besitzen müssen. Machen Sie niemals den Fehler, bei ein und demselben Züchter einen Transmutanten und einen „Spaltvogel" zu kaufen. Die Spaltvögel müssen Sie immer selbst aus der reinrassigen Wildform züchten. Kreuzen Sie danach die Spaltvögel wieder miteinander und verpaaren Sie die daraus geborenen Farbvögel zurück mit der Wildform usw. Nur so können Sie einen starken und vor allem gut durchgezüchteten Stamm aufbauen.

Es ist schon viel darüber diskutiert worden, ob diese Arbeitsweise akzeptabel ist oder nicht. Das Wichtigste bei Transmutationen ist die Vermittlung vollständiger und eindeutiger Information an die Züchter. Durch klare Informationen über die Herkunft einer Mutation kann ein Liebhaber eine bewusste Wahl treffen. Entweder er entscheidet sich für eine Mutation, von der er weiß, dass es eine Transmutation ist – oder er hat die Wahl, nur reinrassige Mutationen zu züchten. Das Wichtigste ist, dass die Transmutationen allen Musterbeschreibungen entsprechen. Sie dürfen sich niemals mit weniger zufrieden geben.

Früher gab es aus verschiedenen Organisationen Stimmen, Transmutationen auf Vogelshows zu verbieten, in der Hoffnung, dieser Art der Zucht den Boden zu entziehen. Diese Vorgehensweise ist falsch, denn der Züchter selbst ist verständig genug, um seine Entscheidungen zu treffen. Übrigens: Wenn Transmutanten verboten würden, würden sie heimlich gezüchtet und vielleicht als reinrassige Mutation angeboten werden. Wer kann den Unterschied schon sehen? Gerade dann würde es gefährlich. Sie können davon ausgehen, dass bereits in der Vergangenheit einige Mutationen als „reinrassige" Vögel angeboten und akzeptiert wurden. Wer konnte schon nachweisen, dass sie es nicht waren? Darum sind klare Informationen im Zusammenhang mit Transmutationen sehr angebracht. Aufgabe der Züchter ist es, ihren Stamm nach Ehre und Gewissen aufzubauen. Nochmals: Vergessen Sie nie, dass ohne gute Wildform mit Sicherheit keine guten (Trans-)Mutanten entstehen!

Dark factors (Dunkelfaktoren)

Zunächst einmal sollte man wissen, was der Dunkelfaktor eigentlich ist. Viele Menschen vermuten, dass es mit einer Zunahme von dunklem Farbstoff (Eumelanin) zu tun hat. Das Gegenteil ist der Fall: Der Dunkelfaktor ist eine Mutation, die „unvollständig dominant" vererbt. Sie verursacht eine Veränderung in der Federstruktur, bei der nur die Breite der Schwammzone verändert wird. Wenn der Dunkelfaktor einmal vorhanden ist (EF), ist der Vogel ein D grüner (ein Dunkelfaktor – dunkelgrüner) Vogel. Wenn der Vogel zwei Dunkelfaktoren besitzt, wird das mit DD grün (doppelter Dunkelfaktor – olivgrün) umschrieben. Die Chromosomen liegen immer paarweise beieinander, darum kann ein Vogel nie mehr als zwei Dunkelfaktoren haben. Auf jedem Chromosom kann der Faktor nur einmal mutieren. Die Vererbung ist dominant und kann deshalb unmöglich „spalt" in D-grün oder DD-grün sein.

Genetische Formeln:

grün: $bl^{+}\_D^{+} / bl^{+}\_D^{+}$
D grün: $bl^{+}\_D^{+} / bl^{+}\_D$
DD grün: bl^{+}_D / bl^{+}_D

Die Vererbungsregeln sind:

grün x D grün:
50% grün (kein Dunkelfaktor)
50% D grün (ein Dunkelfaktor – dunkelgrün)

D grün x D grün:
25% grün (kein Dunkelfaktor)
50% D grün (ein Dunkelfaktor – dunkelgrün)
25% DD grün (zwei Dunkelfaktoren – olivgrün)

grün x DD grün:
100% D grün (ein Dunkelfaktor – dunkelgrün)

D grün x DD grün:
50% D grün (ein Dunkelfaktor – dunkelgrün)
50% DD grün (zwei Dunkelfaktoren – olivgrün)

DD grün x DD grün:
100% DD grün (zwei Dunkelfaktoren – olivgrün)

Taranta-Papageien mit Dunkelfaktoren

Das Weibchen, links, hat den doppelten Dunkelfaktor (DD), das Männchen, rechts, den einfachen (D).

Da sich beim Dunkelfaktor die Schwammzonenbreite verändert, entsteht bei diesen Vögeln ein anderes „blaues Licht" in der Schwammzone als das blaue Licht, das normalerweise durch Interferenz entsteht. Auch das schwarze Eumelanin in der Medulla (im Kern der Feder) kann so mehr Einfluss nehmen auf das Gesamt-Erscheinungsbild des Vogels. Es kommt ein etwas dunkler blau gefärbtes Licht durch den Cortex, wodurch es äußerlich als D grün – dunkelgrün erscheint.

Dunkelfaktor

Dunkelfaktoren beim Rosenköpfchen

D grün (oben), DD grün (unten)

Das Vorhandensein eines zweiten Dunkelfaktors verschmälert die Schwammzone noch mehr und verstärkt diesen Effekt zusätzlich. Der Vogel wird dann DD grün – olivgrün.

Beim Dunkelfaktor nimmt die Menge der Farbstoffe nicht zu. Es ist falsch zu denken, dass er die Farbe der Krallen oder Füße dunkler machen würde. Ihre Farben werden vielmehr durch andere Gene beeinflusst, die nichts mit dem Dunkelfaktor zu tun haben.

Als die internationalen Fachausdrücke festgelegt wurden, hatte man zunächst daran gedacht, für den internationalen Gebrauch einfach die englische Übersetzungen „dark green" und „olive green" zu verwenden. Man nahm an, dass diese Ausdrücke überall verwendet wurden. Das war allerdings nicht der Fall, denn es stellte sich heraus, dass es eine Organisation in Amerika gab, die die Ausdrücke green, medium green (für dunkelgrün) und dark green (für zwei Dunkelfaktoren) benutzte. Außerdem wurde manchmal der Name „jade" oder „laurel" verwendet, um einen Vogel aus der Grünreihe mit einem Dunkelfaktor zu umschreiben.

Für Anfänger war es schwierig zu verstehen, warum bei „grün" von dunkelgrün und olivgrün gesprochen wurde und für die Vögel in der Blaureihe von himmelblau, kobalt und mauve. Es musste ein System gefunden werden, bei dem international die Dunkelfaktoren auf einfache und eindeutige Weise angegeben werden konnten. Das System musste sowohl für grün als auch für blau verwendbar sein. Schließlich kam Cliff Hesford aus England mit einer einfachen, aber brillanten Lösung:

- „Grün" für die Grundform (ohne den Zusatz „hell"!)
- Das Vorhandensein von einem Dunkelfaktor wird angeben mit D (dark): D grün
- Das Vorhandensein eines doppelten Dunkelfaktors wird mit DD (double dark) angeben, in diesem Fall DD grün.

Dunkelfaktoren beim Rosenköpfchen

ein Vergleich der Bürzelfärbungen zeigt deutlich die Unterschiede:

links – normal,
Mitte – D grün,
rechts – DD grün

Die Zucht von Vögeln mit Dunkelfaktoren ergibt kaum Probleme. Man kann nicht feststellen, dass dieser Faktor schwächere Junge erbringt. Eine Kombination von zwei Vögeln, von denen beide einen doppelten Dunkelfaktor haben, muss allerdings vermieden werden. Der Dunkelfaktor beeinflusst nämlich die Breite der Schwammzone. Dadurch kommen die Federästchen etwas weiter auseinander zu stehen. Wenn der Abstand nun zu groß wird, passen die Bogen- und Hakenstrahlen weniger gut ineinander. Das sorgt dafür, dass die Befiederung „lockerer" sitzt und das Federkleid weniger gut und nicht so glatt anliegt. Sie vermeiden das, indem Sie entsprechend selektieren.

Die beste Lösung ist, einen Vogel mit einem doppelten Dunkelfaktor immer mit einem Exemplar ohne Dunkelfaktor zu verpaaren. Alle Nachkommen haben dann einen Dunkelfaktor, sind aber vom Typ und von der Befiederung her besser.

Wenn Sie trotzdem Vögel mit doppeltem Dunkelfaktor züchten wollen, ist es empfehlenswert, D grün x D grün zu kreuzen. Der Prozentsatz der möglichen Nachkommen mit doppeltem Dunkelfaktor ist rechnerisch nur 25%, aber die Qualität wird in jedem Fall um einiges besser sein.

Dunkelfaktoren beim Taranta-Papagei

Ein Weibchen D grün; die Vögel unterscheiden sich kaum von der Wildform

Schwarz- (oben) und Pfirsichköpfchen (unten)

Der linke Vogel hat jeweils einen einfachen, der rechte Vogel einen doppelten Dunkelfaktor

Dunkelfaktoren bei Agaporniden

Beim Rosenköpfchen, Taranta-Papagei und beim Schwarzköpfchen ist diese Mutation spontan entstanden. Der Dunkelfaktor wurde danach per Transmutation vom Schwarzköpfchen auf das Pfirsichköpfchen, Erdbeerköpfchen und Rußköpfchen übertragen.

Dunkelfaktoren beim Taranta-Papagei

Wo und wann der erste dunkelgrüne Taranta auftauchte, ist nicht bekannt. Höchstwahrscheinlich war es Mitte der 90er Jahre des letzten Jahrhunderts in den Niederlanden. Vermutlich wurden die ersten dunkelgrünen Exemplare nicht einmal bemerkt, denn der farbliche Unterschied zur grünen Wildform ist minimal.

Die Vögel mit doppeltem Dunkelfaktor sind an der Farbe des Federkleids deutlich zu erkennen. Das rote Stirnband beim Taranta-Männchen wird durch das Vorhandensein von einem oder zwei Dunkelfaktoren nicht beeinflusst. Die Farbe des Schnabels, der Augen, der Füße und der Krallen bleiben ebenfalls im Vergleich zur Wildform unverändert.

Dunkelfaktoren beim Rosenköpfchen

Die ersten Berichte von Dunkelfaktoren beim Rosenköpfchen stammen aus dem Jahr 1968, als in Australien ein olivgrünes Rosenköpfchen auftauchte. Wie bei den anderen Arten ist das Vorhandensein von einem Dunkelfaktor nicht immer gleich offensichtlich. Und darum wird man wahrscheinlich die ersten Vögel mit einem Dunkelfaktor nicht erkannt haben.

Der Unterschied in der grünen Körperfarbe zwischen „grün" und „grün mit einem Dunkelfaktor" ist nicht so spektakulär. Man kann den Unterschied zwischen der normalen Wildform des Rosenköpfchens und einem mit einem Dunkelfaktor am leichtesten an der Farbe des Bürzels erkennen. Der Bürzel ist dunkler blau als bei der Wildform. Das ist oft der einzige Hinweis. Bei den „großen" Standard-Rosenköpfchen ist dieser Unterschied kaum wahrnehmbar.

Vögel mit zwei Dunkelfaktoren sind deutlich an der typischen olivgrünen Farbe zu erkennen. Auch der Bürzel ist anders gefärbt: Durch das Vorhandensein eines doppelten Dunkelfaktors ist er bleigrau gefärbt.

Die rote Farbe der Maske bleibt beim Vorhandensein von einem oder zwei Dunkelfaktoren unverändert. Sie besteht beim Rosenköpfchen ja aus Federn des Prunktyps (ohne Schwammzone) und ist nur mit rotem Psittacin gefüllt. Die Farbe des Schnabels, der Augen, der Füße und der Krallen bleiben im Vergleich zur Wildform ebenfalls unverändert.

Dunkelfaktoren bei der Gruppe mit weißem Augenring

Ende der achtziger Jahre kam die erste Nachricht von einem dunkelgrünen Schwarzköpfchen. Dieser Vogel soll auf einer Ausstellung aufgetaucht sein, aber danach hat man die Spur verloren. In den neunziger Jahren tauchte plötzlich wieder ein Schwarzköpfchen mit einem Dunkelfaktor auf. Vom Schwarzköpfchen ist dieser Dunkelfaktor auf das Pfirsichköpfchen, das Erdbeerköpfchen und das Rußköpfchen übertragen worden.

Im Gegensatz zum Taranta-Papagei und zum Rosenköpfchen ist das Vorhandensein eines Dunkelfaktors bei diesen Vögeln deutlich am dunkelgrünen Federkleid erkennbar. Wie bei den anderen Agapornidenarten hat der Dunkelfaktor nur Einfluss auf die grün- und blaugefärbten Federpartien. Darum verändert sich beim Erdbeerköpfchen oder Pfirsichköpfchen nichts an der Maskenfarbe. Die gelbe Brustfarbe beim Schwarzköpfchen bleibt beim Vorhandensein von einem oder zwei Dunkelfaktoren aus demselben Grund farblich unverändert.

Erdbeer- (oben) und Rußköpfchen (unten)

Der linke Vogel hat jeweils einen einfachen, der rechte Vogel einen doppelten Dunkelfaktor

Blue (Blau)

Die blaue Mutation ist eine der am besten zu erkennenden Mutationen bei Agaporniden. Es handelt sich bei ihr um eine autosomal rezessive Mutation, wobei das Psittacin aus der Befiederung vollständig verschwunden ist. Normalerweise befindet sich das Psittacin in der Rindenschicht (dem Cortex) der Federn. Dieser Farbstoff ist bei Agaporniden – abhängig vom Federbereich – gelb, orangerot oder rot gefärbt. Da das Psittacin verschwunden ist, erscheinen die Federbereiche, die normalerweise grün waren, blau. Die roten, orangeroten und gelben Federbereiche werden weiß. Der Blaufaktor ist bei *Agapornis personatus* entstanden und wurde später durch Transmutation auf die anderen Mitglieder der Gruppe mit weißem Augenring übertragen.

Bei *Agapornis roseicollis* existiert bis heute noch keine echte blaue Mutation (obwohl wir daran auch zweifeln könnten). Herr Dirk Groeneveld aus den Niederlanden züchtet schon seit einigen Jahren Rosenköpfchen, die beinahe vollständig blau gefärbt sind. Weil diese „blauen" Vögel durch sehr konsequente Selektion aus Türkis-Vögeln entwickelt wurden und die meisten noch – wenn auch ausgesprochen wenig – Psittacin in den Federn haben, können wir noch nicht behaupten, dass es hier schon um eine echte blaue Mutation geht, wohl aber um eine Selektionsform. Viele dieser Vögel haben deshalb auch noch normal gefärbte türkisfarbene Nachkommen. Es werden derzeit verschiedene Probepaarungen vorgenommen, aber die Selektionsform von türkis scheint sich zu bestätigen. Natürlich kann irgendwann einmal eine echte blaue Mutation beim Rosenköpfchen entstehen, bei der der Vogel genetisch nicht mehr in der Lage ist, Psittacin zu produzieren. Solange aber auch nur noch 2% Psittacin vorhanden sind,

Links: blaues Schwarzköpfchen

Dieser Farbschlag trat zum ersten Mal beim Schwarzköpfchen auf.

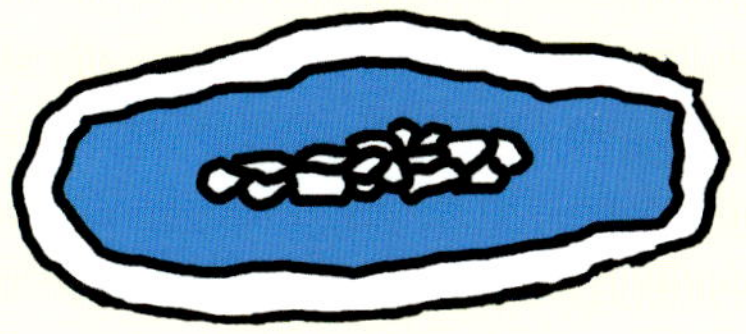

Querschnitt durch eine blaue Feder

Das Psittacin in der Rindenschicht ist vollständig verschwunden.

handelt es sich immer noch nicht um eine echte blaue Mutation. Wir werden diese Vögel im Kapitel über turquoise (türkis) besprechen.

Blaue Schwarzköpfchen

Das erste blaue Schwarzköpfchen war 1927 in einer Sendung von Importvögeln, die aus Tanganjika (Tansania) nach England kam. Einige Jahre danach wurden die ersten blauen Jungvögel in Menschenobhut geboren. Bei dieser blauen Mutation fehlt das Psittacin völlig in der gesamten Befiederung, und alle gelben und roten Farben sind verschwunden. Die Folge ist ein blauer Vogel mit weißer Brust und weißem Nackenband. Das Fehlen von Psittacin in der Befiederung der Kopffarbe bewirkt eine „kalte" schwarze Farbe.

Auch das rote Psittacin, das bei der Wildform des Schwarzköpfchens in der Schnabelfarbe zu finden ist, fehlt bei der blauen Mutation. Der Vogel hat daher einen hornfarbigen Schnabel. Der Bürzel ist violett gefärbt, weil hier das Psittacin im normal mauve-gefärbten Bürzel fehlt. Die Farbe der Füße, Zehen und Augen sind dagegen unverändert.

Blaue Pfirsichköpfchen

Von diesem Farbschlag wurde beim Pfirsichköpfchen schon Anfang der 70er Jahre in den ehemaligen Ostblockländern berichtet. Ob es sich dabei um eine saubere Mutation handelte, steht nicht fest. In Belgien und den Niederlanden wurden in den 1990er Jahren blaue Pfirsichköpfchen gezüchtet. Tatsache ist, dass die blauen Pfirsichköpfchen, die es momentan gibt, durch Transmutation mit blauen Schwarzköpfchen entstanden sind. Die meisten Vögel sind einigermaßen gute Exemplare,

Blaue Schwarzköpfchen

Links: D blau; rechts: DD blau

obwohl man auf Ausstellungen immer noch Vögel mit einer deutlich grauen Zeichnung in der Maske findet, was stark auf Eigenschaften des Schwarzköpfchens verweist und unzulässig ist.

Das blaue Pfirsichköpfchen ist ein vollständig blau gefärbter Vogel mit einer weißen Maske und einem hornfarbigen Schnabel. Die weiße Maske beginnt auf halber Höhe des Scheitels und die Begrenzungslinie zur Bauchfarbe verläuft von Flügelbug zu Flügelbug. Auf den Wangen verläuft die Abgrenzung zum grauen Hinterkopf bis zum Auge. Die Farbe der Augen, Zehen und Füße ist dieselbe wie bei der Wildform, und wie bei dieser ist auch die Farbe der blauen Flügeldecken etwas dunkler als der Rest des (blauen) Körpers.

Blaue Rußköpfchen

Gerüchten zufolge soll diese Mutation spontan in Dänemark entstanden sein, aber spätere Berichte widersprachen dem. Da die Exemplare aus dieser Zeit Anzeichen von Hybridisierung aufwiesen, ist es wahrscheinlich, dass diese blauen Rußköpfchen auch durch Transmutation mit blauen Schwarzköpfchen entstanden sind. Wichtig ist, dass die blauen Rußköpfchen alle Merkmale eines Rußköpfchens aufweisen. Das bedeutet, dass diese Vögel nicht zu groß sein dürfen und die typische Haltung und den Rußköpfchen-eigenen Typ aufweisen, der sich deutlich von den Merkmalen und dem Typ eines Schwarz- oder Pfirsichköpfchens unterscheidet. Die blaue Mutation muss einen kleinen hornfarbigen Schnabel haben, einen kleinen weißen Latz und eine graue Stirn, die in den grauen Hinterkopf und die schwarzen Wangen übergeht. Der Bürzel, der bei der Wildform grün gefärbt ist, muss beim blauen Rußköpfchen dieselbe blaue Farbe haben wie der Mantel und darf keinesfalls einen violetten Schimmer aufweisen.

Blaue Erdbeerköpfchen

Diese Transmutanten sind in den letzten Jahren in den Niederlanden entstanden. Um zu wissen, wie ein gutes blaues Erdbeerköpfchen aussehen muss, ist es wichtig, die Wildform gut zu studieren und die Transmutanten damit zu vergleichen.

Die Wildform des Erdbeerköpfchens ist ein Vogel, der vom Typ her kleiner ist als das Pfirsichköpfchen und das Schwarzköpfchen. Er hat seine eigene typische Haltung und einen etwas flacheren Hinterkopf. Diese Merkmale dürfen nicht verloren gehen. Ein anderes wichtiges Merkmal ist der grüne Bürzel. Bei einem blauen Erdbeerköpfchen

Blaue Pfirsichköpfchen

Links: blau;
Mitte: D blau;
rechts: DD blau

muss der Bürzel dieselbe Farbe haben wie der Rücken. Zusätzlich hat das Erdbeerköpfchen einen schmaleren Schnabel als das Schwarz- oder Pfirsichköpfchen. Der Schnabel ist bei der Wildform rot, wird aber zur Schnabelbasis hin bleicher. Beim blauen Vogel muss der schmalere Schnabel gezüchtet werden. Bei Vögeln aus der Blaureihe ist das rote Psittacin verschwunden und sie zeigen deshalb keine hellere Verfärbung der Schnabelbasis, sondern einen rein hornfarbigen Schnabel.

Achten Sie vor allem auf die Begrenzung und die Form der Maske. Erdbeerköpfchen haben nämlich eine typische Maskenform. Im Gegensatz zum Pfirsichköpfchen, wo die Maske an der Grenze zwischen Stirn und Scheitel beginnt, beginnt die Maske des Erdbeerköpfchens auf halber Höhe des Scheitels, von wo sie mehr oder weniger in einem Bogen um die Augen verläuft, und verschmälert sich auf Höhe der Kehle und mit dem Beginn des Latzes. Dieser Latz verbreitert sich auf der Brust etwas und endet zwei Zentimeter unter der Schnabelspitze. Auf den Wangen und am Scheitel gibt es keine klare Begrenzung der Maske. Bei Pfirsichköpfchen geht die Maske viel tiefer und verläuft in einer klar abgegrenzten, mehr oder weniger geraden Linie zu den Flügeln. Es gibt keine Verschmälerung der Maske auf Höhe der Kehle. Bei der Wildform besteht die Maske aus Psittacin und der Rest der Kopfbefiederung aus überwiegend grünen und grüngelben Federn.

Wird der Blaufaktor eingezüchtet, verschwinden die roten und gelben Farbstoffe und der Vogel bekommt eine schneeweiße Maske und einen hellgrauen Hinterkopf, der zum Nacken hin dunkler in der Farbe wird. Diese Merkmale sind auf dem Foto auf Seite 89 klar zu sehen. Der Unterschied zwischen Pfirsichköpfchen und Erdbeerköpfchen ist deutlich und allein schon an der Form der Maske zu sehen. Exemplare, die auf dem Hinterkopf zu bleich sind, und Vögel, bei denen die Form der Maske falsch ist oder der Latz zu groß, müssen beanstandet werden.

Um diese Mutation zu züchten, ist es empfehlenswert, erst Spaltvögel aus der reinen Wildform zu züchten. Dann können Sie mit diesen Spaltvögeln weiter züchten. Die Anzahl der blauen Vögel, die hieraus geboren werden, ist zwar kleiner, aber sie sind in Zeichnung und Format sehr viel besser, als wenn Sie immer weiter blau x blau kreuzen. Vor allem bei den Arten, bei denen die blaue Mutation durch Transmutation entstanden ist, ist es zwingend notwendig, diese regelmäßig mit einer reinrassigen Wildform zurückzukreuzen.

Rußköpfchen blau

Die Zucht dieser blauen Vögel ergibt keine Probleme. Sie sind genauso vital wie die Wildform und stehen der normalen grünen Wildform auch im Bezug auf ihren Typ und die Zuchtergebnisse in nichts nach. Da Blau gegenüber der Wildform autosomal rezessiv vererbt, können sowohl Männchen als auch Weibchen in dieser Mutation spalterbig sein. Nachfolgend einige Zuchtergebnisse:

Genetische Formeln:

blau: bl_D^+ / bl_D^+
D blau: bl_D^+ / bl_D
DD blau: bl_D / bl_D

grün x blau:
100% grün/blau

Bei dieser Kreuzung sind alle Jungvögel phänotypisch (äußerlich) grün, aber genotypisch heterozygot bzw. grün spalt blau.

grün/blau x grün:
50% grün
50% grün/blau

Diese Kreuzung ist nicht zu empfehlen. Alle Nachkommen sind ja äußerlich vollständig grün und nur Probepaarungen können Ihnen sagen, welche Vögel den Blaufaktor mitbekommen haben.

grün/blau x grün/blau:
25% grün
50% grün/blau
25% blau

Bei dieser Kombination sind 25% reinrassig grün und 50% grün spalterbig in blau. Äußerlich werden diese Vögel keine Merkmale aufweisen, die darauf schließen lassen, dass sie spalterbig sind. Die Vögel werden im Liebhaberjargon darum auch als „Verdacht spalt" angegeben.

grün/blau x blau:
50% grün/blau
50% blau

Dies ist eine Kombination, die eindeutigere Resultate ergibt als die vorige. Bei diesen Jungvögeln können Sie sich sicher sein, dass alle grünen Nachkommen spalt blau sind.

blau x blau:
100% blau

Sie können die blauen Vögel – wie bei der grünen Wildform – mit einem oder zwei Dunkelfaktoren kombinieren. Vögel mit einem Dunkelfaktor werden als D blau (dunkelblau – kobalt) angegeben, die mit zwei Dunkelfaktoren als DD blau (blau mit doppeltem Dunkelfaktor – mauve).
Als in den 80er Jahren die ersten grünen Schwarzköpfchen mit Dunkelfaktoren auftauchten, kreuzte man diese mit blauen Artgenossen. Trotzdem war es nicht so selbstverständlich, den Dunkelfaktor so zu übertragen. Wir sehen das an der Formel. Nehmen wir an, dass das Männchen DD grün ist und das Weibchen blau. Die Gameten des Männchens sind bl^+_D / bl^+_D, die des Weibchens bl_D^+ / bl_D^+. Im Quadrat von Punnett sieht das dann so aus:

	bl^+_D	bl_D^+
bl_D^+	$\frac{bl^+ D}{bl D^+}$	$\frac{bl D^+}{bl D^+}$
$bl^+\_D^+$	$\frac{bl^+ D}{bl^+ D^+}$	$\frac{bl D^+}{bl^+ D^+}$

Sie sehen, dass alle Nachkommen bl^+_D / bl_D^+ sind oder D grün/blau Typ 1. Alle Nachkommen bekommen den Dunkelfaktor von ihren DD grünen Eltern. Wenn Sie diese nun mit einem blauen Vogel (bl_D^+ / bl_D^+) kreuzen, bekommen Sie die hier angegebenen Ergebnisse:

	bl^+_D	bl^+_D
bl_D^+	$\frac{bl^+ D}{bl D^+}$	$\frac{bl^+ D}{bl D^+}$
bl_D^+	$\frac{bl^+ D}{bl D^+}$	$\frac{bl^+ D}{bl D^+}$

Das ergibt die folgenden theoretischen Ergebnisse:

50% bl^+_D / bl_D^+ (T1) oder
D grün spalt blau Typ 1
50% bl_D^+ / bl_D^+ oder blau

Aus dieser Kombination kann theoretisch kein einziger blauer Vogel geboren werden, der einen Dunkelfaktor hat. Wenn Sie diese Kreuzung in der Praxis anwenden, werden Sie merken, dass Sie doch andere Zuchtergebnisse erhalten. An Stelle von 50% D grün/blau Typ 1 und 50% blau, bekommen Sie 7% grün/blau, 43% D grün/blau Typ 1, 43% blau und 7% D blau. Wie kommt das? Nun, hier hat ein Crossing-over stattgefunden. Blau x DD grün (grün mit zwei Dunkelfaktoren) ergibt D grün/blau Typ 1. Da der Dunkelfaktor vom Grünfaktor herkommt und daran gekoppelt ist, heißt das D grün/blau Typ 1. Diese

Vögel sehen genauso aus wie Vögel aus der Kombination grün x DD blau (blau mit zwei Dunkelfaktoren – mauve), aber genetisch unterscheiden sie sich. Der Dunkelfaktor ist in diesem Fall an den Blaufaktor gekoppelt und deshalb werden sie Typ 2 genannt.

Bei der Kreuzung von D grün/blau Typ 1 x blau sorgt ein Crossing-over dafür, dass der Dunkelfaktor auf dem anderen Chromosomenpaar zu liegen kommt (bei der blauen Farbe). Hierdurch ist es möglich, dass blaue Jungvögel mit einem Dunkelfaktor geboren werden. Genetisch gesehen liegt die Wahrscheinlichkeit für Crossing-over bei 14%. Also gibt es 86% Kopplungsgameten gegenüber 14% Crossing-over-Gameten. Bei dieser Kreuzung sind die Resultate wie folgt:

D grün/blau Typ 1 x blau:

7%	grün/blau
43%	D grün/blau Typ 1
43%	blau
7%	D blau

Bei der Kreuzung von D grün/blau Typ 2 x blau, sorgt wieder ein Crossing-over dafür, dass sich der Dunkelfaktor jetzt auf dem nicht mutierten Chromosom befindet und von neuem an die grüne Farbe gekoppelt werden kann. Bei dieser Kombination sind die Ergebnisse folgendermaßen:

D grün/blau Typ 2 x blau:

43%	grün/blau
7%	blau
43%	D blau
7% D	grün/blau Typ 1.

D grün/blau Typ 1 x D grün/blau Typ 1:

0,5% grün
6% grün/blau
18,5% blau
6% D grün
37% D grün/blau Typ 1
1% D grün/blau Typ 2

6%	D blau
18,5%	DD grün
6 %	DD grün/blau
0,5%	DD blau

D grün/blau Typ 2 x D grün/blau Typ 1:

3%	grün
19%	grün/blau
3%	blau
19%	D grün
6%	D grün/blau Typ 1
6%	D grün/blau Typ 2
19%	D blau
3%	DD grün
19%	DD grün/blau
3%	DD blau

Natürlich kann man allein vom Äußeren niemals bestimmen, ob man es mit einem D grün/blau Typ 1 Vogel oder D grün/blau Typ 2 zu tun hat. Die Zuchtergebnisse einer Kreuzung mit einem blauen Vogel geben darauf aber eine definitive Antwort. Kreuzungen mit blauen Vögeln mit einem Dunkelfaktor sind etwas einfacher.

blau x D blau:

50%	blau
50%	D blau

D blau x D blau:

25%	blau
50%	D blau
25%	DD blau

blau x DD blau:

100%	D blau

D blau x DD blau:

50%	D blau
50%	DD blau

DD blau x DD blau:

100%	DD blau

Diese letzte Kombination ist wie bei den Vögeln in der Grünreihe nicht zu empfehlen, da diese Vögel meistens im Format und in der Befiederung nicht überzeugen.

Erdbeerköpfchen in blau (oben), D blau (Mitte) und DD blau (unten)

Rosenköpfchen aqua

Diese Mutation gehört zu den „parblue"-Mutationen, den „teilweise blauen" Mutationen.

Parblue – aqua (Aqua)

Aqua-Vögel haben eine teilweise Reduktion des Psittacins. Im Gegensatz zu den blauen Vögeln, bei denen das Psittacin völlig verschwunden ist, ist bei der parblue-Mutation noch ein Teil vorhanden. Das ergibt Zwischenfarben: Farben, die weder grün noch blau sind.

Diese Zwischenfarben werden als „parblue" beschrieben. Parblue kommt vom Englischen „partial blue", was „teilweise blau" bedeutet. In der Parblue-Gruppe haben wir bei Agaporniden bis heute aqua und turquoise (türkis).

Bei Aqua-Vögeln ist das vorhandene Psittacin ungefähr zur Hälfte verschwunden und die Reduktion gleichmäßiger über das gesamte Federkleid verteilt. Dadurch werden grüne Federpartien eher seegrün gefärbt und rote werden matt orange-rosa. Im Gegensatz zu bestimmten Eumelanin-Mutationen verändert diese Mutation nie die Farbe der Augen, Füße oder Zehen. Sie ist ein Allel des bl-Locus und vererbt autosomal rezessiv.

Die aqua-Mutation kommt bei Agaporniden bis heute nur beim Rosenköpfchen und sporadisch bei Pfirsich- und Erdbeerköpfchen vor. Doch bei den letzten beiden Arten ist nicht sicher, ob man schon von einer Mutation sprechen kann.

Über die Bezeichnung für diese Mutation gab es einige Verwirrung, und weltweit hat diese Mutation schon viele verschiedene und auseinandergehende Bezeichnungen bekommen. Manchmal spricht man von „pastellblau", aber da pastell schon für eine Eumelanin-Mutation verwendet wird, stand dieser Name nicht mehr zur Verfügung. Aqua ist ja eine Psittacin- und keine Eumelanin-Mutation. Andere umschrieben diese Form als „seeblau", was eine Übersetzung des französischen Ausdrucks „blue de mer" ist. Es werden auch Ausdrücke wie „ivory" und „Dutch bleu" verwendet. Im schlimmsten Fall werden diese Vögel sogar als blau umschrieben – etwas, was angesichts des Vorhandenseins von einem Teil des Psittacins in der Befiederung völlig falsch ist! In Belgien und den Niederlanden wurde die Bezeichnung seegrün verwendet. Schließlich hat man sich entschieden, dieser Mutation den internationalen Ausdruck „aqua" – was eine Abkürzung für „aquamarine" ist – zu geben. Aquamarin verweist auf die typische grünblaue Farbe, die wir beim Mineral Aquamarin finden. Der Name taucht für diese Farbe schon 1592 in der englischen Literatur auf.

Oben: Querschnitt durch die Feder eines aqua-Vogels

Das Psittacin in der Rindenschicht ist etwa um die Hälfte reduziert.

Mitte: Rosenköpfchen D aqua

Eine Aqua-Mutation mit Dunkelfaktor

rechts: Erdbeerköpfchen aqua

Genetische Formeln:

aqua: $bl^{aq}\_D^{+} / bl^{aq}\_D^{+}$
D aqua: $bl^{aq}\_D^{+} / bl^{aq}\_D$
DD aqua: bl^{aq}_D / bl^{aq}_D

Einige Zuchtergebnisse:

aqua x grün:

100%	grün/aqua

grün/aqua x aqua:

50%	grün/aqua
50%	aqua

grün/aqua x grün/aqua:

25%	grün
50%	grün/aqua
25%	aqua

Wie beim Blaufaktor spricht man von D grün/aqua Typ 1 und Typ 2. Aqua ist ja ein Allel vom bl-Locus (Locus, der gelbes Psittacin produziert).

D grün x aqua:

50%	grün/aqua
50%	D grün/aqua Typ 1

D aqua x grün:

50% grün/aqua
50% D grün/aqua Typ 2

D grün/aqua Typ1x aqua:

7%	grün/aqua
43%	aqua
43%	D grün/aqua Typ 1
7%	D aqua

D grün/aqua Typ 1 x D grün/aqua Typ 1:

0,5%	grün
6%	grün/aqua
18,5%	aqua
6%	D grün
37%	D grün/aqua Typ 1
1%	D grün/aqua Typ 2
6%	D aqua
18,5%	DD grün
6 %	DD grün/aqua
0,5%	DD aqua

D grün/aqua Typ 2 x D grün/aqua Typ 1:

3%	grün
19%	grün/aqua
3%	aqua
19%	D grün
6%	D grün/aqua Typ 1
6%	D grün/aqua Typ 2
19%	D aqua
3%	DD grün
19%	DD grün/aqua
3%	DD aqua

D grün/aqua Typ 2 x aqua:

43 %	grün/aqua
7 %	aqua
7 %	D grün/aqua Typ 1
43 %	D aqua

Hier muss darauf hingewiesen werden, dass wie bei den grünen Vögeln, die spalterbig in aqua sind, kein äußerlicher Unterschied besteht zwischen D grün/aqua Typ 1 und D grün/aqua Typ 2.

aqua x D aqua:

50%	aqua
50%	D aqua

D aqua x D aqua:

25%	aqua
50%	D aqua
25%	DD aqua

DD aqua x aqua:

100%	D aqua

DD aqua x D aqua:

50%	D aqua
50%	DD aqua

DD aqua x DD aqua:

100%	DD aqua

Pfirsichköpfchen aqua

Diese Vögel sterben entweder relativ früh oder die Jungvögel färben in ein normales Adultgefieder um.

In Amerika soll es allerdings Vögel geben, die diese Färbung bleibend behalten.

Aqua Rosenköpfchen

Die ersten Nachrichten über aqua-Rosenköpfchen kamen aus den Niederlanden. Da sollen 1963 bei einem gewissen Herrn Habets die ersten aqua-Vögel geboren worden sein. Das Gen ist noch – wenn auch begrenzt – in der Lage, ungefähr die Hälfte der normalen Menge an Psittacin zu produzieren. Dadurch entsteht eine Farbe, die irgendwo zwischen grün und blau liegt. Nicht nur das gelbe Psittacin in der Befiederung ist verringert, auch das rote Psittacin in der Maske ist reduziert. Das Rot wird dadurch ebenfalls ungefähr um die Hälfte blasser, und so bekommt das Aqua-Rosenköpfchen seine typische orange-rosa Maskenfarbe. Die Farbe der Füße, Augen und Zehen wird durch diese Psittacin-Mutation nicht verändert.

Aqua-Pfirsichköpfchen und Aqua-Erdbeerköpfchen

Vor etwa fünfzehn Jahren kamen die ersten Berichte von „aqua"-Pfirsichköpfchen. Die Vögel hatten eine aqua- bzw. seegrüne Farbe und eine blass orangene Maske. Es war deutlich, dass diese Vögel eine Reduktion von Psittacin hatten und die Umschreibung aqua richtig war. Aber wenn die Züchter glaubten, dass sie es mit einer neuen Mutation zu tun hätten, wurden sie betrogen. Denn entweder starben die Vögel nach einiger Zeit oder sie färbten in die normale grüne Farbe um. Kein einziger Vogel behielt diese Aqua-Farbe nach der Jugendmauser. – Ich selbst habe auch einmal aus einem Pärchen grün x grün zwei „aqua"-Pfirsichköpfchen gezüchtet. Auch diese Vögel nahmen nach einiger Zeit die normale grüne Farbe an. Spätere Testpaarungen mit den Jungen brachten nur grüne Junge hervor. Nicht ein einziges Mal kam die Aqua-Farbe wieder.

Bei Wessel van der Veen in Belgien wurde einmal in einer Importsendung wildgefangener Vögel ein „Aqua"-Erdbeerköpfchen entdeckt. Auch dieser Vogel bekam nach der Jugendmauser seine normale grüne Farbe. Im Lauf der Zeit habe ich diese Psittacin-Reduktion unter anderem noch bei einem DEC-Pfirsichköpfchen (gelbes Schwarzauge) gesehen. Es war ein hellgelb gefärbter Vogel. Aber wie bei allen anderen Fällen bekam auch dieses Tier nach einiger Zeit seine normale Farbe. – Eine ganze Reihe von Liebhabern in Europa hat versucht, diese Farbe zu erhalten, aber bis heute ist es noch nicht gelungen. Das stützt die Vermutung, dass es sich hier eher um eine Modifikation handelt und nicht um eine Mutation (Mutationen vererben weiter, Modifikationen nicht).

Im Gegensatz zum „aqua"-Phänotyp in Europa kommen Nachrichten aus Amerika, dass es durchaus Aqua-Pfirsichköpfchen geben soll. Diese Vögel sollen nach der Jugendmauser ihre Farbe behalten und sie auch an ihre Nachkommen weitergeben. Das wäre dann in der Tat ein Beweis, dass es sich hier wirklich um eine Mutation handelt.

Parblue – turquoise (Türkis)

Türkis-Vögel haben genau wie Aqua-Vögel eine teilweise Reduktion des Psittacins. Bis jetzt finden wir diese Mutation bei Agaporniden wahrscheinlich nur beim Rosenköpfchen, vielleicht auch bei Taranta-Papageien. Im Gegensatz zu den blauen Vögeln, bei denen das Psittacin vollständig fehlt, und zur Aqua-Mutation, bei der eine gleichmäßige Reduktion von etwa der Hälfte des Psittacins vorkommt, spricht man hier von einer variablen Reduktion des Psittacins im Federkleid.

Beim Rosenköpfchen erhält man bei dieser Mutation eine Verminderung von ungefähr sechzig Prozent des Psittacins auf den Flügeldecken. Am restlichen Körper ergibt sich eine Reduktion von etwa neunzig Prozent. Der Vogel hat dadurch aqua-farbene Flügeldecken, aber der Körper ist beinahe völlig blau gefärbt. Wenn Sie die Vögel sorgfältig anschauen, werden Sie noch einen minimalen grünlichen Schimmer am Körper erkennen. Die Maske ist fast vollkommen weiß – trotzdem sind Vögel mit einem noch deutlichen rosa Schimmer auf der weißen Maske keine Seltenheit. Es wird noch ein wenig Psittacin in der Maske produziert, denn auch die rote Maskenfarbe wird durch Psittacin gebildet. Diese Mutation vererbt autosomal rezessiv und ist ein Allel des bl-Locus.

Turquoise (türkis) Rosenköpfchen

Nach der Literatur soll das erste türkise Rosenköpfchen um 1975 in Belgien gezüchtet worden sein, aber hierfür gibt es keine konkreten Belege. Bei der Bezeichnung für diese Mutation hat man sich früher meistens auf den typischen Phänotyp dieser Mutation beim Rosenköpfchen bezogen, und es wurden für diese Mutation Namen wie „Weißmaske", „Bleichmaske" oder „seegrüne Bleichmaske" verwendet. Diese Begriffe waren sicher nicht verkehrt und bezeichneten genau das, worum es ging. Allerdings existiert diese Mutation auch bei verschiedenen Sitticharten, und die Umschreibung „Bleichmaske" traf einzig auf den Phänotyp des Rosenköpfchens zu. Die Vogelliebhaber haben nach gemeinsamen Überlegungen der verschiedenen Clubs darum beschlossen, für die Mutation den internationalen Ausdruck „turquoise" (türkis) zu verwenden. So ist die Bezeichnung für andere Vogelarten auch anwendbar. Wenn z.B. in Zukunft beim Schwarzköpfchen eine Türkis-Mutation auftaucht – was sehr gut möglich ist – kann die Bezeichnung türkis perfekt benutzt werden, was bei der Bezeichnung „Bleichmaske" unmöglich wäre. Der Grundsatz ist ja, für dieselbe Mutation denselben Name zu verwenden.

Taranta-Papageien-Weibchen türkis

Diese Mutation beim Taranta-Papagei ist noch relativ neu.

Turquoise (türkis) Taranta-Papagei

Vor einigen Jahren fand Eric Pauwels aus Belgien einen türkisfarbenen Taranta-Papagei in einem Nest von wildfarbigen Vögeln. Er glaubte zuerst an eine Modifikation. Als er mit dem Vogel züchtete, hatte er im ersten Jahr nur grüne Vögel. Als er aber zwei Jahre später einen grünen „Verdacht spalt in türkis"-Vogel mit dem original türkisfarbenen Taranta kombinierte, waren schon bei der ersten Brut zwei Türkis-Tiere dabei, der Beweis für eine Mutation. Da die Psittacin-Reduktion variabel ist, glauben wir, dass es die Türkis-Mutation ist.

Genetische Formeln:

Türkis: $bl^{tq}\_D^{+} / bl^{tq}\_D^{+}$
D türkis: $bl^{tq}\_D^{+} / bl^{tq}\_D$
DD türkis: bl^{tq}_D / bl^{tq}_D

Einige Zuchtergebnisse:

türkis x grün:
100% grün/türkis

grün/türkis x türkis:
50% grün/türkis
50% türkis

grün/türkis x grün/türkis:
25% grün
50% grün/türkis
25% türkis

Wie beim Blaufaktor spricht man hier von D grün / türkis Typ 1 und Typ 2. Türkis ist ein Allel des bl-Locus (Locus, der gelbes Psittacin produziert).

D grün x türkis:
50% grün/türkis
50% D grün/türkis Typ 1

D türkis x grün:
50% grün/türkis
50% D grün/türkis Typ 2

D grün/türkis Typ 1 x türkis:
7% grün/türkis
43% türkis
43% D grün/türkis Typ 1
7% D türkis

D grün/türkis Typ 1 x D grün/türkis Typ 1:
0,5% grün
6% grün/türkis
18,5% türkis
6% D grün
37% D grün/türkis Typ 1
1% D grün/türkis Typ 2
6% D türkis
18,5% DD grün
6 % DD grün/türkis
0,5% DD türkis

D grün/türkis Typ 2 x D grün/türkis Typ 1:
3% grün
19% grün/türkis
3% türkis
19% D grün
6% D grün/türkis Typ 1
6% D grün/türkis Typ 2
19% D türkis
3% DD grün
19% DD grün/türkis
3% DD türkis

D grün/türkis Typ 2 x türkis:
43 % grün/türkis
7 % türkis
7 % D grün/türkis Typ 1
43 % D türkis

Hier muss darauf hingewiesen werden, dass wie bei den grünen Vögeln, die spalt in blau sind, kein äußerlicher Unterschied besteht zwischen D grün / türkis Typ 1 und D grün / türkis Typ 2.

türkis x D türkis:
50% türkis
50% D türkis

D türkis x D türkis:
25% türkis
50% D türkis
25% DD türkis

DD türkis x türkis:
100% D türkis

DD türkis x D türkis:
50% D türkis
50% DD türkis

DD türkis x DD türkis:
100% DD türkis

Türkis ist genau wie aqua ein Allel des bl-Locus. Kombinationen von aqua und türkis ergeben deshalb keine grünen Vögel spalt in aqua und türkis, sondern eine Zwischenfarbe. Diese Erscheinungsform wurde früher als „meergrün" umschrieben. Aber das erweckte den Eindruck, dass es um eine eigenständige Mutation ging.

Unter Berücksichtigung der internationalen Absprachen, die vorschreiben, dass für einen Phänotyp, der durch die Kombination von zwei Allelen entstanden ist, kein eigener Name geschaffen wird (sondern dass er umschrieben wird, indem beide Faktoren hintereinander geschrieben werden), wird diese Mutation daher AquaTürkis genannt.

Da die Aqua- und Türkis-Mutationen bei Agaporniden nur beim Rosenköpfchen vorkommen, ist diese Kombination natürlich nur dort möglich. AquaTürkis-Rosenköpfchen haben ein überwiegend hell „apfelgrünes" Federkleid. Die Farbe der Maske erinnert an die Maskenfarbe eines Türkis-Vogels.

Hier folgen einige Kombinationen:

aqua x türkis:
100% aqua türkis

aqua türkis x grün:
50% grün/aqua
50% grün/türkis

grün/aqua x türkis:
50% grün/türkis
50% aqua türkis

grün/aqua x grün/türkis:
25% grün
25% grün/türkis
25% grün/aqua
25% aqua türkis

Links: Rosenköpfchen D türkis

Diese Mutation soll 1975 zum ersten Mal entstanden sein.

türkisfarbene Rosenköpfchen

Vögel mit einem und mit zwei Dunkelfaktoren

Die Entwicklung bei Türkis-Rosenköpfchen (turquoise)

Man findet in den letzten Jahren mehr und mehr Vögel, die fast vollständig blau gefärbt sind. Dann fangen natürlich die Spekulationen an: Sind das nun blaue Vögel oder nicht? Und wenn sie nicht blau sind, was sind sie dann?

Das erste Mal, als ich diese „blauen" Vögel sah, war 1999 bei Franklin Van Helleputte, damals BVA-Preisrichter, der aus zwei türkisen Rosenköpfchen ein Junges züchtete, das von beinahe völlig blauer Farbe war. Der junge Vogel wurde mehrmals „von Kopf bis Fuß" inspiziert und außer einigen kleinen grünen Flecken an der Unterseite der Schwanzfedern und auf den Flügeldecken war er völlig psittacinfrei – also blau. Es wurde abgesprochen, einige Monate zu warten, bis der Vogel völlig ausgefärbt war. Als es soweit war, sahen wir, dass die Anzahl der grünen Federstellen doch etwas zugenommen hatte. Die Tatsache, dass immer noch Psittacin vorhanden war (vgl. die grünen Flecken), bewies, dass noch gelbes Psittacin produziert werden konnte, und der Vogel war daher genetisch gesehen nicht blau.

Im Lauf der Jahre stellte sich heraus, dass einige Liebhaber diese „beinahe blaue" Farbe innerhalb bestimmter Blutlinien etablieren konnten, indem sie „beinahe blaue" Vögel konsequent miteinander verpaarten. So erhielten wir verschiedene Vögel, die zu fast 99% (und sogar mehr) psittacinfrei sind. Der letztendliche Beweis für die Existenz von blau ist für viele gegeben, wenn ein vollständiger Albino geboren wird. Und tatsächlich kamen Ino-Vögel, die fast völlig weiß sind. Trotzdem müssen wir hier der Vollständigkeit halber erwähnen, dass sie, wenn sie älter werden, doch hier und da einen gelben Fleck bekommen. Das beweist wiederum, dass es genetisch gesehen noch keine echte blaue Mutation ist.

Dennoch bleibt die Frage, was sie dann sind: Wenn sie noch nicht blau sind und nicht mehr türkis – wo sind sie einzuordnen und wie entstehen sie? Eine logische Erklärung könnte sein, dass auf dem für Blau verantwortlichen Gen-Locus ein neues Allel entstanden ist. Wir wissen mit Sicherheit, dass aqua und türkis zwei verschiedene Allele des blau-Locus sind. Dann ist es wahrscheinlich auch möglich, dass eine dritte Variante (Allel) zum Vorschein kommt. Trotzdem habe ich dabei meine Bedenken, und ich glaube, dass die derzeitigen Resultate aus Probepaarungen meine Vermutungen unterstützen.

Wir sehen vielfach, wenn wir diese „blauen" Vögel mit einem normalen „türkis" verpaaren, dass wir Junge in verschiedenen Abstufungen erhalten: von beinahe blau bis deutlich türkis. Das beweist ein-

deutig, dass es entweder Allele vom selben Gen-Locus sind oder dass es einfach dasselbe Allel ist, aber sicher keine zwei verschiedenen Mutationen. Warum denke ich nun persönlich, dass es dasselbe Allel ist? Nun, einfach aufgrund dieser diversen blauen Zwischenformen: Wir sehen, wenn wir einen aqua mit einem türkis verpaaren (wenn also deutlich zwei verschiedene Allele verantwortlich für die Kontrolle der Psittacin-Produktion sind), dass wir dann die typischen AquaTürkis-Vögel bekommen bzw. (wenn wir deren Farbe umschreiben) die „meergrünen" Vögel. Wir sehen in diesem Fall, dass wir nicht wie bei der Kombination von Allelen, die für die Eumelanin-Produktion verantwortlich sind (z.B. Pastel- und NSL-Ino), eine Zwischenform bekommen (PastelIno), sondern wieder einen beinahe grünen Vogel. Darüber, wie und wo das Psittacin produziert wird, besteht wissenschaftlich gesehen noch keine 100%-ige Sicherheit, aber es ist sicher, dass dieser Prozess viel umfangreicher ist als die Produktion von schwarzem Eumelanin. Dank der HPLC (High Performance Liquid Chromatography = Hochdruckflüssigkeits-Chromatographie), einer der neuen Untersuchungsmethoden, konnte man wissenschaftlich nachweisen, dass das rote Psittacin in den Federn von Papageiartigen aus Tetradecahexenal, Hexadecaheptenal, Octadecaoctenal, Eicosanonenal und einer fünften, unbekannten Komponente besteht (Stradi & al 2001, McGraw & Mary C. Nochare 2005). Die Untersuchung von gelben Federn schien dagegen nicht so einfach zu sein. Und deshalb ist die richtige Zusammensetzung des gelben Psittacins noch nicht bekannt.
– Wenn wir dann noch einbeziehen, dass bei Wellensittichen zwei verschiedene Arten von gelbem Psittacin gefunden wurden, beweist dies zunächst einmal, dass die chemische Zusammensetzung von rotem und gelbem Psittacin völlig unterschiedlich ist, es eine komplexe Zusammensetzung hat und demzufolge eine komplexere Wirkungsweise dieses spezifischen Gens verlangt. Es erscheint mir daher nur logisch, wenn wir eine Kombination von zwei verschiedenen Allelen machen, dass die endgültige Produktion von Aminosäuren mithilfe der RNA hier deutlich gestört sein wird. Dadurch wird der dann entstehende Phänotyp wieder viel mehr zur Wildform (hier also grün) neigen als zu blau. Dieses Phänomen sehen wir nicht nur bei Agaporniden, sondern auch bei anderen Papageien, bei denen aqua und türkis vorhanden sind.

Rosenköpfchen

links aqua türkis (AquaTurquoise), rechts türkis (früher als „meergrün" umschrieben)

Man kann nun natürlich denken, dass diese „blauen" Vögel vielleicht doch wirklich blau sind und dass wir bei einer Kombination mit türkis dadurch diese blauen Exemplare als Zwischenform erhalten. Diese Vögel wären dann genetisch gesehen TürkisBlau. Doch daran habe ich auch meine Zweifel: Natürlich können wir nicht sagen, wie das Resultat einer Paarung blau mit türkis beim Rosenköpfchen wäre, da wir keine Sicherheit über die Existenz von echten blauen Rosenköpfchen haben. Und beim Schwarzköpfchen, wo wir blaue Vögel haben, gibt es keine türkis-Mutanten. – Aber hier kommt uns nun glücklicherweise der Zufall zu Hilfe: Ellen Uittenbogaard, eine geschätzte BVA-Mitarbeiterin und passionierte Liebhaberin von

Rosenköpfchen

rechts ein „intensiv blaues“ und links ein türkisfarbenes Exemplar

zahmen Agaporniden, hatte früher einmal ein blaues Schwarzköpfchen, das unvorhergesehen mit einem türkis Rosenköpfchen Junge bekam. Aufgrund der Tatsache, dass genetisch gesehen das Rosenköpfchen noch ziemlich dicht beim Schwarzköpfchen liegt, ist es bei diesen Arten möglich, gemeinsame Junge zu bekommen. Aber durch die unterschiedliche Anzahl von Chromosomenpaaren bei diesen Vögeln ist es bei den daraus geborenen Hybriden nicht mehr möglich, in der Anaphase während der Meiose homologe Paare zu bilden. Deshalb sind Vögel aus dieser Kombination unfruchtbar. – Trotzdem sahen wir in diesem Jungvogel das perfekte Resultat einer Paarung vom blau-Allel mit dem türkis-Allel (wahrscheinlich sind diese Allele bei diesen Agapornidenarten in der Zusammensetzung gleich): Das Resultat war ein beinahe grüner Vogel. Wie bei der Kombination von aqua und türkis sind die Nachkommen aus einer Kombination von blau und türkis eher grünlich, auch wenn unser Verstand eher stärker blaue Vögel erwartet. Zuchtergebnisse zwischen Blau- und Türkis-Mutanten bei anderen Papageiarten bestätigen diese Resultate ebenfalls.

Es bleibt die Frage, wie das zustande kommt: Nun, vielleicht kann uns die Genetik hierauf auch eine Antwort geben. Wir wissen alle, dass wir keine Mutation selbst entwickeln können. Wenn wir z.B. zwei pastell-farbige Vögel zueinander setzen und jahrelang selektieren, werden wir trotzdem nie einen komplett gelben Vogel bekommen, geschweige denn einen Lutino. Denn dafür benötigen wir eine eigenständige Mutation. Trotzdem gibt es für alles Ausnahmen und möglicherweise auch im Fall von Türkis-Rosenköpfchen. In der Genetik ist nämlich ein Phänomen unter dem Namen „Antizipation“ bekannt: Bei der Antizipation sehen wir, dass der Effekt eines Gens von Generation zu Generation verstärkt wird, wenn Träger dieses mutierten Gen-Locus miteinander verpaart werden, weil während der Produktion der Geschlechtszellen Teile der DNA innerhalb dieses bestimmten Gens leicht verdoppelt werden können. So wird das Gen in aufeinander folgenden Generationen faktisch länger und sein Effekt verstärkt.

Es ist also nicht undenkbar, dass, wenn man Türkis-Vögel immer wieder miteinander verpaart, der Effekt des Türkis-Allels (in diesem Fall die Reduktion des vorhandenen Psittacins) durch Antizipation verstärkt wird – mit der Folge eines nahezu blauen Vogels. Und wenn wir konsequent weiterdenken, sehen wir, dass diese Erscheinung nicht neu und bereits von anderen fast blauen Vögeln bekannt ist: Denken wir nur an die „blauen“

Gould-Amadinen. In den ersten Beschreibungen war noch von einem deutlichen grünen Schimmer die Rede, während diese Vögel heutzutage beinahe vollständig blau erscheinen. Viele Züchter führen das auf Selektion zurück, andere halten es für echt blau. Oder vielleicht handelt es sich hier ebenfalls um Antizipation dieses spezifischen Gens, was für den blauen Phänotyp sorgt? Dann gibt es auch noch diverse „blaue" Neophemen, von denen absolut nicht klar ist, ob es sich bei ihnen um eine echte blaue Mutation handelt oder ob es vielleicht auch nur eine „Selektionsform" ist, weil viele „blaue" Vögel doch noch minimale Reste von Psittacin aufweisen. Verschiedene Züchter, die jahrelange Erfahrung mit bestimmten *Neophema*-Arten haben, verhielten sich uns gegenüber in dieser Frage jedoch sehr zurückhaltend: „Es gibt aqua und türkis – aber alles übrige ist Selektion." – Auch das vielleicht ein Hinweis auf Antizipation beim türkis-Allel?

Die Frage ist dann, wenn diese blauen Vögel die Folge von Antizipation sind, ob wir sie als blau ansehen müssen oder gerade eben nicht? – Nach dem, was man äußerlich wahrnimmt, würde ich zustimmen. Aber wissenschaftlich gesehen würden wir es hier dann mit der Wahrheit nicht so genau nehmen. Und die Frage ist: Was machen wir, wenn doch noch ein echt blauer Vogel auftaucht?

Innerhalb der BVA sind wir deshalb dafür, hier strikt den internationalen Vereinbarungen zu folgen. Und die geben vor, dass ein Name, der für eine Mutation verwendet wird und eigentlich nicht 100%ig korrekt ist, zwischen Sternchen gesetzt wird, also *blau*. Diese *blaue* Form und der echte Türkis-Vertreter könnten dann während der Ausstellungen als zwei verschiedene Phänotypen beurteilt werden. So wird die originale Türkis-Form in ihrer Ehre wiederhergestellt und bei Wettkämpfen von neuem gewürdigt. Die *blauen* Formen bekommen so auch ihre Chance, sich weiter zu entwickeln und als blau beurteilt zu werden (immer vorausgesetzt, dass dieser Name „Blau" zwischen Sternchen gesetzt wird). – In dem Moment, wo wissenschaftlich nachgewiesen ist, dass es sich wirklich um Blau handelt, können wir die ** einfach weglassen und alle „blauen" Phänotypen werden als echt blau beurteilt. So ist es für jeden deutlich, und die Züchter werden nicht auf eine falsche Fährte gelockt. Und jeder weiß dann auch, dass es darum geht, diese *Blauen* als Blaue zu züchten, aber dass sie bislang nur ein blauer Phänotyp und genetisch noch nicht wirklich blau sind. Das ist eine Lösung, die für jeden akzeptabel ist und der Wahrheit keine Gewalt antut.

Rosenköpfchen blau

Vogel ohne Dunkelfaktor

Rosenköpfchen Orangemaske grün

Alle roten Psittacin-Bereiche sind bei dieser Mutation orangefarben.

Orange face (Orangemaske)

Bei der Mutation Orangemaske ist in den Federbereichen, wo die Wildform rotes Psittacin hat, das Psittacin nicht rot, sondern orangefarben. Das ist nicht nur in der Maske deutlich zu sehen, sondern auch in der Querbänderung auf den Schwanzfedern. Die Schwanzspitzen sind auch orange gefärbt. Die dunklen Teile der Schwanzzeichnung bleiben unverändert. Der Rest des Körpers wird beschrieben als „im Vergleich mit der Wildform unverändert“. Wenn man aber genau hinschaut, sieht man, dass die allgemeine Körperfarbe doch etwas anders ist als die der normal grünen Vögel. Das hängt wahrscheinlich damit zusammen, dass auch in der normal grünen Befiederung das gelbe Psittacin ein wenig „angegriffen“ ist.

Bei den grünen Vögel kann man die heterozygoten Vögel (sprich: spalterbig in Orangemaske-Faktor) an der Farbe der Daunenfedern (die etwas stärker orange gefärbt sind) und dem etwas gelberen Augenring erkennen. Beim Orangemaske-Faktor spricht man dann von autosomal rezessiver Vererbung. Trotzdem kann man in der vorhandenen Literatur ab und zu lesen, dass Orangemaske dominant vererbt. Theoretisch gesehen haben diese Autoren recht, denn sobald der Träger einer bestimmten Mutation äußerliche Merkmale dieser Mutation aufweist, spricht man von dominanter Vererbung. Aber da diese Merkmale lediglich bei den grünen Vögel anzutreffen sind und man wirklich sehr erfahren in dieser Materie sein muss, ist man in Europa der Ansicht, dass der Orangemaske-Faktor als autosomal rezessiv anzusehen ist. Es gibt zwar ernsthaft die Vermutung, dass Orangemaske vielleicht sogar eine multiple Allelomorphe mit pale headed sein könnte, aber angesichts der dominanten Vererbung von pale headed (und der Tatsache, dass spalterbige Vögel auch einen kleinen Einfluss auf die Wildform haben) ist das noch nicht bewiesen.

Die Orangemasken-Mutation ist beim Rosenköpfchen Anfang der achtziger Jahre des letzten Jahrhunderts in den USA entstanden. Es war Rainer Erhart, der in der Zuchtanlage von Dale Thompson junge grüne Vögel mit einer „orangeähnlichen“ Maske bemerkte. Dale Thompson hatte die Elternvögel von John Biggs jr. in Süd-Kalifornien gekauft. Erhart gelang es, diesen jungen, grünen Vogel zu kaufen. Nach der ersten Jugendmauser wuchs dieser in der Tat zu einem prächtigen, orangemaske-grünen Vogel heran. Rainer Erhart gab dieser Mutation den Namen „orange face“. Der Orangemaske-Faktor hat keinerlei Einfluss auf die Zuchtergebnisse, und man kann feststellen, dass diese Mutation schwächere Nachkommen ergibt.

Genetische Formeln

Orangemaske grün: $bl^{+}\_D^{+}$ / $bl^{+}\_D^{+}$; *of/of*
Orangemaske D grün: $bl+\_D+$ / $bl+\_D$; *of / of*
Orangemaske DD grün: bl^{+}_D / bl^{+}_D; *of/of*

Es folgen einige Zuchtergebnisse:

Die Männchen werden zuerst genannt, obwohl das bei autosomal rezessiver Vererbung keine Rolle spielt.

Orangemaske grün x grün:
100% grün/Orangemaske

grün/Orangemaske x grün/orangemaske:
25% grün
50% grün/Orangemaske
25% Orangemaske grün

grün/Orangemaske x Orangemaske grün:
50% grün/Orangemaske
50% Orangemaske grün

Orangemaske grün x Orangemaske grün:
100% Orangemaske grün

Orangemaske grün x D grün:
50% grün/Orangemaske
50% D grün/Orangemaske

D grün/Orangemaske x Orangemaske grün:
25% grün/Orangemaske
25% Orangemaske grün
25% D grün/Orangemaske
25% Orangemaske D grün

Orangemaske-Rosenköpfchen D grün – dieser Vogel hat einen Dunkelfaktor.

Kombination von Orangemaske und aqua: die Kombination von zwei Psittacin-Mutationen ergibt „Gelbmasken“.

Orangemaske D grün x Orangemaske D grün:
25% Orangemaske grün
50% Orangemaske D grün
25% Orangemaske DD grün

D grün/Orangemaske x D grün/Orangemaske:
6,25% grün
12,5% grün/Orangemaske
6,25% Orangemaske grün
12,5% D grün
25% D grün/Orangemaske
12,5% Orangemaske D grün
6,25% DD grün
12,5% DD grün/orangemaske
6,25% Orangemaske DD grün

Orangemaske grün x Orangemaske DD grün:
100% Orangemaske D grün

D grün/Orangemaske x DD grün/Orangemaske:
12,5% D grün
25% D grün/Orangemaske
12,5% Orangemaske D grün
12,5% DD grün
25% DD grün/orangemaske
12,5% Orangemaske DD grün

Orangemaske gibt es bis heute nur beim Rosenköpfchen und kann grundsätzlich mit allen vorhandenen Eumelanin-Mutanten und Dunkelfaktoren beim Rosenköpfchen kombiniert werden. Kombinationen mit aqua oder türkis sind nicht zu empfehlen, weil dann zwei Psittacin-Mutanten miteinander kombiniert werden. Bei Orangemaske-Mutanten ändert sich die Farbe des gebildeten (normalerweise roten) Psittacins. Bei den Parblue-Mutanten wird das Psittacin noch einmal reduziert. Das ergibt einen Parblue-Vogel mit einer gelben Maske. Am deutlichsten sieht man das bei Aqua-Vögeln, die mit Orangemaske kombiniert sind. Das Ergebnis ist ein Aqua-Vogel mit einer „gelben Maske“. Türkis-Vögel mit Orangemaske haben einen gelben Schimmer auf Maske und Stirn.

Pale headed (Pale headed)

Bei pale headed ist das rote Psittacin in der Befiederung nicht rot, sondern rosa. Das ist in der Maske und an den Schwanzspitzen deutlich zu sehen. Der Rest des Körpers ist im Vergleich zur Wildform in der Farbe etwas heller.

Die Vererbung von pale headed ist „unvollständig dominant". Das beinhaltet, dass es einen deutlichen Unterschied in der Maskenfarbe von ein- und doppelfaktorigen Vögeln gibt. Die doppelfaktorigen Vögel sind am schönsten rosa gefärbt.

Die ersten Pale-headed-Rosenköpfchen tauchten 1982 in den Niederlanden in der Hobbyzucht von Harry Bens in Boxmeer auf. Aus der Kombination grün/ino x grün wurde ein grünes Junges mit einer abweichenden Maskenfarbe geboren. Auch die grüne Farbe des Körpers war etwas abweichend. Das Tier hatte eine apfelgrüne Farbe. Bei diesem Elternpaar war es das einzige Junge, das so schlüpfte. Es erwies sich als Männchen. Dieser Vogel wurde mit verschiedenen grünen Weibchen verpaart, aber kein einziger der Nachkommen hatte diese abweichende Farbe. Als Herr Bens schon anfing zu glauben, dass es nur eine Modifikation sei, schlüpfte – nach drei Jahren – schließlich doch ein Junges mit derselben abweichenden Farbe. Der ursprüngliche Stammvater wurde mit einer seiner Töchter verpaart, und man vermutete, dass es um eine autosomal rezessive Vererbung ging. Im Nachhinein zeigte sich, dass eine „unvollständig dominante" Vererbung vorlag.

Schon seit ihrer Entstehung wurde diese Mutation international pale headed genannt. In den Niederlanden und Belgien wird auch noch die niederländische Übersetzung/Bezeichnung „rozemasker" (Rosamaske) verwendet. Es gibt Vermutungen, dass Orangemaske und pale headed möglicherweise Allele voneinander sein könnten, aber vorläufig gibt es dafür noch keinerlei Beweise.

Bis heute kommt pale headed nur beim Rosenköpfchen vor, aber vor einigen Jahren erschien in Australien das „Gelbmasken"-Pfirsichköpfchen. Diese Mutation vererbt ebenfalls unvollständig dominant. Die vorläufige Bezeichnung „Gelbmaske" für diese Mutation basiert korrekt auf dem Phänotyp. Diese Vögel haben, wenn die Mutation DF vorhanden ist, eine gelbe Maskenfarbe. Die Farbe des grünen Federkleids ist etwas abweichend. Die Schnabelfärbung ist bleicher, und

Links: Rosenköpfchen DF pale headed grün

Bei dieser Mutation wird das rote Psittacin im Gefieder rosa.

Rosenköpfchen

EF pale headed
D grün

Pale headed

Rosenköpfchen EF pale-headed D grün - die Unterschiede in den Farbtönen sind oft nicht leicht zu erkennen.

die Bürzelfarbe weicht ebenfalls etwas ab. Der Bürzel erscheint violett mit einem „goldenen" Schimmer. Die einfaktorigen Vögel haben eine blass orange gefärbte Maske und eine etwas bleichere Schnabelfarbe. Ob diese Mutation auf demselben Locus liegt wie der Orangemaske- oder Pale-headed-Faktor beim Rosenköpfchen und demzufolge dieselbe Mutation ist, ist noch nicht bekannt. Dass die DF-Vögel bei den Pfirsichköpfchen eine gelbe Maske haben und die DF-Vögel bei den Pale-headed-Rosenköpfchen eine rosafarbene, kann vielleicht anhand der Menge des vorhandenen Psittacins bei den Grundformen erklärt werden. Die Maskenfarbe der Wildform des Pfirsichköpfchens ist schon matter gefärbt und anders zusammengestellt als die der Wildform des Rosenköpfchens. Wenn es eine vergleichbare Mutation ist, müsste der Einfluss der Mutation für einen anderen Phänotyp sorgen.

Die genetischen Formeln sind:

EF pale headed grün: $bl^+\_D^+ / bl^+\_D^+; Ph / Ph^+$
DF pale headed grün: $bl^+\_D^+ / bl^+\_D^+; Ph / Ph$
EF pale headed D grün: $bl^+\_D^+ / bl^+\_D; Ph / Ph^+$
DF pale headed D grün: $bl^+\_D^+ / bl^+\_D; Ph / Ph$
EF pale headed DD grün: $bl^+\_D / bl^+\_D; Ph / Ph^+$
DF pale headed DD grün: $bl^+\_D / bl^+\_D; Ph / Ph$

Einige Zuchtergebnisse (die Männchen werden bei der Vererbung immer zuerst genannt, obwohl die Reihenfolge bei dominanter Vererbung keine Rolle spielt):

EF pale headed grün x grün
50% grün
50% EF pale headed grün

EF pale headed grün x EF pale headed grün:
25% grün
50% EF pale headed grün
25% DF pale headed grün

DF pale headed grün x grün:
100% EF pale headed grün

DF pale headed grün x DF pale headed grün:
100% DF pale headed grün

DF pale headed grün x EF pale headed grün:
50% EF pale headed grün
50% DF pale headed grün

EF pale headed grün x D grün:
25% grün
25% EF pale headed grün
25% D grün
25% EF pale headed D grün

DF pale headed grün x D grün:
50% EF pale headed grün
50% EF pale headed D grün

EF pale headed D grün x EF pale headed D grün:
6,25% grün
15,5% EF pale headed grün
6,25% DF pale headed grün
12,5% D grün
25% EF pale headed D grün
12,5% DF pale headed D grün
6,25% DD grün
12,5% EF pale headed DD grün
6,25% DF pale headed DD grün

EF pale headed grün x DD grün:
50% D grün
50% EF pale headed D grün

DF pale headed D grün x EF pale headed D grün:
12,5% EF pale headed grün
12,5% DF pale headed grün
25% EF pale headed D grün
25% DF pale headed D grün
12,5% EF pale headed DD grün
12,5% DF pale headed DD grün

EF pale headed D grün x EF pale headed DD grün:
12,5% D grün
25% EF pale headed D grün
12,5% DF pale headed D grün
12,5% DD grün
25% EF pale headed DD grün
12,5% DF pale headed DD grün

DF pale headed D grün x EF pale headed DD grün:
25% EF pale headed D grün
25% DF pale headed D grün
25% EF pale headed DD grün
25% DF pale headed DD grün

DF pale headed DD grün x EF pale headed DD grün:
50% EF pale headed DD grün
50% DF pale headed DD grün

Pale headed kann wie Orangemaske, mit allen Eumelanin-Mutanten kombiniert werden. Kombinationen mit Psittacin-Mutanten sind nicht zu empfehlen. Es gibt zwar Kombinationen von pale headed mit aqua, wobei auffällig ist, dass diese Jungen ausgesprochen blau gefärbt sind. Das Problem besteht allerdings darin, dass die Jungen aus dieser Kombination sehr schwach sind und nicht selten die Jugendmauser nicht überleben.

Rosenköpfchen - Kombination von Orangemaske und pale-headed.

Pale-headed-Pfirsichköpfchen?

Schon seit einigen Jahren gibt es Nachrichten über ein „yellow faced"-Pfirsichköpfchen in Australien und Amerika, und auch in den Niederlanden wurden ein paar gemeldet. Bis jetzt sind diese „yellow faced"-Vögel aber noch sehr selten. Die Vererbung ist australischen Züchtern zufolge autosomal unvollständig dominant. Bei EF-Vögeln findet man eine leicht orange gefärbte Maske vor, bei DF wird die Maske blass orangegelb. Die grünen Gefiederpartien werden ein wenig angegriffen und die Farbe des Schnabels ist auch etwas heller.

Die Zuchtergebnisse von „Gelbmasken"-Pfirsichköpfchen sind dieselben wie die oben beschriebenen Ergebnisse beim Pale-headed-Rosenköpfchen. Sie müssen nur „pale headed" durch „Gelbmaske" ersetzen. Was die Namensgebung betrifft, haben wir bis jetzt noch keinerlei Probleme. Aber sollte sich erweisen, dass beim Pale-headed-Rosenköpfchen dieselbe Mutation wie beim „Gelbmasken"-Pfirsichköpfchen vorliegt, wird einfach der internationale Ausdruck pale headed für beide Mutanten verwendet werden.

Opaline (Opalin)

Opalin ist eine geschlechtsgebunden rezessive Mutation, die für eine Neuordnung der verschiedenen Farbpigmente sorgt. Dadurch entstehen im Vergleich zur Wildform völlig neue Farbfelder in der Befiederung. So erscheint an bestimmten Stellen Psittacin, das bei der normalen Wildform nicht an diesen Stellen sitzt. Bei Opalin wird auch das vorhandene Eumelanin neu geordnet. Diese Mutation ist bei Agaporniden vorläufig nur beim Rosenköpfchen anzutreffen.

Beim Opalin-Rosenköpfchen hat das rote Psittacin der Maske sich bis zum Hinterkopf ausgebreitet. Das sorgt für einen vollständig roten Kopf. Die allgemeine Körperfarbe ist etwas grauer grün im Farbton, und der Bürzel ist beinahe vollständig grün. Die schwarzen und blauen Schwanzflecken sind verschwunden, wodurch die rote Farbe vorherrscht.

1933 fand man die Opalin-Mutation zum ersten Mal in Australien bei Wellensittichen in freier Natur. Die ersten bestätigten Meldungen über die Opalin-Mutation bei Agaporniden kamen erst 1997. Damals wurden in Amerika aus einem Pärchen Rosenköpfchen grün/ino x D grün die ersten Opalin-Jungen geboren. Das war eine Sensation, und in Belgien wartete man sehnsüchtig auf die ersten Opalin-Exemplare, die 1999 ankamen. Im selben Jahr – während eines BVA-Agaporniden-Tages in Belgien – erzählte einer der Anwesenden von einem Freund, der jedes Jahr mindestens ein sehr eigenartiges Rosenköpfchen züchtete. Die Vögel waren viel ausgedehnter rot als die normalen Rosenköpfchen. Einen Namen konnte er den Tieren nicht geben. Da der Züchter sie selbst nicht so schön fand und dachte, dass es hier um eine normale „Abweichung" ging, wurden die Vögel jedes Mal auf Vogelbörsen verkauft. Jetzt hatte er wieder so einen Vogel, den er am folgenden Tag auf einer Vogelbörse verkaufen wollte. Einer der Anwesenden war interessiert und kaufte am folgenden Tag den „komischen" Vogel – ein Weibchen – sowie ein Männchen aus demselben Stamm. Nach Auskunft des Züchters war es der letzte Vogel, den er aus dieser Blutlinie hatte.

Am folgenden Tag rief mich der neue Besitzer an und berichtete, dass er vielleicht ein Opalin-Rosenköpfchen gekauft habe, aber er sei sich nicht sicher. Er kam mit dem Vogel vorbei, und zu meiner Überraschung war es tatsächlich ein opalin pallid D grüner Vogel. – Weil die Opalin-Mutation hier schon mit pallid kombiniert war und es bis dahin lediglich opalin grüne Vögel zu sehen gab, hatte der neue Besitzer die Vögel nicht wirklich erkannt. Ich habe damals einige Fotos von diesem Vogel gemacht, obwohl er noch in der Mauser war. Da es sich hier um einen opalin pallid handelte, bedeutete das, dass schon ein Crossing-over stattgefunden hatte, um diese beiden geschlechtsgebundenen Mutationen auf dasselbe Z-Chromosom zu bekommen. Das ist der Beweis dafür, dass diese Opalin-Mutanten doch schon einige Zeit – wenn auch noch nicht sichtbar – in Belgien existiert haben müssen. Da es damals nahezu keine Exporte

Rosenköpfchen opalin grün

Das rote Psittacin der Maske hat sich bis zum Hinterkopf ausgedehnt.

Links: Rosenköpfchen opalin grün

nach Amerika gab, in den achtziger Jahren aber wohl verschiedene Orangemasken von Amerika nach Belgien kamen, kann man annehmen, dass diese Opalin-Mutation über spalterbige Männchen nach Belgien gekommen ist. Sicher ist das natürlich nicht. Am nächsten Tag nahm ich mit dem Vorbesitzer Kontakt auf. Der bestätigte mir, dass er mindestens schon seit acht Jahren wenigstens einen von diesen „zu roten" Vögeln gezüchtet hatte. Er glaubte, dass er es mit kranken Vögeln zu tun hatte, und gab zur Sicherheit den gesamten Stamm an Händler ab. Eine Verbindung zur Opalin-Mutation hatte er nie gesehen.

Mittlerweile ist es Züchtern gelungen, mit diesen opalin Pallid-Weibchen einen Stamm aufzubauen. Daneben gab es noch einige Züchter in Belgien, die in Amerika einige Opalin-Rosenköpfchen gekauft hatten. Dadurch konnte die Zucht mit opalin ernsthaft anfangen. Die Zuchtergebnisse machen es mehr als deutlich: Der Opalin ist ein starker Zuchtvogel, mit dem man wenig Probleme hat. Das hat dafür gesorgt, dass mittlerweile in Belgien, den Niederlanden und Deutschland schon verschiedene Blutlinien zur Verfügung stehen und dass bereits mehrere Mutationen-Kombinationen mit Opalin existieren. Opalin ist eigentlich die einzige Mutation beim Rosenköpfchen, die gut mit allen anderen vorhandenen Mutanten kombiniert werden kann.

Beachten Sie aber auch, dass wir – wenn wir Opalin mit anderen SL-Mutationen kombinieren wollen – ein Crossing-over benötigen, um beide Mutanten auf dasselbe Z-(Geschlechts-)-Chromosom zu bekommen. Die Wahrscheinlichkeit für ein Crossing-over hängt vom Abstand der beiden Mutanten auf dem Z-Chromosom ab. Je größer der Abstand zwischen beiden Loci, desto größer ist die Wahrscheinlichkeit für ein Crossing-over.

Links: Rosenköpfchen opalin D aqua

Opalin ist die einzige Mutation beim Rosenköpfchen, die gut mit allen anderen Mutationen kombiniert werden kann.

Nachfolgend werden die entsprechenden genetischen Formeln aufgeführt:

bl^{+}_D+ / bl^{+}_D^{+}; Z op / Z op (Männchen)
bl^{+}_D^{+} / bl^{+}_D^{+}; Z op / W (Weibchen)

Hier folgen einige Basiskombinationen, wobei die Männchen immer als erste in den Paarungen genannt werden:

opalin grün x grün:
50% grün/opalin (Männchen)
50% opalin grün (Weibchen)

grün x opalin grün:
50% grün/opalin (Männchen)
50% grün (Weibchen)

grün/opalin x grün:
25% grün/opalin (Männchen)
25% grün (Männchen)
25% opalin grün (Weibchen)
25% grün (Weibchen)

grün/opalin x opalin grün:
25% opalin grün (Männchen)
25% grün/opalin (Männchen)
25% opalin grün (Weibchen)
25% grün (Weibchen)

opalin grün x opalin grün:

100% opalin grün (Männchen und Weibchen)

Kombinationen mit Dunkelfaktoren

Die genetischen Formeln sind:

bl^{+}_D^{+} / bl^{+}_D; Z op / Z op (Männchen opalin D grün)
bl^{+}_D^{+} / bl^{+}_D; Z op / W (Weibchen opalin D grün)
bl^{+}_D / bl^{+}_D; Z op / Z op (Männchen opalin DD grün)
bl^{+}_D / bl^{+}_D; Z op / W (Weibchen opalin DD grün)

opalin grün x D grün:
25% grün/opalin (Männchen)
25% D grün opalin (Männchen)
25% opalin grün (Weibchen)
25% opalin D grün (Weibchen)

opalin grün x DD grün:
50% D grün/opalin (Männchen)
50% opalin D grün (Weibchen)

opalin grün x opalin D grün:
25% opalin grün (Männchen)
25% opalin D grün (Männchen)
25% opalin grün (Weibchen)
25% opalin D grün (Weibchen)

opalin D grün x opalin D grün:
12,5% opalin grün (Männchen)
25% opalin D grün (Männchen)
12,5% opalin DD grün (Männchen)
12,5% opalin grün (Weibchen)
25% opalin D grün (Weibchen)
12,5% opalin DD grün (Weibchen)

D grün x opalin grün:
25% grün / opalin (Männchen)
25% D grün / opalin (Männchen)
25% grün (Weibchen)
25% D grün (Weibchen)

DD grün x opalin grün:
50% D grün / opalin (Männchen)
50% D grün (Weibchen)

D grün / opalin x opalin grün:
12,5% grün opalin (Männchen)
12,5% D grün opalin (Männchen)
12,5% grün /opalin (Männchen)
12,5% D grün /opalin (Männchen)
12,5% grün opalin (Weibchen)
12,5% D grün opalin (Weibchen)
12,5% grün (Weibchen)
12,5% D grün (Weibchen)

DD grün/opalin grün x grün opalin:
25% D grün opalin (Männchen)
25% D grün /opalin (Männchen)
25% D grün opalin (Weibchen)
25% D grün (Weibchen)

Rosenköpfchen opalin DD grün

Kombinationen mit Orangemaske – Lutino-Orangemaske

Genetische Formeln:

bl^{+}_D^{+} / bl^{+}_D^{+}; of / of; Z op / Z op (Männchen)
bl^{+}_D^{+} / bl^{+}_D^{+}; of / of; Z op / W (Weibchen)

opalin grün x Orangemaske grün:
50% grün/opalin/orangemaske (Männchen)
50% opalin grün/Orangemaske (Weibchen)

Orangemaske grün x opalin grün:
50% grün/opalin/Orangemaske (Männchen)
50% grün/Orangemaske (Weibchen)

grün/opalin/Orangemaske x grün/Orangemaske:
6,25% grün (Männchen)
12,5% grün/Orangemaske (Männchen)

6,25% grün/opalin (Männchen)
12,5% grün/opalin/Orangemaske (Männchen)
6,25% Orangemaske grün (Männchen)
6,25% Orangemaske grün/opalin (Männchen)
6,25% grün (Weibchen)
12,5% grün/Orangemaske (Weibchen)
6,25% Orangemaske grün (Weibchen)
6,25% opalin grün (Weibchen)
6,25% opalin Orangemaske grün (Weibchen)
12,5% opalin grün/Orangemaske (Weibchen)

grün/opalin/Orangemaske x Orangemaske grün:
12,5% grün/orangemaske (Männchen)
12,5% grün/Orangemaske/opalin (Männchen)
12,5% Orangemaske grün (Männchen)
12,5% Orangemaske grün/opalin (Männchen)
12,5% grün/Orangemaske (Weibchen)
12,5% opalin grün/Orangemaske (Weibchen)
12,5% Orangemaske grün (Weibchen)
12,5% Orangemaske opalin grün (Weibchen)

grün/opalin/Orangemaske x Orangemaske opalin grün:
12,5% grün/orangemaske/opalin (Männchen)
12,5% Orangemaske grün/opalin (Männchen)
12,5% opalin grün/Orangemaske (Männchen)
12,5% Orangemaske opalin grün (Männchen)
12,5% grün/Orangemaske (Weibchen)
12,5% Orangemaske grün (Weibchen)
12,5% opalin grün/Orangemaske (Weibchen)
12,5% Orangemaske opalin grün (Weibchen)

Orangemaske grün/opalin x Orangemaske opalin grün:
25% Orangemaske grün/opalin (Männchen)
25% Orangemaske opalin grün (Männchen)
25% Orangemaske grün (Weibchen)
25% Orangemaske opalin grün (Weibchen)

Orangemaske opalin grün x grün:
50% grün/Orangemaske/opalin (Männchen)
50% opalin/Orangemaske (Weibchen)

Kombinationen mit pale headed –pale headed opalin grün

Nachfolgend werden die entsprechenden genetischen Formeln aufgeführt:

$bl^{+}\_D^{+}/bl^{+}\_D^{+}; Ph/Ph^{+}; Z\ op/Z\ op$ (Männchen EF pale headed opalin grün)
$bl^{+}\_D^{+}/bl^{+}\_D^{+}; Ph/Ph^{+}; Z\ op/W$ (Weibchen EF pale headed opalin grün)
$bl^{+}\_D^{+}/bl^{+}\_D^{+}; Ph/Ph; Z\ op/Z\ op$ (Männchen DF pale headed opalin grün)
$bl^{+}\_D^{+}/bl^{+}\_D^{+}; Ph/Ph; Z\ op/W$ (Weibchen DF pale headed opalin grün)

EF pale headed grün x opalin grün:
25% grün/opalin (Männchen)
25% EF pale headed grün/opalin (Männchen)
25% grün (Weibchen)
25% EF pale headed grün (Weibchen)

DF pale headed grün x opalin grün:
50% EF pale headed grün/opalin (Männchen)
50% EF pale headed grün (Weibchen)

opalin grün x EF pale headed grün:
25% grün/opalin (Männchen)
25% EF pale headed grün/opalin (Männchen)
25% opalin grün (Weibchen)
25% EF pale headed opalin (Weibchen)

opalin x DF pale headed grün:
50% EF grün/opalin (Männchen)
50% EF pale headed opalin grün (Weibchen)

EF pale headed opalin grün x EF pale headed grün:
12,5% grün/opalin (Männchen)
25% EF pale headed grün/opalin (Männchen)
12,5% DF pale headed grün/opalin (Männchen)
12,5% opalin grün (Weibchen)
25% EF pale headed opalin grün (Weibchen)
12,5% DF pale headed opalin grün (Weibchen)

DF pale headed opalin grün x EF pale headed grün:
25% EF pale headed grün/opalin (Männchen)
25% DF pale headed grün/opalin (Männchen)
25% EF pale headed opalin grün (Weibchen)
25% DF pale headed opalin grün (Weibchen)

Kombinationen mit aqua – opalin aqua

Genetische Formeln:

$bl^{aq}\_D^{+} / bl^{aq}\_D^{+}; Z\ op / Z\ op$ (Männchen)
$bl^{aq}\_D^{+} / bl^{aq}\_D^{+}; Z\ op / W$ (Weibchen)

opalin grün x aqua:
50% grün/opalin/aqua (Männchen)
50% opalin grün/aqua (Weibchen)

aqua x opalin grün:
50% grün/opalin/aqua (Männchen)
50% grün/aqua (Weibchen)

grün/opalin/aqua x grün/aqua:
6,25% grün (Männchen)
12,5% grün/aqua (Männchen)
6,25% grün/opalin (Männchen)
12,5% grün/opalin/aqua
6,25% aqua (Männchen)
6,25% aqua/opalin (Männchen)
6,25% grün (Weibchen)
12,5% grün/aqua (Weibchen)
6,25% aqua (Weibchen)
6,25% opalin grün (Weibchen)
6,25% opalin aqua (Weibchen)
12,5% opalin grün/aqua (Weibchen)

grün/opalin/aqua x aqua:
12,5% grün/aqua (Männchen)
12,5% aqua/opalin (Männchen)
12,5% aqua (Männchen)
12,5% grün/aqua/opalin (Männchen)
12,5% aqua (Weibchen)
12,5% grün/aqua (Weibchen)
12,5% opalin aqua (Weibchen)
12,5% opalin grün/aqua (Weibchen)

grün/opalin/aqua x opalin aqua:
12,5% grün/aqua/opalin (Männchen)
12,5% aqua/opalin (Männchen)
12,5% opalin grün/aqua (Männchen)
12,5% opalin aqua (Männchen)
12,5% grün/aqua (Weibchen)
12,5% aqua (Weibchen)
12,5% opalin grün/aqua (Weibchen)
12,5% opalin aqua (Weibchen)

aqua/opalin x opalin aqua:
25% aqua/opalin (Männchen)
25% opalin aqua (Männchen)
25% aqua (Weibchen)
25% opalin aqua (Weibchen)

opalin aqua x grün:
50% grün/aqua/opalin (Männchen)
50% opalin grün/aqua (Weibchen)

Kombinationen mit türkis – opalin türkis

Genetische Formeln:

$bl^{tq}\_D^{+} / bl^{tq}\_D^{+}; Z\ op / Z\ op$ (Männchen)
$bl^{tq}\_D^{+} / bl^{tq}\_D^{+}; Z\ op / W$ (Weibchen)

Einige Kombinationen:

opalin grün x türkis:
50% grün/opalin/türkis (Männchen)
50% opalin grün/türkis (Weibchen)

türkis x opalin grün:
50% grün/opalin/türkis (Männchen)
50% grün/türkis (Weibchen)

grün/opalin/türkis x grün/türkis:
6,25% grün (Männchen)
12,5% grün/türkis (Männchen)
6,25% grün/opalin (Männchen)
12,5% grün/opalin/türkis (Männchen)
6,25% türkis (Männchen)
6,25% türkis/opalin (Männchen)
6,25% grün (Weibchen)
12,5% grün/türkis (Weibchen)
6,25% türkis (Weibchen)
6,25% opalin grün (Weibchen)
6,25% opalin türkis (Weibchen)
12,5% opalin grün/türkis (Weibchen)

grün/opalin/türkis x türkis:
12,5% grün/ türkis (Männchen)
12,5% türkis /opalin (Männchen)
12,5% türkis (Männchen)
12,5% grün/ türkis /opalin (Männchen)
12,5% türkis (Weibchen)
12,5% grün/ türkis (Weibchen)
12,5% opalin türkis (Weibchen)
12,5% opalin grün/ türkis (Weibchen)

Rosenköpfchen opalin aqua

grün/opalin/türkis x opalin türkis
12,5% grün/ türkis/opalin (Männchen)
12,5% türkis/opalin (Männchen)
12,5% opalin grün/türkis (Männchen)
12,5% opalin türkis (Männchen)
12,5% grün/türkis (Weibchen)
12,5% türkis (Weibchen)
12,5% opalin grün/türkis (Weibchen)
12,5% opalin türkis (Weibchen)

türkis/opalin x opalin türkis:
25% türkis/opalin (Männchen)
25% opalin türkis (Männchen)
25% türkis (Weibchen)
25% opalin türkis (Weibchen)

opalin türkis x grün:
50% grün/türkis/opalin (Männchen)
50% opalin grün/türkis (Weibchen)

Natürlich kann der Opalin-Faktor in Kombination mit den vorhergehenden Mutationen auch mit den Dunkelfaktoren kombiniert werden.

NB
09

Albinismus (Rezessiv Ino)

(NSL - non sex linked ino)

Bei Agaporniden gibt es zwei Formen von Ino. Die eine ist SL-Ino (sex linked = geschlechtsgebundener Ino), die andere ist ebenfalls eine Form von Albinismus bzw. NSL (non sex linked), eine autosomal rezessiv vererbende Ino-Mutation. Neben Blau ist Ino eine der am einfachsten zu verstehenden Mutationen.

Bei dieser Form von Albinismus wird die Produktion von dunklem Farbstoff (Eumelanin) komplett verhindert. Bei NSL-Ino spielt tyrosinase-negativ (TYR-neg) eine Rolle. Hier kommt bei der Produktion des Eumelanins die Pigmentsynthese nicht oder kaum in Gang und dadurch werden nur leere, farblose Matrixen (Hüllen) in den Federn eingelagert (es werden also durchaus melanosomale Matrixen produziert!).

Die melanosomalen Matrixen sind bei NSL-Inos in normalen Anzahlen vorhanden, aber sie sind oder bleiben praktisch farblos. Anstelle des normalen schwarzen Eumelanins in der Medulla der Feder nehmen nun farblose Eumelanin-Körner deren Platz ein und das einfallende Licht wird dadurch nicht mehr bis zum Kern der Feder aufgenommen. Hierdurch ist die Arbeitsweise der Schwammzone ausgeschaltet. Die Folge ist, dass keine Interferenz mehr stattfindet, und deshalb entsteht auch kein blaues Licht. Das einzige, was man bei den ansonsten normal grünen Federn sieht, ist das vorhandene gelbe Psittacin, und demzufolge hat der Vogel gelbe Federn anstelle von grünen. Bei den blauen Federbereichen ist das gelbe Psittacin im Cortex schon verschwunden. Dadurch werden die blauen Federn in Kombination mit dem Ino-Faktor völlig weiß in der Farbe. Die Federfelder, die normalerweise gelb oder rot sind, bestehen nur aus Psittacin und werden deshalb nicht angegriffen.

Links: Lutino-Erdbeerköpfchen

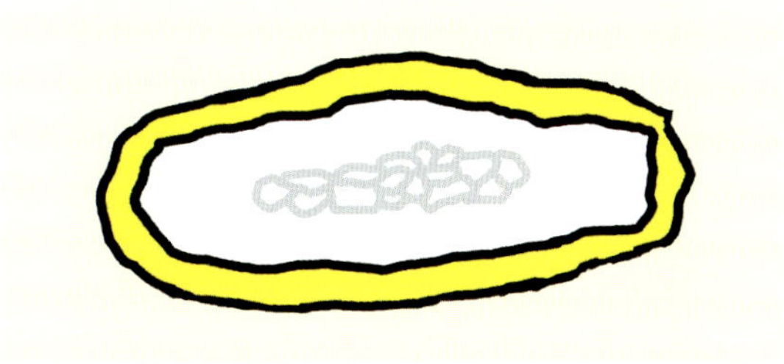

Querschnitt durch eine Ino-Feder

Es wird praktisch kein Eumelanin in der Feder gebildet.

NSL-Ino ist eine Form von Albinismus, bei der auch die Produktion des Eumelanins in den Füßen, Augen und Krallen verhindert wird. Als Folge hat der Vogel rote Augen und hornfarbige Füße und Krallen. Dennoch sieht man bei diesen NSL-Inos (im Gegensatz zur geschlechtsgebundenen Form), dass viele Vögel noch graue Füße haben. Der Grund hierfür ist schwer zu erklären.

Bei den Agaporniden tauchte der erste NSL-Ino 1936 bei Erdbeerköpfchen in einer Zuchtanlage in Adelaide (Australien) auf. Diese Ino-Form wurde später durch Transmutation auf das Schwarzköpfchen übertragen, von wo sie zum Pfirsich- und Rußköpfchen transmutierte. Bei den anderen Agapornidenarten gibt es noch keine Meldungen über eine NSL-Ino-Mutation.

Die NSL-Ino-Mutation ist keine einfach zu züchtende Mutation, und mancher Züchter wird bestätigen, dass es nicht immer leicht ist, diese Vögel gut auf die Stange zu bringen. Oft sterben Ino-Vögel kurz nach dem Schlüpfen. Extragaben von Vitamin A sollen nach Aussagen einiger Züchter eine gute Hilfe sein, obwohl das nicht bewiesen ist. Es ist bei der Zucht von Ino-Vögeln wichtig, dass man der Qualität der Elternvögel viel Aufmerksamkeit schenkt. Machen Sie nie den Fehler, Vögel zu verpaaren, die eng miteinander verwandt sind. Verpaaren Sie niemals Ino x Ino, denn die Jungen werden viel zu schwach zum Überleben sein. Beginnen Sie zuerst mit NSL-Ino x grün und versuchen Sie dann mit den spalterbigen Jungen einen starken Stamm aufzubauen.

Vielleicht fällt Ihnen auf, dass hier immer der Ausdruck „Ino“ verwendet wird, obwohl man meist

NSL-Ino

Lutino-Erdbeerköpfchen

Bei dieser Art muss der Unterrücken gelb (ohne weißen Schimmer) sein.

Genetische Formel:

$bl^+\_D^+ / bl^+\_D^+; a / a$

Beide Eltern können spalterbig in Ino sein. Es spielt deshalb bei NSL-Ino keine Rolle, ob das Männchen oder Weibchen als Ino-Elternteil verwendet wird. Einige Zuchtergebnisse:

grün x lutino:
100% grün/ino

grün/ino x grün:
50% grün
50% grün/ino

grün/ino x grün/ino:
25% grün
50% grün/ino
25% lutino

Die reinerbig grünen Jungen sind äußerlich grundsätzlich nicht von den spalterbigen Jungen zu unterscheiden.

grün/ino x lutino:
50% grün/ino
50% lutino

lutino x lutino:
100% lutino

Diese Kombination ist sicher nicht zu empfehlen (aufgrund der hohen Sterblichkeitsrate der Jungen).

von „Lutino“ spricht. Das kommt daher, dass die Basismutation NSL-Ino ist. Wenn diese Ino-Mutation mit Vögeln aus der Grünreihe kombiniert wird, spricht man von NSL-Lutino (Ino-Form eines grünen Vogels), wenn sie mit blauen Vögeln kombiniert wird, spricht man von Albino, in Kombination mit aqua von Aqua-Ino und mit turquoise von Turquoise-Ino. Dennoch gibt es internationale Absprachen, die besagen, dass eine Kombination von zwei Mutationen keinen eigenen Namen mehr bekommt. Doch meinte man damals, bei diesen Mutationen eine Ausnahme machen zu müssen, da Lutino und Albino die einzigen Ausdrücke sind, die international verwendet werden.

Manche Züchter behaupten, dass man am besten auch einen Dunkelfaktor einzüchten sollte, um die Vögel so schöner gelb zu machen. Genetisch gesehen kann der Dunkelfaktor tatsächlich mit dieser Ino-Form kombiniert werden. Aber das hat äußerlich keinerlei Auswirkung. Dass der Dunkelfaktor grundsätzlich einen äußerlichen Unterschied in der Farbe zustande bringt, kommt daher, dass er die Breite der Schwammzone verändert und dass so eine andere, dunklere blaue Farbe entsteht. Aber da das Eumelanin in der Medulla farblos geworden ist, zieht diese kein Licht an und die Schwammzone hat überhaupt keine Wirkung (geschweige denn, dass das die Farbe dieser Vögel beeinflussen könnte). Wahrscheinlich verwenden die Züchter unbewusst die am stärksten gelben Vögel für die Zucht und führen so eine Selektion durch, die die Farbe tatsächlich beeinflusst.

Lutino-Erdbeerköpfchen

Das erste reinrassige, autosomal rezessiv vererbende Lutino-Erdbeerköpfchen wurde 1936 in der Zucht von Herrn Prendergast in Adelaide, Australien, geboren. Diese Vögel waren – wie alle rezessiven Inos bei Agaporniden – sehr schwach. Es war nicht einfach, sie am Leben zu erhalten, dennoch ist es den Züchtern gelungen, diese Mutation zu etablieren. Es wurden damals auch einige Exemplare nach Europa ausgeführt. Ob von diesen Nachkommen gezüchtet wurden, ist nicht bekannt. Zur Verdeutlichung: die Lutino-Erdbeerköpfchen, die jetzt hier in Europa zu finden sind, sind sicher nicht mehr reinrassig. Damals sind nur wenige „reinrassige" Lutino-Erdbeerköpfchen nach Europa gekommen. Die meisten starben, und der Stamm ist wahrscheinlich ausgestorben. Sogar in Australien ist die Anzahl „reinrassiger" Lutino-Erdbeerköpfchen heute noch sehr klein.

Vor einigen Jahren konnte der Vorsitzende des australischen Agaporniden-Clubs davon berichten, dass noch ganz selten ein Lutino schlüpft, aber diese Jungen meistens nicht auf die Stange kommen. Das Erdbeerköpfchen an sich ist in der Zucht schon schwierig, weil die Jungen schwach sind, und das ist ganz besonders der Fall, wenn noch der Ino-Faktor hinzukommt.

Man sollte wissen, dass, als das erste Lutino-Erdbeerköpfchen (bis heute die einzige reinrassige Mutation beim Erdbeerköpfchen) gezüchtet wurde, die Züchter diesen rezessiven Ino-Faktor seinerzeit auch beim Schwarzköpfchen eingezüchtet haben. Der Ino-Faktor, der für Lutino-Schwarzköpfchen, -Rußköpfchen und -Pfirsichköpfchen sorgt, kommt vom Erdbeerköpfchen. Bei den anderen drei Arten ist immer noch kein eigener Ino-Faktor entstanden. Natürlich sind diese Faktoren schon seit Generationen übertragen, und indem man den Ino immer wieder mit der Wildform zurückgekreuzt hat, ist genetisch nicht mehr viel von den Eigenschaften des Erdbeerköpfchens bei den Lutino-Schwarzköpfchen oder -Pfirsichköpfchen übriggeblieben. Der ursprüngliche australische Stamm Lutino-Erdbeerköpfchen ist schon lange ausgestorben und der Import aus diesem Land völlig zum Stillstand gekommen. Das heutige Lutino-Erdbeerköpfchen ist in Europa durch Transmutation mit dem Lutino-Pfirsichköpfchen wieder neu entstanden

Es ist sehr wichtig, dass gut selektiert wird und dass kräftige Vögel gezogen werden. Die Vögel müssen ja deutlich die Merkmale eines Erdbeerköpfchens haben. Das erste, worauf man achten

Lutino-Erdbeerköpfchen

Die ersten Exemplare kamen aus Australien. Heute sind Lutino-Erdbeerköpfchen meist nicht mehr reinrassig, sondern durch Transmutation aus dem Lutino-Pfirsichköpfchen entstanden.

Lutino-Schwarzköpfchen

Dies war die erste Transmutation bei den Agaporniden

muss, ist die Farbe des Bürzels. Diese muss gelb sein ohne einen weißen Schimmer. Ein anderes wichtiges Detail ist die Begrenzung der Maske: Es muss einen deutlichen Unterschied zum Pfirsichköpfchen geben, da das Erdbeerköpfchen eine typische Maskenform hat. Im Gegensatz zum Pfirsichköpfchen, wo die Maske an der Grenze zwischen Stirn und Scheitel anfängt, beginnt sie beim Erdbeerköpfchen in der Mitte des Scheitels, von wo aus sie mehr oder weniger in einem Bogen um die Augen verläuft und sich auf der Höhe der Kehle und am Anfang des Latzes verschmälert. Dieser Latz verbreitert sich auf der Brust von neuem ein wenig und endet zwei Zentimeter unter der Schnabelspitze. Es gibt keine klare Begrenzung der Maske auf Wangen und Scheitel. Beim Pfirsichköpfchen geht die Maske viel weiter nach unten und verläuft klar begrenzt in einer mehr oder weniger geraden Linie bis zu den Flügeln. Es gibt auch keine Verschmälerung der Maske auf der Höhe der Kehle. Exemplare, bei denen die Form der Maske nicht zutrifft und der Latz zu groß ist, müssen als falsch angesehen werden.

Lutino-Schwarzköpfchen

Das Lutino-Schwarzköpfchen war wahrscheinlich die erste Transmutation bei den Agaporniden. Wie beim Lutino-Erdbeerköpfchen hat es seine eigenen typischen Merkmale, und bei guten Exemplaren kann es keinen Zweifel geben, ob Sie es nun mit einem Schwarzköpfchen oder z.B. mit einem Pfirsichköpfchen zu tun haben. Um zu wissen, wie ein Lutino-Schwarzköpfchen aussehen muss, ist es wichtig, dass Sie sich zunächst einmal die grüne Wildform gut anschauen.

Was beim Schwarzköpfchen natürlich als erstes auffällt, ist die schwarze Kopffarbe. Sie entsteht durch die Kombination von schwarzem Eumelanin und (wichtig!) einer kleinen Menge von rotem Psittacin in den Federästchen. Federästchen sind die kleinsten Teile einer Feder, die die Farbe bestimmen können. Wenn die dunklen Farbstoffe weggezüchtet werden (wie bei der Ino-Form), bleibt nur noch eine minimale Menge an rotem Farbstoff in den Federästchen übrig. Wenn Sie sich eine gute Pastell-Form vom Schwarzköpfchen anschauen, sehen Sie unter der stark verdünnten dunklen Farbe genau, wie viel rote Farbe noch vorhanden ist. Die gibt dem Vogel einen leicht orangeroten Ton, aber sicher keine kräftig rote Farbe. Die Begrenzung der Maske darf auch nicht tiefer liegen als dort, wo bei der Wildform die schwarze Maske aufhört. Die gelbe Brustfarbe bleibt unverändert. Der Unterkörper und die Flügeldecken sind nun gelb. Der Bürzel ist überwiegend gelb mit ein paar weißen Federn. Außerdem haben die Vögel natürlich noch die typischen roten Augen und die hellen Füße und Krallen.

Lutino-Mutationen

Links das Pfirsichköpfchen, rechts das Rußköpfchen

Lutino-Pfirsichköpfchen

Wenn Sie Lutino-Pfirsichköpfchen mit der grünen Wildform vergleichen, sehen Sie, dass die Maske beim Lutino-Vogel unverändert geblieben ist. Die orangerote Maske ist ja aus Psittacin aufgebaut, das bei der Ino-Form nicht angegriffen wird. Der Hinterkopf eines Lutino-Pfirsichköpfchens darf nur ganz leicht rosa gefärbt sein und dann noch idealerweise mit einem gelben Querstreifen. Vergleichen Sie den Hinterkopf mit dem der Wildform: Es darf auch hinten am Kopf kein roter Farbstoff zu sehen sein. Der Rest des Körpers ist gelb, und der Bürzel eines Lutino-Pfirsichköpfchens besteht überwiegend aus weißen Federn.

Lutino-Rußköpfchen

Bei Rußköpfchen ergibt die Ino-Mutation einen bis auf die Maske vollständig gelben Vogel (einschließlich des Bürzels). Die Augen verlieren ebenfalls ihr Eumelanin und werden dadurch rot, die Füße sind fleisch- und die Krallen hornfarben. Wenn Sie sich die orangerote Maske gut anschauen, sehen Sie, dass sie nicht gleichmäßig gefärbt ist. Das ist typisch für das Lutino-Rußköpfchen und wird nicht als Farbfehler angesehen.

Bei der Wildform des Rußköpfchens sind die Wangen schwarz, die Stirn ist rostbraun und der Latz dunkelorange oder lachsfarben. Diese Farben entstehen durch die Kombination von rotem Psittacin und schwarzem Eumelanin in der Maskenbefiederung. Die Mengen und Mengenverhältnisse bestimmen die letztendliche Färbung. So haben die Wangen weniger rotes Psittacin in den Federästchen als die Stirn und der Latz. Dies ist auch bei dieser Mutation deutlich zu sehen. Da das Eumelanin verschwindet, bleibt nur das rote Psittacin übrig. Aber die Menge ist nicht überall gleich in der Maske. Auf den Wangen ist die rote Farbe viel blasser, und es gibt sogar eine deutliche Aufhellung und eine Art „weißen Schimmer" auf den Wangen seitlich des Schnabels. Der Latz und die Stirn sind tiefer rot gefärbt. Diese Details sind sehr wichtig, denn die blasseren Wangen findet man z.B. nicht, wenn man es mit einem Lutino-Erdbeerköpfchen zu tun hat, bei dem die Maske überall gleichmäßig orangerot in der Farbe sein muss. Außerdem sind auch der Typ und die typische „Rußköpfchenhaltung" wichtig. Ein zu großes Lutino-Rußköpfchen ist sicher nicht gefragt.

Unabhängig davon, dass es durchaus deutliche Unterschiede gibt, behaupten immer noch einige

Albino-Schwarzköpfchen

Züchter, es gäbe keinen äußerlichen Unterschied zwischen z.B. dem Lutino-Schwarz- und dem Lutino-Pfirsichköpfchen, was keinesfalls stimmt. Wenn Sie Lutino-Exemplare kaufen, ist es sehr wichtig, dass sie alle den vorgeschriebenen Musterbeschreibungen entsprechen. Sollten Sie Zweifel haben, empfiehlt es sich, diese „Zweifelsfälle" mit der Wildform zurückzukreuzen. Sehen die Jungen nicht hundertprozentig so aus wie die verlangte Wildform, sind die Vögel für die weitere Zucht ungeeignet.

Albino

Die NSL-Ino-Mutation kommt bisher nur bei den Mitgliedern der Schwarzköpfchengruppe vor. Es gibt deshalb nur eine Mutation, die in Betracht kommt, um mit NSL-Ino kombiniert zu werden, und das ist die Blau-Mutation. Die Kombination dieser autosomal rezessiven Mutation ist bei den Liebhabern als Albino bekannt.

Von blauen Vögeln ist mittlerweile bekannt, dass die blaue Farbe durch das Fehlen von Psittacin in den Federn entsteht. Was übrig bleibt, ist das aktive Eumelanin in der Medulla, die die Schwammzone aktiviert, was die blaue Farbe ergibt. Wenn diese blauen Vögel mit dem Ino-Faktor kombiniert werden, verschwindet das Eumelanin auch aus Federn, Augen, Füßen und Krallen. Die Schwammzone ist nicht mehr aktiv, und es erscheint kein Blau mehr. Was übrig bleibt, ist ein komplett weißer Vogel mit roten Augen, fleischfarbenen Füßen und hornfarbigen Krallen: der Albino.

Man kann keinen wahrnehmbaren Unterschied sehen zwischen einem Albino-Pfirsich-, -Schwarz-, -Erdbeer- und -Rußköpfchen. Manchmal sind die Albino-Ruß- und -Erdbeerköpfchen etwas kleiner und können vielleicht an ihrer typischen Form erkannt werden. Aber Sicherheit darüber hat man nie, wenn man nur vom Äußeren ausgehen muss.

Wie alle anderen Inos ist diese Mutationen-Kombination schwach. Es ist deshalb empfehlenswert, mit möglichst vielen nicht verwandten Vögeln zu kreuzen und regelmäßig mit einer starken Wildform zu kombinieren.

Genetische Formel:

$bl\_D^+ / bl\_D^+; a / a$

Einige Kombinationen:

lutino x blau:
100% grün/ino/blau

grün/ino/blau x grün/ino/blau:
6,25% grün
12,5% grün/ino
12,5% grün/blau
25% grün/ino/blau
6,25% lutino
12,5% lutino/blau
6,25% blau
12,5% blau/ino
6,25% albino

albino x grün:
100% grün/ino/blau

lutino/blau x lutino/blau:
25% lutino
50% lutino/blau
25% albino

lutino/blau x grün/blau/ino:
12,5% grün/ino
25% grün/ino/blau
12,5% lutino
25% lutino/blau
12,5% blau/ino
12,5% albino

lutino x grün/ino/blau:
25% grün/ino/blau
25% grün/ino
25% lutino/blau
25% lutino

albino x grün/ino/blau:
25% grün/ino/blau
25% blau/ino
25% lutino/blau
25% albino

albino x blau:
100% blau/ino

blau/ino x blau/ino:
25% blau
50% blau/ino
25% albino

albino x blau/ino:
50% blau/ino
50% albino

NSL parino (Pastell)

Die ersten Nachrichten über Pastell-Mutationen bei Agaporniden kamen aus Amerika. Dort wurde 1935 zum ersten Mal von einem Pastell-Schwarzköpfchen berichtet.

Bei pastell gibt es eine Reduktion des Eumelanins von ungefähr fünfzig Prozent. Das ergibt einen Vogel, der einen helleren Grünton hat als die grüne Wildform. Pastell vererbt autosomal rezessiv und ist ein Allel des NSL-Ino-Gens. Es ist eine NSL-parino-Mutation (partial ino), was bedeutet, dass Kombinationen von pastell mit NSL-Ino keine grünen Vögel ergeben, die spalterbig für beide Mutationen sind, sondern eine Zwischenfarbe. Einfach gesagt: pastell ist eigentlich ein „halb-mutierter NSL-Ino". Weil pastell ein Allel von NSL-Ino ist, ist es also auch eine Form von Albinismus und betrifft manchmal auch die Farbe der Füße und Krallen. Die Farbe der Augen bleibt bei pastell im Vergleich zur Wildform unverändert.

Bei Pastell-Vögeln ist die Produktion des dunklen Farbstoffs (Eumelanin) vermindert. Die Produktion des Eumelanins und die Pigmentsynthese kommen nur teilweise in Gang, wodurch die Qualität und Größe der abgelagerten schwarzen Eumelanin-Körner in der Medulla der Feder schlechter sind als normal. Das einfallende Licht wird zum Kern der Feder hin viel weniger absorbiert und die Folge ist ein „blasserer" grüner Vogel.

Gelegentlich wird von der Existenz eines reinrassigen Pastell-Pfirsichköpfchens berichtet. Beweise fehlen jedoch. Die Vermutung liegt nahe, dass der Pastellfaktor vom Schwarz- zum Pfirsichköpfchen übertragen wurde. Es scheint sicher, dass der Pastellfaktor beim Ruß- und beim Erdbeerköpfchen in Europa durch Transmutation entstanden ist.

Was die Zuchtergebnisse anbelangt, ist der Pastell-Vogel sicher keine problematische Mutation. Im Gegensatz zum NSL-Ino ist dieser Mutant viel stärker, und Todesfälle bei Pastell-Vögeln sind auch auf ein Minimum beschränkt.

Schwarzköpfchen pastell grün

Diese Mutation trat 1935 zum ersten Mal auf.

Genetische Formel:

$bl^+\_D^+ / bl^+\_D^+; a^{pa} / a^{pa}$

Beide Eltern können spalterbig in pastell sein. Von daher spielt es bei pastell keine Rolle, ob das Männchen oder das Weibchen als Pastell-Eltern genutzt werden. Einige Zuchtergebnisse:

grün x pastell grün:
100% grün/pastell

grün/pastell x grün:
50% grün
50% grün/pastell

grün/pastell x grün/pastell:
25% grün
50% grün/pastell
25% pastell grün

Hierbei muss angemerkt werden, dass die reinerbigen grünen Jungen äußerlich nicht von den spalterbigen Jungen zu unterscheiden sind.

grün/pastell x pastell grün:
50% grün/pastell
50% pastell grün

pastell grün x pastell grün:
100% pastell grün

Pastellfaktor beim Schwarzköpfchen

Wenn man Pastell-Schwarzköpfchen anschaut, sieht man, dass sich durch die Reduktion des schwarzen Eumelanins die Kopffarbe von schwarz nach sehr hell grau verändert – auf einem Hintergrund von rotem Psittacin, das sich noch in den Bogen- und Hakenstrahlen befindet. Die allgemeine grüne Körperfarbe wird „fahler", sprich pastell grün. Die Schwungfedern sind hellgrau und gelegentlich sogar schon weiß gefärbt. Das Ideal ist natürlich ein gleichmäßiges Verblassen von fünfzig Prozent, wodurch der Vogel hellgraue Schwungfedern bekommt. Freilich ist das nicht so einfach zu realisieren. Die roten und gelben Farben bleiben unverändert, weil sie ja nicht durch Melanozyten (Pigmentzellen) hervorgerufen werden. Die Farbe der Füße und Krallen wird blasser.

Pastellfaktor beim Pfirsichköpfchen

Bei diesen Vögeln ist auch die grüne Körperfarbe um die Hälfte blasser. Der Hinterkopf wird in der Farbe ebenfalls bleicher, und wie beim Schwarzköpfchen sind die Schwungfedern hellgrau, manchmal sogar schon weiß in der Farbe. Die orangerote Maskenfarbe und deren Form bleiben unverändert. Natürlich sind auch die Füße und die Krallen blasser. Diese Farbe wird ja ebenfalls durch das dort vorhandene Eumelanin bestimmt.

Pastellfaktor beim Rußköpfchen

Diese Form entstand durch Transmutation. Die allgemeine grüne Körperfarbe wird blasser, und bei diesen Vögeln sieht man, dass sich unter dem Einfluss der Reduktion des Eumelanins in der Maske die Maskenfarbe ins Braunrötliche verfärbt. Das kommt daher, dass das vorhandene rote

Links: Pfirsichköpfchen pastell grün

Die grüne Körperfarbe ist um die Hälfte blasser, die Maske hingegen unverändert.

Rußköpfchen pastell grün

Die Reduktion der Pigmentierung sollte ca. 50 % betragen und gleichmäßig verteilt sein.

Psittacin jetzt deutlicher sichtbar wird. Die Füße und Krallen werden ebenfalls blasser.

Pastellfaktor beim Erdbeerköpfchen

Diese Pastellform kommt beim Erdbeerköpfchen kaum vor, auch wenn jährlich auf den Ausstellungen doch einige Pastell-Erdbeerköpfchen zu bewundern sind. In Australien gibt es Berichte über reinerbige Pastell-Erdbeerköpfchen. In Europa sind es jedoch ganz sicher Transmutationen. Wie beim Pfirsichköpfchen wird das gesamte grüne Federkleid blasser, aber die Farbe und Form der Maske bleiben erhalten.

Wichtig!

Als allgemeine Regel gilt, dass ein guter Pastell-Vogel immer deutlich zu erkennen sein muss. Es darf nicht den geringsten Zweifel daran geben, ob es sich um ein Schwarz-, ein Pfirsich- oder Rußköpfchen handelt. Wenn die Arten nicht deutlich zu erkennen sind, können Sie mit diesen Vögeln nichts anfangen – weder für die Zucht noch für Ausstellungen. Ideal ist ein gleichmäßig blasser

Pastell

Pfirsichköpfchen pastell D blau

Vogel mit einer Reduktion von etwa fünfzig Prozent des vorhandenen Eumelanins und hellgrauen Schwungfedern.

Pastell kann bei Agaporniden mit weißem Augenring (der *personatus*-Gruppe) mit Dunkelfaktoren und Blau kombiniert werden.

Kombinationen mit Dunkelfaktoren

Genetische Formeln:

pastell grün $bl^{+}\_D^{+} / bl^{+}\_D^{+}$; a^{pa} / a^{pa}
pastell D grün $bl^{+}\_D^{+} / bl^{+}\_D$; a^{pa} / a^{pa}
pastell DD grün bl^{+}_D / bl^{+}_D; a^{pa} / a^{pa}

D grün x pastell grün:

50%	grün/pastell
50%	D grün/pastell

grün/pastell x D grün/pastell:

12,5%	grün
12,5%	D grün
25%	grün/pastell
25%	D grün/pastell
12,5%	pastell grün
12,5%	pastell D grün

pastell D grün x pastell D grün:

25%	pastell grün
50%	pastell D grün
25%	pastell DD grün

pastell grün x pastell DD grün:

100%	pastell D grün

pastell D grün x pastell DD grün:

50%	pastell D grün
50%	pastell DD grün

In der Grundform wird immer von „pastell grün" gesprochen (die Pastell-Form eines grünen Vogels) oder, wenn Dunkelfaktoren zum Zuge kommen, von „pastell D grün" (pastell dunkelgrün) oder „pastell DD grün" (pastell grün mit doppeltem Dunkelfaktor). In der Blaureihe spricht man von „pastell blau", „pastell D blau" und „pastell DD blau". Manchmal spricht man auch noch von „pastell gelb". Aber das ist eigentlich nicht angemessen. Es ist ja kein gelber Vogel, der fünfzig Prozent Eumelanin dazu bekommen hat und dadurch pastell wird, sondern ein grüner Vogel, der fünfzig Prozent weniger Eumelanin besitzt. „Pastell weiß" ist deshalb auch keine korrekte Bezeichnung.

Kombinationen mit Blau

Genetische Formeln:

pastell blau bl_D^{+} / bl_D^{+}; a^{pa} / a^{pa}
pastell D blau bl_D^{+} / bl_D; a^{pa} / a^{pa}
pastell DD blau bl_D / bl_D; a^{pa} / a^{pa}

Natürlich kann dieser Pastellfaktor auch in die Blaureihe eingezüchtet werden.

blau x pastell grün:

100%	grün/pastell/blau

grün/pastell/ blau x grün/pastell /blau:

6,25%	grün
12,5%	grün/blau
12,5%	grün/pastell
25%	grün/pastell/blau
6,25%	blau
12,5%	blau/pastell
6,25%	pastell grün
12,5%	pastell grün/blau
6,25%	pastell blau

pastell blau x D grün:

50%	grün/blau/pastell
50%	D grün/blau (Typ 1)/pastell

D grün/blau (Typ 1)/pastell x blau pastell:

3,5%	grün pastell / blau
3,5%	grün/blau/pastell
21,5%	D grün pastell/blau (Typ 1)
21,5%	D grün/ blau (Typ 1)/pastell
21,5%	blau/pastell
21,5%	pastell blau
3,5%	D blau/pastell
3,5%	pastell D blau

pastell D blau x pastell D blau:

25%	pastell blau
25%	pastell D blau
25%	pastell DD blau

Wie bereits gesagt, ist Pastell ein Allel von NSL-Ino oder ein Allel des a-Locus. Vermeiden Sie daher bei der Zucht von Pastell-Vögeln die Kombination mit anderen Allelen des NSL-Ino-Gens (NSL ino, DEC und bronze fallow). Jede alternative Form, die ein Gen annehmen kann, hat ein Allel. Manchmal wird es auch Allelomorphe genannt (was im Griechischen „andere Form" heißt). Wenn dasselbe Gen nun mehrere verschiedene Formen annehmen oder mehrere Mutationen verursachen kann, spricht man von multiplen Allelen (siehe Kapitel Genetik).

Die Theorie mag vielleicht schwierig erscheinen. Aber wenn Sie sich die Praxis anschauen, dann ist es vielleicht etwas einfacher.

Wenn Sie sich ein Ino-Schwarzköpfchen vorstellen, können Sie davon ausgehen, dass der a-Locus vollständig (zu 100%) mutiert ist, wodurch bei diesem Vogel alles sichtbare Eumelanin verschwunden ist. Wenn das Gen dagegen unvollständig mutiert ist, verschlechtert sich lediglich die Qualität des Eumelanins, weil das Gen teilweise noch dafür sorgt, dass in den Federn Eumelanin produziert wird. Bei Pastell ist das Gen also in anderer Weise mutiert, denn es kann nur noch die Hälfte der normalen Eumelanin-Menge produzieren.

Wenn Sie eine Kombination machen zwischen einem Vogel, bei dem auf dem a-Locus das 'pa'-Allel für pastell mutiert ist (was für eine Reduktion von ungefähr der Hälfte sorgt), mit einem Lutino-Vogel (bei dem der a-Locus vollständig mutiert ist, was für eine Reduktion von 100% sorgt), bekommen Sie keinen grünen Vogel, der spalterbig für beide Faktoren ist, sondern einen Vogel mit einem intermediärem Phänotyp. Das kommt daher, dass beide Allele sich im Verhältnis zueinander co-dominant verhalten. Das ergibt im Erscheinungsbild keine grüne Farbe, sondern eine Zwischenfarbe zwischen ino und pastell, also einen viel blasseren Pastell-Vogel mit weißen Schwungfedern.

Solche Vögel wurden und werden ab und zu noch als „Grauflügel" oder „tief übergossen" bezeichnet. Faktisch sind es nur Vögel, die auf dem einen Chromosom pastell sind und bei denen auf dem anderen Chromosom des Paares dasselbe Gen für NSL ino mutiert ist. Diese Vögel werden nach internationalen Vereinbarungen mit der Angabe der Faktoren, die sich auf dem Vogel finden, bezeichnet – in diesem Fall „PastellIno".

Wenn ein solcher PastellIno (ein blasser Pastell) wieder mit der Wildform verpaart wird, sind theoretisch die Hälfte der Jungen spalterbig für ino und die andere Hälfte spalterbig für pastell.

Pfirsichköpfchen pastell grün

Die Farbe des Körpers und der Schwungfedern ist sehr gut. Leider ist der Nacken zu intensiv rot.

Einige Beispiele:

lutino x pastell grün:
100% PastellIno grün

PastellIno x grün:
50% grün/ino
50% grün/pastell

PastellIno x lutino:
50% PastellIno
50% lutino

PastellIno x pastell:
50% PastellIno
50% pastell

PastellIno x PastellIno:
25% lutino
50% PastellIno
25% pastell

grün/pastell x grün/ino:
25% grün
25% grün/pastell
25% grün/ino
25% PastellIno

Erdbeerköpfchen pastell ino (PastelIno)

ist eine Kombination von zwei Allelen desselben Gens.

Vergessen Sie nicht, dass diese blasseren Formen vielleicht durchaus ideale Zuchtvögel sind. Aber als Ausstellungsvögel werden nur Pastell-Vögel mit einer Reduktion von fünfzig Prozent des Eumelanins verlangt. Und PastellIno ist keine eigenständige Mutation, sondern eine Kombinationsform.

Die ersten Lutino-Schwarzköpfchen wurden meistens aus diesen Pastell-Vögeln gezüchtet. Warum hat man das gemacht? Das ist einfach zu erklären. Angesichts der Tatsache, dass Lutino-Schwarzköpfchen anfangs noch sehr schwache Vögel waren, war es nötig, diese Mutation über spalterbige Vögel zu züchten. Darum wurden grüne Vögel, die spalterbig in NSL ino sind, miteinander gekreuzt. Das ergab theoretisch 25% lutino, 50% grün/ino und 25% reinerbig grün. Da die normalen grünen Schwarzköpfchen und die spalterbigen Vögel nicht voneinander zu unterscheiden waren, musste man bei den Jungen immer über Probepaarungen herausfinden, welche Vögel spalterbig waren und welche nicht, bis man schließlich die Lutino-Vögel mit einem Pastell-Vogel verpaarte. Da sah man, dass ein blasserer Pastell entstand. Von multiplen Allelomorphen hatte man noch nichts gehört, aber man wusste wohl, dass man die spalterbigen Vögel als solche erkennen konnte. Wenn man nun PastellIno x PastellIno miteinander kombiniert, bekommt man 25% lutino, 50% PastellIno (die blassen Formen) und 25% pastell (die dunkle Form). So konnte man die spalterbigen Vögel direkt erkennen.

Viele Züchter dachten früher, dass diese blasse Form eine Mutation sei. So wird hin und wieder noch erzählt, dass aus zwei normal grünen Vögeln auch solche blassen Pastell-Vögel entstanden und es sich deshalb um eine Mutation handele. Nein! Denn wenn man hierbei untersuchte, welche Vorfahren diese Vögel hatten, dann ergab sich in der Regel, dass der eine Elternvogel grün/ino war und der andere grün/ pastell. Aus dieser Kombination bekommt man natürlich grün, grün/pastell, grün/ino und auch PastellIno (die blasse Form).

Kombinationen mit anderen Eumelanin reduzierenden Faktoren sind ebenfalls nicht empfehlenswert, weil sie die Erkennbarkeit der Mutation zunichte machen. Es hat keinen Sinn, Kombinationen zu züchten, bei denen die typischen Eigenschaften des Mutanten nicht mehr deutlich zu erkennen sind. Kombinationen mit z.B. gesäumt oder übergossen sind deshalb zwecklos.

Dark eyed clear (Gelbes Schwarzauge)

Die Herkunft dieser Mutation beim Pfirsichköpfchen ist nicht ganz eindeutig. Manche Autoren geben Süd-Afrika als Herkunftsland an, andere dagegen Australien. Wir bekamen auch Hinweise, nach denen die ersten Meldungen über die Existenz eines gelben Schwarzaugen-Pfirsichköpfchens aus Portugal stammen. Aber dort gab man zu, diese Vögel aus Süd-Afrika importiert zu haben. Die ersten Meldungen gehen zurück auf die dreißiger Jahre. Deshalb ist es wahrscheinlich eine der ersten Mutationen beim Pfirsichköpfchen.

Im AOB-Magazin „De Vogel wereld" von 1957 berichtet F. Meerschaert: „Das Pfirsichköpfchen ist unter den Agaporniden zurzeit der am wenigsten seltene Vogel. Was bislang sehr selten ist, ist das gelbe Pfirsichköpfchen. Und damit meine ich nicht die gelben und weißen mit roten Augen, die man Lutino und Albino nennt, sondern vielmehr das gelbe mit schwarzen Augen und mit einem grünen Schimmer am ganzen Körper". Dieser Züchter hatte ein gutes Jahr zuvor (1956) zwei Pärchen gelbe Pfirsichköpfchen gekauft, die wahrscheinlich aus Japan stammten.

Bei der Schwarzaugen-Mutation sehen wir, dass das Eumelanin zu etwa 95% aus den Federn verschwunden ist. Die Vögel sind überwiegend gelb, haben einen hellblauen Bürzel und die Fuß- und Augenfarbe ist bei dieser Mutation unverändert.

Es hat einige Zeit gedauert, bis man bei dieser Mutation erkannte, wie sie strukturiert ist. In der Literatur wurde über gelbe Schwarzaugen-Pfirsichköpfchen mit weißem Bürzel berichtet, aber auch von gelben Schwarzaugen-Pfirsichköpfchen mit blauem Bürzel. Diese letztgenannten hatten – im Gegensatz zu den Exemplaren mit weißem Bürzel – noch einen deutlichen grünen Schimmer am ganzen Körper. Als ich 1996 den ersten Artikel in der BVA-Zeitschrift über diese Mutation vorbereitete, rief ich die Züchter dieser Mutation auf, mehr Informationen dazu zu sammeln. Wir bekamen allerdings nur von Bodo Ochs aus Deutschland eine Reaktion, in der er bestätigte, dass die gelben Schwarzaugen, die in Deutschland noch vorhanden waren, einen blauen Bürzel hatten. Diese Vögel waren bereits 1955 aus den Niederlanden exportiert worden. Wie diese Vögel in die Niederlande kamen und wer der niederländische Züchter war, ist unbekannt.

Während der BVA-Ausstellung im Jahre 1997 bekamen wir sechs gelbe Schwarzaugen-Pfirsichköpfchen von Herrn Enrico Santos aus Portugal zu sehen. Diese Vögel hatten tatsächlich einen blauen Bürzel, aber auch noch einen grünen Schimmer auf den Federn. Viele der Anwesenden

Pfirsichköpfchen DEC

Das gelbe Schwarzauge kam zuerst beim Pfirsichköpfchen vor. Das Ursprungsland der Mutation ist unklar.

hatten deshalb auch ihre Zweifel bezüglich der Vögel und mehrfach wurde lauthals verkündet, dass es wahrscheinlich eine Selektionsform von Pastell-Vögeln sei. Für mich war das Grund genug, die Sache zu untersuchen.

Ich habe damals selbst einige Exemplare angeschafft, sowohl Schwarzaugen mit weißem als auch mit blauem Bürzel, und meine Zuchtergebnisse, kombiniert mit den Zuchtergebnissen bei einigen anderen Züchtern (Koos Hammer, Jan Verschoor und André van der Voorn), ließen uns damals zu dem vorsichtigen Schluss kommen, dass Schwarzauge möglicherweise ein Allel von NSL ino war.

Heute ist die Frage grundsätzlich geklärt, und unsere Vermutungen von damals scheinen sich bewahrheitet zu haben. Schwarzauge oder DEC (dark eyed clear, wie es international genannt wird) ist wie pastell tatsächlich ein Allel des NSL- (Non Sex-Linked oder autosomalen)-Ino-Gens (a-Locus). Einfach formuliert können wir sagen, dass Kombinationen von Schwarzauge und Ino (oder pastell) keine grünen Vögel ergeben, die spalterbig in beiden Mutationen sind, sondern vielmehr eine Zwischenfarbe.

Das homozygote oder reinerbige gelbe Schwarzauge ist ein gelber Vogel mit dunklen Augen und einem blauen Bürzel. Das Federkleid hat häufig einen hellgrünen Schimmer. Dieser Schimmer war dann auch der Grund, warum viele Züchter sie seinerzeit mit Lutinos kombinierten, einfach „um die Farbe zu verbessern". Ohne dass man es wusste, kombinierte man hier zwei Allele desselben Gens. Die Jungen aus dieser Kombination sind zwar gleichmäßiger gelb, aber – wie schon gesagt – sie sind deutlich am weißen Bürzel zu erkennen.

Links: Pfirsichköpfchen DEC ino

Diese Vögel haben einen weißen Unterrücken und eignen sich hervorragend zur Zucht eines reinerbigen gelben Schwarzauges.

Junge Pfirsichköpfchen DEC im Nest

Die Mutation ist im Vergleich zu den normal grünen Vögeln sofort leicht erkennbar.

Der Name „gelbes Schwarzauge" wird in der ornithologischen Welt auch noch verwendet für die Bezeichnung von Phänotypen, die durch die Kombination von DF dominant gescheckt und rezessiv gescheckt entstehen. Nach den heute angewandten Regeln müssten diese Vögel als „DF dominant gescheckt rezessiv gescheckt" bezeichnet werden und haben eigentlich nichts mit diesen DEC zu tun.

Das gelbe Schwarzauge-Pfirsichköpfchen mit weißem Bürzel ist also eine Kombination von Schwarzauge und autosomal rezessiv ino. Da beide Mutationen Allele desselben Gens sind, werden diese Kombinationen „Dark Eyed ClearIno" genannt. Achten Sie darauf, dass bei dieser Kombination sowohl Dark eyed clear als auch Ino mit Großbuchstaben geschrieben werden. Das ist deshalb so, um deutlich anzugeben, welche zwei Allele hier kombiniert sind. Diese Phänotypen mit weißem Bürzel sind deshalb auf den meisten Ausstellungen unerwünscht.

Da pastell wie auch Schwarzauge (DEC) zugleich ein Allel von NSL-Ino ist, ergeben Kombinationen

Gelbes Schwarzauge

Gelbes Schwarzauge-Pfirsichköpfchen pastell mit grünlichem Schimmer

von Schwarzauge und pastell selbstverständlich auch eine Zwischenform. Diese Vögel sind beim bloßen Ansehen jedoch nur schwer vom PastellIno (Kombination von pastell und ino) zu unterscheiden, denn ebenso wie die PastellInos sind sie fleckig gefärbt.

Es ist selbstverständlich, dass wir uns darum bemühen müssen, soviel wie möglich reinerbige gelbe Schwarzaugen zu züchten.

Nachfolgend einige Zuchtergebnisse mit reinerbigen Schwarzaugen. Beide Eltern können spalterbig in gelbes Schwarzauge (DEC) sein, d.h. es spielt keine Rolle, ob das Männchen oder Weibchen als gelbes Schwarzaugen-Elternteil eingesetzt wird.

grün x gelbes Schwarzauge:
100% grün/DEC

grün/DEC x grün:
50% grün
50% grün/DEC

grün/DEC x grün/DEC:
25% grün
50% grün/DEC
25% gelbes Schwarzauge

Hierbei muss angemerkt werden, dass die reinerbigen grünen Jungen anhand des Äußeren nicht von spalterbigen zu unterscheiden sind.

grün/DEC x gelbes Schwarzauge:
50% grün/DEC
50% gelbes Schwarzauge

gelbes Schwarzauge x gelbes Schwarzauge:
100% gelbes Schwarzauge

Sie sehen, dass bei den spalterbigen Vögeln anstelle von „/gelbes Schwarzauge" die Formulierung „/DEC" steht. DEC (Dark Eyed Clear) ist die Abkürzung für die eigentliche Basismutation. In der Grünreihe kombiniert ergibt dies das gelbes Schwarzauge.

Wenn Sie allerdings im Besitz eines gelben Schwarzauges mit weißem Bürzel oder eines Gelben SchwarzaugeIno sind, erscheint es mir angeraten, folgende Kombinationen aufzustellen, um schließlich ein reinerbiges gelbes Schwarzauge bekommen zu können. Eine dieser Möglichkeit ist:

gelbes SchwarzaugeIno x gelbes SchwarzaugeIno:
25% gelbes Schwarzauge (reinerbig - blauer Bürzel)
50% gelbes SchwarzaugeIno (weißer Bürzel)
25% lutino

Da die Jungen aus dieser Kombination aber manchmal sehr schwach sind, ist es vielleicht eher zu empfehlen, folgendermaßen vorzugehen:

gelbes SchwarzaugeIno x grün:
50% grün/ino
50% grün/DEC

Natürlich gibt es keinen äußerlich erkennbaren Unterschied zwischen den beiden grünen Vögeln. Der eine ist allerdings spalterbig in Ino, der andere spalterbig in DEC. Wenn wir ein reinerbiges gelbes Schwarzauge bekommen wollen, bleibt uns eigentlich nur übrig zu raten. Wenn wir diese grünen Vögel jedoch wieder mit einem gelben SchwarzaugeIno kombinieren, können wir folgende Resultate bekommen:

gelbes SchwarzaugeIno x grün/DEC:
25% grün/ino
25% grün/DEC
25% gelbes SchwarzaugeIno
25% gelbes Schwarzauge

gelbes SchwarzaugeIno x grün/ino:
25% grün/ino
25% grün/DEC
25% gelbes SchwarzaugeIno
25% lutino

Anhand dieser Ergebnisse kann man mit etwas Glück schon ableiten, worin der grüne Vogel spalterbig war, und so ein reinerbiges gelbes Schwarzauge mit einem grünen spalterbig in DEC verpaaren. Unnötig zu sagen, dass Kombinationen von reinerbig homozygoten gelben Schwarzaugen (mit blauem Bürzel) mit pastell oder mit NSL-Ino soweit wie möglich vermieden werden sollten.

Gelbes Schwarzauge-Pfirsichköpfchen

Dies ist ein überwiegend gelber Vogel mit blauem Bürzel, grauen Füßen und dunklen Augen. Die orangerote Farbe und Form der Maske bleiben unverändert. Am Hinterkopf findet man bei reinerbigen Exemplaren einen gelben Querstreifen. Dieser verläuft vom Scheitel bis zum Nacken.

Die internationale Musterbeschreibung gibt für das gelbe Schwarzauge-Pfirsichköpfchen folgende Beschreibung vor:

Farbbezeichnung: gelbes Schwarzauge
Internationaler Name: dark eyed clear yellow

- Verhinderung des Eumelanins: +/- 95% in den Federn
- Genetische Formel: $bl^{+}\_D^{+} / bl^{+}\_D^{+}; a^{dec} / a^{dec}$
- Stirn: tief orangerot
- Scheitel: tief orangerot, zum Hinterkopf und Hals hin allmählich nach Gelb hin übergehend, Hinterkopf gelb
- Wangen: tief orangerot, zum Hals hin blasser werdend
- Kinn und Hals: tief orangerot
- Augen: dunkelbraun mit nacktem weißem Augenring
- Schnabel: rot
- Unterbrust, Flanken, Bauch und Afterbereich: gelb
- Mantel und Flügeldecken: gelb
- Große Flügelfedern: mit gelben Außenfahnen und weißen Innenfahnen
- Flügelbug: gelb
- Bürzel und Oberschwanzdecken: hell himmelblau
- Unterschwanzdecken: gelb
- Schwanzfedern: die Schwanzfedern sind überwiegend gelb mit weißen Enden. Die sekundären Schwanzfedern haben in der Mitte eine orangerote Fleckenzeichnung. Diese Fleckenzeichnung ist teilweise von einer weißen Zone umgeben
- Füße: grau
- Krallen: ein wenig dunkler grau als die Füße

Nicht selten haben diese gelben Schwarzaugen noch einen deutlichen grünen Schimmer über dem Federkleid. Aber die Musterbeschreibungen erwarten einen möglichst gelben Vogel. Die Form der Maske bleibt gegenüber der Wildform ebenfalls unverändert. Ein zu roter Hinterkopf wird bei den gelben Schwarzaugen – wie beim Lutino-Pfirsichköpfchen – als fehlerhaft angesehen, weil bei einer guten reinerbigen Wildform dieser übertrieben rote Schimmer auf dem Hinterkopf auch nicht vorhanden ist.

Gelbes Schwarzauge-Rußköpfchen

Die ersten Nachrichten über ein gelbes Schwarzauge-Rußköpfchen kamen aus Portugal. Dort hatte ein Züchter sie nach eigener Auskunft aus Süd-Afrika importiert. Koos Hammer, ein bekannter niederländischer Mutationszüchter, kaufte sie in Portugal und baute einen Stamm auf. Zu dem Zeitpunkt war nicht bekannt, ob es eine spontan entstandene Mutation war oder ob sie durch

Gelbes Schwarzauge-Rußköpfchen

Der Vogel ist bis auf die Maske vollständig gelb gefärbt, insbesondere auch am Unterrücken.

Weißes Schwarzauge-Pfirsichköpfchen

Die Vögel sind fast vollständig weiß, der Unterrücken ist hell violettfarben.

Transmutation entstand. Informationen aus Portugal bestätigten jedoch, dass es sich wohl um eine Transmutation handelt.

Diese Schwarzaugen-Mutation beim Rußköpfchen ergibt einen bis auf die Maske vollständig gelben Vogel. Da der Bürzel der Wildform des Rußköpfchens einfach grün gefärbt ist, ist der Bürzel eines DEC-Rußköpfchens auch einfach von gelber Farbe. Das bedeutet gleichzeitig, dass die DECIno-Typen optisch nicht zu unterscheiden sind von homozygoten DEC-Vögeln. Was die Maskenfarbe angeht: Bei der Wildform des Rußköpfchens sind die Wangen von schwarzer Farbe, die Stirn ist rostbraun und der Latz ist dunkelorange oder lachsfarben. Diese Farben entstehen durch eine Kombination von rotem Psittacin in den Haken- und Bogenstrahlen der Federn und schwarzes Eumelanin in den Federästen. Die vorhandenen Mengen und Mengenverhältnisse sorgen für die letztendliche Färbung. So haben die Wangen weniger rotes Psittacin in den Federästen als die Stirn und der Latz. Das ist dann bei dieser Mutation auch deutlich zu sehen. Da das Eumelanin verschwindet, bleibt nur das rote Psittacin übrig. Aber die Menge in der Maske ist nicht überall gleich. Auf den Wangen ist die rote Farbe viel matter. Man kann sogar ein deutliches Verblassen und eine Art „Schimmeleffekt“ auf den Wangen und rund um den Schnabel sehen. Der Latz und die Stirn sind tiefer rot in der Farbe. Diese Details sind sehr wichtig, denn blassere Wangen findet man z.B. bei einem gelben Schwarzauge-Erdbeerköpfchen nicht. Da muss die Maske wie bei der Wildform gleichmäßig orangerot sein. Die Füße, Krallen und Augen bleiben unverändert.

Gelbes Schwarzauge-Schwarzköpfchen

Gelbe Schwarzauge-Schwarzköpfchen sind selten. Sie sind – wie das gelbe Schwarzauge-Pfirsichköpfchen – vollständig gelb gefärbt mit einem blauen Bürzel, grauen Füßen und dunklen Krallen und Augen. Der deutlichste Unterschied zum gelben Schwarzauge-Pfirsichköpfchen ist an der Maskenfarbe zu erkennen. Diese ist wie beim Lutino-Schwarzköpfchen ganz hellrot in der Farbe und befindet sich nur da, wo normalerweise die schwarze Maske bei der Wildform sitzt. Diese Vögel sind durch Transmutation entstanden. DECIno-Schwarzköpfchen sind an ihrer weißen Bürzelfarbe erkennbar.

Gelbes Schwarzauge-Erdbeerköpfchen

Auch sie sind selten. Das gelbe Schwarzauge-Erdbeerköpfchen ist mit Ausnahme der Maske völlig gelb (auch am Bürzel). Die orangerote Maske beginnt auf halber Höhe des Scheitels, von wo sie mehr oder weniger in einem Bogen um die Augen ausläuft und sich auf Höhe der Kehle und am Anfang des Brustlatzes verschmälert. Dieser Latz verbreitert sich noch einmal ein wenig auf der Brust und endet zwei Zentimeter unter der Schnabelspitze. Es gibt keine klare Begrenzung der Maske auf Wangen und Scheitel. Diese Form wurde auch über Transmutation entwickelt.

Wichtig!

Mit Ino kombinierte Vögel sind am besten gleichmäßig gefärbt, aber sie fallen bei den Schwarz- und Pfirsichköpfchen durch ihren weißen Bürzel auf. Trotzdem ist es wichtig zu versuchen, möglichst viele und gute homozygote Vögel einzuzüchten. Durch gute Selektion kann man auch ein gleichmäßiges Federkleid erreichen.

Bestimmte Kombinationen einer Reihe von Eumelanin-Mutanten ergeben äußerlich „gelbe Schwarzaugen". So ergibt die Kombination von DF gesäumt und PastelIno auch Vögel, die äußerlich wie ein gelbes Schwarzauge aussehen. Sie sind von gelber Farbe mit dunklen Augen, Füßen und Krallen und haben sogar einen blauen Bürzel. Aber wenn man sich die Form und die Größe der Maske genau anschaut, sieht man, dass sie viel kleiner ist als bei der Wildform. Das deutet klar auf das Vorhandensein eines DF gesäumt hin. Genetisch haben diese Vögel also nichts mit einem echten gelben Schwarzauge bzw. DEC zu tun.

Pfirsichköpfchen DEC Ino blau – die Vögel sind vollständig weiß

Kombinationen mit Blau

DEC kann mit Blau kombiniert werden. Diese Kombination ergibt einen DEC blauen Vogel, der als weißes Schwarzauge beschrieben wird.

blau x gelbes Schwarzauge:
100% grün/DEC/blau

grün/DEC/blau x grün/DEC/blau:
6,25% grün
12,5% grün/blau
12,5% grün/DEC
25% grün/DEC/blau
6,25% blau
12,5% blau/DEC
6,25% gelbes Schwarzauge
12,5% gelbes Schwarzauge/blau
6,25% (DEC blau) weißes Schwarzauge

weißes Schwarzauge x grün:
100% grün/DEC/blau

gelbes Schwarzauge/blau x gelbes Schwarzauge/blau:
25% gelbes Schwarzauge
50% gelbes Schwarzauge/blau
25% weißes Schwarzauge

gelbes Schwarzauge/blau x grün/blau/DEC:
12,5% grün/DEC
25% grün/DEC/blau
12,5% gelbes Schwarzauge
25% gelbes Schwarzauge/blau
12,5% blau/DEC
12,5% weißes Schwarzauge

gelbes Schwarzauge x grün/DEC /blau:
25% grün/DEC/blau
25% grün/DEC
25% gelbes Schwarzauge/blau
25% gelbes Schwarzauge

weißes Schwarzauge x grün/DEC/ blau:
25% grün/DEC/blau
25% blau/DEC
25% gelbes Schwarzauge/blau
25% weißes Schwarzauge

weißes Schwarzauge x blau:
100% blau/DEC

blau/DEC x blau/DEC:
25% blau
50% blau/DEC
25% weißes Schwarzauge

weißes Schwarzauge x blau/DEC:
50% blau/DEC
50% weißes Schwarzauge

Kombinationen mit Dunkelfaktoren sind genetisch gesehen auch möglich, aber äußerlich wird sich am gelben Schwarzauge nicht viel verändern. Diese bekommen nur einen etwas dunkleren Schimmer im Federkleid und der Bürzel ist dunkler gefärbt. Beim Weißen Schwarzauge sieht man nur am Bürzel einen kleinen Farbunterschied. Wenn die Vögel Gelbes SchwarzaugeIno oder Weißes SchwarzaugeIno sind, haben sie demzufolge einen weißen Bürzel und das Vorhandensein des Dunkelfaktors ist insgesamt nicht zu sehen.

Weißes Schwarzauge

Weißes Schwarzauge-Schwarzköpfchen

Diese Vögel sind selten. Die dunkle Maske ist nur angedeutet.

Farbbezeichnung: weißes Schwarzauge
Internationaler Name: dark eyed clear white

- Vollständige Reduktion des Psittacins
- Verhinderung des Eumelanins: +/- 95% in den Federn
- Genetische Formel: $bl\_D^{+} / bl\_D^{+}; a^{dec} / a^{dec}$
- Stirn: weiß
- Scheitel: weiß
- Wangen: weiß
- Kinn, Vorderhals und Oberbrust: weiß
- Augen: dunkelbraun mit nacktem weißen Augenring
- Schnabel: hornfarbig mit hell rosafarbenem Schimmer
- Unterbrust, Flanken, Bauch und Afterbereich: weiß
- Mantel und Flügeldecken: weiß
- Große Flügelfedern und Flügelbug: weiß
- Bürzel und Oberschwanzdecken: hellblau
- Unterschwanzdecken: weiß
- Schwanzfedern: weiß
- Füße: grau
- Krallen: etwas dunkler grau als die Füße

Weißes Schwarzauge-Pfirsichköpfchen

Diese Vögel sind beinahe vollständig weiß, haben dunkle Augen und Füße und einen ganz hellen violettfarbenen Bürzel. Hier gilt wieder das Gleiche: Ein reinerbiges weißes Schwarzauge hat einen hellblauen Schimmer auf dem Federkleid und soll einen blauen Bürzel haben. Kombinationen mit Ino ergeben ein weißes Schwarzauge mit weißem Bürzel oder ein weißes SchwarzaugeIno.

Nachfolgend die Musterbeschreibung für das weiße Schwarzauge-Pfirsichköpfchen:

Weißes Schwarzauge-Schwarzköpfchen

Diese Vögel sind sehr selten. Sie sind beinahe vollständig weiß, lediglich auf dem Kopf ist die schwarze Maske noch ein klein wenig angedeutet. Die Augen sind schwarz, die Füße grau und der Bürzel zeigt einen matten blauen Schimmer.

Weißes Schwarzauge-Rußköpfchen

Es ist ein beinahe vollständig weißer Vogel, der aber noch einen hellgrauen Schimmer auf den Wangen besitzt. Er hat schwarze Augen, graue Füße und dunkelgraue Krallen.

Weißes Schwarzauge-Erdbeerköpfchen

Es ist ein vollständig weißer Vogel mit schwarzen Augen, grauen Füße und dunkelgrauen Krallen.

SL ino (Geschlechtsgebundener Ino)

Wie beim autosomal rezessiven Ino erhält man einen gelben Vogel mit roten Augen. Beim geschlechtsgebundenen Ino (SL ino) entstehen schwer missgebildete und unterentwickelte melanosomale Matrixen. Im Gegensatz zur NSL-Ino-Mutation jedoch wird bei SL-Ino die Tyrosinase-Aktivität nicht angegriffen. Die gebildeten melanosomalen Matrixen sind bei SL-Inos zwar schwarz gefärbt, sie sind aber ernsthaft missgebildet, zu klein und zu gering in der Anzahl, um eine normale Farbe zu bilden. Man sieht allerdings, dass Mutter Natur in diesem Fall wahrscheinlich versucht, ihre „Fehler" wiedergutzumachen. Hier gibt es nämlich etwa zweieinhalb Mal soviel Tyrosinase-Aktivität wie im Normalfall. Da die Premelanosome so klein und missgebildet sind, haben sie wenig Auswirkung auf die Farbe des Vogels. Die Form heißt darum tyrosinase-positiver (TWR-pos) Albinismus.

Das Myosin verrichtet zwar normal seine Arbeit und lagert die missgebildeten Matrixen in den Federn ab (die Federn sind bei SL-Ino also nicht „leer"), aber es sitzen entweder leere oder sehr kleine, missgebildete Matrixen in den Federn. Es wird also bei Albinismus kein mit bloßem Auge sichtbares Eumelanin produziert, das unter dem Elektronenmikroskop allerdings durchaus noch sichtbar ist.

Trotzdem gibt es diese Matrixen, und sie können doch einigen Einfluss haben. Das zeigt sich im hellblauen Glanz, den wir noch am Bürzel der Lutino-Rosenköpfchen vorfinden (der eigentlich ja vollständig weiß sein müsste!). Das ist die Folge dieser Restpigmentierung. – In den normal grünen Federn haben diese Restpigmente allerdings keinen oder wenig Einfluss. Dadurch arbeitet die Schwammzone nicht, und es wird keinerlei Interferenz hervorgerufen. Die Folge davon ist, dass man nur das gelbe und rote Psittacin in den Federn wahrnehmen kann. Dieses Psittacin wird bei einer Ino-Mutation ja nicht angegriffen. Außerdem haben die Vögel blasse Füße, hornfarbige Zehen und rote Augen. Im Gegensatz zum NSL-Ino ist die Farbe der Füße beim SL-Ino vollständig fleischfarben und ohne grauen Schimmer. Kom-

Rosenköpfchen SF pale headed lutino

binationen von SL-Ino mit grün werden „SL lutino" genannt.

Die ersten geschriebenen Meldungen über die Existenz eines Lutino-Rosenköpfchens stammen von Porter (1942). Weitere Details fehlen dort allerdings. Und so dauerte es noch bis zum Jahr 1969, als in Amerika nachweislich ein SL-Lutino-Rosenköpfchen schlüpfte: In einer Voliere bei Mrs. Schertzer in Chula Vista (Kalifornien) wurde zunächst ein Lutino-Weibchen geboren. Die Züchterin dachte anfangs, dass sie es mit einem stark reduzierten gescheckten Vogel zu tun habe. Und so wurde das Weibchen zunächst wieder mit seinem Vater verpaart. Diese Kombination ergab jedoch nur grüne Jungen. Erst als eine gewisse Bessie Cossette, eine Agaporniden-Züchterin aus San Diego (Kalifornien), sie besuchte, bemerkte diese die roten Augen und ging davon aus, dass es sich um einen Lutino handele.

Einige Züchter hatten die Möglichkeit, drei Paare der grünen Jungen zu kaufen. Man vermutete damals, dass man es – wie beim Erdbeerköpfchen – mit einer (autosomal rezessiven) NSL-Ino-Mutation zu tun habe. Man verpaarte darum die Jungen untereinander. Das ergab tatsächlich Ino-Junge, aber da diese Vögel zu eng miteinander verwandt waren, starben alle innerhalb der ersten Tage. Das nährte die Vermutung, es könne sich um eine autosomal rezessive Mutation handeln. Später ergab sich, dass die Männchen spalterbig in SL ino waren. Diese ergeben in Kombination mit grün immer Lutino-Weibchen. Die Besitzer der Vögel rauften sich die Haare. Denn bis dahin war es ihnen immer noch nicht gelungen, ein Lutino-Junges am Leben zu erhalten.

Zwei Jahre später konnte Rainer Erhart bei derselben Züchterin ebenfalls einen Lutino-Vogel kaufen. Frau Schertzer hatte inzwischen das ursprüngliche Lutino-Weibchen mit einem der männlichen Nachkommen verpaart. Daraus wurden damals einige Lutino-Junge geboren, die am Leben blieben. Einer dieser Vögel war (glücklicherweise) ein Männchen, und es wurde von Herrn Erhart mit einem gänzlich unverwandten grünen Weibchen verpaart. Als bei der ersten Brut schon Lutino-Jungen geboren wurden, war schnell klar, dass es hier um eine geschlechtsgebundene Ino-Form ging, und das Rätsel war gelöst.

Links: Lutino-Rosenköpfchen

Die ersten Berichte über diese Mutation beim Rosenköpfchen gab es im Jahr 1942 .

Junge Lutino-Rosenköpfchen im Nest

Auffällig sind sofort die dunkelroten Augen und die gelben Federkiele.

Genetische Formeln:

$bl^+\_D^+/bl^+\_D^+$; *Z ino/Z ino* (Männchen)
$bl^+\_D^+/bl^+\_D^+$; *Z ino/W* (Weibchen)

Die Namensgebung für diese Mutation bereitete wenige Probleme. In Analogie mit dem NSL-Ino beim Erdbeerköpfchen und der SL-Ino-Mutation beim Wellensittich wird der Ausdruck Lutino verwendet. SL-Ino ist sicherlich keine schwache Mutante mehr und hat sich im Lauf der Jahre sogar als starke Mutante erwiesen.

Geschlechtsgebundener Ino

Einige Zuchtergebnisse, wobei die Männchen jeweils zuerst angegeben sind:

lutino x grün:

50%	grün/ino (Männchen)
50%	lutino (Weibchen)

grün x lutino:

50%	grün/ino (Männchen)
50%	grün (Weibchen)

grün/ino x grün:

25%	grün/ino (Männchen)
25%	grün (Männchen)
25%	lutino (Weibchen)
25%	grün (Weibchen)

grün/ino x lutino:

25%	lutino (Männchen)
25%	grün/ino (Männchen)
25%	lutino (Weibchen)
25%	grün (Weibchen)

lutino x lutino:

100%	lutino (Männchen und Weibchen)

Für einen Anfänger ist die Kombination Lutino-Männchen x grünes Weibchen die empfehlenswerteste. So kann man im Nest die Weibchen (die alle Lutinos sind) von den spalterbigen grünen Männchen eindeutig unterscheiden. Gleichzeitig lernt man so auch die Grundlagen der Genetik.

Kombinationen mit SL ino

Da der SL-Ino-Faktor nur noch beim Rosenköpfchen vorkommt, kann man diese mit einer Reihe anderer Mutationen dieser Art kombinieren, nämlich mit Orangemaske, pale headed, aqua und türkis und opalin.

Kombinationen mit Dunkelfaktoren sind genetisch gesehen zwar möglich, ergeben aber wie beim NSL-Ino wenige oder keine äußerlichen Unterschiede. Das einzige, woraufhin man dann beim Rosenköpfchen arbeitet, ist die blaue Farbe des Bürzels.

Kombinationen mit orangemaske (Orangemaske-Lutino)

Genetische Formeln:

$bl^+\_D^+/bl^+\_D^+$; of/of; Z ino/Z ino (Männchen)
$bl^+\_D^+/bl^+\_D^+$; of/of; Z ino/W (Weibchen)

lutino x orangemaske grün:

50%	grün/ino/orangemaske (Männchen)
50%	lutino/orangemaske (Weibchen)

orangemaske grün x lutino:

50%	grün/ino/orangemaske (Männchen)
50%	grün/orangemaske (Weibchen)

grün/ino/orangemaske x grün/orangemaske:

6,25%	grün (Männchen)
12,5%	grün/orangemaske (Männchen)
6,25%	grün/ino (Männchen)
12,5%	grün/ino/orangemaske (Männchen)
6,25%	orangemaske grün (Männchen)
6,25%	orangemaske grün/ino (Männchen)
6,25%	grün (Weibchen)
12,5%	grün/orangemaske (Weibchen)
6,25%	orangemaske grün (Weibchen)
6,25%	lutino (Weibchen)
6,25%	lutino orangemaske (Weibchen)
12,5%	lutino/orangemaske (Weibchen)

grün/ino/orangemaske x orangemaske grün:

12,5%	grün/orangemaske (Männchen)
12,5%	grün/orangemaske/ino (Männchen)
12,5%	orangemaske grün(Männchen)
12,5%	orangemaske grün/ino (Männchen)
12,5%	grün/orangemaske (Weibchen)
12,5%	lutino/orangemaske (Weibchen)
12,5%	orangemaske grün (Weibchen)
12,5%	orangemaske lutino (Weibchen)

grün/ino/orangemaske x orangemaske lutino:

12,5%	grün/orangemaske/ino (Männchen)
12,5%	orangemaske grün/ino (Männchen)
12,5%	lutino/orangemaske (Männchen)
12,5%	orangemaske lutino (Männchen)
12,5%	grün/orangemaske (Weibchen)
12,5%	orangemaske grün (Weibchen)
12,5%	lutino/orangemaske (Weibchen)
12,5%	orangemaske lutino (Weibchen)

orangemaske grün/ino x orangemaske lutino:

25%	orangemaske grün/ino (Männchen)
25%	orangemaske lutino (Männchen)
25%	orangemaske grün (Weibchen)
25%	orangemaske lutino (Weibchen)

orangemaske lutino x grün:

50%	grün/orangemaske/ino (Männchen)
50%	lutino/orangemaske (Weibchen)

Kombinationen mit pale headed (Pale-headed-Lutino)

Genetische Formeln:

bl^+_D^+/bl^+_D^+; Ph/Ph^+; Z ino/Z ino (Männchen EF pale headed lutino)
bl^+_D^+/bl^+_D^+; Ph/Ph^+; Z ino/W (Weibchen EF pale headed lutino)
bl^+_D^+/bl^+_D^+; Ph/Ph; Z ino/Z ino (Männchen DF pale headed lutino)
bl^+_D^+/bl^+_D^+; Ph/Ph; Z ino/W (Weibchen DF pale headed lutino)

EF pale headed grün x lutino:

25%	grün/ino (Männchen)
25%	EF pale headed grün/ino (Männchen)
25%	grün (Weibchen)
25%	EF pale headed grün (Weibchen)

DF pale headed grün x lutino:

50%	EF pale headed grün/ino (Männchen)
50%	EF pale headed grün (Weibchen)

lutino x EF pale headed grün:

25%	grün/ino (Männchen)
25%	EF pale headed grün/ino (Männchen)
25%	lutino (Weibchen)
25%	EF pale headed lutino (Weibchen)

lutino x DF pale headed grün:

50%	EF grün/ino (Männchen)
50%	EF pale headed lutino (Weibchen)

EF pale headed lutino x EF pale headed grün:

12,5%	grün/ino (Männchen)
25%	EF pale headed grün/ino (Männchen)
12,5%	DF pale headed grün/ino (Männchen)
12,5%	lutino (Weibchen)
25%	EF pale headed lutino (Weibchen)
12,5%	DF pale headed lutino (Weibchen)

DF pale headed lutino x EF pale headed grün:

25%	EF pale headed grün/ino (Männchen)
25%	DF pale headed grün/ino (Männchen)
25%	EF pale headed lutino (Weibchen)
25%	DF pale headed lutino (Weibchen)

Kombinationen mit aqua (Aqua-Ino)

Genetische Formeln:

bl^{aq}_D^+/bl^{aq}_D^+; Z ino/Z ino (Männchen)
bl^{aq}_D^+/bl^{aq}_D^+; Z ino/W (Weibchen)

Wenn man diesen Ino-Faktor mit aqua kombiniert, bekommt man Aqua-ino-Vögel (Pastell-Albino). Bei Aqua-Vögeln gibt es bereits eine Reduktion von etwa fünfzig Prozent des Psittacins. Der Ino-Faktor sorgt seinerseits dafür, dass das Eumelanin im Vogel farblos wird. Das schaltet die sichtbare Wirkung der Schwammzone aus und die einfallenden Lichtstrahlen dringen nicht mehr bis zum Kern der Feder vor. Was man dann sieht, ist das noch vorhandene Psittacin. Die Folge ist ein hellgelber Vogel mit einer hell aprikotfarbenen Maske (wie bei einem normalen Aqua-Vogel), blassen Füßen, hornfarbigen Krallen, einem weißen Bürzel und roten Augen: das Aqua-Ino-Rosenköpfchen.

lutino x aqua:

50%	grün/ino/aqua (Männchen)
50%	lutino/aqua (Weibchen)

aqua x lutino:

50%	grün/ino/aqua (Männchen)
50%	grün/aqua (Weibchen)

Rosenköpfchen, links aqua ino, rechts aqua

grün/ino/aqua x grün/aqua:

6,25%	grün (Männchen)
12,5%	grün/aqua (Männchen)
6,25%	grün/ino (Männchen)
12,5%	grün/ino/aqua
6,25%	aqua (Männchen)
6,25%	aqua/ino (Männchen)
6,25%	grün (Weibchen)
12,5%	grün/aqua (Weibchen)
6,25%	aqua (Weibchen)
6,25%	lutino (Weibchen)
6,25%	aqua ino (Weibchen)
12,5%	lutino/aqua (Weibchen)

grün/ino/ aqua x aqua:

12,5%	grün/ aqua (Männchen)
12,5%	aqua /ino (Männchen)
12,5%	aqua (Männchen)
12,5%	grün/ aqua /ino (Männchen)
12,5%	aqua (Weibchen)
12,5%	grün/ aqua (Weibchen)
12,5%	aqua ino (Weibchen)
12,5%	lutino/ aqua (Weibchen)

grün/ino/aqua x aqua ino:

12,5%	grün/aqua/ino (Männchen)
12,5%	aqua/ino (Männchen)

Geschlechtsgebundener Ino

Rosenköpfchen AquaTurquoise ino liegen zwischen Lutino und Aqua-Ino.

Rosenköpfchen türkis ino sind überwiegend weiß mit hellgelbem Anflug

12,5% lutino/aqua (Männchen)
12,5% aqua ino (Männchen)
12,5% grün/aqua (Weibchen)
12,5% aqua (Weibchen)
12,5% lutino/aqua (Weibchen)
12,5% aqua ino (Weibchen)

aqua/ino x aqua ino:
25% aqua/ino (Männchen)
25% aqua ino (Männchen)
25% aqua (Weibchen)
25% aqua ino (Weibchen)

aqua ino x grün:
50% grün/aqua/ino (Männchen)
50% lutino/aqua (Weibchen)

Kombinationen mit türkis (Türkis-Ino)

Genetische Formeln:

$bl^{tq}\_D^{+}/bl^{tq}\_D^{+}$; Z ino/Z ino (Männchen)
$bl^{tq}\_D^{+}/bl^{tq}\_D^{+}$; Z ino/W (Weibchen)

Wenn man türkis mit ino kombiniert, bekommt man schließlich türkis ino. Türkis verursacht eine Reduktion von ungefähr neunzig Prozent des vorhandenen Psittacins am Körper. Auf den Flügeldecken ist die Abnahme nur sechzig Prozent, wodurch mehr gelber Farbstoff in den Flügeldecken vorhanden ist. Wenn man nun den Ino-Faktor ein- und dadurch auch den dunklen Farbstoff (Eumelanin) herauszüchtet, erhält man einen Ino türkis. Dieser ist am Körper fast ganz weiß mit einem hellen gelben Anflug. Die Flügeldecken sind etwas gelber, der Bürzel ist weiß, die Augen sind rot, die Füße blass und die Krallen hornfarbig gefärbt. Die Maske ist beinahe weiß mit einem hell rosafarbenen Schimmer auf der Stirn.

Einige Kombinationen:

lutino x türkis:
50% grün/ino/türkis (Männchen)
50% lutino/türkis (Weibchen)

türkis x lutino:
50% grün/ino/türkis (Männchen)
50% grün/türkis (Weibchen)

grün/ino/türkis x grün/türkis:
6,25% grün (Männchen)
12,5% grün/türkis (Männchen)
6,25% grün/ino (Männchen)
12,5% grün/ino/türkis (Männchen)
6,25% türkis (Männchen)
6,25% türkis/ino (Männchen)
6,25% grün (Weibchen)
12,5% grün/türkis (Weibchen)
6,25% türkis (Weibchen)
6,25% lutino (Weibchen)
6,25% türkis ino (Weibchen)
12,5% lutino/türkis (Weibchen)

grün/ino/türkis x türkis:
12,5% grün/türkis (Männchen)
12,5% türkis/ino (Männchen)
12,5% türkis (Männchen)
12,5% grün/türkis /ino (Männchen)
12,5% türkis (Weibchen)
12,5% grün/türkis (Weibchen)
12,5% türkis ino (Weibchen)
12,5% lutino/türkis (Weibchen)

grün/ino/türkis x türkis ino:
12,5% grün/ türkis/ino (Männchen)
12,5% türkis/ino (Männchen)
12,5% lutino/türkis (Männchen)
12,5% türkis ino (Männchen)
12,5% grün/türkis (Weibchen)
12,5% türkis (Weibchen)
12,5% lutino/türkis (Weibchen)
12,5% türkis ino (Weibchen)

türkis/ino x türkis ino:
25% türkis/ino (Männchen)
25% türkis ino (Männchen)
25% türkis (Weibchen)
25% türkis ino (Weibchen)
türkis ino x grün:
50% grün/türkis/ino (Männchen)
50% lutino/türkis (Weibchen)

Weil aqua und türkis Allele voneinander sind, ergeben Kombinationen dieser Mutanten AquaTürkis-Vögel, eine Zwischenform. Das ist auch der Fall, wenn man türkis ino x aqua ino kreuzt, was nur AquaTürkis Ino-Junge ergibt. Diese sind nicht so gelb in der Farbe wie der normale Lutino, aber bedeutend gelber als ein Aqua-Ino. Sie sind zu erkennen an der Kombination der gelben Körper- und der typischen Maskenfarbe, die mehr der Maske eines türkis-Vogels gleicht. Diese Vögel wurden früher auch meergrün ino genannt.

Kombinationen mit opalin (Opalin-Ino)

Genetische Formeln:

$bl^+\_D^+/bl^+\_D^+$; Z op_ ino/Z op_ino (Männchen)
$bl^+\_D^+/bl^+\_D^+$; Z op_ ino/W (Weibchen)

Kombinationen von SL-Ino und opalin sind nicht so selbstverständlich, wie es auf den ersten Blick erscheinen mag. Man darf nicht vergessen, dass beide Mutationen auf demselben (Z) Chromosom liegen. Dadurch ist ein Crossing-over nötig, um beide Mutationen zusammen auf ein Chromosom zu bekommen. Der Prozentsatz an Crossing-over zwischen opalin und SL-Ino ist wahrscheinlich dreißig Prozent. Dieser Prozentsatz ist recht hoch, und das bedeutet, dass beide Gene auf dem Z-Chromosom weit auseinander liegen. Um anzugeben, dass man in diesem Fall nicht von einer eigenständigen Mutation spricht, sondern von einer durch Crossing-over entstandenen Kombination, werden nach den allgemeinen Regeln die beiden Mutationen mit Bindestrich geschrieben (wie im Wort Crossing-over). In diesem Fall ist die Schreibweise also „opalin-ino“ oder „opalin-lutino“.

Die oben genannte Mutations-Kombination wird manchmal auch Rubino genannt. Aber nach den internationalen Vereinbarungen werden nun keine eigenständigen Namen mehr für diese Mutationen-Kombinationen vergeben. Vorsicht: Es kann auch umgekehrtes Crossing-over stattfinden: Bei einem Vogel, der spalterbig in opalin-ino ist, kann erneut ein Bruch auf dem betreffenden Chromosom entstehen, wodurch die beiden Mutationen auf dem Chromosom wieder getrennt werden (siehe auch Kapitel „Genetik“).

Hier folgen einige mögliche Kombinationen (die Männchen werden in den Paarungen als erste genannt; bei den Berechnungen wurden mögliche Crossing-overs berücksichtigt):

opalin grün x lutino:

50%	grün/opalin/ino (Männchen)
50%	opalin grün (Weibchen)

grün/opalin/ino x opalin grün:

7,5%	grün/opalin (Männchen)
17,5%	grün/opalin/ino (Männchen)
17,5%	opalin grün (Männchen)
7,5%	opalin grün/ino (Männchen)
7,5%	grün (Weibchen)
17,5%	lutino (Weibchen)
17,5%	opalin grün (Weibchen)
7,5%	opalin-ino (Weibchen)

grün/opalin/ino x lutino:

7,5%	grün/ino (Männchen)
17,5%	grün/opalin/ino (Männchen)
17,5%	lutino (Männchen)
7,5%	lutino/opalin (Männchen)
7,5%	grün (Weibchen)
17,5%	lutino (Weibchen)
17,5%	opalin grün (Weibchen)
7,5%	opalin-ino (Weibchen)

grün/opalin/ino x opalin-ino:

7,5%	grün/opalin-ino (Männchen)
17,5%	opalin grün/ino (Männchen)
17,5%	lutino/opalin (Männchen)
7,5%	opalin-ino (Männchen)
7,5%	grün (Weibchen)
17,5%	lutino (Weibchen)
17,5%	opalin grün (Weibchen)
7,5%	opalin-ino (Weibchen)

Rosenköpfchen opalin-ino – diese Vögel wurden früher Rubino genannt

opalin-ino x grün:

17,5%	grün /ino (Männchen)
7,5 %	grün (Männchen)
17,5%	grün /opalin (Männchen)
7,5%	grün /opalin-ino (Männchen)
7,5%	opalin ino (Weibchen)
17,5%	lutino (Weibchen)
7,5%	grün (Weibchen)
17,5%	grün opalin (Weibchen)

grün/opalin-ino x grün:

17,5%	grün (Männchen)
7,5%	grün/ino (Männchen)
7,5%	grün/opalin (Männchen)
17,5%	grün/opalin-ino (Männchen)
17,5%	grün (Weibchen)
7,5%	lutino (Weibchen)
7,5%	opalin grün (Weibchen)
17,5%	opalin-ino (Weibchen)

opalin-ino x opalin-ino:

50%	opalin-ino (Männchen)
50%	opalin-ino (Weibchen)

SL Parino (Pallid)

Pallid ist eine geschlechtsgebunden rezessive Mutation, die bis jetzt nur beim Rosenköpfchen vorkommt. Pallid ist ein Allel des SL-Ino-Locus und hat das Symbol $Z\ ino^{pd}$ bekommen. Die Vögel werden mit roten Augen geboren, die nach rund acht Tagen dunkel werden (wie bei zimt). Pallid sorgt für eine Reduktion von ungefähr 50 Prozent des Eumelanins in den Federn, wodurch ein sehr hell gefärbter, hellgrüner Vogel mit hellgrauen Schwungfedern entsteht. Der Bürzel wird teilweise blasser und hell himmelblau. Die Füße sind fleischfarben, die Zehen hornfarben, und die Maske bleibt bei dieser Mutation in Form und Farbe unverändert.

Die ersten Pallid-Rosenköpfchen schlüpften in einer Kolonie von Rosenköpfchen der Wildform in den siebziger Jahren in Australien in den Volieren von Frau Stoney. Kurz danach wurde die Züchterin krank und verkaufte alle Vögel an Stan Sindel. Er war es, der diese Mutation weiter entwickelte.

Wenn man pallid x SL ino kombiniert, bekommt man – wie bei den anderen Allelomorphen – eine Zwischenfarbe. Das beweist, dass pallid ein Allel von SL ino ist. Die Kombination dieser zwei Mutationen wird „PallidIno" genannt. Da diese Mutation auf dem Z-Chromosom liegt, können es nur Männchen sein. Diese sind deutlich blasser gefärbt als normale Pallid-Vögel und haben viel blassere Schwungfedern. Diese Männchen sind dann sowohl pallid als auch ino.

Die Weibchen sind entweder pallid oder ino, da sie nur e i n Z-Chromosom haben. Wenn man solche PallidIno-Männchen mit einem grünen Weibchen verpaart, können daraus Pallid-Weibchen, Ino-Weibchen, grün/ino-Männchen und grün/pallid-Männchen entstehen. Für den normalen Liebhaber kann das für einige Verwirrung sorgen. Angemerkt werden muss, dass die PallidIno-Männchen für Ausstellungen nicht geeignet sind.

Pallid hat beinahe überall auf der Welt einen anderen Namen bekommen. Die bekanntesten Bezeichnungen waren „australisch zimt" und „isabell". Beide Bezeichnungen waren für diese Mutation eigentlich nicht geeignet. Als die Mutation entstand, war auffällig, dass die Jungen mit roten Augen geboren wurden, die nach etwa acht Tagen doch wieder die normale Farbe annahmen. Da das Phänomen auch von Zimt-Vögeln bekannt war und diese Mutation auch geschlechtsgebunden vererbte, war der Name „australisch zimt" schnell geboren. Man muss anmerken, dass die Tatsache, dass diese Jungen mit roten Augen geboren werden, nicht nur für zimt typisch ist. Denn auch bei Faded-Vögeln (die autosomal rezessiv vererben) und SL parino geschieht das. Außerdem ist Zimt eine SL-Mutation, bei der zimtbraune

Links: Rosenköpfchen pallid grün

Früher wurde diese Mutation auch „australisch zimt" oder „isabell" genannt.

Rosenköpfchen pallid D grün

Diese Mutation kann mit Dunkelfaktoren gut kombiniert werden

Rosenköpfchen zimt pallid

Die Schwungfedern der Vögel sind bräunlich und der Unterrücken ist mehr purpurfarben..

Eumelanin-Körner in den Federn gebildet werden, was bei Pallid nicht der Fall ist. Schließlich ist Zimt kein Allel von SL ino, diese Mutation dagegen schon. Sie sehen: drei gute Gründe, warum der Name „zimt" für diese Mutation ungeeignet war.

Nach dem Namen „australisch zimt" kam für diese Mutation der Name „isabell" auf. Isabell wird allerdings bei Kanarien bereits für die geschlechtsgebundene Kombination braun und achat verwendet. Bei Papageiartigen war das „zimt-pallid" (der Achat beim Kanarienvogel entspricht pallid beim Rosenköpfchen). Da hier eine Mutationen-Kombination einen eigenen Namen bekam, wurde zu Unrecht der Eindruck erweckt, es handele sich hier um eine eigenständige Mutation, was vermieden werden soll. Der Name „isabell" konnte für diese Mutation also nicht angewendet werden. Darum wurde in Absprache mit belgischen und niederländischen Vereinen beschlossen, „isabell" durch den internationalen Ausdruck „pallid" zu ersetzen.

Sporadisch tauchte ein Pallid mit ganz hellbraunen Schwungfedern auf. Das ist leicht zu erklären: Da man früher von „australisch zimt" sprach, wurden diese Vögel vielfach mit normalen Zimtern kombiniert. Hierbei gibt es eine Wahrscheinlichkeit von drei Prozent auf ein Crossing-over zwischen Pallid und Zimt. Diese Zimt-pallids sind blass pallidartig gefärbt und haben hellbraune Schwungfedern. Der ursprüngliche Pallid hat jedoch deutlich hellgraue Schwungfedern.

Pallid kann kombiniert werden mit Dunkelfaktoren, Orangemaske, pale headed, türkis, aqua und opalin. Es hat keinen Zweck, pallid mit zimt, gescheckt, fallow oder anderen Eumelanin-Mutationen zu kombinieren, da die Erkennbarkeit dieser Mutanten dadurch gefährdet wird. Kombinationen mit Lutino sind ebenfalls nicht empfehlenswert, da sie Allele voneinander sind.

In seiner Grundform heißt diese Farbe „pallid grün", bei Vorhandensein von einem Dunkelfaktor spricht man von „pallid D grün" und bei zwei Dunkelfaktoren von „pallid DD grün". Beim Vorhandensein von Orangemaske spricht man von „Orangemaske pallid grün", „Orangemaske pallid D grün" und „Orangemaske pallid DD grün". In Kombination mit aqua sind die Namen „pallid aqua", „pallid D aqua" und „pallid DD aqua". In Kombination mit türkis heißen sie „pallid türkis", „pallid D türkis" und „pallid DD türkis".

Genetische Formeln:

$bl^{+}\_D^{+}/bl^{+}\_D^{+}; Z\ ino^{pd}/Z\ ino^{pd}$ (Männchen)
$bl^{+}\_D^{+}/bl^{+}\_D^{+}; Z\ ino^{pd}/W$ (Weibchen)

Pallid ist in der Zucht sicherlich unproblematisch, und es scheinen sehr vitale Vögel zu sein. Nachfolgend einige Zuchtergebnisse, wobei die Männchen zuerst genannt werden:

pallid grün x grün:
- 50% grün/pallid (Männchen)
- 50% pallid grün(Weibchen)

grün x pallid grün:
- 50% grün/pallid (Männchen)
- 50% grün (Weibchen)

grün/pallid x grün:
- 25% grün/pallid (Männchen)
- 25% grün (Männchen)
- 25% pallid grün (Weibchen)
- 25% grün (Weibchen)

grün/pallid x pallid:
- 25% pallid grün (Männchen)
- 25% grün/pallid (Männchen)
- 25% pallid grün (Weibchen)
- 25% grün (Weibchen)

pallid grün x pallid grün:
- 100% pallid grün (Männchen und Weibchen)

Die Kombination Männchen pallid grün x grünes Weibchen ist sehr interessant, zumal man bei dieser Kreuzung schon im Nest das Geschlecht der Jungen unterscheiden kann. Die Weibchen sind alle pallid grün und die grünen Vögel sind garantiert Männchen, spalterbig in pallid.

Kombinationen mit Dunkelfaktoren

Genetische Formeln:

$bl^+\_D^+/bl^+\_D$; Z ino^{pd}/Z ino^{pd} (Männchen D grün)
$bl^+\_D^+/bl^+\_D$; Z ino^{pd} /W (Weibchen D grün)
bl^+_D/bl^+_D; Z ino^{pd} /Z ino^{pd} (Männchen DD grün)
bl^+_D/bl^+_D; Z ino^{pd} /W (Weibchen DD grün)

pallid x D grün:
- 25% grün/pallid (Männchen)
- 25% D grün/pallid (Männchen)
- 25% pallid grün (Weibchen)
- 25% pallid D grün (Weibchen)

D grün/pallid x pallid D grün:
- 6,25% grün/pallid (Männchen)
- 12,5% D grün/pallid (Männchen)
- 6,25% DD grün/pallid (Männchen)
- 6,25% pallid grün (Männchen)
- 12,5% pallid D grün (Männchen)
- 6,25% pallid DD grün (Männchen)
- 6,25% grün (Weibchen)
- 12,5% D grün (Weibchen)
- 6,25% DD grün (Weibchen)
- 6,25% pallid grün (Weibchen)
- 12,5% pallid D grün (Weibchen)
- 6,25% pallid DD grün (Weibchen)

pallid D grün x pallid D grün:
- 25% pallid grün (Männchen und Weibchen)
- 50% pallid D grün (Männchen und Weibchen)
- 25% pallid DD grün (Männchen und Weibchen)

pallid D grün x pallid DD grün:
- 50% pallid D grün (Männchen und Weibchen)
- 50% pallid DD grün (Männchen und Weibchen)

Kombinationen mit Orangemaske (orangemask pallid)

Genetische Formeln:

$bl^+\_D^+/bl^+\_D^+$; of/of; Z ino^{pd}/Z ino^{pd} (Männchen)
$bl^+\_D^+/bl^+\_D^+$; of/of; Z ino^{pd}/W (Weibchen)

pallid grün x orangemaske grün:
- 50% grün/pallid/orangemaske (Männchen)
- 50% pallid grün/orangemaske (Weibchen)

orangemaske grün x pallid grün:
- 50% grün/pallid/orangemaske (Männchen)
- 50% grün/orangemaske (Weibchen)

Rosenköpfchen mit der Kombination Orangemaske opalin pallid grün

grün/pallid/orangemaske x grün/orangemaske:
- 6,25% grün (Männchen)
- 12,5% grün/orangemaske (Männchen)
- 6,25% grün/pallid (Männchen)
- 12,5% grün/pallid/orangemaske (Männchen)
- 6,25% orangemaske grün (Männchen)
- 6,25% orangemaske grün/pallid (Männchen)
- 6,25% grün (Weibchen)
- 12,5% grün/orangemaske (Weibchen)
- 6,25% orangemaske grün (Weibchen)
- 6,25% pallid grün (Weibchen)
- 6,25% pallid orangemaske grün (Weibchen)
- 12,5% pallid grün /orangemaske (Weibchen)

grün/pallid/orangemaske x orangemaske grün:

12,5% grün/orangemaske (Männchen)
12,5% grün/orangemaske/pallid (Männchen)
12,5% orangemaske grün (Männchen)
12,5% orangemaske grün/pallid (Männchen)
12,5% grün/orangemaske (Weibchen)
12,5% pallid grün/orangemaske (Weibchen)
12,5% orangemaske grün (Weibchen)
12,5% orangemaske pallid grün (Weibchen)

grün/pallid/orangemaske x orangemaske pallid grün:

12,5% grün/orangemaske/pallid (Männchen)
12,5% orangemaske grün/pallid (Männchen)
12,5% pallid grün/orangemaske (Männchen)
12,5% orangemaske pallid grün (Männchen)
12,5% grün/orangemaske (Weibchen)
12,5% orangemaske grün (Weibchen)
12,5% pallid grün/orangemaske (Weibchen)
12,5% orangemaske pallid grün (Weibchen)

orangemaske grün/pallid x orangemaske pallid grün:

25% orangemaske grün/pallid (Männchen)
25% orangemaske pallid grün (Männchen)
25% orangemaske grün (Weibchen)
25% orangemaske pallid grün (Weibchen)

orangemaske pallid grün x grün:

50% grün/orangemaske/pallid (Männchen)
50% pallid grün/orangemaske (Weibchen)

Kombinationen mit pale headed (pale headed pallid)

Genetische Formeln:

$bl^+\_D^+/bl^+\_D^+; Ph/Ph^+; Z\ ino^{pd}/Z\ ino^{pd}$ (Männchen EF pale headed pallid grün)
$bl^+\_D^+/bl^+\_D^+; Ph/Ph^+; Z\ ino^{pd}/W$ (Weibchen EF pale headed pallid grün)
$bl^+\_D^+/bl^+\_D^+; Ph/Ph; Z\ ino^{pd}/Z\ ino^{pd}$ (Männchen DF pale headed pallid grün)
$bl^+\_D^+/bl^+\_D^+; Ph/Ph; Z\ ino^{pd}/W$ (Weibchen DF pale headed pallid grün)

EF pale headed grün x pallid grün:

25% grün/pallid (Männchen)
25% EF pale headed grün/pallid (Männchen)
25% grün (Weibchen)
25% EF pale headed grün (Weibchen)

DF pale headed grün x pallid grün:

50% EF pale headed grün/pallid (Männchen)
50% EF pale headed grün (Weibchen)

pallid grün x EF pale headed grün:

25% grün/pallid (Männchen)
25% EF pale headed grün/pallid (Männchen)
25% pallid (Weibchen)
25% EF pale headed pallid grün (Weibchen)

pallid grün x DF pale headed grün:

50% EF grün/pallid (Männchen)
50% EF pale headed pallid grün (Weibchen)

EF pale headed pallid grün x EF pale headed grün:

12,5% grün/pallid (Männchen)
25% EF pale headed grün/pallid (Männchen)
12,5% DF pale headed grün/pallid (Männchen)
12,5% pallid grün (Weibchen)
25% EF pale headed pallid grün (Weibchen)
12,5% DF pale headed pallid grün (Weibchen)

DF pale headed pallid grün x EF pale headed grün:

25% EF pale headed grün/pallid (Männchen)
25% DF pale headed grün/pallid (Männchen)
25% EF pale headed pallid grün (Weibchen)
25% DF pale headed pallid grün (Weibchen)

Kombinationen mit aqua (pallid aqua)

Genetische Formeln:

$bl^{aq}\_D^+/bl^{aq}\_D^+; Z\ ino^{pd}/Z\ ino^{pd}$ (Männchen)
$bl^{aq}\_D^+/bl^{aq}\_D^+; Z\ ino^{pd}/W$ (Weibchen)

pallid grün x aqua:

50% grün/pallid/aqua (Männchen)
50% pallid grün/aqua (Weibchen)

aqua x pallid grün:

50% grün/pallid/aqua (Männchen)
50% grün/aqua (Weibchen)

grün/pallid/aqua x grün/aqua:

6,25% grün (Männchen)
12,5% grün/aqua (Männchen)
6,25% grün/pallid (Männchen)
12,5% grün/pallid/aqua (Männchen)
6,25% aqua (Männchen)
6,25% aqua/pallid (Männchen)
6,25% grün (Weibchen)
12,5% grün/aqua (Weibchen)
6,25% aqua (Weibchen)
6,25% pallid aqua (Weibchen)
6,25% pallid grün (Weibchen)
12,5% pallid grün /aqua (Weibchen)

grün/pallid/aqua x aqua:
12,5% grün/aqua (Männchen)
12,5% aqua/pallid (Männchen)
12,5% aqua (Männchen)
12,5% grün/aqua/pallid (Männchen)
12,5% aqua (Weibchen)
12,5% grün/aqua (Weibchen)
12,5% pallid aqua (Weibchen)
12,5% pallid grün/aqua (Weibchen)

grün/pallid/aqua x aqua pallid:
12,5% grün/aqua/pallid (Männchen)
12,5% aqua/pallid (Männchen)
12,5% pallid grün/aqua (Männchen)
12,5% pallid aqua (Männchen)
12,5% grün/aqua (Weibchen)
12,5% aqua (Weibchen)
12,5% pallid grün/aqua (Weibchen)
12,5% pallid aqua (Weibchen)

aqua/pallid x aqua pallid:
25% aqua/pallid (Männchen)
25% pallid aqua (Männchen)
25% aqua (Weibchen)
25% pallid aqua (Weibchen)

pallid aqua x grün:
50% grün/aqua/pallid (Männchen)
50% pallid grün/aqua (Weibchen)

Kombination mit türkis (pallid türkis)

Genetische Formeln:

$bl^{tq}\_D^{+}/bl^{tq}\_D^{+}$; Z ino^{pd}/Z ino^{pd} (Männchen)
$bl^{tq}\_D^{+}/bl^{tq}\_D^{+}$; Z ino^{pd}/W (Weibchen)

Einige Kombinationen:

pallid grün x türkis:
50% grün/pallid/türkis (Männchen)
50% pallid grün/türkis (Weibchen)

türkis x pallid grün:
50% grün/pallid/türkis (Männchen)
50% grün/türkis (Weibchen)

grün/pallid/türkis x grün/türkis:
6,25% grün (Männchen)
12,5% grün/türkis (Männchen)
6,25% grün/pallid (Männchen)
12,5% grün/pallid/türkis (Männchen)
6,25% türkis (Männchen)
6,25% türkis/pallid (Männchen)
6,25% grün (Weibchen)
12,5% grün/türkis (Weibchen)
6,25% türkis (Weibchen)
6,25% pallid grün (Weibchen)
6,25% pallid türkis (Weibchen)
12,5% pallid grün/türkis (Weibchen)

grün/pallid/türkis x türkis:
12,5% grün/türkis (Männchen)
12,5% türkis/pallid (Männchen)
12,5% türkis (Männchen)
12,5% grün/türkis/pallid (Männchen)
12,5% türkis (Weibchen)
12,5% grün/türkis (Weibchen)
12,5% pallid türkis (Weibchen)
12,5% pallid grün/türkis (Weibchen)

grün/pallid/türkis x pallid türkis:
12,5% grün/türkis/pallid (Männchen)
12,5% türkis/pallid (Männchen)
12,5% pallid grün/türkis (Männchen)
12,5% pallid türkis (Männchen)
12,5% grün/türkis (Weibchen)
12,5% türkis (Weibchen)
12,5% pallid grün/türkis (Weibchen)
12,5% pallid türkis (Weibchen)

türkis/pallid x pallid türkis:
25% türkis/pallid (Männchen)
25% pallid türkis (Männchen)
25% türkis (Weibchen)
25% pallid türkis (Weibchen)

pallid türkis x grün:
50% grün/türkis/pallid (Männchen)
50% pallid grün/türkis (Weibchen)

Rosenköpfchen pallid aqua

Kombination mit opalin (opalin-pallid)

Genetische Formeln:

$bl^{+}\_D^{+}/bl^{+}\_D^{+}$; Z op_ ino^{pd}/ Z op_ino^{pd} (Männchen)
$bl^{+}\_D^{+}/bl^{+}\_D^{+}$; Z op_ ino^{pd}/W (Weibchen)

Pallid und opalin liegen auf demselben (Z) Chromosom. Um beide Mutationen auf ein Chromosom zu bekommen, ist auch hier ein Crossing-over nötig. Der Prozentsatz an Crossing-over zwischen opalin und pallid ist wahrscheinlich dreißig Prozent, weil pallid ein Allel von SL-Ino ist. Natürlich besteht auch hier die Möglichkeit einer Rückkopplung (sprich: Das Crossing-over wird rückgängig gemacht).

Hier folgen einige mögliche Kombinationen. Auch hier werden die Männchen in den Paarungen zuerst

Rosenköpfchen opalin-pallid D grün

genannt. In den Berechnungen wurden mögliche Crossing-overs berücksichtigt.

opalin grün x pallid grün:

50%	grün/opalin/pallid (Männchen)
50%	opalin grün (Weibchen)

grün/opalin/pallid x opalin grün:

7,5%	grün/opalin (Männchen)
17,5%	grün/opalin/pallid (Männchen)
17,5%	opalin grün (Männchen)
7,5%	opalin grün/pallid (Männchen)
7,5%	grün (Weibchen)
17,5%	pallid grün (Weibchen)
17,5%	opalin grün (Weibchen)
7,5%	opalin-pallid grün (Weibchen)

grün/opalin/pallid x pallid grün:

7,5%	grün/pallid (Männchen)
17,5%	grün/opalin/pallid (Männchen)
17,5%	pallid grün (Männchen)
7,5%	pallid grün/opalin (Männchen)
7,5%	grün (Weibchen)
17,5%	pallid grün (Weibchen)
17,5%	opalin grün (Weibchen)
7,5%	opalin-pallid grün (Weibchen)

grün/opalin/pallid x opalin-pallid grün:

7,5%	grün/opalin-pallid (Männchen)
17,5%	pallid grün/opalin (Männchen)
17,5%	opalin grün/pallid (Männchen)
7,5%	opalin-pallid grün (Männchen)
7,5%	grün (Weibchen)
17,5%	pallid grün (Weibchen)
17,5%	opalin grün (Weibchen)
7,5%	opalin-pallid grün (Weibchen)

opalin-pallid x grün:

17,5%	grün/pallid (Männchen)
7,5 %	grün (Männchen)
17,5%	grün/opalin (Männchen)
7,5%	grün/opalin-pallid (Männchen)
7,5%	opalin-pallid (Weibchen)
17,5%	pallid (Weibchen)
7,5%	grün (Weibchen)
17,5%	opalin grün (Weibchen)

grün/opalin-pallid x grün:

17,5%	grün (Männchen)
7,5%	grün/pallid (Männchen)
7,5%	grün/opalin (Männchen)
17,5%	grün/opalin-pallid (Männchen)
17,5%	grün (Weibchen)
7,5%	pallid grün (Weibchen)
7,5%	opalin grün (Weibchen)
17,5%	opalin-pallid grün (Weibchen)

opalin-pallid grün x opalin-pallid grün:

50%	opalin-pallid grün (Männchen)
50%	opalin-pallid grün (Weibchen)

„pallid"-Grauköpfchen?

Im Jahr 2003 schaffte sich der belgische Züchter Georges Vangronsveld aus Madagaskar importierte Bangs-Grauköpfchen (*Agapornis canus ablectaneus*) an. Es dauerte einige Zeit, bis die Vögel akklimatisiert und einige Paare ausgewählt waren. Ein Paar brütete, und aus dem ersten Gelege wurden vier Weibchen und ein Männchen aufgezogen. Zwei der Weibchen waren viel blasser, und Georges dachte, dass dies nach der Jugendmauser verschwinden würde. Aber als einige Monate später in einem folgenden Gelege wieder drei heller gefärbte Weibchen schlüpften und die Weibchen der ersten Brut immer noch dieselbe abweichende Färbung hatten, war ihm klar, dass da etwas anderes vorliegen musste. Er konsultierte andere Züchter, aber niemand konnte etwas Endgültiges sagen. In einem dritten Nest schlüpften vier Weibchen, zwei von ihnen mit blasserer Färbung.

Zwei dieser anders gefärbten Weibchen wurden mit nichtverwandten Männchen verpaart, wovon ein Paar ein normal gefärbtes Wildform-Männchen aufzog. Anhand dieser Zuchtergebnisse können wir schon einige Schlussfolgerungen ziehen:

Erste Paarung: Männchen „Wildform" x Weibchen „Wildform":

- 2 Weibchen mit Faktor X
- 2 Weibchen normal gefärbt
- 1 Männchen normal gefärbt

Eine dominante Mutation kann hier ausgeschlossen werden, da keiner der beiden Eltern den Faktor äußerlich sichtbar aufweist. Man kann zwar argumentieren, dass dieser Faktor spontan entstanden sei, aber dann ist die Wahrscheinlichkeit, dass gleich mehrere Jungen mit dieser „Abweichung" in einem Nest erscheinen, extrem klein.

Zweite Paarung mit denselben Elternvögeln:

- 3 Weibchen mit Faktor X
- 1 Männchen normal gefärbt

Dritte Paarung mit denselben Elternvögeln:

- 2 Weibchen normal gefärbt
- 2 Weibchen mit Faktor X

Wenn man diese ersten Paarungen berücksichtigt, kann man zwei Wege verfolgen: Zunächst könnte die Mutation autosomal rezessiv sein, und beide Eltern wären dann spalterbig in diesem Faktor. – Das ist eventuell möglich, da beide Vögel ja Importe waren und in derselben Umgebung gefangen wurden. – Oder es könnte eine geschlechtsgebundene (SL) Mutation vorliegen. Das würde bedeuten, dass nur die Männchen „spalterbig" in dieser Mutation sein können und die Jungen mit derselben Abweichung nur Weibchen sein können (Männchen spalterbig in einer SL-Mutation ergibt ja 25 % Männchen „spalterbig", 25 % Männchen „nicht spalterbig", 25 % Weibchen normal gefärbt und 25 % Weibchen Mutation).

Als letztes wird die Paarung Männchen „Wildform" x Weibchen mit Faktor X angewendet:

- 1 Junges - Männchen „Wildform"

All diese Brutergebnisse können sowohl auf eine autosomal rezessive wie auch auf eine SL rezessive Mutation hindeuten, obwohl die Wahrscheinlichkeit, dass es hier um eine SL-Mutation geht, recht groß ist. Dennoch können wir erst dann mit 100%iger Sicherheit von einer SL-Mutation ausgehen, wenn wir ein Männchen mit dem Faktor X mit einem unverwandten Weibchen der Wildform verpaaren und dann alle Weibchen aus dieser Kombination auch Mutanten wären. Bis dies erfolgt ist. werden wir wohl noch warten müssen, um die Art der Vererbung 100%ig bestimmen zu können.

Angesichts des Äußeren des Vogels und der vorläufigen Zuchtergebnisse vermute ich persönlich, dass die Vererbung SL rezessiv ist. Dann kann es sich nur um zimt oder pallid handeln. Aber da die Färbung der Schwungfedern nicht braun ist, sondern deutlich gräulich, denke ich eher an pallid. Pallids werden mit roten Augen geboren, die sich nach einigen Tagen wieder dunkler verfärben. Eine Nachfrage bei Georges ergab, dass ihm das nicht aufgefallen war. Aber er hatte auch aufgrund der Scheuheit dieser Importvögel die Nestkontrollen auf ein Minimum beschränkt.

Grauköpfchen-Weibchen – möglicherweise pallid

Diese Vögel tauchten zum ersten Mal im Jahr 2003 bei der Nachzucht von Vögeln aus einem Import auf. Alle so gefärbten Vögel waren Weibchen.

Ein abschließender Test, um nachzuweisen, dass diese Mutation pallid ist, wäre, wenn man die Vögel mit geschlechtsgebundenen Inos kombiniert. Wenn wir diese Kombination von einem pallid mit einem SL-Ino vornehmen, bekommen wir – wie bei anderen Allelomorphen – eine Zwischenfarbe der beiden Mutationen: den PallidIno. Da diese Mutation auf dem Z-Chromosom liegt, können das nur Männchen sein. Diese sind deutlich blasser gefärbt als normale Pallids und haben viel blassere Schwungfedern. Diese Männchen sind dann sowohl pallid als auch Ino. Die Weibchen können nur pallid oder Ino sein, weil sie nur ein Z-Chromosom haben. – Aber das ist so nicht zu klären, da diese oben abgebildete Mutation die einzige ist, die wir bei Grauköpfchen vorfinden.

Vor ein paar Jahren bekam ich von einem italienischen Züchter Fotos von Grauköpfchen zugeschickt, die diesen „pallid"-Vögeln sehr ähnlich sahen. Auch hier sind mehr Tests nötig, um zu beweisen, dass es wirklich um „pallid" geht.

Cinnamon (Zimt)

Zimt ist eine geschlechtsgebunden rezessive Mutation, bei der im Gegensatz zur Wildform kein schwarzes, sondern zimt-braunes Eumelanin gebildet wird. Während der Bildung des Eumelanins fällt der letzte Schritt des Prozesses weg. Dadurch bekommt der Vogel ein „unvollständig bearbeitetes" braunes Eumelanin-Korn.

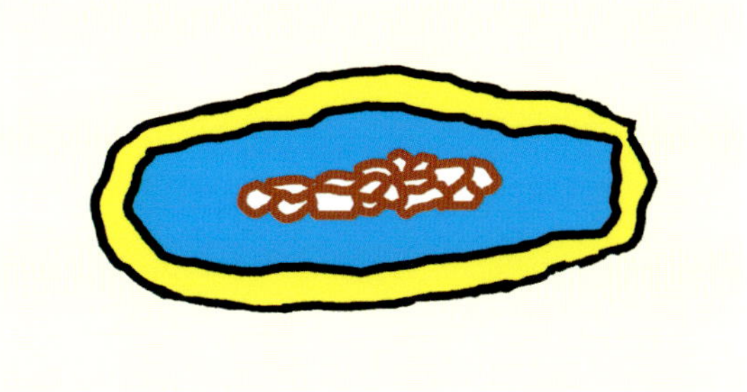

Querschnitt einer Zimt-Feder

Bei der Bildung des Eumelanins entfällt der letzte Schritt, sodass braunes statt schwarzes Eumelanin gebildet wird.

Die ersten Nachrichten über die Zimt-Mutation bei Papageien stammen von Wellensittichen aus dem Jahr 1931. Bei Agaporniden kommt diese Mutation bis jetzt nur beim Rosenköpfchen vor. Es ist denkbar, dass sie irgendwann auch bei einer anderen Agaporniden-Art auftritt. Zimt-Vögel werden mit roten Augen geboren, die sich nach einigen Tagen normal dunkel verfärben. Da das Eumelanin in der Medulla braun ist, entsteht weniger Absorption in den Federn, und das Endergebnis ist eine lorbeerähnliche grüne Farbe. Die Schwungfedern sind bei dieser Mutation völlig braun gefärbt, auch die Füße und Krallen haben einen deutlichen braunen Schimmer.

Genetisch betrachtet unterstellt man, dass zimt durch eine Mutation des TRP1-Gens verursacht wird (Tyrosinase Related Protein wird benötigt, um das Eumelanin schwarz zu färben).

Eigentlich ist zimt eine „einfache Mutation", aber es gibt eine Reihe von Missverständnissen, und bestimmte Phänotypen werden zu Unrecht als zimt angesehen. Für viele Züchter scheinen verschiedene Mutationen eine bräunliche Farbe auf den Schwungfedern zu zeigen. Das ist jedoch kein hinreichender Grund, um diese als zimt zu bezeichnen. Man muss sich außerdem bewusst sein, dass die Tatsache, dass ein Vogel mit roten Augen geboren wird, die später wieder dunkler werden, nicht in jedem Fall ein Hinweis darauf ist, dass es zimt ist. Es gibt mehrere Mutationen, die dieses Muster aufweisen. Als Einziges sagt es lediglich aus, dass eine Mutationsform des „Albinismus" vorliegt. Die Voraussetzungen, um eine Mutation „zimt" zu nennen, sind einfach:

- Die Mutation muss SL rezessiv vererben.
- Das gebildete Eumelanin muss braun sein.
- Soweit wir wissen, ist kein einziges anderes Allel des Zimt-Gens bekannt.

Ein anderes häufig vorkommendes Missverständnis ist, dass bei zimt braunes Phaeomelanin in den Federn zu finden ist. Das trifft jedoch nicht zu: Phaeomelanin finden wir nur bei Finkenvögeln. Bei den Psittaciformes (Papageiartigen) ist bei der Zimt-Mutante nur braunes Eumelanin zu finden. Nicht mehr und nicht weniger. Man darf auch nicht behaupten, das schwarze Eumelanin sei braun geworden, denn der Tyrosinase-Prozess ist hier ja nicht abgeschlossen.

Die ersten Zimt-Rosenköpfchen wurden wahrscheinlich in den siebziger Jahren in Amerika geboren. Dieser Tatsache verdankte diese Mutation ihren früheren Namen beim Rosenköpfchen: „amerikanisch zimt". Aber da es natürlich nur eine echte Zimt-Mutation gibt, spricht man allgemein einfach von „zimt".

Genetische Formeln:

$bl^+\_D^+ / bl^+\_D^+$; *Z cin / Z cin* (Männchen)
$bl^+\_D^+ / bl^+\_D+$; *Z cin / W* (Weibchen)

Links: Rosenköpfchen zimt grün

Diese Mutation vererbt geschlechtsgebunden rezessiv und verursacht eine braune Farbe der ursprünglich schwarzen Bereiche

Zimt

Rosenköpfchen DF pale-headed zimt

Zimt verursacht – wie alle anderen geschlechtsgebundenen Mutationen – überhaupt keine Zuchtprobleme. Es sind sehr vitale Vögel.

Einige Zuchtergebnisse, wobei die Männchen als erste angegeben werden:

zimt x grün:

50%	grün/zimt (Männchen)
50%	zimt grün (Weibchen)

grün x zimt:

50%	grün/zimt (Männchen)
50%	grün (Weibchen)

grün/zimt x grün:

25%	grün grün/zimt (Männchen)
25%	grün (Männchen)
25%	zimt grün (Weibchen)
25%	grün (Weibchen)

grün/zimt x zimt:

25%	zimt grün(Männchen)
25%	grün/zimt (Männchen)
25%	zimt grün (Weibchen)
25%	grün (Weibchen)

zimt grün x zimt grün:

100%	zimt grün (Männchen und Weibchen)

Kombinationen mit Dunkelfaktoren

Genetische Formeln:

$bl^{+}\_D^{+} / bl^{+}\_D$; *Z cin/Z cin* (Männchen D grün)
$bl^{+}\_D^{+} / bl^{+}\_D$; *Z cin/W* (Weibchen D grün)
bl^{+}_D / bl^{+}_D; *Z cin / Z cin* (Männchen DD grün)
bl^{+}_D / bl^{+}_D; *Z cin / W* (Weibchen DD grün)

zimt x D grün:

25%	grün/zimt (Männchen)
25%	D grün/zimt (Männchen)
25%	zimt grün (Weibchen)
25%	zimt D grün (Weibchen)

D grün/zimt x zimt D grün:

6,25%	grün/zimt (Männchen)
12,5%	D grün/zimt (Männchen)
6,25%	DD grün/zimt (Männchen)
6,25%	zimt grün (Männchen)
12,5%	zimt D grün (Männchen)
6,25%	zimt DD grün (Männchen)
6,25%	grün (Weibchen)
12,5%	D grün (Weibchen)
6,25%	DD grün(Weibchen)
6,25%	zimt grün (Weibchen)
12,5%	zimt D grün (Weibchen)
6,25%	zimt DD grün (Weibchen)

zimt D grün x zimt D grün:

25%	zimt grün (Männchen und Weibchen)
50%	zimt D grün (Männchen und Weibchen)
25%	zimt DD grün (Männchen und Weibchen)

zimt D grün x zimt DD grün:

50%	zimt D grün (Männchen und Weibchen)
50%	zimt DD grün (Männchen und Weibchen)

Kombinationen mit Orangemaske (Orangemaske zimt)

Genetische Formeln:

$bl^{+}\_D^{+} / bl^{+}\_D^{+}$; *of / of; Z cin/Z cin* (Männchen)
$bl^{+}\_D^{+} / bl^{+}\_D^{+}$; *of / of; Z cin/W* (Weibchen)

zimt grün x orangemaske grün:

50%	grün/zimt/orangemaske (Männchen)
50%	zimt grün/orangemaske (Weibchen)

orangemaske grün x zimt grün:

50%	grün/zimt/orangemaske (Männchen)
50%	grün/orangemaske (Weibchen)

grün/zimt/orangemaske x grün/orangemaske:

6,25%	grün (Männchen)
12,5%	grün/orangemaske (Männchen)
6,25%	grün/zimt (Männchen)
12,5%	grün/zimt/orangemaske (Männchen)
6,25%	orangemaske grün (Männchen)
6,25%	orangemaske grün/zimt (Männchen)
6,25%	grün (Weibchen)
12,5%	grün/orangemaske (Weibchen)
6,25%	orangemaske grün (Weibchen)
6,25%	zimt grün (Weibchen)
6,25%	zimt orangemaske grün (Weibchen)
12,5%	zimt grün /orangemaske (Weibchen)

grün/zimt/orangemaske x orangemaske grün:

12,5% grün/orangemaske (Männchen)
12,5% grün/orangemaske/zimt (Männchen)
12,5% orangemaske grün (Männchen)
12,5% orangemaske grün/zimt (Männchen)
12,5% grün/orangemaske (Weibchen)
12,5% zimt grün/orangemaske (Weibchen)
12,5% orangemaske grün (Weibchen)
12,5% orangemaske zimt grün (Weibchen)

grün/zimt/orangemaske x orangemaske zimt grün:

12,5% grün/orangemaske/zimt (Männchen)
12,5% orangemaske grün/zimt (Männchen)
12,5% zimt grün/orangemaske (Männchen)
12,5% orangemaske zimt grün (Männchen)
12,5% grün/orangemaske (Weibchen)
12,5% orangemaske grün (Weibchen)
12,5% zimt grün/orangemaske (Weibchen)
12,5% orangemaske zimt grün (Weibchen)

orangemaske grün/zimt x orangemaske zimt grün:

25% orangemaske grün/zimt (Männchen)
25% orangemaske zimt grün (Männchen)
25% orangemaske grün (Weibchen)
25% orangemaske zimt grün (Weibchen)

orangemaske zimt grün x grün:

50% grün/orangemaske/zimt (Männchen)
50% zimt grün/orangemaske (Weibchen)

Kombinationen mit pale headed (pale headed zimt)

Genetische Formeln:

$bl^{+}\_D^{+} / bl^{+}\_D^{+}; Ph / Ph^{+}; Z\ cin / Z\ cin$ (Männchen EF pale headed zimt grün)
$bl^{+}\_D^{+} / bl^{+}\_D^{+}; Ph / Ph^{+}; Z\ cin / W$ (Weibchen EF pale headed zimt grün)
$bl^{+}\_D^{+} / bl^{+}\_D^{+}; Ph / Ph; Z\ cin / Z\ cin$ (Männchen DF pale headed zimt grün)
$bl^{+}\_D^{+} / bl^{+}\_D^{+}; Ph / Ph; Z\ cin / W$ (Weibchen DF pale headed zimt grün)

EF pale headed grün x zimt grün:

25% grün/zimt (Männchen)
25% EF pale headed grün/zimt (Männchen)
25% grün (Weibchen)
25% EF pale headed grün (Weibchen)

DF pale headed grün x zimt grün:

50% EF pale headed grün/zimt (Männchen)
50% EF pale headed grün (Weibchen)

zimt grün x EF pale headed grün:

25% grün/zimt (Männchen)
25% EF pale headed grün/zimt (Männchen)
25% zimt (Weibchen)
25% EF pale headed zimt grün (Weibchen)

zimt grün x DF pale headed grün:

50% EF grün/zimt (Männchen)
50% EF pale headed zimt grün (Weibchen)

EF pale headed zimt grün x EF pale headed grün:

12,5% grün/zimt (Männchen)
25% EF pale headed grün/zimt (Männchen)

Rosenköpfchen zimt-aqua

12,5% DF pale headed grün/zimt (Männchen)
12,5% zimt grün (Weibchen)
25% EF pale headed zimt grün (Weibchen)
12,5% DF pale headed zimt grün (Weibchen)

DF pale headed zimt grün x EF pale headed grün:

25% EF pale headed grün/zimt (Männchen)
25% DF pale headed grün/zimt (Männchen)
25% EF pale headed zimt grün (Weibchen)
25% DF pale headed zimt grün (Weibchen)

Rosenköpfchen zimt DD türkis

Rosenköpfchen opalin zimt türkis

Kombinationen mit aqua (zimt aqua)

Genetische Formeln:

$bl^{aq}\_D^+ / bl^{aq}\_D^+$; Z cin / Z cin (Männchen)
$bl^{aq}\_D^+ / bl^{aq}\_D^+$; Z cin / W (Weibchen)

zimt grün x aqua:
50% grün/zimt/aqua (Männchen)
50% zimt grün/aqua (Weibchen)

aqua x zimt grün:
50% grün/zimt/aqua (Männchen)
50% grün/aqua (Weibchen)

grün/zimt/aqua Männchen x zimt grün/aqua Weibchen:
6,25% grün/zimt (Männchen)
6,25% aqua/zimt (Männchen)
12,50% grün/zimt/aqua (Männchen)
6,25% zimt grün (Männchen)
6,25% zimt aqua (Männchen)
12,50% zimt grün/aqua (Männchen)
6,25% grün (Weibchen)
6,25% aqua (Weibchen)
12,50% grün/aqua (Weibchen)
6,25% zimt grün (Weibchen)
6,25% zimt aqua (Weibchen)
12,50% zimt grün/aqua (Weibchen)

grün/zimt/aqua x grün/aqua:
6,25% grün (Männchen)
12,5% grün/aqua (Männchen)
6,25% grün/zimt (Männchen)
12,5% grün/zimt/aqua (Männchen)
6,25% aqua (Männchen)
6,25% aqua/zimt (Männchen)
6,25% grün (Weibchen)
12,5% grün/aqua (Weibchen)
6,25% aqua (Weibchen)
6,25% zimt aqua (Weibchen)
6,25% zimt grün (Weibchen)
12,5% zimt grün/aqua (Weibchen)

grün/zimt/aqua x aqua:
12,5% grün/aqua/ (Männchen)
12,5% aqua/zimt (Männchen)
12,5% aqua (Männchen)
12,5% grün/aqua/zimt (Männchen)
12,5% aqua (Weibchen)
12,5% grün/aqua (Weibchen)
12,5% zimt aqua (Weibchen)
12,5% zimt grün/aqua (Weibchen)

grün/zimt/aqua x zimt aqua:
12,5% grün/aqua/zimt (Männchen)
12,5% aqua/zimt (Männchen)
12,5% zimt grün/aqua (Männchen)
12,5% zimt aqua (Männchen)
12,5% grün/aqua (Weibchen)
12,5% aqua (Weibchen)
12,5% zimt grün/aqua (Weibchen)
12,5% zimt aqua (Weibchen)

aqua/zimt x aqua zimt:
25% aqua/zimt (Männchen)
25% zimt aqua (Männchen)
25% aqua (Weibchen)
25% zimt aqua (Weibchen)

zimt aqua x grün:
50% grün/aqua/zimt (Männchen)
50% zimt grün/aqua (Weibchen)

Kombinationen mit türkis (zimt türkis)

Genetische Formeln:

$bl^{tq}\_D^+ / bl^{tq}\_D^+$; Z cin / Z cin (Männchen)
$bl^{tq}\_D^+ / bl^{tq}\_D^+$; Z cin / W (Weibchen)

Einige Kombinationen:

zimt grün x türkis:
50% grün/zimt/türkis (Männchen)
50% zimt grün/türkis (Weibchen)

türkis x zimt grün:
50% grün/zimt/türkis (Männchen)
50% grün/türkis (Weibchen)

grün/zimt/türkis x grün/türkis:
6,25% grün (Männchen)
12,5% grün/türkis (Männchen)
6,25% grün/zimt (Männchen)
12,5% grün/zimt/türkis (Männchen)

6,25% türkis (Männchen)
6,25% türkis/zimt (Männchen)
6,25% grün (Weibchen)
12,5% grün/türkis (Weibchen)
6,25% türkis (Weibchen)
6,25% zimt grün (Weibchen)
6,25% zimt türkis (Weibchen)
12,5% zimt grün/türkis (Weibchen)

grün/zimt/türkis x türkis:
12,5% grün/türkis (Männchen)
12,5% türkis/zimt (Männchen)
12,5% türkis (Männchen)
12,5% grün/türkis/zimt (Männchen)
12,5% türkis (Weibchen)
12,5% grün/türkis (Weibchen)
12,5% zimt türkis (Weibchen)
12,5% zimt grün/türkis (Weibchen)

grün/zimt/türkis x zimt türkis:
12,5% grün/türkis/zimt (Männchen)
12,5% türkis/zimt (Männchen)
12,5% zimt grün/türkis (Männchen)
12,5% zimt türkis (Männchen)
12,5% grün/türkis (Weibchen)
12,5% türkis (Weibchen)
12,5% zimt grün/türkis (Weibchen)
12,5% zimt türkis (Weibchen)

türkis/zimt x zimt türkis:
25% türkis/zimt (Männchen)
25% zimt türkis (Männchen)
25% türkis (Weibchen)
25% zimt türkis (Weibchen)

zimt türkis x grün:
50% grün/türkis/zimt (Männchen)
50% zimt grün/türkis (Weibchen)

Kombinationen mit opalin (opalin-zimt)

Genetische Formeln:

bl^+_D^+ / bl^+_D^+; Z op_ cin / Z op_cin (Männchen)
bl^+_D^+ / bl^+_D^+; Z op_ cin / W (Weibchen)

Zimt und opalin liegen auf dem Z-Chromosom. Darum ist auch hier ein Crossing-over nötig, um beide Mutationen zusammen in einem Vogel und also auch auf ein Chromosom zu bekommen. Der Prozentsatz an Crossing-over zwischen opalin und zimt ist wahrscheinlich 33 Prozent.

Hier folgen einige mögliche Kombinationen. Wie immer werden die Männchen in den Paarungen zuerst angegeben. Bei den Berechnungen wurden mögliche Crossing-overs berücksichtigt.

opalin grün x zimt grün:
50% grün/opalin/zimt (Männchen)
50% opalin grün (Weibchen)

grün/opalin/zimt x opalin grün:
8,25% grün/opalin (Männchen)
16,75% grün/opalin/zimt (Männchen)
16,75% opalin grün (Männchen)
8,25% opalin grün/zimt (Männchen)
8,25% grün (Weibchen)
16,75% zimt grün (Weibchen)
16,75% opalin grün (Weibchen)
8,25% opalin-zimt grün (Weibchen)

grün/opalin/zimt x zimt grün:
8,25% grün/zimt (Männchen)
16,75% grün/opalin/zimt (Männchen)
16,75% zimt grün (Männchen)
8,25% zimt grün/opalin (Männchen)
8,25% grün (Weibchen)
16,75% zimt grün (Weibchen)
16,75% opalin grün (Weibchen)
8,25% opalin-zimt grün (Weibchen)

grün/opalin/zimt x opalin-zimt grün:
8,25% grün/opalin-zimt (Männchen)
16,75% opalin grün/zimt (Männchen)
16,75% zimt grün/opalin (Männchen)
8,25% opalin-zimt grün (Männchen)
8,25% grün (Weibchen)
16,75% zimt grün (Weibchen)

Rosenköpfchen opalin-zimt

16,75% opalin grün (Weibchen)
8,25% opalin-zimt grün (Weibchen)

opalin-zimt grün x grün:
50% grün/opalin-zimt (Männchen)
50% opalin-zimt grün (Weibchen)

grün/opalin-zimt x grün:
16,75% grün (Männchen)
8,25% grün/zimt (Männchen)
8,25% grün/opalin (Männchen)
16,75% grün/opalin-zimt (Männchen)
16,75% grün (Weibchen)
8,25% z imt grün (Weibchen)
8,25% opalin grün (Weibchen)
16,75% opalin-zimt grün (Weibchen)

opalin-zimt grün x opalin-zimt grün:
50% opalin-zimt grün (Männchen)
50% opalin-zimt grün (Weibchen)

Rosenköpfchen zimt-ino

Diese Form ist keine eigenständige Mutation, sondern eine Kombination von SL ino und zimt.

Cinnamon-ino (Zimt-Ino)

Zimt-Ino ist keine eigenständige Mutation, sondern das Ergebnis eines Crossing-over zwischen SL ino und zimt. Da beide Mutationen bei Agaporniden nur beim Rosenköpfchen vorkommen, ist auch der Zimt-Ino nur bei dieser Art zu finden.

Im Jahr 1953 wurde zum ersten Mal von diesem Phänomen bei Wellensittichen berichtet. Auf ihrer äußeren Erscheinungsform beim Wellensittich basierend, bekam diese Mutationen-Kombination von Cyril Rogers aus England den Namen „lacewing“ (lace = Borte, wing = Flügel). Niemand dachte damals an die Möglichkeit eines Crossing-over der zwei bereits bekannten SL-Mutationen, da man in den ersten Jahren noch nicht wußte, was die Ursache für diese Mutation war. Es dauerte noch einige Jahre, bis die Theorie zum Crossing-over bei den Vogelhaltern bekannt wurde.

Mittlerweile weiß man recht viel über das Crossing-over. Es gibt internationale Absprachen zu den Benennungen von Mutationen-Kombinationen, die durch Crossing-over entstanden sind: Die Namen beider Mutationen werden notiert und mit einem Bindestrich verbunden, wie im Wort „Crossing-over“; in diesem Fall also „cinnamon-ino“.

Der Abstand zwischen dem Zimt-Allel und dem Ino-Allel auf dem Z-Chromosom ist 3 Centi-Morgan. Die Abstände auf den Chromosomen werden mit der Maßeinheit cMorgan angegeben, benannt nach Thomas Hunt Morgan (1866 – 1945), der nachwies, dass die Gene auf den Chromosomen für die Mutationen verantwortlich sind. Der Abstand von 3 cMorgan weist darauf hin, dass der Prozentsatz an Crossing-over zwischen zimt und Ino drei Prozent ist. Das bedeutet nicht nur, dass dieses Crossing-over nur sehr selten auftritt, sondern auch, dass die Chance auf Rückkopplung sehr klein ist, wodurch es eine stabile Crossing-over-Kombination ist.

Bei Rosenköpfchen in der Grünreihe ergibt das einen Vogel, bei dem man auf den ersten Blick denken könnte, man habe es mit einem Lutino zu tun: Der Vogel ist überwiegend gelb. Er hat eine rote Maske, und die Augen sind rot. Wenn man den Vogel aber sorgfältig anschaut, zeigt sich, dass die Vögel einen typischen purpurblauen Bürzel haben und die Schwungfedern hellbraun gefärbt sind. Man könnte annehmen, dass man es mit einem pale fallow zu tun habe, aber es fehlt jedoch der grüne Schimmer an der Körperunterseite, die Farbe der roten Augen ist dunkler und die Art der Vererbung ist anders. Falbe vererbt autosomal rezessiv, und diese Form vererbt geschlechtsgebunden rezessiv. Die Füße und die Krallen von Zimt-Ino-Vögeln sind hornfarbig.

Wie bekommen wir dieses Crossing-over? – Wenn wir ein Zimt-Männchen mit einem SL-Ino-Weibchen verpaaren, erhalten wir:

50 % zimt (Weibchen)
50 % grün/zimt/SL ino (Männchen)

In dieser Kombination sind alle Weibchen zimt und die Männchen äußerlich grün, aber spalterbig in Zimt und spalterbig in SL-Ino, was bedeutet, dass die Männchen auf einem Geschlechtschromosom in zimt mutiert sind und auf dem anderen Geschlechtschromosom in SL ino.

Machen wir die umgekehrte Kombination und verpaaren ein SL-Ino-Männchen mit einem Zimt-Weibchen, bekommen wir:

50 % lutino (Weibchen)
50 % grün/zimt/SL ino (Männchen)

Hier sind also die Lutino-Weibchen und die grünen Männchen spalterbig für zimt und spalterbig für SL ino.

Verpaaren wir diese grünen Männchen spalterbig SL ino und spalterbig zimt mit einem grünen Weibchen, müssten daraus theoretisch nur Zimt- und SL-Ino-Weibchen geboren werden. Aber bei dieser Kombination sehen wir, dass manchmal Weibchen geboren werden, die gleichzeitig sowohl zimt als auch SL ino sind, also zimt-ino (und manche sind grün). Bei diesen Weibchen liegt also sowohl zimt als auch SL ino auf ihrem einzelnen aktiven Z-Chromosom, und wir bekommen die Kombination beider Farben zu sehen, was eben das Typische an Crossing-over ist.

Dieses Crossing-over ist jedoch nicht beim jungen Weibchen entstanden, sondern beim Vater. Durch das Crossing-over sind nämlich beim Männchen während der Produktion seiner Gameten (Geschlechtszellen) beide Mutationen auf einem Z-Chromosom gelandet. Wenn dieses Z-Chromosom dann während der Befruchtung weitergegeben wird und das Weibchen sein W-Chromosom mitgibt, bekommen wir ein junges Zimt-Ino-Weibchen. Gibt das Männchen besagtes Z-Chromosom mit und das Weibchen sein aktives Z-Chromosom, dann ist das Junge ein Männchen (ZZ), und zwar grün/zimt-ino. Daraus werden dann später auch wieder Zimt-Ino-Weibchen geboren.

Diese nachfolgenden Zuchtergebnisse verschaffen vielleicht noch mehr Deutlichkeit:

Unterrücken eines Zimt-Ino

Bei dieser Kombination muss der Unterrücken purpurblau sein.

grün/SL ino/zimt x grün:

24,25%	grün /zimt (Männchen)
0,75%	grün /ino-zimt (Männchen, durch die später wieder Zimt-Ino-Weibchen gezeugt werden können)
24,25%	grün/ino (Männchen)
0,75%	grün (Männchen)
0,75%	zimt-ino (Weibchen, äußerlich Zimt-Ino)
24,25%	zimt grün (Weibchen)
0,75 %	grün (Weibchen)
24,25%	Lutino (Weibchen)

Wenn wir also SL ino – oder welche SL-Mutation auch immer – mit einer anderen geschlechtsgebundenen Mutation (Mutationen auf dem Z-Chromosom – und das sind beim Rosenköpfchen zimt, opalin, pallid und Ino) kombinieren wollen, dann benötigen wir dazu ein Crossing-over.

Vererbung

Nach einem Crossing-over kann natürlich mit diesen Vögeln weiter gezüchtet werden. Es ist eine Mutationen-Kombination auf dem Z-Chromosom, was bedeutet, dass diese Form geschlechtsgebunden vererbt. Es besteht übrigens auch eine Wahrscheinlichkeit von 3 %, dass durch Rückkopplung die Mutationen wieder voneinander getrennt werden.

Bei den folgenden Berechnungen ist die Möglichkeit der Re-Kombination berücksichtigt. Die Männchen sind bei den Berechnungen vorangestellt.

Genetische Formeln:

$bl^{+}\_D^{+} / bl^{+}\_D^{+}; Z\ cin\_ino / Z\ cin\_ino$ (Männchen)
$bl^{+}\_D^{+} / bl^{+}\_D^{+}; Z\ cin\_ino / W$ (Weibchen)

zimt-ino grün x zimt-ino grün:
100% zimt-ino (Männchen und Weibchen)

zimt-ino grün x grünes Weibchen:
50% grün/zimt-ino (Männchen)
50% zimt-ino grün (Weibchen)

grün x zimt-ino grün:
50% grün/zimt-ino (Männchen)
50% grün (Weibchen)

grün/zimt-ino x zimt-ino:
24,25% zimt-ino (Männchen)
24,25% grün/zimt-ino (Männchen)
0,75% zimt grün/ino (Männchen)
0,75% lutino/zimt (Männchen)
24,25% zimt-ino grün (Weibchen)
24,25% grün (Weibchen)
0,75% lutino (Weibchen)
0,75% zimt grün (Weibchen)

grün/zimt-ino x grün:
24,25% grün/zimt-ino (Männchen)
24,25% grün (Männchen)
0,75% grün/ino (Männchen)
0,75% grün/zimt (Männchen)
24,25% zimt-ino grün (Weibchen)
24,25% grün (Weibchen)
0,75% lutino (Weibchen)
0,75% zimt (Weibchen)

Vermeiden Sie unbedingt die Kreuzung dieses Phänotyps mit anderen eumelanin-reduzierenden Mutationen, denn dann gehen die typischen Merkmale verloren. Kombinationen mit falbe, rezessiv gesäumt, dilute, gescheckt usw. sind nicht empfehlenswert. Sie schaffen Verwirrung und führen zu Missverständnissen. Kombinationen mit Dunkelfaktoren sind auch nicht ratsam, da sie nur einen Farbunterschied am Bürzel verursachen.

Kombinationen mit aqua

Genetische Formeln:

$bl^{aq}\_D^{+} / bl^{aq}\_D^{+}; Z\ cin\_ino / Z\ cin\_ino$ (Männchen)
$bl^{aq}\_D^{+} / bl^{aq}\_D^{+}; Z\ cin\_ino / W$ (Weibchen)

Diese Crossing-over-Kombination ist mit dem normalen aqua ino vergleichbar, nur mit dem Unterschied, dass diese Mutation die für diesen Phänotyp typische „purpurblaue“ Farbe am Bürzel hat. Man sieht auch, dass die Schwungfedern hellbraun in der Farbe sind, und insgesamt ist noch ein minimaler brauner Schimmer am Gefieder wahrzunehmen.

zimt-ino grün x aqua:
50% grün/aqua/zimt-ino (Männchen)
50% zimt-ino grün/aqua (Weibchen)

grün/aqua/zimt-ino x zimt-ino grün/aqua:
6,0625% grün/zimt-ino (Männchen)
12,125% grün/aqua/zimt-ino (Männchen)
0,375% lutino/aqua/zimt (Männchen)
0,1875% lutino/zimt (Männchen)
0,1875% aqua zimt/ino (Männchen)
6,0625% aqua/zimt-ino (Männchen)
0,1875% aqua ino/zimt (Männchen)
0,375% zimt grün/aqua/ino (Männchen)
0,1875% zimt grün/ino (Männchen)
12,125% zimt-ino grün/aqua (Männchen)
6,0625% zimt-ino aqua (Männchen)
6,0625% zimt-ino (Männchen)
6,0625% grün (Weibchen)
12,125% grün/aqua (Weibchen)
0,1875% lutino (Weibchen)
0,375% lutino/aqua (Weibchen)
6,0625% aqua (Weibchen)
0,1875% aqua ino (Weibchen)
0,1875% zimt grün (Weibchen)
0,375% zimt grün/aqua (Weibchen)
0,1875% zimt aqua (Weibchen)
6,0625% zimt-ino (Weibchen)
12,125% zimt-ino/aqua (Weibchen)
6,0625% zimt-ino aqua (Weibchen)

zimt-ino/aqua x aqua:
25% grün/aqua/zimt-ino (Männchen)
25% aqua/zimt-ino (Männchen)
25% zimt-ino/aqua (Weibchen)
25% zimt-ino aqua (Weibchen)

zimt-ino aqua x aqua:
50% aqua/zimt-ino (Männchen)
50% zimt-ino aqua (Weibchen)

zimt-ino aqua x zimt-ino aqua:
100% zimt-ino aqua (Männchen und Weibchen)

Kombinationen mit türkis

Genetische Formeln:

$bl^{tq}\_D^{+} / bl^{tq}\_D^{+}; Z\ cin\_ino / Z\ cin\_ino$ (Männchen)
$bl^{tq}\_D^{+} / bl^{tq}\_D^{+}; Z\ cin\_ino / W$ (Weibchen)

Diese Crossing-over-Kombination ist sehr schwierig vom normalen türkis ino zu unterscheiden. Der einzige (minimale) Unterschied besteht in der typischen purpurblauen Farbe des Bürzels. Die Schwungfedern sind hellbraun gefärbt, und es ist noch ein minimaler brauner Schimmer am Gefieder wahrzunehmen.

zimt-ino grün x türkis:
50% grün/türkis/zimt-ino (Männchen)
50% zimt-ino grün/türkis (Weibchen)

grün/türkis/zimt-ino x zimt-ino grün/türkis:
6,0625% grün/zimt-ino (Männchen)
12,125% grün/türkis/zimt-ino (Männchen)
0,375% lutino/türkis/zimt (Männchen)
0,1875% lutino/zimt (Männchen)
0,1875% türkis zimt/ino (Männchen)
6,0625% türkis/zimt-ino (Männchen)
0,1875% türkis ino/zimt (Männchen)
0,375% zimt grün/türkis/ino (Männchen)
0,1875% zimt grün/ino (Männchen)
12,125% zimt-ino grün/türkis (Männchen)
6,0625% zimt-ino türkis (Männchen)
6,0625% zimt-ino (Männchen)
6,0625% grün (Weibchen)
12,125% grün/türkis (Weibchen)
0,1875% lutino (Weibchen)
0,375% lutino/türkis (Weibchen)
6,0625% türkis (Weibchen)
0,1875% türkis ino (Weibchen)
0,1875% zimt grün (Weibchen)
0,375% zimt grün/türkis (Weibchen)
0,1875% zimt türkis (Weibchen)
6,0625% zimt-ino (Weibchen)
12,125% zimt-ino/türkis (Weibchen)
6,0625% zimt-ino türkis (Weibchen)

zimt-ino/türkis x türkis:
25% grün/türkis/zimt-ino (Männchen)
25% türkis/zimt-ino (Männchen)
25% zimt-ino/türkis (Weibchen)
25% zimt-ino türkis (Weibchen)

zimt-ino türkis x türkis:
50% türkis/zimt-ino (Männchen)
50% zimt-ino türkis (Weibchen)

zimt-ino türkis x zimt-ino türkis:
100% zimt-ino türkis (Männchen und Weibchen)

Rosenköpfchen zimt-ino aqua – die Schwungfedern sind ganz hellbraun.

Kombinationen mit Aqua-Türkis

Genetische Formeln:

bl^{aq}_D⁺ / bl^{tq}_D⁺; Z cin_ino / Z cin_ino (Männchen)
bl^{aq}_D⁺ / bl^{tq}_D⁺; Z cin_ino / W (Weibchen)

Wenn man zimt-ino aqua x zimt-ino türkis kombiniert, entsteht eine Zwischenform, weil aqua und türkis Allele desselben Gens sind. Die Vögel sind am Körper beinahe so gelb gefärbt wie zimt-ino grüne, aber die Maskenfarbe ergibt Klarheit. Sie ist vergleichbar mit der, die man beim Aqua-Ino findet und weicht dadurch von der roten Farbe ab, die man bei zimt-ino grünen Rosenköpfchen antrifft. Der Bürzel hat hier auch eine deutlich purpurblaue Farbe.

zimt-ino aqua x zimt-ino türkis:
100% zimt-ino AquaTürkis (Männchen und Weibchen)

Marbled (Rezessiv gesäumt)

Die ersten rezessiv gesäumten Vögel entstanden in Amerika. Zunächst sprachen die Züchter deshalb auch von „Amerikanischem Cherry". „Cherryhead" ist der englische Name für das Rosenköpfchen. In den Niederlanden wurde für diese Mutation schon sehr schnell der Name „pastel gezoomd" eingeführt, der zurückgeht auf die blasse „pastellfarbene" Körperfarbe und die Säume auf den Flügeldecken. Als man die internationalen Begriffe festlegte, nahm man einfach eine englische Übersetzung des niederländischen Namens: „edged dilute".

Bei den meisten Agaporniden-Liebhabern wird der Name ohne große Probleme angewendet, aber diese autosomal rezessive Mutation kommt außer beim Rosenköpfchen auch bei Bourkesittichen, Nymphensittichen, Sperlingspapageien, Prachtrosellas und möglicherweise auch bei zwei anderen Rosella-Arten vor. Hier ist die Verwendung des Ausdrucks „edged dilute" nicht so offensichtlich. Bei den letztgenannten Arten wird die Mutation von den meisten Züchtern sogar noch als „pastell" umschrieben. Pastell steht jedoch für ein Allel des a-Locus. Und das ist etwas, was hier bei dieser Mutation sicher nicht zutrifft.

Wir mussten zugeben, dass die Verwendung des Namens „edged dilute" für Verwirrung sorgen kann. „Dilute" und „edged" sind ja zwei völlig unterschiedliche Mutationen, und man kann diesen Ausdruck daher mit einer Mutationen-Kombination von „edged" und „dilute" verwechseln. Ich persönlich war dafür, für diese Mutation international den Ausdruck „recessive edged" zu verwenden. Aber verschiedene Züchter waren damit nicht einverstanden. In Deutschland haben die Preisrichter meiner Ansicht nach eine sehr kluge Wahl getroffen, denn sie verwenden die deutsche Übersetzung von „recessive edged": rezessiv gesäumt.

Im Jahr 2009 habe ich mit verschiedenen Züchtern, Organisationen und Preisrichtergruppen versucht, eine Lösung für die Namensfrage zu finden. Wir bekamen verschiedene Vorschläge wie „scaled", „scaled wing", „streaked", „Daub" oder „marble". Doch es gab keinen Ausdruck, der für alle Beteiligten akzeptabel war. – Manche Züchter wollten den Namen nicht ändern, sondern schlugen vor, als internationalen Namen „edgedilute" zu verwenden, eine Kombination aus den Wörtern „edged" und „dilute". Damit man nicht denkt, beide seien Allele voneinander, hat man das „d" von edged wegfallen lassen. Diese Lösung wurde dann aber von anderen nicht akzeptiert. Im Juni 2010 kam dann doch Bewegung in die ganze Sache, und man entschied, als internationalen Ausdruck „marbled" für diese Mutation zu verwenden.

Links: Rosenköpfchen rezessiv gesäumt grün

Der internationale Name dieser Mutation wurde erst vor kurzem von „edged dilute" in „marbled" geändert.

Rosenköpfchen rezessiv gesäumt DD grün

Die Federn der Flügeldecken sind typisch gesäumt.

Rezessiv gesäumt

Rezessiv gesäumte Rosenköpfchen

in opalin grün (links) und Orangemaske (rechts)

Rezessiv gesäumt ist eine autosomal rezessive Eumelanin-Mutation, die bis heute nur beim Rosenköpfchen vorkommt. Die Vögel haben die typischen „Säume" auf den Flügeldecken, die entstehen, weil auf den Flügeldecken die Eumelanin-Reduktion im Kern (in der Mitte) der Flügeldecken größer ist als am Außenrand. Im Federnkern ist das Eumelanin ungefähr zu sechzig Prozent reduziert. Das ergibt eine hellgrün-gelbe Innenseite. Der äußere Rand der Feder enthält mehr Eumelanin und ist dadurch dunkler gefärbt. Das sorgt dafür, dass die Federn „gesäumt" aussehen. Dasselbe passiert in den Schwungfedern. Die Abnahme des Eumelanins in der übrigen Körperbefiederung ist gleichmäßig verteilt, ungefähr fünfzig Prozent, und vergleichbar mit einem Pastell-Vogel. Deshalb spricht man nur auf den Flügeldecken und Schwungfedern von Säumen. Der Bürzel ist blasser gefärbt, Zehen und Krallen sind hellgrau.

Rezessiv gesäumt ist eine Mutation, die in den Beständen der Züchter nicht oft vorkommt. Die Zuchtergebnisse sind unproblematisch, denn die Vögel sind vital genug. Das größte Problem bei der Zucht ist, das Format dieser Vögel gut zu erhalten. Außerdem sind nicht alle rezessiv gesäumten Exemplare gleich stark gezeichnet, und die Reduktion auf den Flügeldecken ist nicht bei allen gleich. Aber für Ausstellungen ist es nötig, dass die Zeichnung gut sichtbar ist. Rezessiv gesäumt kann mit Dunkelfaktoren, Orangemaske, pale headed, opalin, aqua und türkis kombiniert werden.

Genetische Formel:

$bl^+\_D^+; bl^+\_D^+; mb / mb$

Die Ergebnisse der allgemeinen Vererbung und der Kombinationen für das Rosenköpfchen sind im **Anhang B** aufgeführt. Das Wort „Mutation" ist jeweils durch den Begriff „marbled" zu ersetzen.

Kombinationen mit Dunkelfaktoren

Genetische Formeln:

$bl^+\_D^+; bl^+\_D; mb / mb$ (rezessiv gesäumt D grün)
$bl^+\_D; bl^+\_D; mb / mb$ (rezessiv gesäumt DD grün)

Rosenköpfchen rezessiv gesäumt DF pale headed

Rosenköpfchen rezessiv gesäumt türkis

Rosenköpfchen rezessiv gesäumt aqua

Kombinationen mit Orangemaske

Genetische Formeln:

$bl^{+}\_D^{+}; bl^{+}\_D^{+}; mb / mb; of / of$ (Orangemaske rezessiv gesäumt grün)
$bl^{+}\_D^{+};bl^{+}\_D; mb / mb; of / of$ (Orangemaske rezessiv gesäumt D grün)
$bl^{+}\_D; bl^{+}\_D; mb / mb; of / of$ (Orangemaske rezessiv gesäumt DD grün)

Kombinationen mit pale headed

Genetische Formeln:

$bl^{+}\_D^{+}; bl^{+}\_D^{+}; mb / mb; Ph / Ph^{+}$ (EF pale headed rezessiv gesäumt grün)
$bl^{+}\_D^{+}; bl^{+}\_D^{+}; mb / mb; Ph / Ph$ (DF pale headed rezessiv gesäumt grün)
$bl^{+}\_D^{+}; bl^{+}\_D; mb / mb; Ph / Ph^{+}$ (EF pale headed rezessiv gesäumt D grün)
$bl^{+}\_D^{+}; bl^{+}\_D; mb / mb; Ph / Ph$ (DF pale headed rezessiv gesäumt D grün)
$bl^{+}\_D;bl^{+}\_D; mb / mb; Ph / Ph^{+}$ (EF pale headed rezessiv ge säumt DD grün)
$bl^{+}\_D; bl^{+}\_D; mb / mb; Ph / Ph^{+}$ (DF pale headed rezessiv gesäumt DD grün)

Kombinationen mit aqua

Bei Kombinationen mit aqua oder türkis spricht man von „rezessiv gesäumt aqua“ oder „rezessiv gesäumt türkis“. Diese Vögel werden manchmal auch als „greywing“, „amerikanisch silber cherry“ oder sogar „silber“ bezeichnet. Das sind zwar kommerziell gut klingende Namen, sie sagen allerdings nichts über den Geno- und Phänotyp dieser Vögel aus.

Genetische Formeln:

$bl^{aq}\_D^{+}; bl^{aq}\_D^{+}; mb / mb$ (rezessiv gesäumt aqua)
$bl^{aq}\_D^{+}; bl^{aq}\_D; mb / mb$ (rezessiv gesäumt D aqua)
$bl^{aq}\_D; bl^{aq}\_D; mb / mb$ (rezessiv gesäumt DD aqua)

Kombinationen mit türkis

Genetische Formeln:

$bl^{tq}\_D^{+}; bl^{tq}\_D^{+}; mb / mb$ (rezessiv gesäumt türkis)
$bl^{tq}\_D^{+}; bl^{tq}\_D; mb / mb$ (rezessiv gesäumt D türkis)
$bl^{tq}\_D; bl^{tq}\_D; mb / mb$ (rezessiv gesäumt DD türkis)

Kombinationen mit opalin

Genetische Formeln:

$bl^{+}\_D^{+} / bl^{+}\_D^{+}; mb / mb; Z\ op / Z\ op$ (Männchen)
$bl^{+}\_D^{+} / bl+\_D^{+}; mb / mb; Z\ op / W$ (Weibchen)

Dilute (Dilute)

Bei dieser Mutation ist der Effekt des Eumelanins in der gesamten Befiederung zu achtzig bis neunzig Prozent verschwunden. Der Vogel ist dadurch von gelber Farbe, mit einem hellgrünen Schimmer überhaucht. Die blaue Bürzelfarbe ist viel blasser und mehr hellblau. Die Füße und die Krallen bleiben bei dilute unverändert, auch die Schwungfedern bleiben bei dieser Mutation grau. Die Vererbung ist autosomal rezessiv.

Diese Mutation kommt bei Rosenköpfchen, Erdbeerköpfchen und Rußköpfchen vor. Die Federn der Dilute-Rußköpfchen, -Erdbeerköpfchen und -Rosenköpfchen wurden allesamt von MUTAVI untersucht, und es ergab sich eindeutig, dass alle reine Formen von dilute sind. Typisch für den echten Dilute-Vogel ist, dass man sogenannte Makro-Melanosomen (riesige Pigmentkörner) in der Befiederung findet, die manchmal sogar fünfhundert Mal größer sind als ein normales Pigmentkorn. Es gibt Vermutungen, dass das Enzym Myosin Va damit zu tun habe, aber 100% schlüssige Beweise hierfür gibt es noch nicht.

Dilute wird mit dem genetischen Symbol „dil“ umschrieben.

Bis vor einigen Jahren wurde diese Mutation in den Niederlanden und in Belgien auch noch als „übergossen“ geführt. Doch man war der Ansicht, es sei besser, heute den internationalen Ausdruck „dilute“ zu verwenden.

Genetische Formel:

$bl^{+}\_D^{+} / bl^{+}\_D^{+}; dil / dil$ (dilute grün)

Rosenköpfchen dilute grün

Bei dieser schwer zu züchtenden Mutation ist der Effekt des Eumelanins im Gefieder zu 80 – 90 % verschunden. Die Vögel wirken darum gelb, mit einem hellgrünen Schimmer überhaucht.

Rußköpfchen – links dilute blau, rechts dilute grün

Bei den Vögeln aus der Blaureihe fehlen alle gelben und roten Gefiederzeichnungen, sodass der Vogel fast vollständig weiß wirkt.

Dilute Rosenköpfchen

Diese Mutation soll der allgemeinen Literatur zufolge um 1950 in Japan bei einem gewissen Herrn Masaru Iwata entstanden sein. Andere Quellen sprechen hingegen von 1967, wobei nicht sicher zu sein scheint, ob diese Mutation bei Agaporniden überhaupt zum ersten Mal bei einem Paar Rosenköpfchen in Japan auftrat. Trotzdem erhielt sie beim Rosenköpfchen erste Namen wie „japanisch gelb“, „japanische golden cherry“ oder „japanische cherry“, wobei „Cherry“ eine Abkürzung für „Cherry head“ („Kirschköpfchen“) ist, was auf die rote Maske der Vögel hinweist.

Die Zucht dieser Mutationsform verläuft beim Rosenköpfchen manchmal sehr schwierig. Viele Weibchen sind nicht in der Lage, fruchtbare Eier zu produzieren. Die Ursache dafür ist noch nicht bekannt. Man muss sagen: „bei vielen Weibchen“, denn derzeit findet man auch solche, die gut brüten und bei denen es keine Fruchtbarkeitsprobleme gibt. Es ist aber immer noch sehr wichtig, diese Mutation mit unverwandten Wildformen zurückzukreuzen und dann mit den spalterbigen Vögeln weiter zu züchten.

Rosenköpfchen dilute aqua

Rosenköpfchen dilute DD grün

Die Ergebnisse der allgemeinen Vererbung und der folgend aufgeführten Kombinationen für das Rosenköpfchen sind im **Anhang B** aufgeführt. Das Wort „Mutation“ ist jeweils durch den Begriff „dilute“ zu ersetzen.

Kombinationen mit Dunkelfaktoren

Genetische Formeln:

$bl^{+}\_D^{+} / bl^{+}\_D$; *dil / dil* (dilute D grün)
bl^{+}_D / bl^{+}_D; *dil / dil* (dilute DD grün)

Kombinationen mit Orangemaske

Genetische Formeln:

$bl^{+}\_D^{+} / bl^{+}\_D^{+}$; *dil / dil; of / of* (Orangemaske dilute grün)
$bl^{+}\_D^{+} / bl^{+}\_D$; *dil / dil; of / of* (Orangemaske dilute D grün)
bl^{+}_D / bl^{+}_D; *dil / dil; of / of* (Orangemaske dilute DD grün)

Kombinationen mit pale headed

Genetische Formeln:

$bl^{+}\_D^{+} / bl^{+}\_D^{+}$; *dil / dil*; Ph / Ph^{+} (EF pale headed dilute grün)
$bl^{+}\_D^{+} / bl^{+}\_D^{+}$; *dil / dil; Ph / Ph* (DF pale headed dilute grün)
$bl^{+}\_D^{+} / bl^{+}\_D$; *dil / dil*; $Ph / Ph+$ (EF pale headed dilute D grün)
$bl^{+}\_D^{+} / bl^{+}\_D$; *dil / dil; Ph / Ph* (DF pale headed dilute D grün)
bl^{+}_D / bl^{+}_D; *dil / dil*; Ph / Ph^{+} (EF pale headed dilute DD grün)
bl^{+}_D / bl^{+}_D; *dil / dil; Ph / Ph* (DF pale headed dilute DD grün)

Kombinationen mit aqua

Bei Kombinationen mit aqua oder türkis spricht man von „dilute aqua“ oder „dilute türkis“. Diese Vögel werden manchmal als „japanische silber cherry“ oder sogar „silber“ bezeichnet (das sind zwar kommerziell gut klingende Namen, aber sie sagen nichts aus über den Geno- oder Phänotyp dieser Vögel).

Genetische Formeln:

$bl^{aq}\_D^{+} / bl^{aq}\_D^{+}$; *dil /dil* (dilute aqua)
$bl^{aq}\_D^{+} / bl^{aq}\_D$; *dil / dil* (dilute D aqua)
bl^{aq}_D / bl^{aq}_D; *dil / dil* (dilute DD aqua)

Kombinationen mit türkis

Genetische Formeln:

$bl^{tq}\_D^{+} / bl^{tq}\_D^{+}$; *dil / dil* (dilute türkis)
$bl^{tq}\_D^{+} / bl^{tq}\_D$; *dil / dil* (dilute D türkis)
bl^{tq}_D / bl^{tq}_D; *dil / dil* (dilute DD türkis)

Kombinationen mit opalin

Genetische Formeln:

$bl^{+}\_D^{+} / bl^{+}\_D^{+}$; *dil / dil; Z op / Z op* (Männchen)
$bl^{+}\_D^{+} / bl^{+}\_D^{+}$; *dil / dil ; Z op / W* (Weibchen)

Natürlich können in der Opalin-Reihe Kombinationen mit Dunkelfaktoren, Orangemaske, pale headed, aqua und türkis gemacht werden. Versuchen Sie bei der Zucht dieser Dilute-Rosenköpfchen so viel wie möglich spalterbige Vögel und nicht verwandte Blutlinien einzusetzen, was Geduld und Durchhaltevermögen verlangt.

Erdbeerköpfchen dilute – diese Mutation ist 2007 entstanden

Rußköpfchen dilute DD blau – die Schwungfedern sind hellgrau

Rußköpfchen-Mutationen: links dilute grün, rechts PastellIno

Dilute Rußköpfchen

Anfang 1990 fand man in Dänemark in einer Zoohandlung zwischen einigen Wildform-Rußköpfchen vier „gelbe“ Vögel. Zwei von diesen Vögeln landeten bei Koos Hammer in den Niederlanden, die anderen zwei kamen angeblich zu einem Züchter in Brasilien. Diese zuletzt genannten Vögel schienen nicht so stark gewesen zu sein, und in Brasilien sollen beide Vögel ziemlich schnell eingegangen sein. Auch bei Koos Hammer starb einer der zwei Vögel recht schnell. Der andere Vogel – ein Männchen – blieb jedoch am Leben. Nach einigen Jahren gelang es Koos, die ersten dilute Jungen zu züchten.

Das Dilute Rußköpfchen ist vorwiegend gelb und sehr hellgrün überhaucht. Die Schwungfedern sind hellgrau und der Bürzel hat einen überwiegend grünen Schimmer. Es ist eine der schönsten Mutationen unter den Agaporniden. Beim Rußköpfchen gibt es keine Zuchtprobleme bei den Weibchen, und die Mutation ist im Vergleich zum Dilute-Rosenköpfchen stärker.

Dilute Erdbeerköpfchen

Im Jahr 2007 wurden von einem Paar der Wildform bei einem deutschen Züchter zwei „blasse“ Erdbeerköpfchen aufgezogen. Der Liebhaber hatte sich schon einige Jahre auf die Zucht von reinrassigen Erdbeerköpfchen spezialisiert und war erstaunt, als er diese abweichende Farbe bemerkte. Zunächst vermutete er, dass er es mit Pastell-Vögeln zu tun habe. Er kam mit Frans Mulder in Kontakt, der sofort merkte, dass es keine Pastell-Vögel waren, sondern wahrscheinlich dilute. Frans nahm mit uns bei MUTAVI Kontakt auf, und Federuntersuchungen bestätigten später seine Vermutungen: Es war tatsächlich ein Dilute.

Die Ergebnisse der folgenden Kombinationen für das Ruß- und Erdbeerköpfchen sind im **Anhang A** aufgeführt. Das Wort „Mutation“ dort ist jeweils durch den Begriff „dilute“ zu ersetzen. Eine Kombination mit aqua besteht derzeit noch nicht.

Kombinationen mit Dunkelfaktoren

Genetische Formeln:

bl^{+}*_D+ / bl*$^{+}$*_D; dil / dil* (dilute D grün)
bl+_D / bl+_D; dil / dil (dilute DD grün)

Kombinationen mit blau

Genetische Formeln:

bl_D^{+} */ bl_D*$^{+}$*; dil / dil* (dilute blau)
bl_D^{+} */ bl_D; dil / dil* (dilute D blau)
bl_D / bl_D; dil / dil (dilute DD blau)

Pfirsichköpfchen pale fallow

Gut zu sehen ist die typische hellrote Augenfärbung (bei dun fallow ist die Färbung ebenfalls hellrot, bei bronze fallow bordeauxrot).

Fallow (Falbe)

Kein Ino, aber doch ein Vogel mit roten Augen – das ist das Bild, das die meisten Züchter sich beim Wort „falbe" machen. Und es stimmt: Bei allen Vögeln, die als falbe bezeichnet werden, ist in der Tat das Eumelanin in den Augen auf die ein oder andere Art reduziert, wodurch wir eine andere Augenfarbe bekommen. Und das, obwohl im Federkleid noch Eumelanin vorhanden ist und diese Vögel also absolut kein Ino sind!

In der Literatur werden bei verschiedenen Vogelarten Falbe-Mutanten beschrieben. Da innerhalb bestimmter Arten manchmal mehrere Falbe-Typen zum Vorschein kamen, ist es nötig, auch diese Falbe-Mutanten zu unterscheiden. Wichtig ist bei all dem der genetische Hintergrund und was sich genau in den Federn abspielt. – Da es früher wenig Informations-Austausch gab, finden wir bei verschiedenen Arten mindestens genau so viele verschiedene Namen für falbe. Und so wurden für denselben Falbe-Typ nicht selten auch verschiedene Bezeichnungen geschaffen. Aber wenn wir die Liste der bereits existierenden Namen durchgehen, sehen wir, dass diverse Farbschläge auch zu Unrecht den Namen falbe erhalten haben, während andere Züchter wieder neue Namen wie „rezessiv cinnamon", „buttercup", „yellowhead", „Gelbkopf", „Gelbschwanz" usw. für bereits bestehende Falbe-Formen verwendeten. Meistens klangen diese Namen zwar recht gut, und sie waren kommerziell ansprechend, inhaltlich und genotypisch aber wenig aussagekräftig.

Typisch für die verschiedenen Falbe-Formen ist, dass diese Vögel allesamt eine bestimmte Reduktion von Eumelanin im Federkleid haben. Ebenfalls typisch ist die Augenfarbe, die von hellrot bis weinrot variiert. Die Reduktion des Eumelanins und die roten Augen sind zwei wichtige Voraussetzungen, wenn man den Ausdruck falbe richtig verwenden will. Eine dritte Forderung ist, dass jede Falbe-Form autosomal rezessiv vererben muss.

Bei dem Versuch, die diversen Falbe-Typen bei den Psittaciden in Gruppen einzuteilen, ist international schon sehr viel nachgedacht worden. Man muss zugegeben: Falbe-Mutationen sind sicher keine leichte Materie, und man kann sich daran schon einigermaßen festbeißen, und viele Züchter und Experten haben schon versucht (jeder für sich), eine bestimmte Richtlinie durch den Irrgarten der Falbe-Mutanten anzugeben. – Ich werde das hier ebenfalls versuchen, indem ich mich auf die heute vorhandenen Informationen und die derzeitigen Untersuchungsergebnisse beziehe.

Nach internationalen Vereinbarungen werden die Falbe-Formen unterteilt in „bronze fallow", „pale fallow", „dun fallow" und „ashen fallow". Diese Einteilung basiert auf der Reduktion des Eumelanins in den Körper- und Schwungfedern.

- Bei ashen (manchmal auch smokey genannt) fallow (Ashen-Falbe) wird nach dieser Einteilung das schwarze Eumelanin zu hellgrau reduziert. Soweit ich weiß, kommt das nur beim Nymphensittich (*Nymphicus hollandicus*) vor.

- Bei dun fallow (Dun-Falbe) wird das schwarze Eumelanin zu graubraun reduziert.

- Bei bronze fallow (Bronze-Falbe) wird das schwarze Eumelanin zu braun reduziert.

- Bei pale fallow (Pale-Falbe) wird das schwarze Eumelanin zu hellbraun reduziert.

Diese Liste ist vorläufig. Und lassen Sie mich ergänzen, dass ich so meine Zweifel habe, ob der sogenannte „ashen fallow“ als eigene Mutation wirklich existiert. Denn der Nymphensittich hat eine andere Federstruktur als die meisten Sittiche, die Federn des allgemeinen Typs haben. Aber um darüber 100%ige Sicherheit zu haben, muss noch sehr viel geforscht werden.

Zunächst einmal ist es ein guter Anfang, diese Unterteilung zu machen. Aber ich finde, dass diese Abstufung nicht ausreichend ist. Allein die Tatsache, dass wir eine Mutation „nach Augenschein“ bestimmen müssen, ist sehr gefährlich – auf jeden Fall, wenn es um den Unterschied von „braun“, „graubraun“ usw. geht. Nicht selten spielen hier persönliche Interpretation und die individuelle Fähigkeit, bestimmte Farben gut unterscheiden zu können, eine wichtige Rolle.

Es ist bis heute nur eine Vogelart bekannt, bei der mit Sicherheit drei verschiedene Falbe-Formen beschrieben wurden – und das ist der Wellensittich. Da spricht man vom „Deutschen Falben“, vom „Englischen Falben“ und vom „Schottischen Falben“ (der Vollständigkeit halber müssen wir dazu anmerken, dass der „Schottische Falbe“ ausgestorben sein soll – oder zumindest, dass man nicht weiß, ob es ihn überhaupt noch gibt). – Früher wurde häufig das Herkunftsland des ersten Mutanten im Namen verwendet, was sich natürlich von Art zu Art unterscheiden konnte (was z.B. beim Wellensittich der „Englische Falbe“ war, wurde bei den Agaporniden „Ostdeutscher Falbe“ genannt). Eigenartig ist, dass bei den Wellensittichen diese drei Falbe-Mutanten im Federkleid wenige Unterschiede aufweisen.

Junge Pale-Fallow-Rosenköpfchen im Nest

Das schwarze Melanin im Gefieder wird hier zu hellbraun reduziert

Bestimmend war immer die Augenfarbe: Beim „Deutschen Falben“ ist die Rede von dunkelroten Augen und einem weißen Irisring. Beim „Englischen Falben“ werden die Augen als rubinrot, aber ohne weißen Irisring beschrieben, und beim „Schottischen Falben“ nennt man sie pflaumenfarbige Augen, ebenfalls ohne weißen Irisring.

Unabhängig von den unterschiedlichen Versuchen, deutliche Umschreibungen für diese drei Falbe-Formen beim Wellensittich zu finden, konnte mir niemand eindeutige Informationen über die genaue Farbe der Schwungfedern bei diesen Mutanten geben. Dennoch bewiesen verschiedene Zuchtberichte, dass es sich beim Wellensittich wirklich um drei verschiedene Mutanten handelt, die nicht miteinander in Beziehung stehen. Harrie van der Linden, ein Spezialist auf dem Gebiet von Mutationen beim Wellensittich, ist da sehr zurückhaltend. Er hat einmal alle drei verschiedenen Falbe-Formen beim Wellensittich besessen und hatte dadurch die Chance, diese miteinander zu verpaaren. Das Resultat waren

Falbe

Falbe-Mutationsformen:

Links: Dun-Falbe-Schwarzköpfchen blau

Rechts: Bronze-Falbe-Pfirsichköpfchen – dieser Falbe-Typ ist der dunkelste.

immer grüne Spalt-Vögel: ein mehr als deutlicher Beweis, dass es tatsächlich um drei verschiedene Mutationen geht. – Bei Agaporniden spricht man von zwei, vielleicht sogar drei Formen. Hier fällt auf, dass bei diesen Arten durchaus ein bemerkenswerter Farbunterschied zwischen den diversen Falbe-Formen besteht.

Wie es kommt, dass bei den diversen Falbe-Formen beim Wellensittich nur die Rotfärbung des Auges unterschiedlich ist, es aber keinen deutlichen Unterschied im Federkleid gibt – und warum es bei den Agaporniden neben dem Unterschied in der Augenfarbe auch noch einen Färbungsunterschied im Gefieder gibt, ist noch nicht ganz klar. Ich schreibe den Unterschied der Tatsache zu, dass sich beim Wellensittich im Cortex der Federn (an der Außenseite) auch Eumelanin befindet. Dieses ist verantwortlich für die dunkle Flügelzeichnung, die z.B. bei Agaporniden und Halsbandsittichen nicht vorhanden ist, sodass demzufolge auch kein Eumelanin im Cortex zu finden ist. Es ist ja denkbar, dass das Eumelanin im Cortex wenig oder gar nicht durch die Falbe-Mutanten angegriffen wird. Aber nochmals, das ist eine persönliche Sichtweise meinerseits, und bis heute habe ich dafür noch keinen einzigen wissenschaftlichen Beweis gefunden.

Bei Agaporniden scheint es mir folgendermaßen zu sein:

- Bronze-Falbe: wenig Reduktion des Eumelanins in den Augen und der Befiederung – Augen bordeauxrot
- Pale-Falbe: viel Reduktion des Eumelanins in den Augen und der Befiederung – Augen hellrot
- Dun-Falbe: wenig Reduktion des Eumelanins in der Befiederung, viel Reduktion des Eumelanins in den Augen – Augen hellrot

Angesichts der Tatsache, dass die Eumelanin-Reduktion bei den verschiedenen Falbe-Typen unterschiedlich ist, denke ich persönlich, dass die Augenfarbe – in Kombination mit der Reduktion des Eumelanins in der Befiederung – ein deutlicher Indikator sein kann. Aber auch darüber ist das letzte Wort noch nicht gesprochen.

Bronze fallow (Bronze-Falbe)

Bronze-Falbe ist eine Mutation mit einer qualitativen Eumelanin-Reduktion. Es ist eine Form von Albinismus, was bedeutet, dass die Eumelanin-Abnahme sich nicht nur im Federkleid manifestiert, sondern auch in den Augen, Füßen und Krallen. Der Bronze-Falbe verdankt dieser Tatsache seine typischen bordeauxroten Augen. Die allgemeine Körperfarbe ist lorbeerähnlich grün (grün mit bräunlichem Schimmer), die Schwungfedern sind graubraun, die Füße fleisch- und die Zehen hornfarben. Die Farbe der Maske bleibt unverändert.

Bronze-Falbe ist eine autosomal rezessive Mutation, die bei verschiedenen papageiartigen Vögeln vorkommt. Bei Agaporniden ist sie schon beim Rosenköpfchen, Taranta-Papagei, Pfirsichköpfchen und vielleicht auch Schwarzköpfchen aufgetreten .

Bei Feder-Untersuchungen wurde entdeckt, dass diese Mutation - genauso wie NSL-Ino – eine Form von tyrosinase-negativem (Tyr-neg) Albinismus ist. Wo beim NSL-Ino die Tyrosinase-Aktivität völlig fehlt, ist sie beim Bronze-Falbe vermindert. Das könnte darauf hindeuten, dass Bronze-Falbe ein Allel des a-Locus ist. Neuere Untersuchungen bei MUTAVI haben diese Vermutung bestätigt. Beim Schmucksittich (*Neophema elegans*) werden vermeintliche Bronze-Falben regelmäßig mit NSL-Inos gekreuzt, mit dem Ergebnis, dass ausschließlich intermediär gefärbte Falben mit roten Augen entstehen. Diese Vögel werden fälschlicherweise auch „lacewings" genannt.

Bei MUTAVI wurden die Augen des Bronze-Falben und der vergleichbaren Mutation bei Kanarien (Topas) untersucht. In beiden Fällen findet man sichtbares Eumelanin von schlechter Qualität in der mittleren Augenhaut und auch an der Rückseite der Iris. Das ist der Grund, warum ein Bronze-Falbe bordeauxrote Augen hat. Erinnern wir uns

Rosenköpfchen bronze fallow grün

Bei der Zucht von bronze fallow sollte man so viel wie möglich mit Spaltvögeln arbeiten.

aber auch daran, dass das Gewebe, aus dem die Vorderseite der Iris besteht, nicht bei jeder Vogelart identisch ist. Der a-Locus greift die Aktivität der Tyrosinase an, und das wird durch eine punktuelle Mutation verursacht, die bei jeder Art möglicherweise einen anderen Gendefekt hervorruft.

Bronze-Falben sind sehr schwierige Zuchtvögel. Die Jungen sind schwach, und ihre Sterblichkeitsrate ist sehr hoch. Es ist darum empfehlenswert, so viel wie möglich mit Spalt-Vögeln zu arbeiten. In jedem Fall ist davon abzuraten, Bronze-Falbe x Bronze-Falbe zu verpaaren. Die Sterblichkeit beträgt dann mit ziemlicher Sicherheit 100%. Es sind keine für Anfänger geeigneten Vögel oder für Züchter, die schnell Erfolge haben wollen. Auch darum ist die Zahl der Halter dieser Vögel an den Fingern einer Hand abzuzählen.

Genetische Formel:

$bl^+\_D^+ / bl^+\_D^+; a^{bz}/a^{bz}$

Der Bronze-Falbe vererbt autosomal rezessiv. Das bedeutet, dass sowohl Männchen als auch Weibchen spalt sein können. Männchen werden in Paarungen immer zuerst angegeben. Aber alle Formeln können umgekehrt werden, die Zuchtergebnisse bleiben dieselben.

Bei allen vorgestellten Paarungen mit Bronze-Falbe werden so viele Kombinationen mit Spalt-Vögeln wie möglich angegeben, da die Kombination von Bronze-Falbe x Bronze-Falbe nicht empfehlenswert ist.

bronze fallow grün x grün:
100% grün/bronze fallow

grün/bronze fallow x grün/bronze fallow:
25% grün
50% grün/bronze fallow
25% bronze fallow grün

grün/bronze fallow x grün:
50% grün
50% grün/bronze fallow

grün/bronze fallow x bronze fallow grün:
50% grün/bronze fallow
50% bronze fallow grün

bronze fallow grün x bronze fallow grün:
100% bronze fallow (diese Kombination ist keinesfalls zu empfehlen)

Links: Taranta-Papageienpaar – bronze fallow sind eine absolute Seltenheit

Die Körperfärbung ist grün mit einem bräunlichen Schimmer, die Augen sind bordeauxrot.

Pfirsichköpfchen bronze fallow grün

Orangemaske-Rosenköpfchen bronze fallow grün

Kombinationen mit Dunkelfaktoren

Genetische Formeln:

$bl^+\_D^+ / bl^+\_D; a^{bz} / a^{bz}$ (bronze fallow D grün)
$bl^+\_D / bl^+\_D; a^{bz} / a^{bz}$ (bronze fallow DD grün)

bronze fallow D grün x grün:
50% grün/bronze fallow
50% D grün/bronze fallow

D grün/bronze fallow x bronze fallow grün:
25% grün/bronze fallow
25% bronze fallow grün
25% D grün/bronze fallow
25% bronze fallow D grün

D grün/bronze fallow x D grün/bronze fallow:
6,25 % grün
12,5% grün/bronze fallow
6,25% bronze fallow grün
12,5% D grün
25% D grün/bronze fallow
12,5% bronze fallow D grün
6,25% DD grün
12,5% DD grün/bronze fallow
6,25% bronze fallow DD grün

D grün/bronze fallow x bronze fallow DD grün:
25% D grün/bronze fallow
25% bronze fallow D grün
25% DD grün/bronze fallow
25% bronze fallow DD grün

D grün/bronze fallow x DD grün/bronze fallow:
12,5% D grün
25% D grün/bronze fallow
12,5% bronze fallow D grün
12,5% DD grün
25% DD grün/bronze fallow
12,5% bronze fallow DD grün

Wie bei den Grundformen sind Kombinationen bronze fallow x bronze falbe nicht zu empfehlen. Auch beim Einzüchten von Dunkelfaktoren ist es empfehlenswert, mit Vögeln zu arbeiten, die spalterbig in Bronze-Falbe sind.

wildfarbenes und Bronze-Falbe-Taranta-Männchen

Beim Taranta-Papagei gibt es diese Mutation bislang nur in den Niederlanden.

Bronze-Falbe-Taranta-Papageien

Diese Mutation der Taranta-Papageien kommt nur in den Niederlanden vor. Die Geschichte dieser Mutation ist an sich schon eigenartig. 1995 erfuhr ich von einem Liebhaber, dass jemand „eigenartige" Junge bei seinen Tarantas hatte. Ich wollte diesen Züchter gerne besuchen, um die noch etwas unklare Information zu überprüfen, und landete bei jemandem, der irgendwann einmal zwei Pärchen Tarantas im Handel gekauft hatte. Er züchtete nur als Freizeitbeschäftigung und war in keinem Club Mitglied. Erst fand er es nur lästig, dass jemand bei ihm vorbeikam, aber nach langem Bitten und Betteln durfte ich die „eigenartigen" Vögel doch begutachten – unter der Voraussetzung, dass weder der Name noch die Adresse des Besitzers bekannt gemacht werden durften.

Die Vögel waren in einem kleinen Schuppen untergebracht, in dem zwei kleine Volieren eingerichtet waren. In jeder Voliere saß ein Pärchen Taranta-Papageien. Eins von den zwei Paaren hatte vier Junge, die einige Wochen alt waren und langsam Federn bekamen. Eines war einfach grün, aber ein anderes hatte rote Augen und bekam schon gelbe Federn. Es schien ein Lutino-Vogel zu sein. Die zwei anderen hatten dunkelrote Augen und fingen an, grüne Federn zu bekommen. Ihre Augen waren eher dunkel weinrot. Die Schwungfedern waren jedoch nicht völlig schwarz, sonder braungrau. – Nach zwei Minuten wurde der Nistkasten wieder geschlossen. Ich versuchte einen Termin für Fotos von diesen Jungvögeln mit dem Besitzer zu vereinbaren, bekam aber den Rat abzuwarten. Die Elternvögel waren von einem örtlichen Händler gekommen und nicht beringt. Da sie schon länger als ein Jahr bei diesem Liebhaber saßen, war es ein sinnloses Unterfangen, die Herkunft dieser Vögel zu erkunden.

Vier Wochen später telefonierte ich nochmal mit dem Besitzer. Er erzählte mir, dass der Lutino und die anderen „eigenartig gefärbten" Vögel, die laut Züchter zimt waren, am Tag nach meinem Besuch gestorben waren. Das übriggebliebene, ebenfalls anders gefärbte Junge befand sich nach seiner Auskunft in guter Verfassung. Der Züchter wollte aber nicht riskieren, dass es sterben würde. Darum erhielt ich keine Zustimmung, noch einmal vorbeizukommen.

Nach einigen Monaten telefonierte ich wieder mit dem Züchter, und er erzählte mir, dass der „Zimt"-Vogel noch lebe. Es war ein Weibchen. Er wollte versuchen, im nächsten Jahr mit ihm weiter zu züchten. Ich sollte dann nochmal anrufen. Als es soweit war, stellte ich fest, dass der Mann umgezogen war. Die Vögel waren verkauft und niemand konnte mir sagen, an wen. Ich war natürlich sehr enttäuscht.

Nach einigen Monaten meldete mir ein Liebhaber in Deutschland, dass er ein falbes Taranta-Weibchen hatte. Er hatte den Vogel im Handel zufällig erworben. Der Vogel war nicht beringt und die Hintergründe deshalb nicht zu ergründen gewesen. Leider starb das Tier kurz darauf. Das einzige, was ich noch zu sehen bekam, war ein Foto und der Flügel des gestorbenen Tieres. Da fing ich an zu vermuten, dass die Vögel, die ich seinerzeit gesehen hatte, vielleicht falbe waren und keine zimt, wie der Liebhaber damals gedacht hatte. Ich befürchtete, dass der gesamte Stamm mittlerweile ausgestorben war, bis ich Fotos von einem Bronze-Falbe-Taranta-Papagei zu sehen bekam. Die Fotos waren vom niederländischen Preisrichter Pieter van den Hooven irgendwo in den Niederlanden bei einem Liebhaber gemacht worden. Dort war es jemandem gelungen, aus Wildform-Vögeln diese Bronze-Falben zu züchten. Die Vögel haben graue Schwungfedern, weinrote Augen und eine stärker grau grüne Körperfärbung als normal.

Nachdem ich die Fotos gesehen hatte, bin ich in die Niederlande gefahren, um diese bronze-falbe Vögel anzusehen. Der Besitzer, ein Züchter großer Papageien, hielt die Vögel einfach nur „zur Abwechslung" neben den großen Papageien. Er hatte vor einigen Jahren einige Pärchen gekauft. Der erste Bronze-Falbe schlüpfte, als sein Zuchtweibchen gestorben war und er das Männchen dann einfach mit einer seiner Töchter verpaart hatte. Ob die Vögel in den Niederlanden verwandt sind mit den Vögeln, die ich gesehen hatte, wird wohl für immer unbekannt bleiben. Tatsache ist, dass der Bronze-Falbe-Taranta-Papagei – Gott sei Dank – noch existiert.

Vor ein paar Jahren bekam ich dann die Nachricht, dass es auch in Österreich einen Bronze-Falben geben solle. Dort schlüpfte plötzlich ein Junges in der Anlage von Martin Peters. Weitere Einzelheiten gibt es nicht. Da diese Mutation sich nur bei einem Züchter befindet und noch sehr schwach ist, kann man nur hoffen, dass er diese schöne Mutation für die Zukunft erhalten kann.

Bronze-Falbe-Rosenköpfchen

Im Jahr 1978 schlüpfte in Deutschland (damals noch West-Deutschland) bei Karlheinz Grau (AZ-Nr. 16031) das erste Bronze-Falbe-Rosenköpfchen. Es gelang dem Züchter unter einigen Schwierigkeiten, einen kleinen Stamm aufzubauen. Zusammen mit Bodo Ochs und Peter Frenger versuchte er, diese schwache Mutation am Leben zu erhalten. Das war nicht so einfach.

Aus Deutschland kamen einige Vögel zu Theo Slagmolen nach Belgien, und es gelang ihm, einen relativ stabilen Stamm aufzubauen. Angesichts der hohen Sterblichkeitsrate ist diese Mutation bei den meisten Züchtern nicht populär, und die Anzahl ihrer Züchter kann man an den Fingern zweier Hände abzählen. Trotzdem ist es wichtig, dass diese Mutation erhalten bleibt.

In den ersten Jahren sprach man beim Rosenköpfchen vom „Westdeutschen Falben". Jetzt wird die internationale Umschreibung „bronze fallow" verwendet. „Bronze fallow" kann beim Rosenköpfchen kombiniert werden mit Dunkelfaktoren, Orangemaske, pale headed, opalin, aqua und türkis.

Bronze-Falbe-Rosenköpfchen kombiniert mit Opalin

Bronze-Falbe ist eine heikle Mutation, die nicht leicht zu züchten ist.

Bronze-Falbe

Bronze-Falbe-Pfirsichköpfchen blau

Bronze-Falbe-Pfirsichköpfchen D blau

Die Ergebnisse der allgemeinen Vererbung und der hier hier aufgelisteten Kombinationen für das Rosenköpfchen sind im **Anhang B** aufgeführt. Das Wort „Mutation“ ist jeweils durch „bronze falbe“ zu ersetzen.

Kombinationen mit Dunkelfaktoren

Genetische Formeln:

$bl^{+}\_D^{+} / bl^{+}\_D; a^{bz} / a^{bz}$ (bronze falbe D grün)
$bl^{+}\_D / bl^{+}\_D; a^{bz} / a^{bz}$ (bronze falbe DD grün)

Kombinationen mit Orangemaske

Genetische Formeln:

$bl^{+}\_D^{+} / bl^{+}\_D^{+}; a^{bz} / a^{bz}; of / of$ (Orangemaske bronze falbe grün)
$bl^{+}\_D^{+} / bl^{+}\_D; a^{bz} / a^{bz}; of / of$ (Orangemaske bronze falbe D grün)
$bl^{+}\_D / bl^{+}\_D; a^{bz} / a^{bz}; of / of$ (Orangemaske bronze falbe DD grün)

Kombinationen mit pale headed

Genetische Formeln:

$bl^{+}\_D^{+} / bl^{+}\_D^{+}; a^{bz} / a^{bz}; Ph / Ph^{+}$ (EF pale headed bronze falbe grün)
$bl^{+}\_D^{+} / bl^{+}\_D^{+}; a^{bz} / a^{bz}; Ph / Ph$ (DF pale headed bronze falbe grün)
$bl^{+}\_D^{+} / bl^{+}\_D; a^{bz} / a^{bz}; Ph / Ph^{+}$ (EF pale headed bronze falbe D grün)
$bl^{+}\_D^{+} / bl^{+}\_D; a^{bz} / a^{bz}; Ph / Ph$ (DF pale headed bronze falbe D grün)
$bl^{+}\_D / bl^{+}\_D; a^{bz} / a^{bz}; Ph / Ph^{+}$ (EF pale headed bronze falbe DD grün)
$bl^{+}\_D / bl^{+}\_D; a^{bz} / a^{bz}; Ph / Ph$ (DF pale headed bronze falbe DD grün)

Kombinationen mit aqua

Bei Kombinationen mit aqua spricht man von „bronze falbe aqua“.

Genetische Formeln:

$bl^{aq}\_D^{+} / bl^{aq}\_D^{+}; a^{bz} / a^{bz}$ (bronze falbe aqua)
$bl^{aq}\_D^{+} / bl^{aq}\_D; a^{bz} / a^{bz}$ (bronze falbe D aqua)
$bl^{aq}\_D / bl^{aq}\_D; a^{bz} / a^{bz}$ (bronze falbe DD aqua)

Kombinationen mit türkis

Bei Kombinationen mit türkis spricht man von „bronze falbe türkis“.

Genetische Formeln:

$bl^{tq}\_D^{+} / bl^{tq}\_D^{+}; a^{bz} / a^{bz}$ (bronze falbe türkis)
$bl^{tq}\_D^{+} / bl^{tq}\_D; a^{bz} / a^{bz}$ (bronze falbe D türkis)
$bl^{tq}\_D / bl^{tq}\_D; a^{bz} / a^{bz}$ (bronze falbe DD türkis)

Kombinationen mit opalin

Genetische Formeln:

$bl^{+}\_D^{+} / bl^{+}\_D^{+}; a^{bz} / a^{bz}; Z\ op / Z\ op$ (Männchen)
$bl^{+}\_D^{+} / bl^{+}\_D^{+}; a^{bz} / a^{bz}; Z\ op / W$ (Weibchen)

Bronze falbe – Bronze-Falbe-Pfirsichköpfchen

Nachdem schon einige Jahre Gerüchte über die Existenz eines Falbe-Pfirsichköpfchens in Dänemark kursierten, dauerte es bis zur Ausstellung des Dansk Agapornis Klub im Jahre 2002, bis die Vögel öffentlich zu besichtigen waren. Es waren ein bronze falbe D grünes Männchen, zwei bronze falbe blaue Weibchen und zwei bronze falbe D blaue Weibchen. Die neue Mutation wurde von John Larsen gezüchtet und ausgestellt. Der Züchter begann 1992 mit der Zucht der Wildform des Pfirsichköpfchens. Er kaufte damals sechs reinrassige Wildformvögel bei drei verschiedenen Züchtern. Aus den Nachkommen dieser Vögel stellte er ein Pärchen zusammen, das aus Bruder x Schwester bestand. Im ersten Nest lagen vier Junge: drei grüne und ein ungewöhnlich schönes „pastell grünes mit roten Augen", das höchstwahrscheinlich der erste Bronze-Falbe war. Von diesem Vogel konnte er einige Spaltvögel züchten. Und als der Vogel nach vier Jahren starb, hatte er diese bereits mit einigen anderen Vögeln verpaart, unter ihnen mit einem aus der Blaureihe. Nach vielen Misserfolgen gelang es ihm schließlich, einen kleinen Stamm aufzubauen, sowohl in der Grün- und Blaureihe als auch in Kombination mit Dunkelfaktoren. Die Vögel sehen auf den ersten Blick wie gute Pastell-Vögel aus, haben aber die bordeauxroten Augen.

Die Ergebnisse der allgemeinen Vererbung und der Kombinationen für das Pfirsichköpfchen sind im Anhang A aufgeführt. Das Wort „Mutation" ist jeweils durch „bronze falbe" zu ersetzen. Eine Kombination mit aqua besteht derzeit noch nicht.

Kombinationen mit Dunkelfaktoren

Genetische Formeln:

$bl^+\_D^+ / bl^+\_D; a^{bz} / a^{bz}$ (bronze falbe D grün)
$bl^+\_D / bl^+\_D; a^{bz} / a^{bz}$ (bronze falbe DD grün)

Kombinationen mit blau

Genetische Formeln:

$bl\_D^+ / bl\_D^+; a^{bz} / a^{bz}$ (bronze falbe blau)
$bl\_D^+ / bl\_D; a^{bz} / a^{bz}$ (bronze falbe D blau)
$bl\_D / bl\_D; a^{bz} / a^{bz}$ (bronze falbe DD blau)

Beide Mutanten vererben rezessiv. Also können die Kombinationen umgedreht werden, die Ergebnisse bleiben immer gleich.

Blaureihe kombiniert mit Dunkelfaktoren

Bei den Berechnungen wird der prozentuale Anteil an Crossing-over berücksichtigt.

D blau x bronze falbe grün:

50%	grün/bronze falbe/blau
50%	D grün/bronze falbe/blau (Typ II)

DD blau x bronze falbe grün:

100%	D grün/blau (Typ II)/bronze falbe

D grün/blau (Typ II)/bronze falbe x blau/bronze falbe:

10,75%	grün/blau
21,5%	grün/blau/falbe
10,75%	bronze falbe grün/blau
1,75%	blau
3,5%	blau/bronze falbe
1,75%	bronze falbe blau
1,75	D grün/blau (Typ I)
3,5%	D grün/blau (Typ I)/bronze falbe
1,75%	bronze falbe D grün/blau (Typ I)
10,75%	D blau
21,5%	D blau/bronze falbe
10,75%	bronze falbe D blau

bronze falbe D blau x D grün/blau (Typ I)/bronze falbe:

10,75%	grün/blau/bronze falbe
10,75%	bronze falbe grün/blau
1,75%	blau/bronze falbe
1,75%	bronze falbe blau
1,75%	D grün/blau (Typ I)/bronze falbe
1,75%	bronze falbe D grün/blau (Typ I)
10,75%	D grün/blau (Typ II)/bronze falbe
10,75%	bronze falbe D grün/blau (Typ II)
12,5%	D blau/bronze falbe
12,5%	bronze falbe D blau
1,75%	DD grün/blau/bronze falbe
1,75%	bronze falbe DD grün/blau
10,75%	DD blau/bronze falbe
10,75%	bronze falbe DD blau

bronze falbe D blau x D grün/ blau (Typ I)/bronze falbe:

1,75%	grün/blau/bronze falbe
1,75%	bronze falbe grün/blau
10,75%	blau/bronze falbe
10,75%	bronze falbe blau
10,75%	D grün/blau (Typ I)/bronze falbe
10,75%	bronze falbe D grün/blau (Typ I)
1,75%	D grün/blau (Typ II)/bronze falbe
1,75%	bronze falbe D grün/blau (Typ II)
12,5%	D blau/bronze falbe
12,5%	bronze falbe D blau
10,75%	DD grün/blau/bronze falbe
10,75%	bronze falbe DD grün/ blau
1,75%	DD blau/bronze falbe
1,75%	bronze falbe DD blau

bronze falbe D blau x D blau/ bronze falbe:

12,5%	blau/bronze falbe
12,5%	bronze falbe blau
25%	D blau/bronze falbe
25%	bronze falbe D blau
12,5%	DD blau/bronze falbe
12,5%	bronze falbe DD blau

bronze falbe DD blau x blau/ bronze falbe:

50%	D blau/bronze falbe
50%	bronze falbe D blau

Pale fallow (Pale-Falbe)

Pale-Falbe-Taranta-Papagei, Weibchen

Diese Mutation ist bislang sehr selten und befindet sich nur bei einem einzigen Züchter in Deutschland.

Pale-Falbe ist eine autosomal rezessive Eumelanin-Mutation, die bis heute in der Gattung *Agapornis* nur beim Rosenköpfchen, Taranta-Papagei und beim Pfirsichköpfchen vorkommt.

Bei dieser Mutation ist das Eumelanin zu 90 bis 95 Prozent reduziert. Die Abnahme zeigt sich auch an Augen, Füßen und Krallen. Der Pale-Falbe ist an der Farbe der Augen deutlich erkennbar. Der Pale-Falbe-Locus (pf-Locus) greift die Matrix der Melanosome (Pigmentkörner) an, was einen starken Effekt auf die Augenpigmentierung hat. Im Gegensatz zum Bronze-Falbe, der bordeauxrote Augen hat, hat diese Mutation hellrote Augen, die den Eindruck erwecken, man könne durch sie hindurchsehen. Das kommt daher, dass in den Augen von Bronze-Falben in der mittleren Augenhaut und an der Rückseite der Iris noch sichtbares Eumelanin von schlechter Qualität vorhanden ist. Beim Pale-Falbe ist hingegen hier kein sichtbares Eumelanin mehr zu finden. Nichtsdestotrotz scheinen die Vögel keine Probleme mit dem Licht zu haben.

Wie bei anderen Sitticharten, bei denen die Pale-Falbe-Mutation regelmäßig vorkommt, sind diese Mutanten noch recht schwach, wenn auch nicht so schwach wie der Bronze-Falbe (diese Mutation übertrifft alles, was ihre Sterblichkeitsrate angeht). Sofern der Stamm gut aufgebaut ist, sind mit der Pale-Falbe-Mutation viele Kombinationen möglich.

Genetische Formel:

$bl^+\_D^+ / bl^+\_D^+; pf / pf$

Die Ergebnisse der allgemeinen Vererbung und der Kombinationen mit Dunkelfaktoren sind für das Rosenköpfchen im **Anhang B** aufgeführt, für alle übrigen Arten im **Anhang A**. Das Wort „Mutation“ dort ist jeweils durch den Begriff „pale falbe“ zu ersetzen.

Kombinationen mit Dunkelfaktoren

Genetische Formeln:

$bl^+\_D^+ / bl^+\_D; pf / pf$ (pale fallow D grün)
$bl^+\_D / bl^+\_D; pf / pf$ (pale fallow DD grün)

Pale-Falbe-Taranta-Papageien

Vor einigen Jahren wurde in Deutschland von einem ganz bleichen Falbe-Taranta-Papagei berichtet. Versuche, den Vogel aufzuspüren, missglückten allerdings. Durch die Hilfe von André van der Voorn und Pieter van der Hooven, beide Preisrichter beim NBVV Nederland, konnte ich die Vögel endlich aufspüren.

Links: Pale-Falbe-Taranta-Papagei

Männchen; bei dieser Mutation ist das Eumelanin weitestgehend (90 - 95 %) reduziert.

Pale-Falbe

Pale-Falbe-Rosenköpfchen grün

Diese Mutation hat hellrote Augen und einen mattblauen Unterrücken.

Wilhelm und Erika Schoon wohnen in einer deutschen Kleinstadt und züchten schon seit 1974 Taranta-Papageien. Damals waren Tarantas nicht so leicht zu bekommen, und ihr Bestand beschränkte sich auf lediglich ein Paar. Ein paar Jahre später, 1978, gelang es Wilhelm, über den Vogelpark Walsrode einige zusätzliche Paare zu erhalten. Er züchtete damals auch noch mit anderen Arten wie Neophemen und konnte einige *Neophema*-Vögel gegen zwei Pärchen Taranta-Papageien tauschen. Diese Vögel stammten aus freier Natur, und daher war ihr Alter nicht bekannt. Trotzdem gelang es ihm mit etwas Geduld, jedes Jahr einige Jungvögel zu züchten. Später konnten Wilhelm und Erika acht weitere Tarantas kaufen, die aus Deutschland und den Niederlanden stammten. So wurde Schritt für Schritt eine eigene Blutlinie aufgebaut.

Am 24. April 1999 wurde ein Junges mit leuchtend roten Augen geboren. Das Küken war schwach und die Eltern ließen das Junge links liegen. Erika, die sich auch leidenschaftlich mit den Vögeln beschäftigte, erbarmte sich des Vogels und zog das Junge mit der Hand groß. Natürlich wurde spekuliert, ob es nun ein Lutino oder eine andere Mutation war. Schließlich zeigte sich, dass das Junge – ein Weibchen – kein Lutino war, sondern ein „schmutzig" gelber Vogel mit roten Augen. Verschiedene Zuchtkollegen kamen vorbei, und jeder von ihnen hatte eine eigene Theorie, um welche Mutation es sich handeln könnte. Manche rieten sogar dazu, dieser Mutation einen eigenen Namen zu geben.

Über einen Bekannten wurden sie zu BVA und MUTAVI verwiesen. Schon schnell kam die Vermutung auf, dass es wahrscheinlich ein Pale-Falbe war. Leider starb der Vogel im Alter von anderthalb Jahren ohne Nachkommen. Man fürchtete schon, die Mutation sei verloren. Aber das Wunder geschah von neuem, und am 6. März 2005 schlüpfte von demselben Paar noch einmal ein Pale-Falbe-Junges. Der Jungvogel – diesmal ein Männchen – wurde wieder von Hand aufgezogen. Die Tatsache, dass jetzt ein Männchen geschlüpft war, bestätigte die Theorie, das es eine autosomal rezessive Mutation und es ein Pale-Falbe sein musste (Wenn von zwei Wildform-Vögeln ein Männchen von anderer Farbe geboren wird, muss die Mutation autosomal rezessiv sein. Wenn es eine SL-Mutation ist, also eine Mutation auf einem Geschlechtschromosom, können von zwei Wildexemplaren nur Weibchen von anderer Farbe geboren werden). Dieses Junge blieb glücklicherweise am Leben und ist heute mit einem Weibchen aus einer anderen Blutlinie verpaart. Ziel ist natürlich, Spalt-Vögel zu züchten.

Im Januar 2007 schlüpfte – wiederum von dem ursprünglichen Zuchtpaar – nochmal ein Pale-Falbe-Junges, dieses Mal wieder ein Weibchen. So wie bei den vorherigen Jungen, war es wieder Erika, die sich des Jungvogels annahm. Manche Züchter raten davon ab, die Jungen von Hand aufzuziehen, da sie ihrer Meinung nach den Urinstinkt verlieren und deshalb in Zukunft vermutlich auch schlechte Eltern werden. Bei allem Respekt vor dieser Meinung: Wäre Erika nicht zur Handaufzucht übergegangen, wären diese Jungen wahrscheinlich niemals älter als ein paar Tage geworden und man würde von dieser Taranta-Papagei-Mutation überhaupt nicht mehr sprechen.

Dass es ein langwieriger Prozess werden würde, muss nicht eigens erwähnt werden. Ihr Bestand besteht derzeit aus zwei Pale-Falben und einer Reihe Spalt-Vögeln. Alle Hoffnung wird nun auf das junge Männchen gesetzt, um doch noch einige Spalt-Vögel züchten zu können. Aber Wilhelm und Erika haben Geduld und genießen ihre Vögel. Natürlich kam eine Reihe potentieller Käufer vorbei, als sich die Nachricht über einen Pale-Falbe-Taranta in Europa herumsprach. Aber Wilhelm und Erika wollen die Mutation erst etablieren, und danach kann man weitersehen.

Pale-Falbe-Rosenköpfchen

Die ersten Nachrichten über diese Falbe-Form beim Rosenköpfchen kamen aus Ost-Deutschland. Der Vogel bekam daher den Namen „Ostdeutscher Falbe". Zwischenzeitlich wird der Name Pale-Falbe allerdings für diese Mutation allgemein akzeptiert.

Der Pale-Falbe ist ein olivgelber Vogel mit einem mattblauen Bürzel und hellroten Augen. Typisch für ihn sind nicht nur die glasklaren roten Augen, sondern auch der grünliche Schein an der Körperunterseite. Die Füße sind fleisch- und die Krallen hornfarben. Die Maske ist gegenüber der Wildform unverändert. Pale-Falbe kann beim Rosenköpfchen mit Dunkelfaktoren, Orangemaske, pale headed, opalin, aqua und türkis kombiniert werden. In Kombination mit Dunkelfaktoren ist der Unterschied bei Rosenköpfchen nur an der Bürzelfarbe gut zu erkennen.

Orangemasken-Rosenköpfchen pale falbe D grün

Die Ergebnisse der folgend aufgeführten Kombinationen für das Rosenköpfchen sind im **Anhang B** aufgeführt. Das Wort „Mutation" ist dort jeweils durch den Begriff „pale falbe" zu ersetzen.

Kombinationen mit Orangemaske

Genetische Formeln:

bl⁺_D⁺ / bl⁺_D⁺; pf / pf; of / of (Orangemaske pale fallow grün)

bl⁺_D⁺ / bl⁺_D; pf / pf; of / of (Orangemaske pale fallow D grün)

bl⁺_D / bl⁺_D; pf / pf; of / of (Orangemaske pale fallow DD grün)

Pale-Falbe

Pale-Falbe-Rosenköpfchen opalin grün

Pale-Falbe-Rosenköpfchen aqua

Kombinationen mit pale headed

Genetische Formeln:

$bl^{+}\_D^{+} / bl^{+}\_D^{+}; pf / pf; Ph / Ph^{+}$ (EF pale headed pale falbe grün)

$bl^{+}\_D^{+} / bl^{+}\_D^{+}; pf / pf; Ph / Ph$ (DF pale headed pale falbe grün)

$bl^{+}\_D^{+} / bl^{+}\_D; pf / pf; Ph / Ph^{+}$ (EF pale headed pale falbe D grün)

$bl^{+}\_D^{+} / bl^{+}\_D; pf / pf; Ph / Ph$ (DF pale headed pale falbe D grün)

$bl^{+}\_D / bl^{+}\_D; pf / pf; Ph / Ph^{+}$ (EF pale headed pale falbe DD grün)

$bl^{+}\_D / bl^{+}\_D; pf / pf; Ph / Ph$ (DF pale headed pale falbe DD grün)

Kombinationen mit aqua

Bei Kombination mit aqua spricht man von pale falbe aqua.

Genetische Formeln:

$bl^{aq}\_D^{+} / bl^{aq}\_D^{+}; pf / pf$ (pale falbe aqua)

$bl^{aq}\_D^{+} / bl^{aq}\_D; pf / pf$ (pale falbe D aqua)

$bl^{aq}\_D / bl^{aq}\_D; pf / pf$ (pale falbe DD aqua)

Kombinationen mit türkis

Bei Kombination mit türkis spricht man von pale falbe türkis.

Genetische Formeln:

$bl^{tq}\_D^{+} / bl^{tq}\_D^{+}; pf / pf$ (pale falbe türkis)

$bl^{tq}\_D^{+} / bl^{tq}\_D; pf / pf$ (pale falbe D türkis)

$bl^{tq}\_D / bl^{tq}\_D; pf / pf$ (pale falbe DD türkis)

Kombinationen mit opalin

Genetische Formeln:

$bl^{+}\_D^{+} / bl^{+}\_D^{+}; pf / pf; Z\ op / Z\ op$ (Männchen)

$bl^{+}\_D^{+} / bl^{+}\_D^{+}; pf / pf; Z\ op / W$ (Weibchen)

Pale-Falbe-Pfirsichköpfchen

Im Lauf der Jahre wurde schon verschiedene Male von einem Pfirsichköpfchen-Falben in Dänemark berichtet. 1992 konnten wir über Bente Nielsen lesen, der aus ein paar reinrassigen Eltern in den Jahren 1989, 1990 und 1991 „sehr gelb gefärbte pastell-grünliche" Vögel züchtete, die rote Augen und einen orangeroten Kopf aufwiesen. Der Züchter dachte, er habe zu wenige Kenntnisse, um die Mutation zu etablieren. Darum verkaufte er die Vögel an Finn Mortensen. Der gab je ein Paar (falbe x spalt falbe) weiter an Bent Rasmussen und Calle Dall, um den Fortbestand der Mutation sicherzustellen. Leider gelang es nur Finn Mortensen in diesem Jahr, einen falbe-grünen Vogel zu züchten. Später kaufte John Larsen im örtlichen Vogelhandel (unbewusst) einige Spalt-Vögel und züchtete kurz darauf sein erstes Pale-Falbe-Pfirsichköpfchen. 2008 waren vom ursprünglichen Stamm nur noch bei Finn Mortensen einige Vögel am Leben, der die übrigen Falben an John Larsen weiterverkaufte. Dieser gab später Vögel an Johan Kip und Frans Mulder in den Niederlanden ab.

Pale falbe grüne Pfirsichköpfchen können leicht für pastell grüne Pfirsichköpfchen gehalten werden. Das pale falbe grüne Pfirsichköpfchen hat jedoch einen stark roten bis orangeroten Kopf und Nacken sowie rote Augen. Wenn Sie den Bronze-Falben und den Pale-Falben des Pfirsichköpfchens miteinander vergleichen, werden Sie folgende Unterschiede bemerken:

- Die Farbe der Befiederung ist bei einem Pale-Falben blasser als bei einem Bronze-Falben.
- Die Schwungfedern sind bei einem Pale-Falben weiß, bei einem Bronze-Falben dagegen graubraun.
- Die roten Augen fallen bei einem Pale-Falben viel mehr auf als bei einem Bronze-Falben.
- Füße und Krallen eines Pale-Falben sind heller gefärbt als die eines Bronze-Falben.

Die Ergebnisse der Kombinationen mit Blau für das Pfirsichköpfchen sind im **Anhang A** aufgeführt. Das Wort „Mutation" dort ist jeweils durch den Begriff „pale falbe" zu ersetzen. Die Kombinationen für Dunkelfaktoren wurden weiter oben erwähnt. Eine Kombination mit aqua gibt es nicht.

Kombinationen mit blau

Genetische Formeln:

bl_D⁺ / bl_D⁺; pf / pf (pale falbe blau)
bl_D⁺ / bl_D; pf / pf (pale falbe D blau)
bl_D / bl_D; pf / pf (pale falbe DD blau)

Rechts: Pale-Falbe-Pfirsichköpfchen

Diese Mutation unterscheidet sich vom Pastell-Pfirsichköpfchen durch einen stark orangeroten Kopf und Nacken sowie durch die roten Augen.

Schwarzköpfchen dun fallow DD grün (?)

Diese Mutation ist noch sehr schwach und wenig etabliert.

Dun fallow (Dun-Falbe)

Dun-Falbe-Schwarzköpfchen?

Die ersten Berichte über falbe Schwarzköpfchen gab es vor einigen Jahren. Lee Horton und Roland Dubuc, Vorstandsmitglieder bei „The African Love Bird Society" (ALBS), gelten als die „Entdecker" dieser Mutation. Als Lee 1985 als Gastredner bei einem Club in Kalifornien (USA) war, befand sich unter den Anwesenden eine Dame aus Orange County. Sie hatte Schwarzköpfchen und Probleme, die Jungen am Leben zu erhalten. Diese hatten eine abweichende Farbe und rote Augen, aber der Name des Farbschlags war ihr unbekannt. Sie hatte einen der Vögel mitgebracht, und Lee sah sofort, dass es ein Falbe war.

Als Lee und Roland die Dame in der Woche darauf besuchten, schlug sie zu ihrer Überraschung selbst vor, einige ihrer Falben und Spalt-Falben gegen andere Mutationen zu tauschen, die leichter zu züchten waren. Lee und Roland nahmen die Herausforderung an, wohl wissend, dass sie sich keine Illusionen über die Zuchtergebnisse dieser Mutation machen durften. Die Jungen mit roten Augen starben beinahe direkt nach dem Schlupf. Zusammen mit einer Handvoll motivierter Züchter sind sie nun dabei, einen Stamm dieser seltenen Schwarzköpfchen-Mutation aufzubauen.

Die Dunkelfaktoren sind eingezüchtet, wodurch schon vor einigen Jahren D blaue und DD blaue Falben entstanden. Die Dunkelfaktoren in der Grünreihe kamen erst vor wenigen Jahren, als der erste D grüne Falbe aufgezogen wurde.

Da noch keine Federuntersuchungen vorliegen, ist vorläufig unklar, ob es sich hier um Bronze- oder Pale-Falbe handelt. Ich habe die Vögel nur einmal gesehen, und die minimale Reduktion der Körperfarbe lässt mich an Bronze-Falbe denken. Die sehr helle rote Farbe der Augen lässt mich andererseits daran zweifeln, denn sie könnte auf Pale-Falbe hindeuten. Wie bereits erwähnt, unterscheidet sich das Gewebe der Vorderseite der Iris von Vogelart zu Vogelart. Das könnte vielleicht die sehr hellen roten Augen erklären.

Ein abschließender Test würde darin bestehen, ein Falbe-Schwarzköpfchen mit einem NSL-Ino oder einem Pastell-Vogel zu verpaaren. Falls wir so eine Zwischenfarbe bekommen, können wir sicher sein, dass wir es mit Bronze-Falbe zu tun haben. Wenn wir stattdessen aber grüne Vögel bekommen, die für beide Mutationen spalt sind, dann wissen wir mit Sicherheit, dass es kein Bronze-Falbe ist. Dann ist es wahrscheinlich ein Pale-Falbe – oder noch eine andere Falbe-Form (dabei denke ich etwa an „Dun-Falbe"). – Die meisten Züchter scheuen sich in diesem Stadium allerdings noch, solche Kombinationen zu versuchen. Die Vögel sind ja ziemlich schwach, und das wichtigste Ziel besteht darin, diese Mutations-Vögel am Leben zu erhalten. Wenn es ausreichend Falbe-Vögel gibt, kann man dann Testpaarungen durchführen.

Soweit bekannt, gab es nur wenige Züchter, die diese Mutation in Europa erhalten haben. Aber kein einziger von ihnen hatte gute Zuchtergebnisse, und schon bald verschwanden die Falbe-Vögel.

Vor einigen Jahren gelang es Johan Kip aus den Niederlanden, einen Falben aus der amerikanischen Blutlinie zu erhalten. Der Vogel war bereits ein F3- oder F4-Hybride mit einem Pfirsichköpfchen. Da er eher ein Pfirsich- als ein Schwarzköpf-

Links: Schwarzköpfchen dun fallow DD blau (?)

Die ersten Jungvögel dieser Mutation starben aber kurz nach der Geburt.

Rechts: Pfirsichköpfchen dun fallow blau (?)

Bislang gibt es noch keine endgültige Sicherheit über die Existenz dieser Mutationsform

chen war, hat Johan den Vogel mit der Wildform des Pfirsichköpfchens zurückverpaart. Mit den daraus entstandenen Spalt-Vögeln wurde einige Jahre weiter gearbeitet, bis die Nachkommen wieder den Musterbeschreibungen des Pfirsichköpfchens entsprachen.

Kurz darauf konnte Johan Kip zusammen mit Frans Mulder Pale-Falbe-Pfirsichköpfchen aus Dänemark erwerben. 2008 wurde dann ein Falbe aus der amerikanischen Linie mit einem grünen Vogel, spalterbig in pale falbe, verpaart. Daraus entstanden drei Jungvögel, und diese waren alle grün. – Gleichzeitig wurde ein Pale-Falbe mit einem grünen Vogel spalterbig in den Falbe-Typ aus Amerika verpaart. Daraus entstanden auch drei Junge, die ebenfalls grün waren.

Die Anzahl der nachgezogenen Vögel ist noch zu klein, um Schlussfolgerungen zu ziehen. Aber es scheint, dass unsere Vermutungen stimmen und es doch um verschiedene Falbe-Typen geht. 2009 wollte Johan versuchen, beide Falbe-Typen miteinander zu verpaaren, was eine eindeutige Antwort geben dürfte. Sind die Nachkommen grün, haben wir tatsächlich verschiedene Falben, und dann kann es vielleicht doch der Dun-Falbe sein?

Genetische Formel:

$bl^+\_D^+ / bl^+\_D^+; df / df$

Die Ergebnisse der allgemeinen Vererbung und der folgenden Kombinationen für das Schwarzköpfchen sind im **Anhang A** aufgeführt. „Mutation“ dort ist jeweils durch den Begriff „dun fallow“ zu ersetzen. Eine Kombination mit aqua besteht derzeit noch nicht.

Kombinationen mit Dunkelfaktoren

Genetische Formel:

$bl^+\_D^+ / bl^+\_D; df / df$ (dun fallow D grün)
$bl^+\_D / bl^+\_D; df / df$ (dun fallow DD grün)

Kombinationen mit Blau

Genetische Formel dun fallow blau:

$bl\_D^+ / bl\_D^+; df / df$

Genetische Formel dun fallow D blau:

$bl\_D^+ / bl\_D; df / df$

Genetische Formel dun fallow DD blau:

$bl\_D / bl\_D; df / df$

Recessive pied (Rezessiv gescheckt)

Gescheckt ist eine Mutation, bei der – willkürlich über den Körper verteilt – eine Reduktion des Eumelanins stattfindet. Bei Agaporniden ergibt diese rezessiv gescheckte Mutation einen beinahe vollständig gelben Vogel, da die Abnahme des Eumelanins 95 Prozent beträgt. Unabhängig von der Tatsache, dass gescheckt im Prinzip eine Eumelanin-Mutation ist, wird auch hier die Maske kleiner. Das kommt daher, dass auch das rote Psittacin der Maske abnimmt. Die Schwanzflecken sind so gut wie nicht mehr vorhanden, und die Schwanzspitze ist manchmal stärker rot gefärbt als normal. Die Vererbung ist autosomal rezessiv.

Bei Agaporniden gibt es drei Formen von gescheckt: rezessiv gescheckt, dominant gescheckt und Mottle (oder progressiv gescheckt). Gescheckt ist eine Form von Leucismus. Es hat nichts mit Tyrosinase und der Bildung bzw. der Färbung der Matrixen zu tun. Hier liegt die Ursache in der neuralen Leiste, der Wanderung der Melanoblasten in der Haut oder im Milieu der Haut selbst. Bei Leucismus fehlen die Melanozyten (Pigmentzellen) in bestimmten Hautsektoren fast vollständig. Wenn diese in der Haut nicht vorhanden sind, kann auch kein Pigment produziert werden. Das hat zur Folge, dass Federbereiche ohne Eumelanin entstehen und dadurch grüne Federfelder gelb und blaue Federfelder weiß werden.

Bei rezessiv gescheckt gibt es einen Defekt in der Verteilung der Pigmentzellen von der neuralen Leiste aus. Das ist der Ort, an dem die Melanoblasten (die Vorläufer der Pigmentzellen) entstehen. Hierdurch kommen zu wenige Pigmentzellen an, und in manchen Bereichen gibt es überhaupt keine Melanozyten in der Haut und so kann kein Eumelanin gebildet werden. Die Enzyme Tyrosinase und Myosin können ihre Arbeit tun. Wenn es aber wenig oder gar keine Melanozyten gibt, können auch sie nicht ausreichend Pigment ablagern (wodurch die Feder ihre normale Farbe bekommen würde). Wenn bei rezessiv gescheckt schon Melanozyten in den „gescheckten" Federbereichen vorhanden sind, sind diese zu stark missgebildet und in viel zu geringer Anzahl vorhanden, um Einfluss auf die Farbe zu haben.

Links: Rosenköpfchen rezessiv gescheckt grün

Bei Agaporniden sind gescheckte Vögel meist weitgehend gelb gefärbt.

Pfirsichköpfchen rezessiv gescheckt grün

Diese Mutation entstand erst 1990 in den Niederlanden.

Die ersten Nachrichten von rezessiv gescheckten Mutationen bei Papageien stammen aus dem Jahr 1932, als die ersten rezessiv vererbenden gescheckten Wellensittiche beschrieben wurden. Sie wurden damals „Dänische Schecken" genannt. Bei den Agaporniden dauerte es bis 1968, bevor das erste rezessiv gescheckte Rosenköpfchen in Australien entstand. Beim Pfirsichköpfchen erschienen die ersten rezessiv gescheckten Vögel 1990 in den Niederlanden.

Rezessiv gescheckt

Kombination von rezessiv gescheckt D grün und Orangemaske beim Rosenköpfchen

Die Maskenfärbung ist bei diesen Vögeln nochmals blasser.

Es gibt einige Züchter in Australien, die bei den rezessiv gescheckten Rosenköpfchen durch Selektion einen möglichst gleichmäßig gelben Vogel züchten und diesen als „black eyed clear – gelb" bezeichnen wollen. Ihr anderes Argument für black eyed clear (BEC – zur Verdeutlichung: nicht DEC, denn DEC ist ein Allel des a-Locus) ist, dass vielleicht irgendwann einmal ein stärker gezeichneter rezessiver Schecke entstehen kann. Was nicht ist, kann ja immer noch werden! Dem steht gegenüber, dass es weiterhin unklar ist, ob bei rezessiver Scheckung mehrere Allele von rezessiv gescheckt vorhanden sind. Es kommt hinzu, dass kein einziger Zuchtrichter einen Vogel als BEC ansehen wird, wenn er noch Flecke im Federkleid aufweist. Für sie bliebe das eine Form der Scheckung. Außerdem ist zu berücksichtigen, dass rezessiv gescheckt wahrscheinlich auch eine pleiotropische Mutation ist und demzufolge durch andere Gene beeinflusst werden kann. Allein aus diesen Gründen müssen wir äußerst vorsichtig sein mit diesen Selektionsformen, denn sie können uns durchaus auf die falsche Fährte locken.

Rezessiv gescheckte Rosenköpfchen

Diese rezessiv gescheckte Mutation entstand um 1968 in den Volieren von Herrn Fisk in Sydney, Australien, und ergibt beinahe vollständig gelbe Rosenköpfchen. Diese Scheckungsform sorgt für eine Reduktion des vorhandenen Eumelanins um 90 bis 95 %. Die Farbe der Schwungfedern, der Füße und der Krallen kann von grau bis völlig bleich variieren. Meist ist das Blau auf dem Bürzel fast vollständig verschwunden, und die Vögel haben nur noch einen hellgrünen Schimmer am Unterrücken oberhalb des Bürzelgefieders. Die Schwanzflecken fehlen so gut wie ganz, und die Spitzen der Schwanzfedern sind manchmal stärker rot gefärbt als normal. Typisch für die rezessiv gescheckten Rosenköpfchen ist, dass die Maske durch Abnahme des roten Psittacins in der Ausdehnung kleiner wird.

Spalterbige Vögel in dieser Mutation sind meistens an einem gescheckten Fleck an der Innenseite des Oberschenkels oder auf dem Hinterkopf zu erkennen. Rezessiv gescheckt kann beim Rosenköpfchen mit Dunkelfaktoren, pale headed, Orangemaske, türkis, aqua und opalin kombiniert werden. Kombinationen mit anderen Eumelanin-reduzierenden Mutationen sind nicht zu empfehlen.

Unterrücken eines Rosenköpfchens rezessiv gescheckt grün: Das Blau auf dem Bürzel ist fast vollständig verschwunden.

Genetische Formel:

$bl^+\_D^+ / bl^+\_D^+; s / s$

Die Ergebnisse der allgemeinen Vererbung und der folgenden Kombinationen für das Rosenköpfchen sind im **Anhang B** aufgeführt. Das Wort „Mutation" ist jeweils durch den Begriff „rezessiv gescheckt" zu ersetzen.

Natürlich können rezessiv gescheckte Vögel auch mit Dunkelfaktoren kombiniert werden. Aber da diese Vögel äußerlich beinahe vollständig gelb gefärbt sind, wird das nicht immer gleichermaßen deutlich zu sehen sein.

Kombinationen mit Dunkelfaktoren

Genetische Formeln:

$bl^+\_D^+ / b^{l+}\_D; s / s$ (rezessiv gescheckt D grün)
$bl^+\_D / bl^+\_D; s / s$ (rezessiv gescheckt DD grün)

Kombinationen mit Orangemaske

Genetische Formeln:

$bl^+\_D^+ / bl^+\_D^+; s / s; of / of$ (Orangemaske rezessiv gescheckt grün)
$bl^+\_D^+ / bl^+\_D; s / s; of / of$ (Orangemaske rezessiv gescheckt D grün)
$bl^+\_D / bl^+\_D; s / s; of / of$ (Orangemaske rezessiv gescheckt DD grün)

Kombinationen mit pale headed

Genetische Formeln:

$bl^+\_D^+ / bl^+\_D^+; s / s; Ph / Ph^+$ (EF pale headed rezessiv gescheckt grün)

Rosenköpfchen rezessiv gescheckt DD grün

Rosenköpfchen rezessiv gescheckt aqua

$bl^+\_D^+ / bl^+\_D^+; s / s; Ph / Ph$ (DF pale headed rezessiv gescheckt grün)
$bl^+\_D^+ / bl^+\_D; s / s; Ph / Ph^+$ (EF pale headed rezessiv gescheckt D grün)
$bl^+\_D^+ / bl^+\_D; s / s; Ph / Ph$ (DF pale headed rezessiv gescheckt D grün)
$bl^+\_D / bl^+\_D; s / s; Ph / Ph^+$ (EF pale headed rezessiv gescheckt DD grün)
$bl^+\_D / bl^+\_D; s / s; Ph / Ph$ (DF pale headed rezessiv gescheckt DD grün)

Kombinationen mit aqua

Bei Kombinationen mit aqua spricht man von rezessiv gescheckt aqua.

Genetische Formeln:

$bl^{aq}\_D^+ / bl^{aq}\_D^+; s / s$ (rezessiv gescheckt aqua)
$bl^{aq}\_D^+ / bl^{aq}\_D; s / s$ (rezessiv gescheckt D aqua)
$bl^{aq}\_D / bl^{aq}\_D; s / s$ (rezessiv gescheckt DD aqua)

Kombinationen mit türkis

Bei Kombinationen mit türkis spricht man von rezessiv gescheckt türkis.

Genetische Formeln:

$bl^{tq}\_D^+ / bl^{tq}\_D^+; s / s$ (rezessiv gescheckt türkis)
$bl^{tq}\_D^+ / bl^{tq}\_D; s / s$ (rezessiv gescheckt D türkis)
$bl^{tq}\_D / bl^{tq}\_D; s / s$ (rezessiv gescheckt DD türkis)

Kombinationen mit opalin

Genetische Formeln:

$bl^+\_D^+ / bl\_D^+; s / s; Z\ op / Z\ op$ (Männchen)
$bl^+\_D^+ / bl^+\_D; s / s; Z\ op / W$ (Weibchen)

Rezessiv gescheckte Pfirsichköpfchen

Es war im Jahr 1990, als bei Herrn Martin Jonker in Oss, Niederlande, aus einem Gelege grüner Pfirsichköpfchen plötzlich einige beinahe vollständig „gelbe“ Jungvögel schlüpften. Herr Jonker dachte zunächst, eine neue Form von gelben Schwarzaugen zu haben. Auffällig war dabei, dass diese Vögel nicht die normale weiße oder blaue Bürzelfarbe hatten, sondern der Bürzel beinahe vollständig gelb gefärbt war. Auch die Maske war etwas kleiner im Umfang. Probepaarungen ergaben, dass es um eine rezessive Vererbung ging. Kurz darauf tauchten auch in der Anlage von Koos Hammer die ersten rezessiv gescheckten Pfirsichköpfchen auf. Das deutet darauf hin, dass bei den Züchtern wahrscheinlich schon spalterbige Vögel vorhanden waren.

Rezessiv gescheckte Pfirsichköpfchen sind wie rezessiv gescheckte Rosenköpfchen fast vollständig gelb. Hin und wieder haben sie einen grünen Fleck auf dem Körper, hauptsächlich auf den Flügeldecken. Sie besitzen einen überwiegend gelben Bürzel. Die Flecken am Schwanz sind so gut wie verschwunden und die Schwanzspitzen manchmal stärker rot gefärbt als normal. Die Augen, Füße und Krallen bleiben in der Farbe unverändert.

Die Zucht dieser rezessiv gescheckten Vögel verläuft etwas weniger schnell als bei den Rosenköpfchen, aber diese Mutation ist nicht schwach. Durch Transmutation gibt es auch schon rezessiv gescheckte Erdbeer-, Ruß- und Schwarzköpfchen.

In der *personatus*-Gruppe kann rezessiv gescheckt mit Dunkel- und Blaufaktoren kombiniert werden. Kombinationen mit anderen Eumelanin-reduzierenden Faktoren machen keinen Sinn.

Genetische Formel:

bl+_D+ / bl+_D+; s / s

Pfirsichköpfchen rezessiv gescheckt blau

Pfirsichköpfchen rezessiv gescheckt grün

Die Ergebnisse der allgemeinen Vererbung und der folgenden Kombinationen für das Pfirsichköpfchen sind im **Anhang A** aufgeführt. Das Wort „Mutation“ dort ist jeweils durch den Begriff „rezessiv gescheckt“ zu ersetzen. Eine Kombination mit aqua besteht derzeit noch nicht.

Natürlich können rezessiv gescheckte Vögel auch mit Dunkelfaktoren kombiniert werden. Aber da diese Jungen äußerlich beinahe vollständig gelb sind, wird das nicht immer gleichermaßen deutlich zu sehen sein.

Kombinationen mit Dunkelfaktoren

Genetische Formeln:

$bl^{+}\_D^{+} / bl^{+}\_D; s / s$ (rezessiv gescheckt D grün)

$bl^{+}\_D / bl^{+}\_D; s / s$ (rezessiv gescheckt DD grün)

Kombinationen mit Blau

Genetische Formeln:

bl_D+ / bl_D+; s / s (rezessiv gescheckt blau)

bl_D+ / bl_D; s / s (rezessiv gescheckt D blau)

bl_D / bl_D; s / s (rezessiv gescheckt DD blau)

Allgemeine Anmerkung

Machen Sie sich bewusst, dass die Schecken-Mutation eine Eumelanin-Mutation ist. Es ist immer ein normal grüner oder blauer Vogel, der durch einen Mangel an Eumelanin weiße oder gelbe Flecken bekommen hat, und kein gelber oder weißer, der dunkle Flecken hinzubekommen hat.

Dominant pied (dominant gescheckt)

Diese Scheckungsform ist auffallend fleckig und kann von einigen gescheckten Federn bis zur beinahe vollständigen Eumelanin-Reduktion variieren. Die Mutation vererbt autosomal dominant, aber es existiert kein deutlich sichtbarer Unterschied zwischen ein- und doppelfaktorig gescheckten Vögeln. Die Mutation wird nicht als unvollständig dominant angesehen, sondern als einfach dominant.

Am schönsten sind natürlich die Vögel mit einem symmetrischen Scheckungsmuster, am besten im Verhältnis von 40 : 60. Obwohl gescheckt als eine Mutation des Eumelanins beschrieben wird, ist bei gescheckten Agaporniden die Maske, die aus Psittacin besteht, doch etwas kleiner im Umfang. Die Ursache dafür ist unbekannt. Es herrscht allerdings Klarheit darüber, dass gescheckt mit einer Eumelanin-Reduktion zu tun hat.

Wenn man von den Federn dominant gescheckter Vögel Querschnitte macht, zeigt sich, dass in den gescheckten Federbereichen nicht eine einzige Matrix in der Feder eingelagert ist. Diese amelanotischen (pigmentlosen) Gebiete sind „leer", und man findet nicht einmal farblose Melanosom-Matrixen. Das kommt daher, dass bei dominant gescheckt bestimmte Hautsegmente genetisch derart verändert sind, dass dort keine Melanozyten (Pigmentzellen) vorkommen, und ohne Melanozyten gibt es auch keine Matrixen.

Es gibt verschiedene Hinweise darauf, dass gescheckt eine pleiotropische Mutation ist. Das würde die große Anzahl unterschiedlicher Erscheinungsformen von dominant gescheckt erklären (Pleiotropische Mutationen werden phänotypisch durch andere in der DNA des Individuums vorhandene Mutationen beeinflusst). Eine andere Antwort für die großen Unterschiede in den Scheckungsmustern könnte man in der Tatsache suchen, dass es vielleicht mehrere dominant gescheckte Mutanten gibt. Und tatsächlich existieren bei bestimmten Vogelarten – wie auch bei bestimmten Säugetieren – Nachrichten über die Existenz verschiedener dominant gescheckter Mutanten. Genetisch gesehen ist das gut möglich. Aber bis heute fehlen bei den Agaporniden die nötigen Beweise. Es ist jedoch nicht ausgeschlossen, dass das bei Agaporniden einmal geschieht.

Rosenköpfchen dominant gescheckt grün

Das Erscheinungsbild dieser Mutation ist recht variabel.

Bei Agaporniden kommt die dominant gescheckte Mutation beim Rosen- und beim Pfirsichköpfchen vor. Durch Transmutation wurde diese Scheckungsform auf Schwarz-, Ruß- und Erdbeerköpfchen übertragen. Dennoch gibt es Quellen, nach denen in England spontan dominant gescheckte Rußköpfchen entstanden sein sollen. Leider habe ich dazu keinerlei weitere Informationen.

Genetische Formeln:

bl⁺_D⁺ / bl⁺_D⁺; Pi / Pi⁺ (EF dominant gescheckt grün)
bl⁺_D⁺ / bl⁺_D⁺; Pi / Pi (DF dominant gescheckt grün)
bl⁺_D⁺ / bl⁺_D; Pi / Pi⁺ (EF dominant gescheckt D grün)
bl⁺_D⁺ / bl⁺_D; Pi / Pi (DF dominant gescheckt D grün)
bl⁺_D / bl⁺_D; Pi / Pi⁺ (EF dominant gescheckt DD grün)
bl⁺_D / bl⁺_D; Pi / Pi (DF dominant gescheckt DD grün)

Einige Basis-Kombinationen:

EF dominant gescheckt grün x grün:
50% grün
50% EF dominant gescheckt grün

EF dominant gescheckt grün x EF dominant gescheckt grün:
25% grün
50% EF dominant gescheckt grün
25% DF dominant gescheckt grün

DF dominant gescheckt grün x grün:
100% EF dominant gescheckt grün

DF dominant gescheckt grün x DF dominant gescheckt grün:
100% DF dominant gescheckt grün

DF dominant gescheckt grün x EF dominant gescheckt grün:
50% EF dominant gescheckt grün
50% DF dominant gescheckt grün

EF dominant gescheckt grün x D grün:
25% grün
25% EF dominant gescheckt grün
25% D grün
25% EF dominant gescheckt D grün

DF dominant gescheckt grün x D grün:
50% EF dominant gescheckt grün
50% EF dominant gescheckt D grün

EF dominant gescheckt D grün x EF dominant gescheckt D grün:
6,25% grün
12,5% EF dominant gescheckt grün
6,25% DF dominant gescheckt grün
12,5% D grün
25% EF dominant gescheckt D grün
12,5% DF dominant gescheckt D grün
6,25% DD grün
12,5% EF dominant gescheckt DD grün
6,25% DF dominant gescheckt DD grün

EF dominant gescheckt grün x DD grün:
50% D grün
50% EF dominant gescheckt D grün

DF dominant gescheckt D grün x EF dominant gescheckt D grün:
12,5% EF dominant gescheckt grün
12,5% DF dominant gescheckt grün
25% EF dominant gescheckt D grün
25% DF dominant gescheckt D grün
12,5% EF dominant gescheckt DD grün
12,5% DF dominant gescheckt DD grün

EF dominant gescheckt D grün x EF dominant gescheckt DD grün:
12,5% D grün
25% EF dominant gescheckt D grün
12,5% DF dominant gescheckt D grün
12,5% DD grün
25% EF dominant gescheckt DD grün
12,5% DF dominant gescheckt DD grün

DF dominant gescheckt D grün x EF dominant gescheckt DD grün:
25% EF dominant gescheckt D grün
25% DF dominant gescheckt D grün
25% EF dominant gescheckt DD grün
25% DF dominant gescheckt DD grün

DF dominant gescheckt DD grün x EF dominant gescheckt DD grün:
50% EF dominant gescheckt DD grün
50% DF dominant gescheckt DD grün

Dominant geschecktes Schwarzköpfchen

Links: Pfirsichköpfchen dominant gescheckt grün

Neben dem Rosenköpfchen ist dies die zweite Art, bei der diese Scheckungsform ursprünglich entstanden ist.

Dominant gescheckt

Dominant geschecktes Orangemaske-Rosenköpfchen

Dominant gescheckte Rosenköpfchen

Die ersten Beschreibungen von dominant gescheckten Rosenköpfchen stammen aus dem Jahr 1965 und kamen aus Amerika. Eingeweihte behaupten allerdings, dass man schon in den dreißiger Jahren von den ersten dominant gescheckten Vögeln sprach. Bei Rosenköpfchen kann man aufgrund des Äußeren keinen Unterschied zwischen einem EF und einem DF dominant gescheckten Vogel erkennen. Es ist nicht die Menge des „Scheckungsmusters“, die bestimmt, ob ein Vogel EF oder DF ist. Es gibt DF dominant gescheckte Rosenköpfchen, die im Gegensatz zu bestimmten EF-Vögel sehr wenig gezeichnet sind, und EF-Vögel, die beinahe völlig gelb sind. Auch hier wird das Format der Maske kleiner. Im Gegensatz zu den rezessiv gescheckten Rosenköpfchen (wo der Bürzel häufiger grüngelb wird), bleibt hier der Bürzel meistens blau gefärbt.

In den Anfangsjahren sprachen die Liebhaber bei dieser Rosenköpfchen-Mutation von „amerikanisch gescheckt“, was eine Übersetzung des damals gebräuchlichen englischen Ausdrucks „American pied“ war (benannt nach dem Herkunftsland der Mutation). Heute wird für gewöhnlich der Ausdruck „dominant gescheckt“ verwendet.

Genau wie jede andere Eumelanin-Mutation kann diese Mutation beim Rosenköpfchen mit Orangemaske, pale headed, aqua, türkis und opalin kombiniert werden. Es macht – wie Sie vielleicht bereits wissen – keinen Sinn, sie mit z.B. rezessiv gesäumt, dilute oder Lutino zu verpaaren, denn dann verschwinden die Merkmale beider Mutationen.

Kombinationen mit Orangemaske

Genetische Formeln:

$bl^{+}\_D^{+} / bl^{+}\_D^{+}; of / of; Pi / Pi^{+}$ (EF dominant gescheckt Orangemaske grün)

$bl^{+}\_D^{+} / bl^{+}\_D^{+}; of / of; Pi / Pi$ (DF dominant gescheckt Orangemaske grün)

$bl^{+}\_D^{+} / bl^{+}\_D; of / of; Pi / Pi^{+}$ (EF dominant gescheckt Orangemaske D grün)

$bl^{+}\_D^{+} / bl^{+}\_D; of / of; Pi / Pi$ (DF dominant gescheckt Orangemaske D grün)

$bl^{+}\_D / bl^{+}\_D; of / of; Pi / Pi^{+}$ (EF dominant gescheckt Orangemaske DD grün)

$bl^{+}\_D / bl^{+}\_D; of / of; Pi / Pi$ (DF dominant gescheckt Orangemaske DD grün)

EF dominant gescheckt grün x Orangemaske grün:

50%	grün / Orangemaske
50%	EF dominant gescheckt grün/Orangemaske

DF dominant gescheckt grün x Orangemaske grün:

100%	EF dominant gescheckt grün/Orangemaske

EF dominant gescheckt grün/Orangemaske x EF dominant gescheckt grün/Orangemaske:

6,25%	grün
12,5%	grün/Orangemaske
6,25%	Orangemaske grün
12,5%	EF dominant gescheckt grün
6,25%	DF dominant gescheckt grün
25%	EF dominant gescheckt grün/Orangemaske
12,5%	DF dominant gescheckt grün/Orangemaske
12,5%	Orangemaske EF dominant gescheckt grün
6,25%	Orangemaske DF dominant gescheckt grün

DF dominant gescheckt grün/Orangemaske x EF dominant gescheckt grün/Orangemaske:

12,5%	EF dominant gescheckt grün
12,5%	DF dominant gescheckt grün
25%	EF dominant gescheckt grün/Orangemaske
25%	DF dominant gescheckt grün/Orangemaske
12,5%	EF dominant gescheckt Orangemaske grün
12,5%	DF dominant gescheckt Orangemaske grün

EF dominant gescheckt Orangemaske grün x Orangemaske grün:

50%	Orangemaske grün

50% EF dominant gescheckt Orangemaske grün

EF dominant gescheckt Orangemaske grün x EF dominant gescheckt Orangemaske grün:

25% Orangemaske grün
50% EF dominant gescheckt Orangemaske grün
25% DF dominant gescheckt Orangemaske grün

DF dominant gescheckt Orangemaske grün x Orangemaske grün:

100% EF dominant gescheckt Orangemaske grün

EF dominant gescheckt Orangemaske grün x D Orangemaske grün:

25% Orangemaske grün
25% EF dominant gescheckt Orangemaske grün
25% Orangemaske D grün
25% EF dominant gescheckt Orangemaske D grün

EF dominant gescheckt Orangemaske D grün x EF dominant gescheckt Orangemaske D grün:

6,25% Orangemaske grün
12,5% EF dominant gescheckt Orangemaske grün
6,25% DF dominant gescheckt Orangemaske grün
12,5% Orangemaske D grün
25% EF dominant gescheckt Orangemaske D grün
12,5% DF dominant gescheckt Orangemaske D grün
6,25% DD Orangemaske grün
12,5% EF dominant gescheckt Orangemaske DD grün
6,25% DF dominant gescheckt Orangemaske DD grün

DF dominant gescheckt Orangemaske D grün x EF dominant gescheckt Orangemaske D grün:

12,5% EF dominant gescheckt Orangemaske grün
12,5% DF dominant gescheckt Orangemaske grün
25% EF dominant gescheckt Orangemaske D grün
25% DF dominant gescheckt Orangemaske D grün
12,5% EF dominant gescheckt Orangemaske DD grün
12,5% DF dominant gescheckt Orangemaske DD grün

DF dominant gescheckt D Orangemaske grün x EF dominant gescheckt DD Orangemaske grün:

25% EF dominant gescheckt Orangemaske D grün
25% DF dominant gescheckt Orangemaske D grün
25% EF dominant gescheckt Orangemaske DD grün
25% DF dominant gescheckt Orangemaske DD grün

Kombinationen mit pale headed

Genetische Formeln:

$bl^+\_D^+ / bl^+\_D^+; Ph / Ph^+; Pi / Pi^+$ (EF dominant gescheckt EF pale headed grün)
$bl^+\_D^+ / bl^+\_D^+; Ph / Ph; Pi / Pi^+$ (EF dominant gescheckt DF pale headed grün)
$bl^+\_D^+ / bl^+\_D^+; Ph / Ph^+; Pi / Pi$ (DF dominant gescheckt EF pale headed grün)
$bl^+\_D^+ / bl^+\_D^+; Ph / Ph; Pi / Pi$ (DF dominant gescheckt DF pale headed grün)
$bl^+\_D / bl^+\_D^+; Ph / Ph^+; Pi / Pi^+$ (EF dominant gescheckt EF pale headed D grün)
$bl^+\_D / bl^+\_D^+; Ph / Ph; Pi / Pi^+$ (EF dominant gescheckt DF pale headed D grün)
$bl^+\_D / bl^+\_D^+; Ph / Ph^+; Pi / Pi$ (DF dominant gescheckt EF pale headed D grün)
$bl^+\_D / bl^+\_D^+; Ph / Ph; Pi / Pi$ (DF dominant gescheckt DF pale headed D grün)
$bl^+\_D / bl^+\_D; Ph / Ph^+; Pi / Pi^+$ (EF dominant gescheckt EF pale headed DD grün)
$bl^+\_D / bl^+\_D; Ph / Ph; Pi / Pi^+$ (EF dominant gescheckt DF pale headed DD grün)
$bl^+\_D / bl^+\_D; Ph / Ph^+; Pi / Pi$ (DF dominant gescheckt EF pale headed DD grün)
$bl^+\_D / bl^+\_D; Ph / Ph; Pi / Pi$ (DF dominant gescheckt DF pale headed DD grün)

EF pale headed grün x EF dominant gescheckt grün:

25% grün
25% EF dominant gescheckt grün
25% EF pale headed grün
25% EF pale headed EF dominant gescheckt grün

DF pale headed grün x EF dominant gescheckt:

50% EF pale headed grün
50% EF pale headed EF dominant gescheckt grün

EF pale headed EF dominant gescheckt grün x EF pale headed EF dominant gescheckt grün:

6,25% grün
12,5% EF dominant gescheckt grün
6,25% DF dominant gescheckt grün
12,5% EF pale headed grün
6,25% DF pale headed grün
25% EF dominant gescheckt EF pale headed grün
12,5% EF pale headed DF dominant gescheckt grün
12,5% DF pale headed EF dominant gescheckt grün
6,25 DF pale headed DF dominant gescheckt grün

DF pale headed DF dominant gescheckt grün x DD grün:

100% EF pale headed EF dominant gescheckt D grün

Dominant gescheckt

Dominant geschecktes Rosenköpfchen DD aqua

Kombinationen mit aqua

Genetische Formeln:

$bl^{aq}\_D^{+} / bl^{aq}\_D^{+}; Pi / Pi^{+}$ (EF dominant gescheckt aqua)
$bl^{aq}\_D^{+} / bl^{aq}\_D^{+}; Pi / Pi$ (DF dominant gescheckt aqua)
$bl^{aq}\_D^{+} / bl^{aq}\_D; Pi / Pi^{+}$ (EF dominant gescheckt D aqua)
$bl^{aq}\_D^{+} / bl^{aq}\_D; Pi / Pi$ (DF dominant gescheckt D aqua)
$bl^{aq}\_D / bl^{aq}\_D; Pi / Pi^{+}$ (EF dominant gescheckt DD aqua)
$bl^{aq}\_D / bl^{aq}\_D; Pi / Pi$ (DF dominant gescheckt DD aqua)

EF dominant gescheckt grün x aqua:

50% grün/aqua
50% EF dominant gescheckt grün/aqua

DF dominant gescheckt grün x aqua:

100% EF dominant gescheckt grün/aqua

EF dominant gescheckt grün/aqua x EF dominant gescheckt grün/ aqua:

6,25% grün
12,5% grün/aqua
12,5% EF dominant gescheckt grün
6,25% DF dominant gescheckt grün
25% EF dominant gescheckt grün/aqua
12,5% DF dominant gescheckt grün/aqua
6,25% aqua
12,5% EF dominant gescheckt aqua
6,25% DF dominant gescheckt aqua

DF dominant gescheckt grün/aqua x EF dominant gescheckt grün/aqua:

12,5% EF dominant gescheckt grün
12,5% DF dominant gescheckt grün
25% EF dominant gescheckt grün/aqua
25% DF dominant gescheckt grün/aqua
12,5% EF dominant gescheckt aqua
12,5% DF dominant gescheckt aqua

DF dominant gescheckt DD grün x aqua:

100% EF dominant gescheckt D grün/aqua (Typ I)

EF dominant gescheckt D grün/ aqua (Typ I) x D aqua:

1,75% grün/aqua
1,75% EF dominant gescheckt grün/aqua
10,75% D grün/aqua (Typ I)
1,75% D grün/aqua (Typ II)
10,75% EF dominant gescheckt D grün/aqua (Typ I)
1,75% EF dominant gescheckt D grün/aqua (Typ II)
10,75% DD grün/aqua
10,75% EF dominant gescheckt DD grün/aqua
10,75% aqua
10,75% EF dominant gescheckt aqua
12,5% D aqua
12,5% EF dominant gescheckt D aqua
1,75% DD aqua
1,75% EF dominant gescheckt DD aqua

DF dominant gescheckt grün x DD aqua:

100% EF dominant gescheckt D grün/aqua (Typ II)

EF dominant gescheckt D grün/ aqua (Typ II) x D aqua:

10,75% grün/aqua
10,75% EF dominant gescheckt grün/aqua
1,75% D grün/aqua (Typ I)
10,75% D grün/aqua(Typ II)
1,75% EF dominant gescheckt D grün/aqua (Typ I)
10,75% EF dominant gescheckt D grün/aqua (Typ II)
1,75% DD grün/aqua
1,75% EF dominant gescheckt DD grün/aqua
1,75% aqua
1,75% EF dominant gescheckt aqua
12,75% D aqua
12,75% EF dominant gescheckt D aqua
10,75% DD aqua
10,75% EF dominant gescheckt DD aqua

EF dominant gescheckt aqua x aqua:

50% aqua
50% EF dominant gescheckt aqua

EF dominant gescheckt aqua x EF dominant gescheckt aqua:

25% aqua
50% EF dominant gescheckt aqua
25% DF dominant gescheckt aqua

DF dominant gescheckt aqua x aqua:

100%	EF dominant gescheckt aqua

EF dominant gescheckt aqua x D aqua:

25%	aqua
25%	EF dominant gescheckt aqua
25%	D aqua
25%	EF dominant gescheckt D aqua

EF dominant gescheckt D aqua x EF dominant gescheckt D aqua:

6,25%	aqua
12,5%	EF dominant gescheckt aqua
6,25%	DF dominant gescheckt aqua
12,5%	D aqua
25%	EF dominant gescheckt D aqua
12,5%	DF dominant gescheckt D aqua
6,25%	DD aqua
12,5%	EF dominant gescheckt DD aqua
6,25%	DF dominant gescheckt DD aqua

DF dominant gescheckt D aqua x EF dominant gescheckt D aqua:

12,5%	EF dominant gescheckt aqua
12,5%	DF dominant gescheckt aqua
25%	EF dominant gescheckt D aqua
25%	DF dominant gescheckt D aqua
12,5%	EF dominant gescheckt DD aqua
12,5%	DF dominant gescheckt DD aqua

DF dominant gescheckt D aqua x EF dominant gescheckt DD aqua:

25%	EF dominant gescheckt D aqua
25%	DF dominant gescheckt D aqua
25%	EF dominant gescheckt DD aqua
25%	DF dominant gescheckt DD aqua

Kombinationen mit türkis

Genetische Formeln:

bl^{tq}_D⁺ / bl^{tq}_D⁺; Pi / Pi⁺ (EF dominant gescheckt türkis)
bl^{tq}_D⁺ / bl^{tq}_D⁺; Pi / Pi (DF dominant gescheckt türkis)
bl^{tq}_D⁺ / bl^{tq}_D; Pi / Pi⁺ (EF dominant gescheckt D türkis)
bltq_D⁺ / bltq_D; Pi / Pi (DF dominant gescheckt D türkis)
bltq_D / bltq_D; Pi / Pi+ (EF dominant gescheckt DD türkis)
bltq_D / bltq_D; Pi / Pi (DF dominant gescheckt DD türkis)

EF dominant gescheckt grün x türkis:

50%	grün/türkis
50%	EF dominant gescheckt grün/türkis

DF dominant gescheckt grün x türkis:

100%	EF dominant gescheckt grün/türkis

EF dominant gescheckt grün/türkis x EF dominant gescheckt grün/türkis:

6,25%	grün
12,5%	grün/türkis
12,5%	EF dominant gescheckt grün
6,25%	DF dominant gescheckt grün
25%	EF dominant gescheckt grün/türkis
12,5%	DF dominant gescheckt grün/türkis
6,25%	türkis
12,5%	EF dominant gescheckt türkis
6,25%	DF dominant gescheckt türkis

DF dominant gescheckt grün/türkis x EF dominant gescheckt grün/türkis:

12,5%	EF dominant gescheckt grün
12,5%	DF dominant gescheckt grün
25%	EF dominant gescheckt grün/türkis
25%	DF dominant gescheckt grün/türkis
12,5%	EF dominant gescheckt türkis
12,5%	DF dominant gescheckt türkis

Dominant geschecktes Rosenköpfchen D türkis

EF dominant gescheckt türkis x türkis:

50%	türkis
50%	EF dominant gescheckt türkis

EF dominant gescheckt türkis x EF dominant gescheckt türkis:

25%	türkis
50%	EF dominant gescheckt türkis
25%	DF dominant gescheckt türkis

Dominant gescheckte Rußköpfchen sind durch Transmutation entstanden

DF dominant gescheckt türkis x türkis:

100%	EF dominant gescheckt türkis

EF dominant gescheckt/türkis x grün/türkis:

25,0%	EF dominant gescheckt/türkis
25,0%	grün/türkis
12,5%	EF dominant gescheckt
12,5%	grün
12,5%	EF dominant gescheckt türkis
12,5%	türkis

DF dominant gescheckt DD grün x türkis:

100%	EF dominant gescheckt D grün/türkis (Typ I)

EF dominant gescheckt D grün/türkis (Typ I) x D türkis:

1,75%	grün/türkis
1,75%	EF dominant gescheckt grün/türkis
10,75%	D grün/türkis (Typ I)
1,75%	D grün/türkis (Typ II)
10,75%	EF dominant gescheckt D grün/türkis (Typ I)
1,75%	EF dominant gescheckt D grün/türkis (Typ II)
10,75%	DD grün/türkis
10,75%	EF dominant gescheckt DD grün/türkis
10,75%	türkis
10,75%	EF dominant gescheckt türkis
12,5%	D türkis
12,5%	EF dominant gescheckt D türkis
1,75%	DD türkis
1,75%	EF dominant gescheckt DD türkis

DF dominant gescheckt grün x DD türkis:

100%	EF dominant gescheckt D grün/türkis (Typ II)

EF dominant gescheckt D grün/türkis (Typ II) x D türkis:

10,75%	grün/türkis
10,75%	EF dominant gescheckt grün/türkis
1,75%	D grün/türkis (Typ I)
10,75%	D grün/türkis (Typ II)
1,75%	EF dominant gescheckt D grün/türkis (Typ I)
10,75%	EF dominant gescheckt D grün/türkis (Typ II)
1,75%	DD grün/türkis
1,75%	EF dominant gescheckt DD grün/türkis
1,75%	türkis
1,75%	EF dominant gescheckt türkis
12,5%	D türkis
12,5%	EF dominant gescheckt D türkis
10,75%	DD türkis
10,75%	EF dominant gescheckt DD türkis

EF dominant gescheckt türkis x D türkis:

25%	türkis
25%	EF dominant gescheckt türkis
25%	D türkis
25%	EF dominant gescheckt D türkis

EF dominant gescheckt D türkis x EF dominant gescheckt D türkis:

6,25%	türkis
12,5%	EF dominant gescheckt türkis
6,25%	DF dominant gescheckt türkis
12,5%	D türkis
25%	EF dominant gescheckt D türkis
12,5%	DF dominant gescheckt D türkis
6,25%	DD türkis
12,5%	EF dominant gescheckt DD türkis
6,25%	DF dominant gescheckt DD türkis

DF dominant gescheckt D türkis x EF dominant gescheckt D türkis:

12,5%	EF dominant gescheckt türkis
12,5%	DF dominant gescheckt türkis
25%	EF dominant gescheckt D türkis
25%	DF dominant gescheckt D türkis
12,5%	EF dominant gescheckt DD türkis
12,5%	DF dominant gescheckt DD türkis

DF dominant gescheckt D türkis x EF dominant gescheckt DD türkis:

25%	EF dominant gescheckt D türkis
25%	DF dominant gescheckt D türkis
25%	EF dominant gescheckt DD türkis
25%	DF dominant gescheckt DD türkis

Kombinationen mit opalin

Genetische Formeln:

$bl^+\_D^+ / bl^+\_D^+; Pi / Pi^+; Z\ op / Z\ op$ (Männchen EF dominant gescheckt opalin grün)

$bl^+\_D^+ / bl^+\_D^+; Pi / Pi^+; Z\ op / W$ (Weibchen EF dominant gescheckt opalin grün)

$bl^+\_D^+ / bl^+\_D^+; Pi / Pi; Z\ op / Z\ op$ (Männchen DF dominant gescheckt opalin grün)

$bl^+\_D^+ / bl^+\_D^+; Pi / Pi; Z\ op / W$ (Weibchen DF dominant gescheckt opalin grün)

EF dominant gescheckt grün x opalin grün:

25%	grün/opalin (Männchen)
25%	EF dominant gescheckt grün/opalin (Männchen)
25%	grün (Weibchen)
25%	EF dominant gescheckt grün (Weibchen)

DF dominant gescheckt grün x opalin grün:

50%	EF dominant gescheckt grün/opalin (Männchen)
50%	EF dominant gescheckt grün (Weibchen)

opalin grün x EF dominant gescheckt grün:

25%	grün/opalin (Männchen)
25%	EF dominant gescheckt grün/opalin (Männchen)
25%	opalin grün (Weibchen)
25%	EF dominant gescheckt opalin grün (Weibchen)

opalin grün x DF dominant gescheckt grün:

50%	EF dominant gescheckt/opalin (Männchen)
50%	EF dominant gescheckt opalin grün (Weibchen)

EF dominant gescheckt opalin grün x EF dominant gescheckt grün:

12.5%	grün/opalin (Männchen)
25%	EF dominant gescheckt grün/opalin (Männchen)
12.5%	DF dominant gescheckt grün/opalin (Männchen)
12.5%	opalin grün (Weibchen)
25%	EF dominant gescheckt opalin grün (Weibchen)
12.5%	DF dominant gescheckt opalin grün (Weibchen)

DF dominant gescheckt opalin grün x EF dominant gescheckt grün:

25%	EF dominant gescheckt grün/opalin (Männchen)
25%	DF dominant gescheckt grün/opalin (Männchen)
25%	EF dominant gescheckt opalin grün (Weibchen)
25%	DF dominant gescheckt opalin grün (Weibchen)

Dominant gescheckte Pfirsichköpfchen

Diese Pfirsichköpfchen-Mutation entstand in den neunziger Jahren des letzten Jahrhunderts in den Volieren von Herrn Enrique Santos in Portugal. Bei den ersten Exemplaren war das Eumelanin am Körper fast völlig verschwunden, wodurch die Vögel einen beinahe vollständig gelben Körper hatten. Das Eumelanin auf den Flügeldecken war praktisch unverändert, wodurch auch die grüne Farbe der Flügeldecken beinahe unverändert blieb. Beachten Sie: „beinahe“. Denn diese Vögel hatten immer noch einige (und sei es auch noch so wenige) unverändert grüne Federn am Körper und wenige gelbe (gescheckte) Federn auf den Flügeldecken.

Dominant geschecktes Erdbeerköpfchen

Herr Santos dachte, dass diese Form rezessiv vererbe. Koos Hammer kaufte einige Vögel und bewies, dass diese Form autosomal dominant vererbt. Herr Santos gab dieser Mutation damals den Namen „Grünflügel“. Diese

Dominant gescheckt

Dominant geschecktes Pfirsichköpfchen D grün

Bezeichnung passte phänotypisch recht gut, aber als immer mehr Kombinationen kamen, wurden auch die Scheckungsmuster variabler. Schließlich erwies sich, dass es die Mutation „dominant gescheckt“ und die Bezeichnung Grünflügel nicht mehr angemessen war. Wie beim Rosenköpfchen nimmt bei dieser Scheckungsform das rote Psittacin in der Maske auch etwas ab. Die Farbe der Füße kann variieren.

Es lässt sich kein Unterschied zwischen ein- und doppelfaktorigen Vögeln aufgrund äußerer Merkmale erkennen. Bei dieser Mutation war bei den ersten Exemplaren (wie bei den ersten dominant gescheckten Rosenköpfchen, die „Gelbbauch“ genannt wurden) die Eumelanin-Reduktion am Körper größer als auf den Flügeldecken. Es ist möglich, dass die Vögel, die früher unter die Beschreibung „Grünflügel“ fielen, EF und die Vögel mit einem stärkeren Scheckungsmuster DF waren. Leider konnten Testpaarungen das nicht nachweisen. Höchstwahrscheinlich variiert das Scheckungsmuster von Vogel zu Vogel. Und es ist sogar möglich, dass durch Kombination mit anderen Mutationen das Scheckungsmuster noch einmal beeinflusst wird. Wenn man das nachweisen könnte, würde das darauf hindeuten, dass dominant gescheckt durch einige modifizierende Gene beeinflusst wird. Aber dafür gibt es noch keinen wissenschaftlichen Beweis.

Kombinationen mit Blau

Genetische Formeln:

$bl\_D^+ / bl\_D^+; Pi / Pi^+$ (EF dominant gescheckt blau)
$bl\_D^+ / bl\_D^+; Pi / Pi$ (DF dominant gescheckt blau)
$bl\_D^+ / bl\_D; Pi / Pi^+$ (EF dominant gescheckt D blau)
$bl\_D^+ / bl\_D; Pi / Pi$ (DF dominant gescheckt D blau)
$bl\_D / bl\_D; Pi / Pi^+$ (EF dominant gescheckt DD blau)
$bl\_D / bl\_D; Pi / Pi$ (DF dominant gescheckt DD blau)

EF dominant gescheckt grün x blau:

50%	grün/blau
50%	EF dominant gescheckt grün/blau

DF dominant gescheckt grün x blau:

100%	EF dominant gescheckt grün/blau

EF dominant gescheckt grün/blau x EF dominant gescheckt grün/blau:

6,25%	grün
12,5%	grün/blau
12,5%	EF dominant gescheckt grün
6,25%	DF dominant gescheckt grün
25%	EF dominant gescheckt grün/blau
12,5%	DF dominant gescheckt grün/blau
6,25%	blau
12,5%	EF dominant gescheckt blau
6,25%	DF dominant gescheckt blau

DF dominant gescheckt grün/blau x EF dominant gescheckt grün/blau:

12,5%	EF dominant gescheckt grün
12,5%	DF dominant gescheckt grün
25%	EF dominant gescheckt grün/blau
25%	DF dominant gescheckt grün/blau
12,5%	EF dominant gescheckt blau
12,5%	DF dominant gescheckt blau

EF dominant gescheckt blau x blau:

50%	blau
50%	EF dominant gescheckt blau

EF dominant gescheckt blau x EF dominant gescheckt blau:

25%	blau
50%	EF dominant gescheckt blau
25%	DF dominant gescheckt blau

DF dominant gescheckt blau x blau:

100%	EF dominant gescheckt blau

DF dominant gescheckt DD grün x blau:

100%	EF dominant gescheckt D grün/blau (Typ I)

EF dominant gescheckt D grün/blau (Typ I) x D blau:

1,75%	grün/blau
1,75%	EF dominant gescheckt grün/blau
10,75%	D grün/blau (Typ I)
1,75%	D grün/blau (Typ II)
10,75%	EF dominant gescheckt D grün/blau (Typ I)
1,75%	EF dominant gescheckt D grün/blau (Typ II)
10,75%	DD grün/blau
10,75%	EF dominant gescheckt DD grün/blau
10,75%	blau
10,75%	EF dominant gescheckt blau
12,5%	D blau
12,5%	EF dominant gescheckt D blau
1,75%	DD blau
1,75%	EF dominant gescheckt DD blau

DF dominant gescheckt grün x DD blau:

100%	EF dominant gescheckt D grün/blau (Typ II)

EF dominant gescheckt D grün/blau (Typ II) x D blau:

10,75%	grün/blau
10,75%	EF dominant gescheckt grün/blau
1,75%	D grün/blau (Typ I)
10,75%	D grün/blau (Typ II)
1,75%	EF dominant gescheckt D grün/blau (Typ I)
10,75%	EF dominant gescheckt D grün/blau (Typ II)
1,75%	DD grün/blau
1,75%	EF dominant gescheckt DD grün/blau
1,75%	blau
1,75%	EF dominant gescheckt blau
12,75%	D blau
12,75%	EF dominant gescheckt D blau
10,75%	DD blau
10,75%	EF dominant gescheckt DD blau

Pfirsichköpfchen dominant gescheckt D blau

Pfirsichköpfchen dominant gescheckt DD blau

EF dominant gescheckt blau x D blau:

25%	blau
25%	EF dominant gescheckt blau
25%	D blau
25%	EF dominant gescheckt D blau

EF dominant gescheckt D blau x EF dominant gescheckt D blau:

6,25%	blau
12,5%	EF dominant gescheckt blau
6,25%	DF dominant gescheckt blau
12,5%	D blau
25%	EF dominant gescheckt D blau
12,5%	DF dominant gescheckt D blau
6,25%	DD blau
12,5%	EF dominant gescheckt DD blau
6,25%	DF dominant gescheckt DD blau

DF dominant gescheckt D blau x EF dominant gescheckt D blau:

12,5%	EF dominant gescheckt blau
12,5%	DF dominant gescheckt blau
25%	EF dominant gescheckt D blau
25%	DF dominant gescheckt D blau
12,5%	EF dominant gescheckt DD blau
12,5%	DF dominant gescheckt DD blau

DF dominant gescheckt D blau x EF dominant gescheckt DD blau:

25%	EF dominant gescheckt D blau
25%	DF dominant gescheckt D blau
25%	EF dominant gescheckt DD blau
25%	DF dominant gescheckt DD blau

Kombination DF dominant gescheckt – rezessiv gescheckt „gelbes Schwarzauge“

Wenn man die Kombination dominant gescheckt x rezessiv gescheckt bildet, kann man genetisch gesehen Agaporniden züchten, die zugleich DF dominant gescheckt und rezessiv gescheckt sind. Diese Vögel sind völlig gelb mit einem überwiegend gelben Bürzel, dunklen Augen sowie grauen Füßen und Krallen. Die Maske ist in der Ausdehnung etwas kleiner.

Bei dieser Kombinationsform sprach man früher von „gelb aus gescheckt“, oder in Analogie zum Wellensittich verwendete man den Namen „gelbes Schwarzauge“. Diese Bezeichnung war allerdings irreführend, und viele Züchter dachten, dass sie es mit einer eigenständigen Mutation zu tun hätten. Das stimmt allerdings nicht! Es ist wichtig zu wissen, dass wir es hier mit einer Erscheinungsform zu tun haben, die durch die Kombination von dominant und rezessiv gescheckt hervorgerufen wird.

Genetische Formel:

DF dominant gescheckt rezessiv gescheckt grün

bl⁺_D⁺ / bl⁺_D⁺; Pi / Pi; s / s

DF dominant gescheckt grün x rezessiv gescheckt grün:

100% EF dominant gescheckt/rezessiv gescheckt

Links: Rosenköpfchen; Kombination von dominant und rezessiv gescheckt; es handelt sich um keine eigene Mutationsform

EF dominant gescheckt/rezessiv gescheckt x EF dominant gescheckt/rezessiv gescheckt:

6,25% grün
12,5% grün/rezessiv gescheckt
12,5% EF dominant gescheckt grün
25% EF dominant gescheckt/rezessiv gescheckt
6,25% DF dominant gescheckt grün
12,5% DF dominant gescheckt/rezessiv gescheckt
6,25% rezessiv gescheckt grün
12,5% EF dominant gescheckt rezessiv gescheckt grün
6,25% DF dominant gescheckt rezessiv gescheckt (die gelben Vögel)

DF dominant gescheckt grün/rezessiv gescheckt x EF dominant gescheckt grün/rezessiv gescheckt:

12,5% EF dominant gescheckt grün
25% EF dominant gescheckt/rezessiv gescheckt
12,5% DF dominant gescheckt grün
25% DF dominant gescheckt/rezessiv gescheckt
12,5% EF dominant gescheckt rezessiv gescheckt grün
12,5% DF dominant gescheckt rezessiv gescheckt (die gelben Vögel)

DF dominant gescheckt grün/rezessiv gescheckt x DF dominant gescheckt grün/rezessiv gescheckt:

25% DF dominant gescheckt grün
50% DF dominant gescheckt grün/rezessiv gescheckt
25% DF dominant gescheckt rezessiv gescheckt grün (die gelben Vögel)

Rosenköpfchen; Kombination von dominant und rezessiv gescheckt

Wenn man diese DF dominant gescheckt rezessiv gescheckten Vögel mit der Wildform zurückkreuzt, bekommt man immer Nachkommen, die EF dominant gescheckt grün/rezessiv gescheckt sind.

DF dominant gescheckt rezessiv gescheckt grün x grün:

100% EF dominant gescheckt grün/rezessiv gescheckt

Diese Erscheinungsform kommt beim Rosenköpfchen vor. Beim Pfirsichköpfchen gibt es auch dominant gescheckt und rezessiv gescheckt, aber bis heute gibt es noch keinen Beweis dafür, dass die Kombination beider Mutationen bei dieser Art ebenfalls die gelben Vögel hervorbringt. Es sind bei dominant gescheckt ja verschiedene Formen bekannt, und der Scheckungs-Prozess kann durch verschiedene Gene hervorgerufen werden. Das wird aber weiter untersucht werden müssen.

Mottle (Mottle – progressiv gescheckt)

Genetische Formel:

$bl^{+}\_D^{+} / bl^{+}\_D^{+}; mo / mo$

Eine nicht alltägliche Mutation bei Papageien ist mit Sicherheit der „Mottle“. Diesen Mottle, gelegentlich auch „progressiv gescheckt“ genannt, finden wir bei einigen Agapornidenarten immer wieder. So gibt es etwa Nachrichten über Mottle Schwarz-, Pfirsich-, Ruß- und Rosenköpfchen. Typisch für Mottle ist, dass die meisten Vögel normal gefärbt schlüpfen und erst nach einiger Zeit ein Scheckungsmuster entwickeln und nicht selten über die Jahre hin ein fast vollständig gelbes Federkleid bekommen. Es ist eine Mutation, die die vorhandenen Melanozyten immer stärker angreift, wodurch sich das Muster immer weiter ausdehnt. Von dieser Mutation lässt sich nur schwer feststellen, ob sie nun geschlechtsgebunden oder autosomal rezessiv oder dominant vererbt. Die Vererbung ist sicher nicht „mendelgemäß“, und dadurch ist es schwierig, ihr ein eindeutiges Etikett zu geben. Das ist einer der Gründe dafür, warum manche Züchter Mottle nicht als Mutation ansehen. Auch das Erscheinungsbild ändert sich ständig: Bei manchen Vögeln kommt im Laufe der Zeit ein deutliches Scheckungsmuster, bei anderen bleibt es bei einigen gescheckten Federn. Wieder andere werden als Mottle angesehen, aber alle Nachzuchten sind normal. Manchmal kommen bei offensichtlich normal grünen Vögeln Mottles zum Vorschein. Kurz und gut: eine ziemliche Verwirrung und mehr als genug Fragen... . Die erste ist sicherlich, ob wir diese Mottles mit den anderen bekannten Scheckungsformen vergleichen können, nämlich rezessiv und dominant gescheckt, bei

Links: Mottle-Pfirsichköpfchen grün

Oft verlassen die Vögel normal gefärbt das Nest, und die Scheckung nimmt im Lauf der Zeit zu.

denen das vorhandene Eumelanin in verschiedenen Federbereichen – willkürlich über das Federkleid verteilt – geschädigt wird.

Bei Mottle haben wir ebenfalls ein willkürliches Scheckungsmuster. Insofern stimmt der Vergleich. Aber wenn wir den Mottle weiter vergleichen, sehen wir bei dieser Mutante doch noch einige auffällige Unterschiede: Zunächst einmal verlassen dominant und rezessiv gescheckte Vögel schon mit einem vollständig ausgeprägten Scheckungsmuster das Nest. Beim Mottle dagegen sehen wir ein normales Federkleid, und erst nach einiger Zeit entwickelt sich das Scheckungsmuster und breitet sich dann immer weiter aus.

Beim Pfirsich- und Rosenköpfchen sehen wir, dass sich bei gescheckten Vögeln die Maske reduziert. Die Ursache dafür ist wahrscheinlich eine modifizierende Wirkung der Gene, die für die Scheckung verantwortlich sind. Beim Mottle bleibt die Maske aber unverändert.

Rezessiv gescheckt wird als ADM gescheckt (Anti-Di-Morphismus) angesehen, bei dem der rezessive Scheckungsfaktor den äußerlich sichtbaren Geschlechtsunterschied angreift. So sehen wir etwa bei sexuell dimorphen Arten (Arten mit wahrnehmbarem Unterschied zwischen Männchen und Weibchen) z.B. bei rezessiven Schecken, wie der Unterschied zwischen den Geschlechtern verschwindet. Beim Wellensittich etwa heißt das, dass die blaue Farbe der Wachshaut beim Männchen nicht mehr anzutreffen ist. – Dieses Phänomen finden wir allerdings nicht bei Mottles, und es gibt offensichtlich durchaus auffällige Unterschiede zwischen rezessiv, dominant gescheckt und Mottle.

Mottle

An der Universität von Massachusetts wurde eine Blutlinie von Mottle-Hühnern entwickelt, um dieses Phänomen besser untersuchen zu können. Mottle-Hühner weisen wie unsere Mottle-Papageien ein sich progressiv entwickelndes Scheckungsmuster auf. Die Forschungen ergaben, dass dieses Scheckungsmuster durch die Zerstörung der Melanozyten (Pigmentzellen) in den Federfollikeln sowie in anderem Gewebe wie etwa der Choroidea verursacht wird (Die Choroidea ist eine dünne vaskuläre Membran hinter dem Auge, die viele Blutgefäße zur Versorgung der Fotorezeptoren enthält; durch das vorhandene Eumelanin kann sie u.a. das Licht nicht mehr reflektieren).

Die Wissenschaftler entdeckten, dass in den Blutbahnen von Mottle-Küken, im Gegensatz zu Nicht-Mottle-Küken, melanozyt-spezifische Auto-Antistoffe vorhanden waren, die die körpereigenen Pigmentzellen in der Haut angreifen und sie abbauen. Normalerweise gibt es einen Schutzmechanismus, der diese Antistoffe unschädlich macht; der ist hier aber ausgeschaltet.

Andere Wissenschaftler haben einen Zusammenhang mit „Vitiligo", einer Hautkrankheit, hergestellt, die wir auch beim Menschen antreffen. Typisch für Vitiligo ist, dass die Haut beginnt, weiße Flecken aufzuweisen. Diese pigmentlosen Flecken kommen meistens zum ersten Mal in der Pubertät deutlich zum Vorschein, obwohl nicht selten von Geburt an schon einige kleine (manchmal minimale) pigmentlose Hautsegmente zu finden sind. Meistens fallen sie nur im Sommer auf, wenn die Haut durch den Einfluss der Sonne dunkler braun gefärbt ist und diese pigmentlosen Flecken weiß bleiben. Nach einiger Zeit und von Person zu Person unterschiedlich breiten diese Flecken sich immer weiter aus. Bei manchen Menschen ist das sehr begrenzt, andere dagegen haben die Hautveränderungen über den ganzen Körper verteilt.

Das Gleiche finden wir auch bei den meisten Mottle-Vögeln. Der Befall des Eumelanins in der Befiederung kann von einigen Federbereichen bis zur beinahe völligen Reduktion des vorhandenen Eumelanins gehen. Manche Vögel haben schon ein paar gelbe Federchen nach dem Ausfliegen, andere werden erst nach einigen Monaten oder Jahren fast ganz gelb. Wieder andere bekommen nach einiger Zeit einige pigmentlose Federbereiche, die sich kaum verändern.

Rosenköpfchen mottle grün

Genetisch unterscheidet sich diese Mutation deutlich von rezessiv bzw. dominant gescheckt.

Genotyp

Genetisch gesehen scheint es auch erhebliche Unterschiede zu geben zwischen Mottle und rezessiv oder dominant gescheckt. Wo bei den beiden letzten das Vererbungsmuster klar und eindeutig ist und mit den am meisten vorkommenden Mendelschen Vererbungsmustern übereinstimmt, ist der Mottle eine viel weniger verstandene Mutationsform. Manche Züchter haben sich den Kopf zerbrochen über die Frage, warum ein Mottle mit einem „spalterbigen" Mottle-Vogel nicht einen einzigen Mottle mehr unter seinen Nachkommen hat. Andere dachten, es könne eine dominante Scheckungsform sein, denn Junge von einem Mottle, kombiniert mit einem „nicht spalterbigen", zeigten doch manchmal einige Mottle-Merkmale bzw. gescheckte Federn. Wieder andere vermuteten, dass es nur Mottle-Weibchen gebe usw.

Die Zuchtergebnisse ließen uns schon eine geraume Zeit vermuten, dass wir es hier wahrscheinlich mit Polygenie zu tun haben. Bei Polygenie sehen wir, dass einer einzelnen Mutation verschiedene mutierte Gene zugrunde liegen. Wenn nur ein paar dieser Gene mutiert sind, hat das meistens keinerlei Auswirkungen. – Die fraglichen Gene sind dabei auch nicht zwingend an ein Chromosom gebunden. So haben die Forscher an der Universität von Massachusetts ernst zu nehmende Hinweise, dass mindestens vier oder fünf verschiedene Chromosomenpaare betroffen sein könnten. Manche Gene verhalten sich dabei autosomal rezessiv, während andere sich modifizierend verhalten (nur dann aktiv werden, wenn auch bestimmte andere Gene mutiert sind). Wir haben hier also ein deutliches Beispiel für ein multifaktorielles Vererbungsmuster. Die Wahrscheinlichkeit, dass ein Mottle als erste Mutation bei einer bestimmten Gattung auftaucht, ist deshalb auch ausgesprochen gering. Darum finden wir Mottle meistens bei Arten, bei denen bereits einige andere Mutanten vorkommen.

Auch bei Vitiligo gibt es Hinweise darauf, dass dieses Phänomen durch verschiedene mutierte Gene entstanden sein könne. In dem Buch „Mutanten" von A. Leroi verweist der Autor darauf, dass mindestens vier Gene bei der Entstehung von Vitiligo beteiligt sein könnten.

Wenn wir all diese Feststellungen berücksichtigen, können wir damit diese nicht vorhersagbaren Zuchtergebnisse erklären. Die Tatsache, dass mehrere Gene bei der Entstehung eines Mottle beteiligt sein können, macht es natürlich viel schwerer, Zuchtergebnisse vorherzusagen. Wenn wir einen Mottle-Vogel mit einem Nicht-Mottle verpaaren, ist die Chance gering, dass alle Jungen als „spalterbig für Mottle" angesehen werden können. Bei der Produktion der Gameten bzw. Geschlechtszellen während der Meiose erfährt die Elternzelle ja eine viermalige Teilung. Während dieser Zellteilungen werden die (doppelt) vorhandenen Chromosomen auf einzelne Chromosomen reduziert, was bedeutet, dass jede Geschlechtszelle nur ein Chromosom eines zukünftigen Chromosomenpaares des neuen Individuums enthält. Die Wahrscheinlichkeit, dass jedes „spalterbige" Junge auch das notwendige Minimum von vier mutierten Genen für Mottle erhält, ist ausgesprochen gering. Das würde also bedeuten, dass die einzige mehr oder weniger vorhersagbare Art, Mottles zu züchten, in der Kreuzung von Mottle x Mottle liegt. Aber durch die modifizierenden Eigenschaften bestimmter mutierter Gene gibt es auch hier die Möglichkeit, dass nicht alle notwendigen Allele vorhanden sind, um die Mottle-Eigenschaften weitergeben zu können. Das ist dann der Fall, wenn die mutierten Gene auf nur einem Chromosom des Paares (heterozygot) vorhanden sind und während der Zellteilung nicht in die Gameten gelangen. – In jedem Fall ist es also empfehlenswert, so viele Vögel wie möglich aus einer Blutlinie zu verwenden, wenn man einen Zuchtstamm aufbauen will. Denn dann ist die Wahrscheinlichkeit in jedem Fall größer, dass die nötigen mutierten Gene zusammenkommen.

Rußköpfchen Mottle grün

Diese Vererbungsform wirft noch Fragen auf

Aber selbst wenn alle mutierten Gene vorhanden sind, müssen wir berücksichtigen, dass das Mottle-Muster von Jungvogel zu Jungvogel unterschiedlich deutlich auftauchen kann. Denn je nach Individuum wird das Abwehrsystem die vorhandenen melanozyt-spezifischen Auto-Antistoffe bekämpfen. Es ist außerdem nicht völlig von der Hand zu weisen, dass eventuell auch Umgebungsfaktoren einen Einfluss auf die Entwicklung des Mottle-Musters haben.

Sie sehen: Vieles hängt bei der Vererbung dieser Mutante vom Zufall ab. Es ist daher keine Kleinigkeit, „mal eben schnell" einen Stamm Mottles aufzubauen. Aber die Frage, ob Mottle wirklich eine Mutation ist, müssen wir in jedem Fall bejahen.

Als Ausstellungsvogel wird beim Mottle ein möglichst symmetrisches Muster verlangt – im Verhältnis von 40 : 60 %. Die Frage, woran wir beim Pfirsich- und beim Rosenköpfchen den Unterschied zwischen Mottle und anderen Scheckungsformen erkennen können, ist einfach zu beantworten: an der Maske. Denn bei Mottle wird die Maske bei diesen beiden Arten im Gegensatz zu den anderen Scheckungs-Mutanten nicht angegriffen. Bei Schwarz- und Rußköpfchen ist der Unterschied allerdings viel schwieriger zu erkennen.

Auf die Frage, ob es verantwortlich ist, Mottles zu züchten, müssen wir die Antwort allerdings schuldig bleiben. Es gibt auf den ersten Blick keine Faktoren, die darauf hindeuten, dass diese Mutation letal oder weniger fruchtbar wäre. Trotzdem bleibt die Frage unbeantwortet, ob das Vorhandensein dieser Mutation eventuell einen negativen Einfluss auf andere mutierte Gene haben kann. Da es sich hier wahrscheinlich um ein Problem mit dem Auto-Immun-System handelt, ist es nicht abwegig, dass neben der Produktion von Eumelanin auch noch andere Funktionen in Mitleidenschaft gezogen werden. Aber bis heute gibt es dafür noch keinerlei Beweise. Solange das Gegenteil allerdings nicht bewiesen ist, werden wir abwarten müssen, bevor wir hierauf eine 100%ig schlüssige Antwort geben können.

Dominant edged (Dominant gesäumt)

Vermutlich wurden die ersten gesäumten Pfirsichköpfchen Ende der siebziger Jahre des letzten Jahrhunderts in den Niederlanden geboren. Es gibt nicht eine Mutation beim Pfirsichköpfchen, die für mehr Zweifel, Fragen und Spekulationen gesorgt hat. Viele Liebhaber hören mit der Zucht von dominant gesäumten Vögeln auf. Leider, denn es ist eine herrliche Mutation mit vielen Möglichkeiten. Auch für Mutationen gilt offensichtlich: „Unbekannt ist ungeliebt".

Gesäumt ist eine Mutation, die eine Eumelanin-Reduktion in den Federn verursacht. Es ist eine unvollständig dominante Mutation, d.h. es gibt einen deutlichen Unterschied im Äußeren, wenn man einfaktorige und doppelfaktorige Vögel miteinander vergleicht.

Dominant gesäumt kommt bei Agaporniden bis jetzt nur beim Pfirsichköpfchen vor und wurde durch Transmutation auf Schwarz-, Erdbeer- und Rußköpfchen übertragen. Federuntersuchungen ergaben, dass eine quantitative Eumelanin-Reduktion (Dilution) stattfindet. Das ist auch einer der Gründe, warum bei dieser Mutation die Farbe der Krallen, Füße und Augen nicht angegriffen wird.

Genetische Formeln:

$bl^+\_D^+ / bl^+\_D^+; Ed / Ed^+$ (EF gesäumt grün)
$bl^+\_D^+ / bl^+\_D^+; Ed / Ed$ (DF gesäumt grün)
$bl^+\_D^+ / bl^+\_D; Ed / Ed^+$ (EF gesäumt D grün)
$bl^+\_D^+ / bl^+\_D; Ed / Ed$ (DF gesäumt D grün)
$bl^+\_D / bl^+\_D; Ed / Ed^+$ (EF gesäumt DD grün)
$bl^+\_D / bl^+\_D; Ed / Ed$ (DF gesäumt DD grün)

Pfirsichköpfchen EF edged grün

Einfaktorige Vögel haben deutlich gesäumte Flügelfedern.

Pfirsichköpfchen DF dominant edged D grün

Die doppelfaktorigen Vögel sind in der Grünreihe schmutzig gelb mit hellgrauen Schwungfedern.

Pfirsichköpfchen einfaktorig gesäumt

Gesäumt ist eine autosomal unvollständig dominante Eumelanin-Reduktion, bei der es einen deutlichen Unterschied im Äußeren gibt zwischen EF- und DF-Vögeln. Beachten Sie auch, dass es manchmal große äußere Unterschiede gibt zwischen einfaktorigen Vögeln untereinander: Nicht alle EF-Vögel sind gleich gezeichnet, die Reduktion des Eumelanins unterscheidet sich von Vogel zu Vogel.

Die Kunst besteht darin, die EF-gesäumten Vögel so gut wie möglich nach den Musterbeschreibungen zu züchten. Das beinhaltet eine Reduktion des Eumelanins von ungefähr fünfzig Prozent am Körper und etwas dunklere Flügeldecken mit einem deutlichen Saummuster. Meistens sind es bei den EF-Vögeln die Männchen, die die schönste Zeichnung haben – was natürlich nicht ausschließt, dass unter den EF-Vögeln manchmal auch gute Weibchen sind. Bei den besten Exemplaren hellt sich das Zentrum der Federn auf den Flügeldecken auf. Da der Rand der Feder seine grüne Farbe aber fast vollständig behält, entsteht der Effekt einer

Dominant gesäumt

Pfirsichköpfchen EF dominant edged blau

Auf den Flügeln finden sich hellgraue Flecken.

Säumung. Die Aufhellung im Zentrum der Federn der Flügeldecken passiert bestenfalls zu vierzig bis fünfzig Prozent. Dadurch wird der innere Rand der Feder sehr hellgrün zum Gelblichen hin, was eine Art Tropfeneffekt verursacht.

Bei blauen Vögeln sind auf den Flügeldecken „hellgraue“ Flecken. Die Schwungfedern sind in der Farbe praktisch unverändert. Auch die Farbe der Füße, Augen und Krallen bleibt im Vergleich zur Wildform gleich. Der Rest des Körpers hat eine gleichmäßige Aufhellung; man sieht den „Tropfeneffekt“ hier manchmal auch auf den Brustfedern. Die Maske bleibt in Form und Farbe unverändert. Durch diese Aufhellung ist das Vorhandensein eines Dunkelfaktors (dunkelgrüne Vögel) in der Grünreihe schwieriger zu erkennen. In der Blaureihe ist das Problem weniger groß.

Bei den weniger gezeichneten EF-Exemplaren kann die Reduktion des Eumelanins minimal sein, und dadurch entstehen (meistens bei den EF-Weibchen) oft blasser gefärbte Vögel. Sie sind darum auch schwieriger als EF-gesäumte Vögel zu erkennen. Das führte in der Vergangenheit oft dazu, dass sich Gerüchte verbreiteten, manche Vögel seien „spalterbig“. Diese Vögel sind sicherlich als Zuchtvögel geeignet, aber natürlich nicht als Ausstellungsvögel. Es ist das Beste, in der Anfangsphase immer mit einem DF-Vogel zu beginnen und diesen mit einem nicht-gesäumten Vogel zu verpaaren. Dann können Sie sich sicher sein, dass alle Nachkommen zu hundert Prozent EF sind, und Irrtümer werden so ausgeschlossen.

Es kommt regelmäßig vor, dass Züchter pastell mit gesäumt verwechseln. Beim genauen Hinsehen kann es aber keinerlei Zweifel geben. Pastell vererbt autosomal rezessiv und hat als Musteranforderung eine Aufhellung von ungefähr fünfzig Prozent am ganzen Körper. Dadurch ist nicht nur die Körperfarbe, sondern auch die Schwungfedern sind heller gefärbt. Diese sind bei den besten Exemplaren hellgrau und bei den schlechtesten sogar weiß. Bei EF-gesäumten Vögeln sind die Schwungfedern jedoch völlig schwarz und die Flügeldecken weisen eine deutliche Tropfenform auf.

Pfirsichköpfchen doppelfaktorig gesäumt

Diese Form ist deutlich erkennbar. Bei den grünen Vögeln bekommt man schmutzig-gelbe Vögel mit hellgrauen Schwungfedern und einem noch deutlichen „Schimmelmuster“ am Flügelbug und auf der Oberseite der Flügeldecken. Die Maske ist gelegentlich etwas kleiner, muss aber nach der Musterbeschreibung im Vergleich zur Wildform gleich groß sein. Die Farbe der Augen, Füße und Krallen bleibt unverändert.

Vögel aus der Blaureihe sind sehr hellblau bis hellgrau gefärbt, mit weißer Maske und deutlicher Schimmelzeichnung auf den Flügeln. Pastellno-Vögel können auch sehr aufgehellt sein, aber sie haben völlig weiße Schwungfedern und sind eher als fleckig zu bezeichnen, was sie zweifelsfrei identifiziert. Bei DF-gesäumt kann zwischen manchen Männchen und Weibchen kein Unterschied erkannt werden.

Bezeichnungen

Anfangs wurden dieser Mutation verschiedene Namen gegeben. Es gab sogar unterschiedliche Bezeichnungen für die EF- und DF-Form. Man sprach bei EF-Vögeln von „dominant pastell“ bis „Richard“. Bei DF-Vögeln verwendete man etwa „golden“ oder „golden cherry“, in der Blaureihe sprach man manchmal von „silber“ (dieser Name verkaufte sich gut). Auch der Ausdruck „übergossen“ wurde für DF-Vögel verwendet, obwohl der Name ebenso für eine rezessive Mutation belegt war, die dafür sorgt, dass das Eumelanin zu achtzig bis neunzig Prozent verschwindet. Gesäumt vererbt dagegen dominant, und von daher konnte dieser Name nicht verwendet werden. Verletzt wurde damit auch die Vereinbarung, verschiedene Erscheinungsformen von unvollständig dominanten Mutationen mit EF und DF anzugeben und keine eigenen Bezeichnungen für sie zu schaffen. Es wurde daher beschlossen, die Bezeichnungen EF und DF gesäumt zu verwenden.

Manchmal wurde auf die Spangle-Wellensittiche verwiesen, denn man dachte, dass man es mit der gleichen Mutation zu tun habe. Anfangs neigte auch BVA zu dieser Ansicht. Aber als man dies untersuchte, zeigte sich, dass das falsch war. Es stimmt, dass der Spangle bei den Wellensittichen auch eine dominante Mutation ist, bei der es um eine gleichmäßige Eumelanin-Reduktion geht. Trotzdem gibt es viele Unterschiede: So sind bei den Schwungfedern der Spangle-Wellensittiche die Kerne völlig aufgehellt, während diese beim Pfirsichköpfchen fast unverändert sind. Die Schwanzfedern sind beim Spangle-Wellensittich aufgehellt, bleiben beim Pfirsichköpfchen aber unverändert. Die Füße bei EF-Pfirsichköpfchen sind noch hellgrau in der Farbe, beim Spangle sind sie schon fleischfarben. Bei gesäumten Pfirsichköpfchen hellt sich der Kern der Feder zu fünfzig Prozent auf, während beim Spangle-Wellensittich eine Verschiebung des Eumelanins zum Rand der Feder stattfindet, wodurch eine völlige Abnahme des Eumelanins im Kern entsteht. Grüne Spangle-Vögel bekommen völlig gelbe „Flecken“, blaue Vögel völlig weiße. Bei gesäumten Pfirsichköpfchen ist die Reduktion bei EF-Vögeln viel geringer, und sie haben schmutzig-gelbe und hellgraue Farben in den Kernen der Federn. DF-Spangle-Vögel sind in der Grünreihe von völlig gelber Farbe mit weißen Schwungfedern und fleischfarbigen Füßen, DF-gesäumte Pfirsichköpfchen hingegen haben einen deutlichen grünen Schimmer auf den Federn, graue Schwungfedern und graue Füße. Natürlich ist nicht ausgeschlossen, dass gesäumt ein Allel des Spangle-Locus ist, aber leider ist es noch nicht möglich, diese Behauptung zu beweisen.

Gesäumte Schwarzköpfchen

Durch Transmutation wurde der Faktor gesäumt vom Pfirsich- auf das Schwarzköpfchen übertragen, obwohl gesäumte Schwarzköpfchen nicht so häufig vorkommen. Das Erscheinungsbild ist wie beim Pfirsichköpfchen – mit Ausnahme der schwarzen Kopffärbung, die beim Schwarzköpfchen reduziert ist, denn gesäumt greift die Eumelanin-Bildung an. Und wie Sie wissen, besteht die schwarze Kopffärbung des Schwarzköpfchens hauptsächlich aus Eumelanin.

Schwarzköpfchen

ein EF dominant gesäumt grüner Vogel.

Dominant gesäumt

Rußköpfchen dominant gesäumt EF grün

Der Gesäumt-Faktor kann in alle vorhandenen Farbschläge eingezüchtet werden, die nicht schon eine Eumelanin-Reduktion haben. Gesäumt kann man kombinieren mit grün, blau und Dunkelfaktoren. Gesäumte Vögel sind stark, und das Vorhandensein dieser Mutation hat keinerlei Einfluss auf ihre Gesundheit. – Es hat allerdings keinen Sinn, Kombinationen zu machen mit pastell (denn hier gibt es ja bereits eine Reduktion von ungefähr fünfzig Prozent des Eumelanins) oder Inos (hier ist kein Eumelanin mehr vorhanden). Gesäumte Pastell-Vögel verlieren übrigens alle Säumungsmerkmale und sind aus diesem Grund als Ausstellungsvögel nicht geeignet. Merken Sie sich als Regel: Eine Mutationen-Kombination, die als solche nicht mehr zu erkennen ist, hat keinen Sinn und ist darum nicht empfehlenswert.

Um das oben Gesagte zu verdeutlichen, folgen einige Beispiel von Kombinationen mit der Wildform.

Hier spielt es natürlich überhaupt keine Rolle, ob das Männchen oder das Weibchen Träger des dominanten Faktors ist.

EF gesäumt grün x grün:
50% grün
50% EF gesäumt grün

EF gesäumt grün x EF gesäumt grün:
25% grün
50% EF gesäumt grün
25% DF gesäumt grün

DF gesäumt grün x grün:
100% EF gesäumt grün

DF gesäumt grün x EF gesäumt grün:
50% EF gesäumt grün
50% DF gesäumt grün

DF gesäumt grün x DF gesäumt grün:
100% DF gesäumt grün

Kombinationen mit Dunkelfaktoren EF gesäumt grün x D grün:
25% grün
25% EF gesäumt grün
25% D grün
25% EF gesäumt D grün

DF gesäumt grün x D grün:
50% EF gesäumt grün
50% EF gesäumt D grün

EF gesäumt D grün x EF gesäumt D grün:
6,25% grün
12,5% EF gesäumt grün
6,25% DF gesäumt grün
12,5% D grün
25% EF gesäumt D grün
12,5% DF gesäumt D grün
6,25% DD grün
12,5% EF gesäumt DD grün
6,25% DF gesäumt DD grün

EF gesäumt grün x DD grün:
50% D grün
50% EF gesäumt D grün

DF gesäumt D grün x EF gesäumt D grün:
12,5% EF gesäumt grün
12,5% DF gesäumt grün
25% EF gesäumt D grün
25% DF gesäumt D grün
12,5% EF gesäumt DD grün
12,5% DF gesäumt DD grün

EF gesäumt D grün x EF gesäumt DD grün:
12,5% D grün
25% EF gesäumt D grün
12,5% DF gesäumt D grün
12,5% DD grün
25% EF gesäumt DD grün
12,5% DF gesäumt DD grün

DF gesäumt D grün x EF gesäumt DD grün:
25% EF gesäumt D grün
25% DF gesäumt D grün
25% EF gesäumt DD grün
25% DF gesäumt DD grün

DF gesäumt DD grün x EF gesäumt DD grün:
50% EF gesäumt DD grün
50% DF gesäumt DD grün

Kombinationen mit Blau

Genetische Formeln:

$bl\_D^+ / bl\_D^+; Ed / Ed^+$ (EF gesäumt blau)
$bl\_D^+ / bl\_D^+; Ed / Ed$ (DF gesäumt blau)
$bl\_D^+ / bl\_D; Ed / Ed^+$ (EF gesäumt D blau)
$bl\_D^+ / bl\_D; Ed / Ed$ (*DF* gesäumt D blau)
$bl\_D / bl\_D; Ed / Ed^+$ (EF gesäumt DD blau)
$bl\_D / bl\_D; Ed / Ed$ (DF gesäumt DD blau)

Die Berechnungen berücksichtigen den Prozentsatz an Crossing-over.

EF gesäumt grün x blau:
50% grün/blau
50% EF gesäumt grün/blau

EF gesäumt grün/blau x blau:

25%	grün/blau
25%	EF gesäumt grün/blau
25%	blau
25%	EF gesäumt blau

EF gesäumt grün/blau x EF gesäumt grün/blau:

6,25%	grün
12,5%	grün/blau
12,5%	EF gesäumt grün
25%	EF gesäumt grün/blau
6,25%	DF gesäumt grün
12,5%	DF gesäumt grün/blau
6,25%	blau
12,5%	EF gesäumt blau
6,25%	DF gesäumt blau

EF gesäumt grün/blau x EF gesäumt blau:

12,5%	grün/blau
25%	EF gesäumt grün/blau
12,5%	DF gesäumt grün/blau
12,5%	blau
25%	EF gesäumt blau
12,5%	DF gesäumt blau

DF gesäumt grün x blau:

100%	EF gesäumt grün/blau

DF gesäumt DD grün x blau:

100%	EF gesäumt D grün/blau (Typ I)

EF gesäumt D grün/blau (Typ I) x EF gesäumt blau:

3.5%	EF gesäumt grün /blau
1.75%	DF gesäumt /blau
1.75%	grün /blau
21.5%	EF gesäumt D grün/blau (T1)
10.75%	DF gesäumt D grün/blau (T1)
10.75%	D grün/blau (T1)
21.5%	EF gesäumt blau
10.75%	DF gesäumt blau
10.75%	blau
3.5%	EF gesäumt D blau
1.75%	DF gesäumt D blau
1.75%	D blau

EF gesäumt grün/blau (Typ I) x DF gesäumt blau:

3,5%	EF gesäumt grün/blau
3,5%	DF gesäumt grün/blau
21,5%	EF gesäumt D grün/blau (Typ I)
21,5%	DF gesäumt D grün/blau (Typ I)
21,5%	EF gesäumt blau
21,5%	DF gesäumt blau
3,5%	EF gesäumt D blau
3,5%	DF gesäumt D blau

DF gesäumt DD blau x grün:

100%	EF gesäumt D grün/blau (Typ II)

EF gesäumt grün/blau (Typ II) x DF gesäumt blau:

21,5%	EF gesäumt grün/blau
21,5%	DF gesäumt grün/blau
3,5%	EF gesäumt D grün/blau (Typ I)
3,5%	DF gesäumt D grün/blau (Typ I)
3,5%	EF gesäumt blau
3,5%	DF gesäumt blau
21,5%	EF gesäumt D blau
21,5%	DF gesäumt D blau

EF gesäumt D blau x EF gesäumt D blau:

6,25%	blau
12,5%	EF gesäumt blau
6,25%	DF gesäumt blau
12,5%	D blau
25%	EF gesäumt D blau
12,5%	DF gesäumt D blau
6,25%	DD blau
12,5%	EF gesäumt DD blau
6,25%	DF gesäumt DD blau

DF gesäumt D blau x EF gesäumt D blau:

12,5%	EF gesäumt blau
12,5%	DF gesäumt blau
25%	EF gesäumt D blau
25%	DF gesäumt D blau
12,5%	EF gesäumt DD blau
12,5%	DF gesäumt DD blau

Schwarzköpfchen dominant gesäumt DF blau

EF gesäumt D blau x EF gesäumt DD blau:

12,5%	D blau
25%	EF gesäumt D blau
12,5%	DF gesäumt D blau
12,5%	DD blau
25%	EF gesäumt DD blau
12,5%	DF gesäumt DD blau

DF gesäumt D blau x EF gesäumt DD blau:

25%	EF gesäumt D blau
25%	DF gesäumt D blau
25%	EF gesäumt DD blau
25%	DF gesäumt DD blau

DF gesäumt DD blau x EF gesäumt DD blau:

50%	EF gesäumt DD blau
50%	DF gesäumt DD blau

Misty (Misty)

Misty ist eine unvollständig dominante Mutation, bei der es eine minimale Reduktion des Eumelanins gibt. Wenn die Vögel EF misty sind, zeigt sich das in einem etwas blasser wirkenden Vogel, der sich wenig von der Wildform unterscheidet. Bei DF misty grünen Vögeln tendieren die Farben zu einem DD grünen Vogel und die Federn erscheinen mehr olivgrün gefärbt. Wenn man diese mit einem Vogel mit zwei Dunkelfaktoren vergleicht, ist der Unterschied zwischen beiden Mutanten allerdings deutlich zu sehen.

In den Federn des Misty ist das Eumelanin in der Medulla etwas „wolliger" als bei der Wildform. Die Bogen- und Hakenstrahlen scheinen etwas weniger gut entwickelt und pigmentiert zu sein als bei der Wildform, was zu den Folgen einer dominanten Mutation passt, die häufig einen strukturellen Defekt aufweist. Rezessive Mutationen dagegen beeinflussen meist die chemischen oder hormonalen Prozesse.

Die Misty-Mutation wurde als erste vom Rußköpfchen berichtet. Es war nicht einfach, jedermann davon zu überzeugen, dass es um eine Mutation ging. Meistens wurden die EF misty Vögel als Tiere von schlechter Farbe aussortiert und damit von der weiteren Zucht ausgeschlossen. Die Tatsache, dass EF-Vögel sich nur sehr wenig von der Wildform unterscheiden, gab dazu auch allen Anlass. Als man beim Rußköpfchen schließlich erkannte, dass es wirklich um eine Mutation ging, kamen plötzlich auch bei anderen Vogelarten Züchter mit der Nachricht, dass sie eine vergleichbare Mutation hatten, die sie ebenfalls für einen Vogel mit „schlechter Farbe" gehalten hatten. Das war u.a. so beim Schwalbensittich (*Lathamus discolor*), beim Halsbandsittich (*Psittacula krameri*)

Links: Taranta-Papageien

links ein Männchen misty, rechts ein Weibchen DD grün

Halbseiter-Pfirsichköpfchen misty – wildfarben

Dieser Vogel wurde beim Autor 2002 aus einem langjährigen wildfarbenen Zuchtstamm gezogen.

und beim Grünbürzel-Sperlingspapagei (*Forpus passerinus*), was beweist, dass diese Mutation schon lange existierte.

Am Anfang verwendete man für diese Mutation allgemein die Bezeichnung „isabell". Aber da der Name isabell in dieser Zeit auch für eine SL rezessive Mutation verwendet wurde, ging man davon ab und sprach von der „Bleich-Mutation". Nachdem diese Mutation bei MUTAVI untersucht worden war, wählte man die internationale Bezeichnung „misty". Bei den Unzertrennlichen kommt diese Mutation beim Taranta-Papagei, Ruß-, Pfirsich- und wahrscheinlich auch Rosenköpfchen vor.

Da diese Mutation nicht in allen Kombinationen deutlich zu erkennen ist, wurde beschlossen, sie nur als DF und ohne Dunkelfaktoren auf Ausstellungen zuzulassen. Das Vorhandensein von Dunkelfaktoren lässt ja den Misty-Effekt verschwinden, und ein misty-dunkelgrüner Vogel sieht wie ein normal grüner Vogel aus. Ein misty DD grün hat eine Farbe, die eher an D grün erinnert. Darum werden hier nur die Kombinationsformen genannt, die diese DF Vögel hervorbringen.

Rußköpfchen DF misty grün

Genetische Formeln:

bl⁺_D⁺ / bl⁺_D⁺; Mt / Mt⁺ (EF misty grün)
bl⁺_D⁺ / bl⁺_D⁺; Mt / Mt (DF misty grün)

EF misty grün x grün:
50% EF misty grün
50% grün

EF misty grün x EF misty grün:
25% grün
50% EF misty grün
25% DF misty grün

EF misty grün x DF misty grün:
50% EF misty grün
50% DF misty grün

DF misty grün x DF misty grün:
100% DF misty grün

Misty Rußköpfchen

Die Misty-Mutation trat erstmals beim Rußköpfchen auf. Anfang 1980 züchtete eine Dame in den Niederlanden einige Rußköpfchen mit dieser abweichenden Farbe. Es war Cees Ligtvoet, der die Mutation weiter herausarbeitete.

Misty Taranta-Papageien

1992 war es der Niederländer Henk Haasnoot, der den ersten Misty-Taranta-Papagei züchtete und in den Niederlanden ausstellte. Aus einem Paar der Wildform fielen zwei Weibchen, die etwas heller in der Farbe waren als die normale Wildform. Bei den Nestlingen wurden die Ringnummern notiert, was wichtig war, denn als die Vögel älter wurden, war der Unterschied weniger deutlich sichtbar. Erst dachte Henk an eine Modifikation. Aber als noch blassere Vögel das Nest verließen, war ihm klar, dass es sich um eine Mutation handelte. Weil die ersten Misty-Vögel Weibchen waren, vermutete er eine geschlechtsgebundene Vererbung. Aber als er nach einigen Jahren zwei der blasseren Exemplare miteinander kreuzte, schlüften die ersten DF-Vögel, und es stand fest, dass es eine dominante Mutation war.

Misty Pfirsichköpfchen

Im März 2002 wurde bei mir ein Halbseiter-Pfirsichköpfchen geboren. An sich war das allein schon ungewöhnlich. Aber eigenartig war, dass dieser Vogel halb Misty, halb Wildform war. Misty war bis dahin beim Pfirsichköpfchen noch nicht vorgekommen. Noch eigenartiger war, dass der Vogel aus einem Stamm von Wildformen geboren wurde, deren Vorfahren ich seit 1983 allesamt selbst gezüchtet hatte und bei der alle früheren Generationen Wildformen waren.

Einige Monate zuvor hatte ich beschlossen, meine Zucht zu verkleinern. Mir war durchaus klar, dass diese Mutation viel Zeit erfordern würde, da ich verschiedene Probepaarungen aufstellen musste. Dazu würde ich verschiedene Käfige verwenden müssen. Darum entschied ich mich dafür, den Vogel (ein Männchen) und ein Weibchen aus demselben Gelege Harry Bens zu geben. Harry nahm die Herausforderung gerne an. Die erste Frage war natürlich, ob dieser Halbseiter wohl weiter vererben würde. Die zweite Frage war (falls der Vogel fruchtbar wäre), welchen Faktor er weitervererben würde. Der Vogel war durchaus fruchtbar und vererbte sogar den Misty-Faktor, sodass es Harry gelang, diese Pfirsichköpfchen-Mutation zu erhalten.

Kombinationen mit Blau:

Genetische Formeln:

$bl\_D^+ / bl\_D^+; Mt / Mt^+$ (EF misty blau)
$bl\_D^+/ bl\_D^+; Mt / Mt$ (DF misty blau)

DF misty grün x blau:

100%	EF misty grün/blau

EF misty grün/blau x blau:

25%	grün/blau
25%	EF misty grün/blau
25%	blau
25%	EF misty blau

EF misty grün/blau x EF misty grün/blau:

6,25%	grün
12,5%	grün/blau
12,5%	EF misty grün
25%	EF misty grün/blau
12,5%	DF misty/blau
6,25%	DF misty grün
6,25%	blau
12,5%	EF misty blau
6,25%	DF misty blau

EF misty blau x blau:

50%	EF misty blau
50%	blau

EF misty blau x EF misty blau:

25%	blau
50%	EF misty blau
25%	DF misty blau

EF misty blau x DF misty blau:

50%	EF misty blau
50%	DF misty blau

DF misty blau x DF misty blau:

100%	misty blau

Misty Rosenköpfchen?

Während der brasilianischen National-Show im Mai 2009 im Pavillon der Brasilianischen Ornithologischen Föderation (FOB) präsentierte der Züchter Marcos Carvalho erstmals offiziell die Misty-Mutation bei Rosenköpfchen. Es waren ein grüner DF-Misty und ein Aqua-DF-Misty. Diese Farben wurden gewählt, weil sie den Effekt dieses Dilute-Faktors auf den Phänotyp der Rosenköpfchen sehr typisch zeigten. Marcos Carvalho züchtet schon einige Jahre Vögel mit dem Misty-Faktor, hat diverses ausprobiert und daher viele interessante Kombinationen in seiner Anlage.

Die Geschichte der Misty-Mutation in Brasilien geht zurück auf das Jahr 1987. Damals schickte der deutsche Züchter Bodo Ochs ein „sonderbares" Paar „pastell-grauer" Vögel (wahrscheinlich Misty-Aqua-Vögel) an Luiz Mauro de Oliveira in Brasilien. Die matte Färbung dieser Vögel war nicht sehr attraktiv. Sie wurden seitdem in geringer Zahl von Luiz Mauro de Oliveira gezüchtet. Als er mit der Agapornidenzucht aufhörte, wurden die wenigen Paare an Herrn Carvalho weitergegeben. In Europa sind Misty-Rosenköpfchen unbekannt.

Kombinationen mit aqua

Genetische Formeln:

$bl^{aq}\_D^+ / bl^{aq}\ \_D^+; Mt / Mt^+$ (EF misty aqua)
$bl^{aq}\_D^+ / bl^{aq}\ \_D^+; Mt / Mt$ (DF misty aqua)

DF misty grün x aqua:

100%	EF misty grün/aqua

EF misty grün/aqua x aqua:

25%	grün/aqua
25%	EF misty grün/aqua
25%	aqua
25%	EF misty aqua

Pfirsichköpfchen DF misty grün

EF misty grün/aqua x EF misty grün/aqua:

6.25%	grün
12.5%	grün/aqua
12.5%	EF misty grün
25%	EF misty grün/aqua
12.5%	DF misty/aqua
6.25%	DF misty grün
6.25%	aqua
12.5%	EF misty aqua
6.25%	DF misty aqua

EF misty aqua x aqua:

50%	EF misty aqua
50%	aqua

EF misty aqua x EF misty aqua:

25%	aqua
50%	EF misty aqua
25%	DF misty aqua

EF misty aqua x DF misty aqua:

50%	EF misty aqua
50%	DF misty aqua

DF misty aqua x DF misty aqua:

100%	misty aqua

Es ist nicht ratsam, Misty mit anderen Eumelanin-Mutationen zu kreuzen.

Slaty (Slaty)

Es war im Herbst 1998, als Koos Hammer mir von der Existenz einer abweichenden Farbe beim Pfirsichköpfchen erzählte. Koos beschrieb die Farbe damals als „stahlblau". Es konnte keine Farbanomalie oder Modifikation sein, weil es von diesem Vogel (einem Männchen) bereits Nachzuchten gab, die dieselbe Farbe aufwiesen. Das Paar bestand aus nichtverwandten Vögeln, weshalb man eine autosomal rezessive Vererbung ausschließen konnte.

Die ersten zwei Gelege bestanden vollständig aus stahlblauen Weibchen. Wir vermuteten, dass es vielleicht eine Slate-Mutation sein könne (Die Slate-Mutation kommt auch bei Wellensittichen vor). Diese geschlechtsgebundene rezessive Mutation bewirkt eine Veränderung der Federstruktur, wodurch das Tier eine nahezu identische „bleiblaue" Farbe bekommt wie die Vögel aus der Blaureihe. Man kann sich nur dann absolut sicher sein, dass es sich um eine geschlechtsgebundene Mutation handelt, wenn man aus einer Kreuzung „spalterbiges Männchen" x unverwandtes Weibchen „stahlblaue" Weibchen als Nachkommen erhält. Solange mussten wir aber gar nicht warten, denn im dritten Nest befand sich ein „stahlblaues" Männchen, das eine geschlechtsgebundene Vererbung ausschloß: Die Mutation war dominant.

Es gibt noch eine vergleichbare dominante Mutation bei Wellensittichen, und die ist grau. Aber äußerlich zeigen diese zwei Formen wenig Vergleichbares miteinander. Schließlich wurde bei MUTAVI eine Federuntersuchung durchgeführt, die folgende Fragen beantworten sollte:

- Handelt es sich wirklich um slate und vererbt es – im Gegensatz zu den Wellensittichen – tatsächlich dominant? – Wenn das der Fall war, musste man im Kern der Federn eine völlig andere Platzierung der Schwammzone im Vergleich zur klassischen Struktur finden können (denn das ist typisch für Slate-Wellensittiche), durch die die Vögel eine andere, dumpfere Farbe Blau bekommen, u.a. durch die gedämpfte Interferenz des einfallenden Lichts.
- Ist es grau? – Dann musste man im Kern der Federn sehen, dass die Vakuolen sozusagen verstreut liegen und von zahllosen Eumelanin-Körnern umschlossen werden.
- Oder ist es etwas anderes? Wenn ja, was?

Links: Pfirsichköpfchen slaty

Diese Mutation basiert auf einer begrenzten Zunahme an Eumelanin in bestimmten Federbereichen., die zu einer „stahlblauen" Farbe führt.

Pfirsichköpfchen DD slaty (links) und slaty (rechts)

Die DD-Slaty-Mutation ähnelt stark der von DD blau.

Die ersten Untersuchungsresultate waren überraschend, denn es war kein slate und es war auch kein Grau. Es zeigte sich, dass es eine begrenzte Zunahme an Eumelanin in bestimmten Federbereichen gab. Aber diese Farbe war hauptsächlich die Folge einer Mutation des Keratins, aus dem die Feder aufgebaut ist. Keratin ist normalerweise hornfarbig (wie etwa unsere Fingernägel), bei dieser Mutation dagegen durchsichtig (glasartig) geworden. Dadurch bekommt das vorhandene Eumelanin einen ganz anderen Einfluss, und es entsteht eine völlig andere Interferenz in der Schwammzone. Für diese Mutation wurde die Bezeichnung „slaty" gewählt. Damit wird angege-

Rußköpfchen slaty blau (links) und slaty grün (rechts)

Slaty-grüne Vögel haben einen gräulichen Schimmer auf den grünen Federn.

ben, dass die Farbe „bleibläulich“ und nicht dieselbe ist wie beim klassischen Slate.

Nach einem Artikel im BVA-Magazin meldete sich Han van Doorn aus den Niederlanden. Er konnte mehr über die ersten „Slatys“ erzählen, denn er besaß das ursprüngliche Pfirsichköpfchen-Elternpaar. Es waren ein weißes Schwarzauge und ein „mauveartiger“ Vogel, die er unter einer Sendung Vögel fand, die eigentlich für den Export bestimmt waren. Han, der seit Jahren ein leidenschaftlicher Agapornidenzüchter war, sah sofort, dass da etwas Eigenartiges mit den „mauveartigen“ Vögeln war, und er beschloss, selbst mit dem Paar weiter zu züchten. Er wurde so – zusammen mit Koos Hammer – einer der Begründer dieser Mutation.

Kombinationen dieser Mutation mit Vögeln aus der Grünreihe sorgen für slaty-grüne Vögel. Diese Vögel haben einen gräulichen Schimmer auf dem grünen Federkleid. Auf den ersten Blick kann man vielleicht an das Vorhandensein von Violett-Faktoren denken. Aber die Farbe des Bürzels ist deutlich grau gefärbt (wenn Violett-Faktoren vorhanden sind, ist der Bürzel dagegen violett gefärbt).

Trotzdem gibt es bereits einige Züchter, die violett mit slaty kombinieren, was für Verwirrung sorgen kann und von daher nicht empfehlenswert ist. Die Tatsache, dass diese Faktoren nur schwer voneinander getrennt werden können, wenn diese Kombination vorliegt, lässt mich vermuten, dass bei Agaporniden diese Faktoren möglicherweise auf demselben Chromosom liegen könnten.

Kombinationen mit Vögeln ohne Psittacin (also mit Vögeln aus der Blaureihe) ergeben die typische Slaty-Farbe. Einen äußerlichen Unterschied zwischen EF- und DF-Vögeln gibt es nicht. Blaue Vögel ohne Dunkelfaktor oder mit einem Dunkelfaktor, kombiniert mit einem Slaty, ergeben das beste Ergebnis. Vögel aus der Blaureihe mit zwei Dunkelfaktoren und dem Slaty-Faktor können hin und wieder mit normalen DD blauen Vögeln verwechselt werden (obwohl Fachleute sie durchaus auseinander halten können). Darum wurde beschlossen, bei Ausstellungen nur Vögel mit höchstens einem Dunkelfaktor und einem oder zwei Slaty-Faktoren zuzulassen. Vom Pfirsichköpfchen wurde diese Mutation durch Transmutation beim Ruß- und Schwarzköpfchen eingezüchtet.

Genetische Formeln:

$bl^{+}\_D^{+} / bl^{+}\_D^{+}; Slt / Slt^{+}$ (EF slaty grün)
$bl^{+}\_D^{+} / bl^{+}\_D^{+}; Slt / Slt$ (DF slaty grün)
$bl^{+}\_D^{+} / bl^{+}\_D; Slt / Slt^{+}$ (EF slaty D grün)
$bl^{+}\_D^{+} / bl^{+}\_D; Slt / Slt$ (DF slaty D grün)
$bl^{+}\_D / bl^{+}\_D; Slt / Slt^{+}$ (EF slaty DD grün)
$bl^{+}\_D / bl^{+}\_D; Slt / Slt$ (DF slaty DD grün)

Männchen werden bei Vererbungen immer als erste angegeben, obwohl die Reihenfolge bei dominanter Vererbung keinerlei Rolle spielt.

EF slaty grün x grün:
50% grün
50% EF slaty grün

EF slaty grün x EF slaty grün:
25% grün
50% EF slaty grün
25% DF slaty grün

DF slaty grün x EF slaty grün:
50% EF slaty grün
50% DF slaty grün

Kombinationen mit Blau

Genetische Formeln:

$bl\_D^{+} / bl\_D^{+}; Slt / Slt^{+}$ (EF slaty blau)
$bl\_D^{+} / bl\_D^{+}; Slt / Slt$ (DF slaty blau)
$bl\_D^{+} / bl\_D; Slt / Slt^{+}$ (EF slaty D blau)
$bl\_D^{+} / bl\_D; Slt / Slt$ (DF slaty D blau)
$bl\_D / bl\_D; Slt / Slt^{+}$ (EF slaty DD blau)
$bl\_D / bl\_D; Slt / Slt$ (DF slaty DD blau)

DF slaty grün x blau:
100% EF slaty grün/blau

EF slaty grün/blau x EF slaty grün/blau:
6,25% grün
12,5% grün/blau
12,5% EF slaty grün
25% EF slaty grün/blau
6,25% DF slaty grün
12,5% DF slaty grün/blau
6,25% blau
12,5% EF slaty blau
6,25% DF slaty blau

DF slaty grün/blau x DF slaty grün/blau:
25% DF slaty grün
50% DF slaty grün/blau
25% DF slaty blau

DF slaty blau x EF slaty blau:
50% EF slaty blau
50% DF slaty blau

EF slaty blau x D blau:
25% blau
25% EF slaty blau
25% D blau
25% EF slaty D blau

DF slaty blau x D blau:
50% EF slaty blau
50% EF slaty D blau

EF slaty D blau x EF slaty D blau:
6,25% blau
12,5% EF slaty blau
6,25% DF slaty blau
12,5% D blau
25% EF slaty D blau
12,5% DF slaty D blau
6,25% DD blau
12,5% EF slaty DD blau
6,25% DF slaty DD blau

EF slaty blau x DD blau:
50% D blau
50% EF slaty D blau

DF slaty D blau x EF slaty D blau:
12,5% EF slaty blau
12,5% DF slaty blau
25% EF slaty D blau
25% DF slaty D blau
12,5% EF slaty DD blau
12,5% DF slaty DD blau

Schwarzköpfchen slaty

EF slaty D blau x EF slaty DD blau:
12,5% D blau
25% EF slaty D blau
12,5% DF slaty D blau
12,5% DD blau
25% EF slaty DD blau
12,5% DF slaty DD blau

DF slaty D blau x EF slaty DD blau:
25% EF slaty D blau
25% DF slaty D blau
25% EF slaty DD blau
25% DF slaty DD blau

DF slaty DD blau x EF slaty DD blau:
50% EF slaty DD blau
50% DF slaty DD blau

Slaty kann noch mit pastell, dilute, dominant gescheckt, rezessiv gescheckt, Mottle und gesäumt kombiniert werden.

Violet (Violett)

Der Violettfaktor ist eine Mutation, die die Struktur der Schwammzone verändert. Normalerweise wird in der Schwammzone (bei einem Vogel der Wildform) durch Interferenz blaues Licht erzeugt, das durch die vorhandenen Vakuolen in der Medulla (im Kern der Feder) durch den Cortex zurückgeworfen wird. Der Cortex enthält in den grünen Federbereichen gelbes Psittacin. Die Kombination der blauen Lichtstrahlen mit dem Psittacin verursacht die normale grüne Farbe. Wenn bei der Wildform das gelbe Psittacin herausgezüchtet wird (Blaufaktor), erhält der Vogel nur die blaue Farbe, die in der Schwammzone entsteht.

Durch die Violett-Mutation erfährt die Schwammzone eine Veränderung: Es werden keine „normalen" blauen Lichtstrahlen entwickelt, sondern violette. Wenn diese durch einen Cortex mit gelbem Psittacin darin gehen, bekommt der Vogel eine deutlich andere grüne Farbe als die Wildform. Diese Vögel werden als „violettfaktorig" grün umschrieben – in Analogie zum violett-ähnlichen Schimmer auf den Federn. Die Vererbung von Violett ist unvollständig dominant, und das bedeutet, dass es einen äußerlichen Unterschied zwischen Vögeln mit einem und Vögeln mit zwei Violettfaktoren gibt. Interessant wird es, wenn dieser Violettfaktor kombiniert wird mit Vögeln ohne gelbes Psittacin im Cortex (aus der Blaureihe). Dann sieht man die eigentlichen violetten Lichtstrahlen, die in der veränderten Schwammzone gebildet werden. Das Problem besteht jedoch darin, dass der Violettfaktor nicht in jeder Kombination sichtbar ist.

Ein EF violett blauer Vogel sieht äußerlich einfach wie ein D blauer aus. – Erst wenn man diesen Violettfaktor mit einem blauen Vogel mit einem Dunkelfaktor kombiniert, sieht man den eigentlichen Violettfaktor deutlich. Es sind also die Vögel mit einem Dunkelfaktor und einem oder zwei Violettfaktoren, die als violett erkennbar sind und als solche beschrieben wurden. Vögel aus der Blaureihe mit zwei Dunkelfaktoren (DD blau) machen den Violettfaktor wieder unsichtbar. Bei Agaporniden sollte man Folgendes wissen:

- EF violett blau sieht genauso aus wie ein D blauer Vogel.
- DF violett blau sieht aus wie ein D blauer mit einem Violettfaktor (wird als violett umschrieben).
- EF violett D blau weist die violette Farbe auf und wird als violett bezeichnet.
- DF violett D blau weist die violette Farbe deutlicher als ein D blauer Vogel mit einem Violettfaktor auf.
- EF violett DD blau weist keinen Violettfaktor auf, die Vögel erscheinen normal DD blau.
- DF violett DD blau weist keinen Violettfaktor auf (sehr selten an der Bürzelfarbe zu erkennen) und erscheint normal DD blau.

Wie Sie sehen, ist es gar nicht so einfach, einen violetten Vogel für Ausstellungen zu züchten. Sie müssen Zuchtpaare derart zusammenstellen, dass Sie ein Maximum an Jungen mit einem Dunkelfaktor und mindestens einem Violettfaktor in der Blau- oder Parblue-Reihe erhalten.

Der Violettfaktor kommt bei Agaporniden beim Rosen- und beim Schwarzköpfchen vor. Durch Transmutation wurde er auf das Ruß- und das Pfirsichköpfchen übertragen.

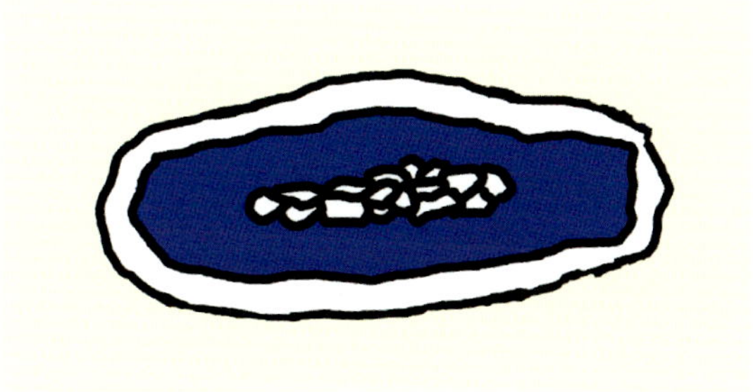

Querschnitt durch eine violette Feder

Durch eine Veränderung der Schwammzone entstehen violette Lichtstrahlen.

Links: Schwarzköpfchen EF violett

Der Violettfaktor ist bei EF-Vögeln noch nicht erkennbar.

Violett

Links: Rosenköpfchen violettfaktorig aqua

sind „seegrüne“ Vögel mit einem violetten Schimmer.

Rechts: Rosenköpfchen violett türkis

Violettfaktor beim Rosenköpfchen

Über den Ort, wo der Violettfaktor entstanden ist, gab es schon viel Diskussion. Die ersten Meldungen kamen der Literatur zufolge 1982, als ein violettes Rosenköpfchen in den Niederlanden entdeckt wurde (Agapornissen, Ria und Ber van de Kamer, 1991). Andere Quellen nennen dagegen Dänemark als Ursprungsland (Colored Atlas of Lovebirds, Alessandro D'Angieri). Derselbe Autor berichtet auch über die Existenz eines abweichenden Violettfaktors in Amerika. In den Niederlanden sprach man von „holländisch violett“, in Dänemark von „dänisch violett“ und in Amerika von „amerikanisch violett“. Grund genug für eine allgemeine Verwirrung...

Es kann – soviel man weiß – nur e i n echter Violettfaktor existieren. Abhängig vom Phänotyp dieser Basismutation scheint es zwar „verschiedene violette Farbnuancen“ zu geben, aber die Ursache des Violettfaktors kann nur eine sein, und das ist die veränderte Schwammzone. Der Violettfaktor ist auch bei Sittichen bekannt, und dort spricht man einfach von violett. Wie erwähnt, ist der Violettfaktor nur bei Vögeln aus der Blaureihe mit einem Dunkelfaktor und einem oder zwei Violettfaktoren gut wahrzunehmen. Beim Rosenköpfchen gibt es aber (noch) keine echte Blau-Mutation. Es gibt allerdings die sogenannten „Parblue-Mutationen“ (teilweise blaue Mutationen): aqua und türkis.

Kombinationen mit aqua

Bei diesen Kombinationen entstehen seegrüne Vögel mit einem violetten Schimmer. Von der Färbung sind sie nicht immer so spektakulär. Diese Vögel (mit einem Dunkelfaktor und einem oder zwei Violettfaktoren) werden als violettfaktorig aqua bezeichnet.

Genetische Formeln:

$bl^{aq}\_D^{+} / bl^{aq}\_D; V / V^{+}$ (EF violett D aqua)
violettfaktorig aqua
$bl^{aq}\_D^{+} / bl^{aq}\_D; V / V$ (DF violett D aqua)
violettfaktorig aqua

EF violett grün x EF violett grün:

25%	grün
50%	EF violett grün
25%	DF violett grün

DF violett DD grün x aqua:

100%	EF violett D grün/aqua (Typ I) (violettfaktorig grün)

EF violett D grün/aqua (Typ I) x aqua:

3,5%	grün/aqua
3,5%	EF violett grün/aqua
21,5%	D grün/aqua (Typ I)
21,5%	EF violett D grün/aqua (Typ I) (violettfaktorig grün)
21,5%	aqua
21,5%	EF violett aqua
3,5%	D aqua
3,5%	EF violett D aqua (violettfaktorig aqua)

DF violett grün x DD aqua:

100%	EF violett D grün/aqua (Typ II)

EF violett D grün/aqua (Typ II) x aqua:

21,5%	grün/aqua
21,5%	EF violett grün/aqua
3,5%	D grün/aqua (Typ I)
3,5%	EF violett D grün/aqua (Typ I) (violettfaktorig grün)
3,5%	aqua
3,5%	EF violett aqua
21,5%	D aqua
21,5%	EF violett D aqua (violettfaktorig aqua)

EF violett D aqua x EF violett D aqua:

6,25%	aqua
12,5%	EF violett aqua
6,25%	DF violett aqua
12,5%	D aqua
25%	EF violett D aqua (violettfaktorig aqua)
12,5%	DF violett D aqua (violettfaktorig aqua)
6,25%	DD aqua
12,5%	EF violett DD aqua
6,25%	DF DD aqua

DF violett D aqua x EF violett D aqua:

12,5%	EF violett aqua
12,5%	DF violett aqua
25%	EF violett D aqua (violettfaktorig aqua)
25%	DF violett D aqua (violettfaktorig aqua)
12,5%	EF violett DD aqua
12,5%	DF violett DD aqua

EF violett aqua x DF violett DD aqua:

50%	EF violett D aqua (violettfaktorig aqua)
50%	DF violett D aqua (violettfaktorig aqua)

DF violett aqua x DF violett DD aqua:

100%	DF violett D aqua (violettfaktorig aqua)

Kombinationen mit türkis

Der Violettfaktor in Kombination mit D türkis kann schon prächtige violette Vögel hervorbringen. Denken Sie aber daran, dass bei den meisten Türkis-Vögeln immer noch ein grüner Schimmer auf den Flügeldecken auftritt. Es gibt einen klaren äußeren Unterschied zwischen EF violett türkisen und DF violett D türkisen Rosenköpfchen, der deutlich am Federkleid zu sehen ist. Bei Vögeln mit zwei Dunkelfaktoren DD türkis kann man manchmal das Vorhandensein von zwei Violettfaktoren an der überwiegend violetten Bürzelfarbe (anstelle von bleigrau) erkennen. Diese Vögel (mit einem Dunkelfaktor und einem oder zwei Violettfaktoren) werden als violett türkis umschrieben.

Genetische Formeln:

$bl^{tq}\_D^{+} / bl^{tq}\_D; V / V^{+}$ (EF violett D türkis) violett türkis

$bl^{tq}\_D^{+} / bltq\_D; V / V$ (DF violett D türkis) violett turkis

Erdbeerköpfchen EF violett

EF violett grün x türkis:

50%	EF violett grün/türkis
50%	grün/türkis

EF violett grün x EF violett grün:

25%	grün
50%	EF violett grün
25%	DF violett grün

DF violett DD grün x türkis:

100%	EF violett D grün/türkis (Typ I) (violettfaktorig grün)

EF violett D grün/türkis (Typ I) x türkis:

3,5%	grün/türkis
3,5%	EF violett grün/türkis
21,5%	D grün/türkis (Typ I)
21,5%	EF violett D grün/türkis (Typ I) (violettfaktorig grün)

Schwarzköpfchen DF gesäumt violett

Pfirsichköpfchen violett

21,5%	türkis
21,5%	EF violett türkis
3,5%	D türkis
3,5%	EF violett D türkis (violett türkis)

DF violett grün x DD türkis:

100%	EF violett D grün/türkis (Typ II)

EF violett D grün/türkis (Typ II) x türkis:

21,5%	grün/türkis
21,5%	EF violett grün/türkis
3,5%	D grün/türkis (T1)
3,5%	EF violett D grün/türkis (T1) (violettfaktorig grün)
3,5%	türkis
3,5%	EF violett türkis
21,5%	D türkis
21,5%	EF violett D türkis (violett türkis)

EF violett D türkis x EF violett D türkis:

6,25%	türkis
12,5%	EF violett türkis
6,25%	DF violett türkis
12,5%	D türkis
25%	EF violett D türkis (violett türkis)
12,5%	DF violett D türkis (violett türkis)
6,25%	DD türkis
12,5%	EF violett DD türkis
6,25%	DF DD türkis

DF violett D türkis x EF violett D türkis:

12,5%	EF violett türkis
12,5%	DF violett türkis
25%	EF violett D türkis (violett türkis)
25%	DF violett D türkis (violett türkis)
12,5%	EF violett DD türkis
12,5%	DF violett DD türkis

EF violett türkis x DF violett DD türkis:

50%	EF violett D türkis (violett türkis)
50%	DF violett D türkis (violett türkis)

DF violett türkis x DF violett DD türkis:

100%	DF violett D türkis (violett türkis)

Natürlich kann man die Violett-türkis-Faktoren beim Rosenköpfchen in rezessiv gesäumt, Bronze-Falbe, Pale-Falbe, pallid, zimt, dilute, rezessiv gescheckt und dominant gescheckt einzüchten. Denken Sie daran, dass die Vögel auch hier immer einen Dunkelfaktor und mindestens einen Violettfaktor haben müssen.

Violettfaktor beim Schwarzköpfchen

Die ersten Nachrichten über violette Schwarzköpfchen erschienen ungefähr 1995 aus den Niederlanden. Es war Koos Hammer, der mit dieser Neuheit kam. Dieser Vogel ist völlig mit dem normalen blauen Schwarzköpfchen vergleichbar, außer dass die blauen Federfelder komplett rein violettfarben sind. Das Problem bei den meisten DF violetten Vögeln (DF violett D blau) ist, dass das weiße Nackenband grau wird. Das ist für Ausstellungen unerwünscht und muss vermieden werden. Selektion ist hier das magische Wort! Diese Vögel (mit einem Dunkelfaktor und einem oder zwei Violettfaktoren) werden als violett beschrieben.

Violettfaktor beim Pfirsichköpfchen

Violette Pfirsichköpfchen entstanden Ende der neunziger Jahre durch Transmutation. Ein violettes Pfirsichköpfchen muss wie sein blauer Artgenosse eine völlig schneeweiße Maske haben. Ein dunkler Schimmer auf der Maske ist fehlerhaft, diese Vögel sind mehr Schwarzköpfchen als Pfirsichköpfchen und müssen von der weiteren Zucht ausgeschlossen werden.

Violettfaktor beim Rußköpfchen

Wie das violette Pfirsichköpfchen ist das violette Rußköpfchen durch Transmutation entstanden. Wichtig ist, dass der Vogel in Format und Zeichnung alle typischen Merkmale eines Rußköpfchens haben muss. Exemplare, die zu groß sind, deutlich mehr violette Farbe am Bürzel als auf den Flügeldecken haben, deren Latz zu groß ist usw., sind sicherlich nicht als Ausstellungs- oder Zuchtvögel geeignet.

Genetische Formeln:

bl_D$^+$ / *bl_D*; *V* / *V*$^+$ (EF violett D blau) violett
bl_D$^+$ / *bl_D*; *V* / *V* (DF violett D blau) violett

EF violett grün x blau:
50% EF violett grün/blau
50% grün/blau

EF violett grün x EF violett grün:
25% grün
50% EF violett grün
25% DF violett grün

DF violett DD grün x blau:
100% EF violett D grün/blau (Typ I) (violettfaktorig grün)

EF violett D grün/blau (Typ I) x blau:
3,5% grün/blau
3,5% EF violett grün/blau
21,5% D grün/blau (Typ I)
21,5% EF violett D grün/blau (Typ I) (violettfaktorig grün)
21,5% blau
21,5% EF violett blau
3,5% D blau
3,5% EF violett D blau (violett)

DF violett grün x DD blau:
100% EF violett D grün/blau (Typ II) (violettfaktorig grün)

Rußköpfchen im Vergleich: links violettfaktorig grün, rechts DD grün

EF violett D grün/blau (Typ II) x blau:
21,5% grün/blau
21,5% EF violett grün/blau
3,5% D grün/blau (Typ II)
3,5% EF violett D grün/blau (Typ II) (violettfaktorig grün)
3,5% blau
3,5% EF violett blau
21,5% D blau
21,5% EF violett D blau (violett)

EF violett D blau x EF violett D blau:
6,25% blau
12,5% EF violett blau
6,25% DF violett blau
12,5% D blau
25% EF violett D blau (violett)
12,5% DF violett D blau (violett)
6,25% DD blau
12,5% EF violett DD blau
6,25% DF DD blau

DF violett D blau x EF violett D blau:
12,5% EF violett blau
12,5% DF violett blau
25% EF violett D blau (violett)
25% DF violett D blau (violett)
12,5% EF violett DD blau
12,5% DF violett DD blau

EF violett blau x DF violett DD blau:
50% EF violett D blau (violett)
50% DF violett D blau (violett)

DF violett blau x DF violett DD blau:
100% DF violett D blau (violett)

Euwing (Euwing)

Im Jahr 2004 bekamen wir bei MUTAVI die Nachricht von einer möglichen neuen Mutation beim Pfirsichköpfchen. Aus einer Kombination grün x Lutino schlüpfte ein grünes Junges mit abweichender Farbe. Der Vogel war auf den Flügeldecken deutlich dunkler und die allgemeine Körperfarbe war auch abweichend. Auffällig war, dass die Trennung zwischen Flügeldecken und Rücken (Mantel) sehr deutlich war. Der Mantel war (oben zwischen den Flügeln) bleicher in der Färbung, wodurch eine deutliche V-Zeichnung auf dem Rücken sichtbar wurde. Der Züchter, Piet Verhijde aus Zaandam, selbst Preisrichter beim NBvV, konnte dafür keine Erklärung finden und suchte bei einem anderen Kollegen und uns Hilfe. Piet beschrieb den ersten Vogel folgendermaßen:

- Bauchfarbe: senfgelb
- Bürzelfarbe: sanft grau mit einem Hauch kobalt
- Schwungfedern: schwarz
- Unterschwanzfedern: hellgrün
- Rücken: ein Dreieck hell olivfarben, kleine Flügeldecken grün
- Augenfarbe: normal, auch im Nest
- Krallen: schwarz

Die erste Frage ist natürlich: Handelt es sich wirklich um eine Mutation? Der einzige Weg, um das herauszubekommen, besteht darin, den Vogel zum Brüten zu bringen und zu sehen, ob die Merkmale auch in der nächsten Generation zum Vorschein kommen. Der Mutant war ein Weibchen, und dieses wurde nach gut einem Jahr zu einem wildfarbenen Männchen gesetzt. Im Frühjahr 2005 hatten sie Junge. Im Nest schienen zwei Mutanten und drei normale Wildformen zu sitzen. Damit war sofort die Antwort auf die zu dem Zeitpunkt zwei wichtigsten Fragen gegeben: Ist es eine Mutation, und wenn ja, wie vererbt sie? Die Zuchtergebnisse deuten unzweideutig auf eine autosomal dominante Mutation. Weitere Fragen waren dann: Ist es vollständig dominant oder würde ein DF-Vogel ein noch stärker abweichendes Erscheinungsbild geben? Ein erster Gedanke war, dass es ein „clearbody“ sein könne. Diese Mutation kennen wir vom Wellensittich. Den Vögeln fehlt die Medulla in der Feder. Aber als Inte Onsman die ersten Federn untersuchte, mussten wir diesen Gedanken fallen lassen. Dennoch ergab das Bild, das wir zu sehen bekamen, keine ausreichenden Informationen, welche Mutation es denn dann sein könne.

Links: Pfirsichköpfchen EF euwing grün

Die Trennung zwischen Flügeldecken und Rückengefieder ist bei dieser Mutation sehr auffällig.

Pfirsichköpfchen DF euwing D grün

Inzwischen hieß es warten auf die ersten DF-Vögel. Es war auch wichtig, wie diese Mutation in Blau aussehen würde. Wir gingen bei MUTAVI den normalen Weg, und es wurde – neben weiteren Federuntersuchungen – nach Mutanten gesucht, die Ähnlichkeiten mit dieser Mutation aufwiesen. Das war aber nicht so einfach, da Nachfragen im internationalen Bereich ergaben, dass es bis heute bei keiner Art eine vergleichbare Mutation gibt. Auch bei Säugetieren und Tauben gab es

Euwing

Pfirsichköpfchen EF euwing EF violett (links) und DF euwing DD blau (rechts)

Die Zunahme an Eumelanin in den Flügeln ist bei diesen Vögeln gut zu sehen.

keine Mutante, bei der die Pigmentsynthese Ähnlichkeiten mit dieser Form beim Pfirsichköpfchen zeigte, auch nicht bei Reptilien, Fischen usw. – Es war einfach nichts zu finden. Da Inte sich auf keinen Fall auf Glatteis begeben wollte, wurde das MUTAVI- Archiv auf den Kopf gestellt, die Präparate mit den Feder-Querschnitten nochmals einer gründlichen Untersuchung unterzogen, aber all das bestätigte nur die vorhergehenden Ergebnisse.

2006 wurden dann die ersten DF-Vögel in grün gezüchtet. Diese waren noch etwas dunkler als die EF, was sofort deutlich machte, dass diese Mutation autosomal unvollständig dominant vererbt. Piet brachte die Vögel zur BVA-Ausstellung, und in der N-Klasse erregten sie natürlich Aufsehen. Blaue Vögel ließen noch bis Frühjahr 2007 auf sich warten, bis der erste violett blaue Vogel schlüpfte. Die Tatsache, dass das Blau nicht ins Graue verändert war, war ebenfalls ein wichtiger Indikator, um schließlich einen zutreffenden Namen zu finden.

Immer noch war die Schlüsselfrage, welche Mutation es ist, nicht gelöst. Piet nahm regelmäßig Kontakt mit uns auf , und er musste immer vorlieb nehmen mit unserer Antwort: „Noch etwas Geduld, wir wissen es noch nicht.“ Es gab zwar bereits verschiedene Pläne, aber wir mussten warten, was mit einem blauen Vogel geschehen würde. Als dieser schließlich da war und die erwarteten Merkmale zeigte, konnten wir weiterarbeiten. – Schließlich stand fest, dass es eine neue Mutation war.

Bei der Namensgebung dachten wir erst an „darkwing“. Dieser Name wird aber bereits für ein Allel des dil-locus bei Wellensittichen verwendet. Darum wurde der Name „euwing“ gewählt. Euwing deutet auf die Zunahme an Eumelanin in den Flügeln hin. In Kombination mit grün sprechen wir dann von EF oder DF euwing grün, bei blau EF oder DF euwing blau. Als genetisches Symbol wurde „Ew“ gewählt.

Genetische Formeln:

$bl^+\_D^+ / bl^+\_D^+; Ew / Ew^+$ (EF euwing grün)
$bl^+\_D^+ / bl^+\_D^+; Ew / Ew$ (DF euwing grün)
$bl^+\_D^+ / bl^+\_D; Ew / Ew^+$ (EF euwing D grün)
$bl^+\_D^+ / bl^+\_D; Ew / Ew$ (DF euwing D grün)
$bl^+\_D / bl^+\_D; Ew / Ew^+$ (EF euwing DD grün)
$bl^+\_D / bl^+\_D; Ew / Ew$ (DF euwing DD grün)

Männchen werden immer zuerst angegeben. Da es sich um eine autosomal dominante Vererbung handelt, macht das keinen Unterschied in den Ergebnissen.

EF euwing grün x grün:
50% grün
50% EF euwing grün

DF euwing grün x grün:
100% EF euwing grün

EF euwing grün x EF euwing grün:
25% grün
50% EF euwing grün
25% DF euwing grün

DF euwing grün x EF euwing grün:
50% EF euwing grün
50% DF euwing grün

Kombinationen mit Blau

Genetische Formeln:

- *bl_D⁺ / bl_D⁺; Ew / Ew⁺* (EF euwing blau)
- *bl_D⁺ / bl_D⁺; Ew / Ew* (DF euwing blau)
- *bl_D⁺ / bl_D; Ew / Ew⁺* (EF euwing D blau)
- *bl_D⁺ / bl_D; Ew / Ew* (DF euwing D blau)
- *bl_D / bl_D; Ew / Ew⁺* (EF euwing DD blau)
- *bl_D / bl_D; Ew / Ew* (DF euwing DD blau)

DF euwing grün x blau:
100% EF euwing grün/blau

EF euwing grün/blau x EF euwing grün/blau:
6,25% grün
12,5% grün/blau
12,5% EF euwing grün
25% EF euwing grün/blau
6,25% DF euwing grün
12,5% DF euwing grün/blau
6,25% blau
12,5% EF euwing blau
6,25% DF euwing blau

DF euwing grün/blau x DF euwing grün/blau:
25% DF euwing grün
50% DF euwing grün/blau
25% DF euwing blau

DF euwing blau x EF euwing blau:
50% EF euwing blau
50% DF euwing blau

EF euwing blau x D blau:
25% blau
25% EF euwing blau
25% D blau
25% EF euwing D blau

DF euwing blau x D blau:
50% EF euwing blau
50% EF euwing D blau

EF euwing D blau x EF euwing D blau:
6,25% blau
12,5% EF euwing blau
6,25% DF euwing blau
12,5% D blau
25% EF euwing D blau
12,5% DF euwing D blau
6,25% DD blau
12,5% EF euwing DD blau
6,25% DF euwing DD blau

EF euwing blau x DD blau:
50% D blau
50% EF euwing D blau

DF euwing D blau x EF euwing D blau:
12,5% EF euwing blau
12,5% DF euwing blau
25% EF euwing D blau
25% DF euwing D blau
12,5% EF euwing DD blau
12,5% DF euwing DD blau

EF euwing D blau x EF euwing DD blau:
12,5% D blau
25% EF euwing D blau
12,5% DF euwing D blau
12,5% DD blau
25% EF euwing DD blau
12,5% DF euwing DD blau

Rußköpfchen EF euwing D grün

DF euwing D blau x EF euwing DD blau:
25% EF euwing D blau
25% DF euwing D blau
25% EF euwing DD blau
25% DF euwing DD blau

DF euwing DD blau x EF euwing DD blau:
50% EF euwing DD blau
50% DF euwing DD blau

Der Genotyp dieser Vögel ist immer noch nicht 100%ig deutlich. Aber wir vermuten, dass es ein Allel einer melanistischen Mutation (melanistic) ist. Man kennt in der Genetik mehrere Allele von einem Locus, der für die Zunahme von Eumelanin sorgt, die melanistischen Mutationen. Manche Allele vererben rezessiv, andere wieder dominant. Beispiele dafür sind etwa die Schwarzmasken-Wellensittiche und die „schwarzen“ Rosellas. Unsere Vermutung ist, dass wir diesen Mutanten dort ansiedeln können.

Crested (Crested)

Im Oktober 2007 erfuhren wir von Herrn Juanito L. Epil jr. von den Philippinen, dass er in seiner Anlage zwei Pfirsichköpfchen mit einer Haube hatte. Die Crested oder Hauben-Mutation kommt bei Papageien wohl häufiger vor, aber soweit ich das beurteilen kann, war es zum ersten Mal, dass davon bei Agaporniden berichtet wurde. Herr Epil hatte ein grünes Pastell-Pfirsichköpfchen gekauft, das eine kleine Haube auf dem Kopf hatte. Diese bestand aus einigen Federn, die auffällig länger waren als die normale Befiederung, und sie schienen in gegensätzliche Richtung zu wachsen. Das Pastell-Pfirsichköpfchen – ein Männchen – wurde mit einem PastellIno/blauen-Weibchen verpaart. Aus dieser Kombination schlüpfte ein PastellIno-Junges, das wie sein Vater eine kleine Haube auf dem Kopf hat.

Durch dieses Ereignis wurde Juanitos Interesse für diese gehäubten Vögel geweckt. Auf seiner Suche nach weiteren Informationen stieß er auf ein Forum, wo ein Züchter von einem Rosenköpfchen mit einem Häubchen erzählte, das er 2004 besessen hatte. Herr Epil nahm mit diesem Mann Kontakt auf, aber leider hatte der so viele negative Erfahrungen mit seinen Züchter-Kollegen gemacht, dass er mit dem Hobby aufgehört und alle Vögel zu einem Händler gebracht hatte. Trotzdem hatte Herr Epil Glück, denn im November 2007 fand er sehr unerwartet bei einem lokalen Vogelhändler ein Rosenköpfchen mit einer Haube.

Am 2. Januar 2008 wurde zu Herrn Epils Überraschung von einem anderen Pfirsichköpfchen-Paar (dominant gescheckt blaues Männchen x PastellIno grünes Weibchen) ebenfalls ein gehäubtes Junges aufgezogen. Dieses blaue Pfirsichköpfchen hat wie die beiden anderen eine kleine Haube auf dem Kopf. Das Zuchtpaar wurde gründlich untersucht, und dabei ergab sich überraschenderweise, dass auch das Weibchen – kaum sichtbar – einige kleine „Haubenfedern“ hatte.

Links: Rosenköpfchen crested

Die Mutation entstand auf den Philippinen und in Belgien

Pfirsichköpfchen crested (pastell grün)

Diese Mutation stammt von den Philippinen.

Es ist also eine Tatsache, dass es crested oder gehäubte Agaporniden gibt, und vermutlich sind sie nicht nur bei diesem Züchter zu finden. Die bisherigen Informationen deuten darauf hin, dass diese Vögel auf den Philippinen schon einige Zeit existieren.

Im Juni 2009 schickte mir auch ein belgischer Züchter Fotos von einem Rosenköpfchen mit Haube. Mittlerweile hat er von diesem Vogel bereits Junge, und auch diese haben eine Haube.

Das beweist wieder einmal, dass noch sehr viele Mutationen bei unseren Agaporniden möglich sind. Wir brauchen natürlich mehr Informationen von Züchtern, um definitive Schlussfolgerungen ziehen zu können. Aber diese Crested-Mutation ist auch bei Wellensittichen bekannt. Dort hat man festgestellt, dass sie autosomal dominant vererbt, die Größe der Haube sehr variabel ist und diese Mutation in vielen Fällen leider letal ist. Darum vermuten wir, dass dies auch bei den gehäubten Agaporniden der Fall sein könnte. Aber um das 100%ig bestätigen zu können, müssen noch viele Probepaarungen durchgeführt werden.

Faded

Pfirsichköpfchen faded

Diese Mutation wird derzeit nur in Venezuela gehalten

Faded (Faded)

Es gibt lediglich in Venezuela Züchter, die Faded-Pfirsichköpfchen in ihrer Sammlung haben. Einzelheiten hierüber sind nicht bekannt. Hinweise gibt es auch aus Australien, wo ein Züchter behauptet, die Faded-Mutation zu besitzen, aber derzeit benötigen wir noch mehr Informationen, um das bestätigen zu können.

Faded ist eine autosomal rezessive Mutation, die eine geringe Reduktion des Eumelanins hervorruft. Faded-Jungvögel werden mit roten Augen geboren, und diese dunkeln in den ersten Tagen nach. Die Eumelanin-Reduktion ist am stärksten an der Körperbefiederung zu sehen.

Ich persönlich vermute, dass faded eine extreme Form von Falbe sein könnte.

Faded ist eine seltene Mutation, die z.B. bei Blaugenick-Sperlingspapageien (*Forpus coelestis*), Wellensittichen, Schwalbensittichen (*Lathamus discolor*) und einigen anderen Papageien auftauchte. Man sieht, dass beim Faded-Wellensittich und beim Faded-Schwalbensittich die normale weiße Iris des Auges fehlt. Bei diesen Arten werden die Vögel niemals die normale dunkle Augenfarbe der Wildform erhalten. Beim Blaugenick-Sperlingspapagei erscheinen die Augen nach den ersten Lebenstagen normal. Da nur Erdbeerköpfchen und Rußköpfchen eine blasser gefärbte Iris haben, wissen wir noch immer nicht, wie diese Mutation bei Agaporniden tatsächlich aussehen wird.

Genetische Formeln:

$bl^{+}\_D^{+} / bl^{+}\_D^{+}$; fd / fd; (faded grün)

Einige Grundkombinationen:

faded grün x grün:

100%	grün/faded

grün/faded x grün/faded:

25%	grün
50%	grün/faded
25%	faded grün

grün/faded x grün:

50%	grün
50%	grün/faded

grün/faded x faded grün:

50%	grün/faded
50%	faded grün

faded grün x faded grün:

100%	faded grün

Diese Faded-Vögel kann man mit Dunkelfaktoren kombinieren:

Kombinationen mit Dunkelfaktoren:

Genetische Formeln:

$bl^{+}\_D^{+} / bl^{+}\_D; fd / fd$ (faded D grün)
$bl^{+}\_D / bl^{+}\_D; fd / fd$ (faded DD grün)

faded D grün x grün:
50% grün/faded
50% D grün/faded

D grün/faded x faded grün:
25% grün/faded
25% faded grün
25% D grün/faded
25% faded D grün

D grün/faded x D grün/faded:
6,25 % grün
12,5% grün/faded
6,25% faded grün
12,5% D grün
25% D grün/faded
12.5% faded D grün
6.25% DD grün
12.5% DD grün/faded
6.25% faded DD grün

faded D grün x faded D grün:
25% faded grün
50% faded D grün
25% faded DD grün

D grün/faded x faded DD grün:
25% D grün/faded
25% faded D grün
25% DD grün/faded
25% faded DD grün

D grün/faded x DD grün/faded:
12,5% D grün
25% D grün/faded
12,5% faded D grün
12,5% DD grün
25% DD grün/faded
12,5% faded DD grün

faded grün x faded DD grün:
100% faded D grün

Kombination mit blau:

Genetische Formeln:

bl_D⁺ / bl_D⁺; fd / fd; (faded blau)

Beide Mutanten vererben rezessiv, sodass die Reihenfolge auch ausgetauscht werden konnte.

blau x faded grün:
100% grün/blau/faded

grün/faded/blau x grün/faded/blau:
6,25% grün
12,5% grün/blau
12,5% grün/faded
25% grün/faded/blau
6,25% blau
12,5% blau/faded
6,25% faded grün
12,5% faded grün/blau
6,25% faded blau

faded blau x blau:
100% blau/faded

faded blau x blau /faded:
50% blau/faded
50% faded blau

Kombinationen der Blau-Serie mit Dunkelfaktoren

Genetische Formeln:

bl_D⁺ / bl_D; fd / fd (faded D blau)
bl_D / bl_D; fd / fd (faded DD blau)

Diese Ergebnisse berücksichtigen den eventl. Prozentsatz an Crossing-over.

D blau x pale faded grün:
50% grün/pale faded/blau
50% D grün/pale faded/blau(Typ 2)

DD blau x faded grün:
100% D grün/faded /blau(Typ 2)

D grün/blau(Typ 2)/faded x blau/faded:
10,75% grün/blau
21,5% grün/blau/faded
10,75% faded grün/blau
1,75% blau
3,5% blau/faded
1,75% faded blau
1,75% D grün/blau(Typ 1)
3,5% D grün/blau(Typ 1)/faded
1,75% faded D grün/blau(Typ 1)
10,75% D blau
21,5% D blau/faded
10,75% faded D blau

faded D blau x D grün/blau(Typ 2)/faded:
10,75% grün/blau/faded
10,75% faded grün/blau
1,75% blau/faded
1,75% faded blau
1,75% D grün/blau(Typ 1)/faded
1,75% faded D grün/blau(Typ 1)
10,75% D grün/blau(Typ 2)/faded
10,75% faded D grün/blau(Typ 2)
12,5% D blau/faded
12,5% faded D blau
1,75% DD grün/blau/faded
1,75% faded DD grün/blau
10,75% DD blau/faded
10,75% faded DD blau

faded D blau x D grün/blau (Typ 1)/faded:
1,75% grün/blau/faded
1,75% faded grün/blau
10,75% blau/faded
10,75% faded blau
10,75% D grün/blau (Typ 1)/ faded
10,75% faded D grün/blau (Typ 1)
1,75% D grün/blau (Typ 2)/faded
1,75% faded D grün/blau (Typ 2)
12,5% D blau/faded
12,5% faded D blau
10,75% DD grün/blau/faded
10,75% faded DD grün/blau
1,75% DD blau/faded
1,75% faded DD blau

faded D blau x D blau/faded:
12,5% blau/faded
12,5% faded blau
25% D blau/faded
25% faded D blau
12,5% DD blau/faded
12,5% faded DD blau

faded DD blau x blau/faded:
50% D blau/faded
50% faded D blau

Denken Sie auch unbedingt daran, die faded-Mutations-Vögel nicht mit anderen Eumelanin-Mutationen zu kombinieren.

„Pastell“- Rosenköpfchen

Ist das „Pastell“-Rosenköpfchen eine verlorene Mutation? Mancher Leser mag die Stirn runzeln, denn die wenigsten werden von dieser Mutation gehört haben. Aber es gibt deutliche Hinweise, dass es früher in den Niederlanden eine „Pastell“-Mutation beim Rosenköpfchen gab.

Diese Mutation vererbte autosomal rezessiv und wurde vor dreißig Jahren von einer Reihe von Liebhabern gezüchtet. Einer von ihnen war Harry van der Linden. Er ist Preisrichter, hat schon verschiedene Bücher über Agaporniden und andere Papageien veröffentlicht und kann daher sicher als vertrauenswürdige Informationsquelle angesehen werden. – Diese Vögel wurden ehemals von ihm eine Zeit lang gezüchtet, allerdings hat er sie in den letzten zwanzig Jahren nicht mehr gesehen. Aber nicht nur von ihm gibt es Aussagen dazu. Vor Jahren wurde sogar eine Musterbeschreibung für diesen Farbschlag aufgestellt, was voraussetzt, dass verschiedene Vögel von Mitgliedern des niederländischen „technischen Komitees“ bewertet wurden. Die Regeln waren, dass Vögel auf Ausstellungen akzeptiert und bewertet wurden, wenn sie mindestens vier Jahre nacheinander gezeigt wurden und es mehrere Exemplare gab. Erst dann wurden Musterbeschreibungen anhand der gezeigten Exemplare angefertigt. Nachfolgend die Musterbeschreibung, wie sie im Original-Standard für Pastell hellgrün (Männchen und Weibchen) des NBvV (Niederländischer Bund von Vogelhaltern) zu finden ist:

- Kopf und Maske: Wie bei der Wildform, wobei die Übergangszone zwischen Maske und Nacken hellgrau/pastell-bläulich sein kann. Die Farbe des Hinterkopfs ist grünlich gelb.
- Flügel: Die Flügeldecken sind grünlich gelb, die Flügeldeckenfedern erwecken einen „gehämmerten“ Eindruck. Alle Flügelfedern (groß, mittel und klein) sind hellgrau mit einer überwiegend gelben Außenfahne, die einen hell cremefarbenen Saum aufweist. Mit Ausnahme der äußersten großen Schwungfeder, deren Außenfahne so schmal ist, dass nahezu kein Gelb sichtbar ist. Die Unterflügeldecken sind überwiegend gelb-gräulich. Die Daunenfedern sind gelb.
- Körper: Brust, von der Begrenzung des Latzes an, Flanken und Kloakenbereich, gelb mit einem grünlichen Schimmer. Der Mantel ist grünlich gelb und der Bürzel himmelblau.
- Schwanz: Die Oberschwanzdecken haben einen gelbgrün/blauen Schimmer, die Unterschwanzdecken sind gelb mit einem grünen Schimmer. Die Schwanzfedern, die beinahe vollständig von den Ober- und Unterschwanzdecken bedeckt werden, zeigen von der Basis eine hellgraue/rot /hellgraue Querzeichnung. An den Spitzen der Schwanzfedern befindet sich eine matt kobaltblaue Querzeichnung.
- Augen: Braun. Um das Auge befindet sich eine sehr schmale cremefarbene befiederte Umrandung, die an der Oberseite des Auges etwas schmaler sein kann.
- Schnabel: hornfarben, entlang der Schnabelränder und des Unterschnabels ein grünlicher Ton. Hellgraue Schnabelspitze.
- Füße: Hellgrau, Krallen einfarbig grau.

Laut Harry van der Linden war das „Pastell“-Rosenköpfchen recht fleckig und dadurch für Züchter wenig interessant. Vielleicht war das der Grund, dass es nicht weiter gezüchtet wurde und verschwand.

Im Jahr 1993 habe ich einmal einen Vogel auf der BVA-Ausstellung zu sehen bekommen, von dem die Mutation schwer zu identifizieren war. Als ich die Musterbeschreibung des NBvV hinzunahm, erfüllte der Vogel die obenstehende Beschreibung perfekt. Dem Züchter wurde der Rat gegeben, den Vogel (ein Weibchen) mit einem Männchen der Wildform zu verpaaren. Spätere Nachfragen ergaben, dass der Vogel gestorben war.

Die Mutation vererbt rezessiv, aber ob es nun ein echter Pastell (Allel des a-Locus), ein Allel von rezessiv gesäumt, ein Allel von dilute (dil-Locus), eine eigenständige Mutation oder vielleicht eine Kombination von zwei Allelen war, wird unbekannt bleiben.

Modifikationen

Ganz selten kommen recht eigenartige Erscheinungsformen bei Agaporniden vor: Abweichungen, die nicht direkt mit einer „normalen" Mutation zu tun haben. Wenn sie die Folge eines genetischen Fehlers sind und nicht weiter vererben, werden sie als „Modifikation" bezeichnet. So gibt es u.a. Halbseiter und Gynander, „rote" Vögel und „multicolor"-Agaporniden.

Gynander und Halbseiter

Halbseiter sind Vögel, die aus dem einen oder anderen Grund zwei verschiedene Farben mitbekommen haben. Vertikal gesehen verläuft eine Trennungslinie, wodurch die linke Seite des Vogels anders gefärbt ist als die rechte Seite. So können sie an der die linken Seite grün sein und an der rechten Seite blau.

Über die Ursachen dieser Erscheinungsform gibt es verschiedene Theorien: von Problemen während der ersten Zellteilung bis hin zu Störungen bei der Verteilung bestimmter Farbstoffe. Alle derzeitigen Hypothesen haben in bestimmten Punkten gute Argumente, aber keine einzige gibt bis heute eine schlüssige Erklärung.

Es ist wichtig zu wissen, dass man einen Halbseiter am besten als „Spielerei der Natur" ansehen kann. Denn wenn der Vogel zur Fortpflanzung in der Lage ist, gibt er immer eine der zwei Farben an seine Nachkommen weiter. Das Phänomen Halbseiter an sich ist nicht erblich.

Ein Gynander ist im Wesen auch ein Halbseiter. Das Tier hat nicht notwendigerweise zwei verschiedene Farben, aber es hat sowohl männliche als auch weibliche Geschlechtsmerkmale. Meistens sind die vorhandenen Geschlechtsorgane stark unterentwickelt, und es ist nicht in der Lage, sich fortzupflanzen. Gynander sind die Folge des Verlustes (Disjunktion) eines Z-Chromosoms während der Meiose. Von manchen Halbseitern ist nachgewiesen, dass sie auch Gynander waren.

Halbseiter-Pfirsichköpfchen

Diese „Spielerei der Natur" ist nicht erblich.

Rote Vögel

Es war etwa 1980, als ich zum ersten Mal einen „roten" Agaporniden im Handel sah. Es handelte sich um ein Lutino-Rosenköpfchen-Weibchen, das aus dem einen oder anderen Grund beinahe völlig rot gefärbt war. Der Vogel hatte rote Augen, weiße

Schwungfedern und hier und da einige gelbe Federn. Ich hatte damals überhaupt keine Vorstellung davon, ob es sich überhaupt um eine Mutation handelte. Und da ich dachte, dass es eine ganz normale Mutation sei, kaufte ich den Vogel. Ich war fest davon überzeugt, dass ich jetzt auch rote Vögel züchten konnte; aber leider stimmte das nicht. Nach etwa sechs Monaten starb der Vogel ohne Zuchtergebnisse. Ich nahm mir vor, wenn ich noch einmal die Chance hätte, wieder ein rotes Exemplar anzuschaffen und damit einen Stamm aufzubauen.

Ich habe dann auch im Lauf der Jahre verschiedene „rote" Exemplare gekauft, sowohl Schwarzköpfchen, Pfirsichköpfchen als auch Rosenköpfchen. Aber es ist mir niemals gelungen, auch nur ein rotes Exemplar zu züchten. Alle Vögel starben nach einiger Zeit ohne Zuchtergebnisse. Dennoch bezeichnen manche Menschen diese roten Vögel als Mutation. Und im Internet kann man verschiedene Seiten finden, wo sie sogar zum Kauf angeboten werden. Auch die Vogelliteratur berichtet manchmal über diese Vögel. Die ersten Nachrichten und Beschreibungen stammen bereits aus dem Jahr 1921 von Seth-Smith, eine weitere aus dem Jahr 1926 von Boetticher. Grund genug also, um diese Fragen einmal genauer zu betrachten.

Die erste Frage, die wir uns stellen müssen, ist: Was verursacht diese rote Farbe? Die Antwort darauf ist einfach: Psittacin. Bei diesen roten Exemplaren sehen wir, dass das normalerweise gelb gefärbte Psittacin in bestimmten Federbereichen oder am ganzen Körper rot wird. Woher das kommt, ist nicht einfach zu beantworten. Ist es eine Mutation, eine Krankheit, einfach eine Modifikation oder hat es mit der Ernährung zu tun?

Fast 25 Jahre lang habe ich Informationen über diese roten Vögel gesammelt. Und eigentlich lassen sich recht deutlich zwei Gruppen „roter" Agaporniden unterscheiden: Die erste sind die Vögel, die rot geboren werden. Ich habe einmal ein Schwarzköpfchen gesehen, bei dem die gelben Gefiederteile (Brust und Nacken) völlig rot waren. Auch habe ich selbst einmal ein überwiegend rot gefärbtes Pfirsichköpfchen im Nest gehabt. Hier waren auch die grünen Federbereiche angegriffen. Das normalerweise gelbe Psittacin im Cortex der Federn war bei diesen Vögeln ebenfalls rot, wodurch sie eine „bräunliche" Farbe bekamen. Es gab auch bereits Nachrichten über junge Rosenköpfchen, die „rote Schuppen" am Körper haben usw. – Soweit ich diese Fragen habe verfolgen können, ist hier die Konsequenz immer vorhersagbar: Entweder die Vögel bekommen wieder die normale Farbe – oder sie sterben vor der ersten Jugendmauser. Keine einzige Meldung, die ich hierzu bekommen habe, bildet da eine Ausnahme.

Eine zweite Gruppe sind die Vögel, die in späterem Alter beginnen, einen roten Schimmer zu bekommen. Meistens behalten sie diesen, der sich mit der Zeit immer weiter ausbreitet. Und je stärker rot sie in der Farbe werden, umso gefährlicher wird es. Denn die meisten sterben einige Monate, nachdem der erste rote Schimmer aufgetaucht ist. Dennoch gibt es ab und zu Nachrichten von Vögeln mit einem extrem roten Schimmer, die doch in der Lage sind, weiter zu züchten. Momentan habe ich selbst eine vertrauenswürdige (und kontrollierbare) Nachricht von einem Rosenköpfchen (ein zimt grünes Weibchen), das rot wurde, aber immer noch am Leben ist. Einige seiner Jungen entwickeln nach einiger Zeit auch ein rotes Muster. Dennoch kann man bislang (noch) nicht nachweisen, dass es hierbei um eine chromosomale Mutation geht. Und da es sich um sehr junge Vögel handelt, wissen wir nicht, ob die Jungvögel ihrerseits diese Merkmale weiter vererben. Eine logische Antwort könnte sein, dass es durchaus eine Mutation ist. Es gibt ja einige Mutationen, die die Farbe des Psittacins angreifen. Denken wir nur an Orangemaske: Hier liegt tatsächlich eine Veränderung der Farbe des gebildeten Psittacins vor, auch wenn dies nicht vergleichbar ist. Man kennt

Links: „rotes" Lutino-Rosenköpfchen

Die Ursache dieses Phänomens ist bis heute nicht abschließend geklärt .

Pfirsichköpfchen rot

bei Sittichen sogar eine Mutation, der es aus dem einen oder anderen Grund gelingt, das gelbe Psittacin in bestimmten Gefiederteilen rot zu färben und sogar Psittacin in Gefiederteile zu bringen, in denen wir es normalerweise nicht finden: der Opalin (Vergessen wir hierbei allerdings nicht: Diese Mutation wird niemals Psittacin in eine Art bringen, bei der es normalerweise fehlt. Nur dort, wo bereits Psittacin in den Federn vorhanden ist, ordnet die Opalin-Mutation diese Positionen neu). Die Opalin-Mutation vererbt SL (geschlechtsgebunden). Wir finden sie bei Agaporniden beim Rosenköpfchen wieder. Dennoch können wir mit Sicherheit sagen, dass dies nichts mit den „roten" Vögeln zu tun hat. Bei Opalin haben die Vögel ja schon im Nest ihr erkennbares Opalin-Muster.

Die Farbe der Federn wird durch die vorhandenen Farbstoffe und den mikrostrukturellen Aufbau der Feder bestimmt. Bei den meisten Vogelarten treffen wir als Farbstoffe Melanine und Karotenoide an. Die Melanine (Eumelanin und Phaeomelanin) sind rotbraun bis schwarz in der Farbe. Diese Melanine haben mit der roten Farbe jedoch nichts zu tun, die Karotenoide dagegen schon. Die Struktur und Entwicklung der Melanine und Karotenoide ist schon sehr intensiv untersucht worden, und wir haben ein gutes Bild über die Entstehung und die Gestaltung dieser Farbstoffe.

Karotenoide gehören zu einer großen Gruppe von natürlichen Pigmenten, die wir auch bei Pflanzen, Gemüse und Obst wiederfinden. Diese Karotenoide sind oftmals rot, orange oder gelb gefärbt. Einige der am häufigsten vorkommenden Karotenoide sind Canthaxanthin, Lutein, A-Karoten, Astaxanthin oder Zeaxanthin. Bei Vögeln mit Karotenoiden in den Federn (z.B. Kanarien) ist bekannt, dass man die Farbe der Karotenoide in den Federn beeinflussen kann, indem man den Vögeln bestimmte Ernährungsstoffe verabreicht. Der Grund dafür ist, dass karotenoide Farbstoffe von den Vögeln über die Nahrung aufgenommen werden. Über den Verdauungstrakt (ein zwingend notwendiges Glied in diesem Prozess ist unter anderem die Leber) kommen sie in die Blutbahnen, von wo der Stoff direkt oder indirekt in der wachsenden Feder abgelagert wird. Die Intensität der Farbe wird bestimmt durch die Art des Karotenoids und die abgelagerte Menge in der Feder.

Dank der neuen Untersuchungsmethode HPLC (High Pressure Liquid Chromatography, deutsch: Hochdruckflüssigkeits-Chromatographie) ist es für die Wissenschaftler einfacher geworden, die chemische Zusammensetzung der Karotenoide zu bestimmen. Mit dieser Methode fand man heraus, dass die chemische Zusammensetzung von rotem Karotenoid völlig anders ist als beim gelben Karotenoid bei derselben Vogelart (Stradi 1998; Massa und Stradi 1999; McGraw. K.J. 2003). So haben Massa und Stradi 1999 die Federn einer Gelbkopf-Gouldamadine (*Chloebia gouldiae*) untersucht: Während die gelben Federn Lutein und 3'-Dehydrolutein enthalten, findet man in den roten Federn der Wildform 4-Ketocarotenoid. Kevin J.

McGraw untersuchte die Federn der Wildform des Roten Kardinals (*Cardinalis cardinalis*), verglich sie mit einer gelben Mutation und kam zur selben Feststellung: Sowohl die roten als auch die gelben Karotenoide in diesen Federn hatten eine unterschiedliche chemische Zusammensetzung. In beiden Fällen hat eine Mutation dafür gesorgt, dass der Metabolismus dieses Vogels nicht die normalen „roten" Karotenoide in den Federn ablagerte, sondern eine veränderte Zusammensetzung. Die Umsetzung im Vogelkörper der über die Nahrung aufgenommenen Karotenoide geschieht durch Enzyme, die somit durch erbliche Faktoren beeinflusst werden können. Die logische Schlussfolgerung wäre natürlich, dass das auch bei Agaporniden der Fall ist. – Aber ist das wirklich so?

Gerade wurde schon gesagt, dass die meisten Vögel Karotenoid in den Federn haben. Wie bereits auf Seite 52 erklärt, bilden die Papageiartigen wie unsere Agaporniden hierbei jedoch eine Ausnahme: Anstelle der Karotenoide finden wir in ihren Federn ein ungewöhnlich helles Farbpigment, das Psittacofulvin (oder Psittacin wie wir diese Pigmente umschreiben). Dieses ist verantwortlich für die roten und gelben Farben in den Federn von Agaporniden. Also müssen wir die Ursache für die roten Vögel eigentlich dort, beim Psittacin, suchen.

Wenn wir Psittacin mit Karotenoid vergleichen, sehen wir neben der gelben bis roten Farbbildung einen anderen Berührungspunkt: Genau wie Karotenoide sind Psittacine, wie wir sagen, „lipid-löslich" (fett-löslich), also löslich in apolaren Solventen wie Benzol oder Chloroform.

Wir sollten von daher auch davon ausgehen können, dass dieses Psittacin – wie bei Karotenoiden auch – in den Blutbahnen angetroffen werden kann, von wo aus es in den Federn abgelagert wird. Aber neuere Untersuchungen haben nachgewiesen, dass das nicht so ist. Man untersuchte dabei die Zusammensetzung der roten Federn von 44 Papageien-Arten (McGraw & Mary C. Nogare 2005):

- Keine dieser Arten hatte Karotenoide in den Federn, wohl aber Psittacofulvin (Psittacin)
- Man hat zwar bestimmte Karotenoide in der Blutbahn angetroffen, aber kein Psittacin.

Papageiartige haben also die Möglichkeit, Karotenoide im Metabolismus aufzunehmen, aber sie verwenden diese aufgenommenen Farbstoffe nicht, um sie in den Federn abzulagern. Stattdessen wird Psittacin in den Federn abgesetzt. Das beweist, was wir eigentlich schon länger aus Erfahrung wussten: Dieses Pigment hängt nicht von den aufgenommenen Farbstoffen ab und kann nicht beeinflusst werden.

Eine andere interessante Tatsache ist, dass die HPLC-Methode nachwies, dass das rote Psittacofulvin in den Federn von Papageiartigen aus Tetradecahexenal, Hexadecaheptenal, Octadecaoctenal, Eicosanonenal und einer fünften unbekannten Komponente besteht (Stradi & et al. 2001; McGraw & Mary C. Nogare 2005). Die Untersuchung der gelben Federn schien jedoch nicht einfach zu sein, und dadurch ist die Zusammensetzung des gelben Psittacins derzeit noch nicht bekannt. Bewiesen wurde aber die unterschiedliche chemische Zusammensetzung von rotem und gelbem Farbstoff.

Wenn wir das auf das Phänomen der roten Agaporniden projizieren, können wir ausschließen, dass dieses Phänomen durch ein Zuviel an einem bestimmten Nahrungsstoff hervorgerufen wird. Es ist nicht der Metabolismus des Körpers, der die Farbe in den Federn verursacht. Denn die Farbstoffe im Blut werden dort ja nicht abgesetzt. Aus dem gleichen Grunde können wir wahrscheinlich ausschließen, dass möglicherweise eine Leberkrankheit die Ursache dieser extrem roten Farbe sein könnte, was regelmäßig auch behauptet wird.

Da man kein Psittacin in der Blutbahn gefunden hat, werden Ursache und Entstehung von Psittacin von den Wissenschaftlern wahrscheinlich in den Federfollikeln selbst gesucht werden müssen. Eine mögliche Ursache könnte daher sein, dass es sich

„rotes" Rosenköpfchen zimt

„Rote" Vögel werden entweder rot geboren oder entwickeln mit zunehmendem Alter einen roten Schimmer, der sich über das Gefieder legt.

entweder um eine Mutation oder um einen Defekt an den Federfollikeln in der Haut handelt.

Wenn es um eine chromosomale Mutation gehen sollte, müssten wir – mit den verschiedenen Informationen, die es gab – sicher ein festgelegtes Vererbungsmuster feststellen können. Aber das ist (noch) nicht der Fall. Es ist allerdings möglich, dass dieser Phänotyp durch modifizierende Gene verursacht wird oder multifaktoriell vererbt, was bedeuten würde, dass mehrere Gene mutiert sein müssen, wenn man rote Farbe bekommen will. Das würde das Beispiel des „roten" Zimt-Rosenköpfchens erklären, das einen „roten" Nachkommen bekam.

Eine andere Möglichkeit ist, dass es vielleicht einen Defekt im Federfollikel gibt. Bei der Eumelanin-Mutation sehen wir, dass wir auch da Formen von Leucismus haben. Bei diesen Mutationen liegt die Ursache auch in den Melanozyten (Hautpigmenten), die für die Produktion von Eumelanin verantwortlich sind. Es ist deshalb nicht unwahrscheinlich, dass die Ursache hier bei den Zellen, die für den Aufbau der Feder verantwortlich sind, gesucht werden muss.

Da diese Formen meistens bei sehr jungen Vögeln vorkommen, die nach der ersten Jugendmauser normal umfärben oder während der Jugendmauser sterben, könnte man auch an eine hormonale Ursache denken. Aber dafür sind weitreichende wissenschaftliche Untersuchungen nötig. Wir müssen also jeden, der eine eindeutige Antwort erwartet, enttäuschen. Wir haben zwar ein paar Antwortmöglichkeiten, aber auch neue Fragen.

Wir dürfen nicht außer Acht lassen, dass es sich vielleicht um eine Krankheit handelt. Dann scheint mir die zentrale Frage zu sein: Ist es noch verantwortlich, mit diesen Vögeln züchten zu wollen? Die meisten dieser roten Vögel sterben ja recht früh. Und manchmal ist nicht nur „ein anderer Farbton" die Folge einer Mutation. Auch eine ganze Reihe von Krankheiten geht ja auf Mutationen zurück. Sollte sich also erweisen, dass es sich hier um einen Letalfaktor handelt, dann ist es besser, ihn auszumerzen als zu behalten. Es ist darum ausgesprochen wichtig, dass Halter, die mit roten Vögeln zu tun haben oder zu tun bekommen, alle diesbezüglichen Informationen sorgfältig zusammenstellen und uns zuschicken. Mit der Zeit werden wir dann hoffentlich eine Antwort finden.

„Multicolor"-Agaporniden

In den letzten Jahren gab es ziemlich regelmäßig Nachrichten von verschiedenen Liebhabern über die Existenz von Agaporniden, die eine Kombination von gescheckten, grünen und blauen Federn haben. Meistens handelt es sich dabei um Pfirsichköpfchen oder Schwarzköpfchen. Bei Rosenköpfchen ist das Phänomen noch nicht bekannt. Die Herkunft der Vögel ist meistens nicht eindeutig, und bei den registrierten Fällen gab es immer verschiedene genetische Hintergründe. Kein einziger davon konnte jedoch eine Erklärung für dieses Phänomen geben. Jeder Vogel hatte ein anderes Aussehen. – Sie können sich anhand des Fotos auf dieser Seite die Merkmale anschauen: Der Vogel ist ein DD grünes Pfirsichköpfchen mit einem blauen „Scheckungs-Muster" auf den Schwungfedern und zwischen den olivgrünen Federn der Flügeldecken. Auch bei den Schwanzfedern findet sich vereinzelt eine blaue Feder. Die Farben von Brust, Unterkörper und Füßen bleiben dagegen unverändert.

Was als erstes auffällt, sind die Schwungfedern, die eine Art „Scheckungs-Muster" aufweisen. Die Frage ist, ob es wirklich eine „Scheckung" ist. Der Scheckungs-Faktor sorgt ja in bestimmten Federbereichen für eine totale Reduktion des Eumelanins, die willkürlich über das Federkleid verteilt ist. Wenn das Eumelanin in den Federästen der Befiederung verschwindet, bleibt nur Psittacin übrig, und die grünen Federn werden gelb. Wenn bei blauen Vögeln, wo das Psittacin (die roten und gelben Farbstoffe) bereits verschwunden ist, auch das Eumelanin entfernt wird, bleiben nur noch weiße Federn übrig. Da dieses Phänomen in willkürlich über den Körper verteilten Federn auftritt, entsteht das typische fleckige Scheckungs-Muster. Auf dem Foto sehen Sie, dass es keine totale Eumelanin-Reduktion gibt, sondern nur eine teilweise. Das ist vor allem an den Schwungfedern zu sehen, die teilweise aufgehellt sind, wodurch sie schmutziggrau werden, wie das bei echten gescheckten Vögeln der Fall ist: Gescheckt ist ja eine Form von Leucismus: Dabei gibt es niemals eine teilweise Eumelanin-Reduktion.

Das Vorhandensein eines Scheckungs-Faktors kann bei diesem Vogel ausgeschlossen werden. Das Phänomen scheint auf einen teilweise reduzierenden Eumelanin-Faktor hinzudeuten: nicht nur durch die Farbe in den Schwungfedern, sondern auch dadurch, dass die Farbe der Augen und

„Multicolor"-Pfirsichköpfchen DD grün

Dieses Phänomen ist von Pfirsich- und Schwarzköpfchen bekannt. Jeder Vogel sieht dabei anders aus.

Füße dieses Vogels unverändert geblieben ist. Derselbe reduzierende Eumelanin-Faktor verursacht auch die blasser gefärbten Federn auf den Flügeldecken. Da die Reduktion nicht vollständig ist, erscheinen diese Federn schmutzig-gelb.

Dann das Phänomen der blauen Federn: Blau entsteht dadurch, dass bei den Federn das Psittacin völlig aus dem Cortex verschwindet und man nur das blaue Licht sieht, das durch Interferenz in der Schwammzone entsteht. Eigenartig ist nicht nur, dass die blauen Federbereiche bei einem überwiegend grünen Vogel auftauchen, es gibt noch eine andere Auffälligkeit: Es handelt sich um einen grünen Vogel mit zwei Dunkelfaktoren. Sie wissen, dass es bei Vögeln aus der Blaureihe ebenfalls zwei Dunkelfaktoren DD blau gibt. Hier sehen Sie aber, dass der Vogel, obwohl er zwei Dunkelfaktoren besitzt, einfaktorig blaue Federn auf den Flügeldecken hat. Die einzige Feder, die zu DD blau neigt, ist die Schwanzfeder.

Schwarzköpfchen D blau mit rotem Schnabel

Normalerweise ist die Schnabelfarbe bei blauen Vögeln hornfarben, da auch hier das rote Psittacin vollständig fehlt.

Bei einem Dunkelfaktor wird die Schwammzone in der Feder etwas dünner, wodurch eine andere Interferenz entsteht, die mehr Einfluss auf das Eumelanin im Kern der Feder hat. Es ist kaum vorstellbar, dass die Schwammzone nur an den Stellen, wo die blauen Federn sitzen, verändert sein soll. Der Vogel müsste dann eigentlich zwei verschiedene Typen Federn haben, was unwahrscheinlich ist. Es gibt aber vermutlich einen Zusammenhang mit dem Eumelanin-reduzierenden Faktor. In diesen blauen Federfeldern ist das Psittacin völlig verschwunden. Wenn in denselben Federn auch eine Abnahme von Eumelanin stattfindet, entsteht unmittelbar eine andere Interferenz. Der Hintergrund, auf dem diese Interferenz vorkommt, ist ja auch nicht mehr schwarz, sondern stark verdünnt ins Graue hineingehend.

Es findet bei diesem Vogel also gleichzeitig eine Psittacin- und eine Eumelanin-Reduktion statt, die willkürlich verbreitet ist, sich aber in diesem Fall auf den Flügeldecken zeigt. Bei Psittacin ist es eher ungewöhnlich, dass eine Art Scheckungsbildung auftritt, und die Bezeichnung „Scheckungsbildung“ ist eigentlich nicht angebracht. Es ist daher besser, von einer totalen Psittacin-Reduktion zu sprechen, die willkürlich über bestimmte Federfelder ausgedehnt ist.

Es bleibt noch die Frage, ob es sich um eine Mutation oder eine Modifikation handelt. Es ist noch zu früh, um darauf zu antworten. Das Geschlecht des Vogels auf dem Foto ist unbekannt, da er im Alter von einem Jahr starb. Es gibt auch keine Nachrichten über Nachzuchten von solchen Vögeln, die ein vergleichbares Muster haben müssten, wenn es sich um eine Mutation handelt. Auch bestimmte Krankheiten (Syndrome) können Pigmentabweichungen verursachen. Darum ist bei der Zucht dieser Vögel Vorsicht geboten, denn es könnte ein angeborener Defekt vorliegen, weshalb sie schlecht durchfärben und frühzeitig sterben. Bei Säugetieren sind Syndrome bekannt, die als Nebenerscheinung Pigmentabweichungen haben. Bei Vögeln ist das allerdings noch nie untersucht worden.

Es gibt bereits Züchter, die dieser Erscheinungsform den Namen „Harlekin“ oder sogar „Rainbow“ (Regenbogen) gegeben haben. Diese Erscheinungsform braucht zwar einen Namen, aber solche Namen führen nur zu Verwirrung und Missverständnissen. „Harlekin“ klingt zwar schön, sagt aber nichts über Genotyp und Phänotyp des Vogels. „Rainbow“ wird für Wellensittiche verwendet, die den Blau-, Hellflügel-, Opalin- und Gelbgesichtsfaktor minimal in sich tragen. Das ist hier genau so wenig der Fall. Wenn Sie dieser Erscheinungsform doch einen Name geben wollen, dann ist vorläufig „multicolor“ am besten geeignet.

Parthenogenese

Was würden Sie als erstes denken, wenn jemand Ihnen erzählt, dass er schon seit Jahren einen

Vogel in seinem Wohnzimmer hält, der niemals Kontakt mit Artgenossen gehabt hat und der plötzlich ein Nest baut, Eier legt und anfängt zu brüten? „Nichts Besonderes!" werden Sie denken, denn das passiert ja regelmäßig, dass Weibchen, die allein gehalten werden, spontan Eier legen und brüten. – Aber wenn man Ihnen dann auch erzählt, dass aus einem dieser Eier ein Jungvogel geschlüpft ist, dann werden Sie wahrscheinlich sehr erstaunt aufblicken und überzeugt sein, dass irgendwie doch ein „Vater" beteiligt sein musste.

Parthenogenese bei einem Rosenköpfchen?
Am 24. Dezember 2008 bekam ich eine E-Mail von der Familie van den Wijngaard aus den Niederlanden, die mit einem solchen Phänomen konfrontiert wurde. Ihr Agapornide Pivo, ein Rosenköpfchen von anderthalb Jahren, hatte im Käfig fünf Eier gelegt und spontan angefangen zu brüten. Der Vogel war schon anderthalb Jahre bei der Familie und noch nie mit anderen Artgenossen in Kontakt. Ihre Überraschung war dann auch sehr groß, als sie am 24. Dezember sahen, dass ein Junges geschlüpft war. Leider starb es nach vier Tagen. – Dieses Phänomen ist nun wirklich gegen alle Logik! Denn soweit wir wissen, ist es bei Vögeln unmöglich, dass ohne Beteiligung eines Männchens befruchtete Eier entstehen. Und es stimmt: In 99,9999999 % der Fälle ist es tatsächlich unabdingbar, dass ein Männchen mit von der Partie ist. Trotzdem gibt es Ausnahmen, die die Regel bestätigen. Dieses Phänomen gibt es, und es hat sogar einen Name: „Parthenogenese".

Ich kann mir vorstellen, dass die meisten von uns bei „Parthenogenese" immer noch an einen Aprilscherz denken. Auch mir war der Begriff völlig unbekannt, bis während eines Genetik-Kurses der Professor mehr über dieses Thema erzählte und die Zusammenhänge erklärte. Parthenogenese bedeutet „jungfräuliche Fortpflanzung" bzw. „ungeschlechtliche Fortpflanzung". Bei diesem Phänomen sehen wir, dass bei bestimmten Tierarten die Weibchen Junge bekommen, ohne dass ein Männchen dabei ist. Bei manchen Tierarten ist das sogar der Normalfall. So beschrieb der griechische Philosoph Aristoteles (384 - 322 vor Christus) schon eine Reihe von Insekten und Fischen, die sich ohne Paarung fortpflanzen. Das Phänomen ist dann im Lauf der Jahrhunderte bei weiteren Tierarten festgestellt worden, so etwa bei Schlangen, Eidechsen, Käfern und diversen Insekten. Bei anderen Arten haben wir einen Mischung von Parthenogenese und normaler Fortpflanzung. Aber angesichts der Komplexität dieser Materie gehen wir hier nicht weiter darauf ein.

Parthenogenese ist lange Zeit umschrieben worden als „ucina sine concubitu". Frei übersetzt bedeutet das in etwa „schwanger ohne Paarung". – Richard Owen definierte als erster den Ausdruck Parthenogenese als „Fortpflanzung ohne den unmittelbaren Einfluss eines Mannes" (Owen, 1849). Später wurde die Definition noch einige Male überarbeitet, u.a. durch Beatty (Beatty, 1957, 1967), und heutzutage lautet sie: „Entwicklung eines Embryos aus einem weiblichen Gameten ohne einen genetischen Beitrag eines männlichen Gameten, der zu einem erwachsenen Individuum heranwachsen kann oder nicht".

Bei Vögeln ist Parthenogenese kaum bekannt. Die erste Beschreibung stammt aus dem Jahr 1872, als Parthenogenese zum ersten Mal bei Hühnern (*Gallus domesticus*) wissenschaftlich beschrieben wurde (Oellacher 1872). Später wurde sie auch entdeckt bei Tauben (*Columba livia*) (Bartelmez & Riddle, 1924), Truthühnern (*Meleagris gallopavo*) (Olsen & Marsden, 1954) und kürzlich bei Zebrafinken (*Taeniopygia guttata*) (Schut, Hemmings, & Birkhead, 2008). In den meisten Fällen sind die Ergebnisse abortiv, was bedeutet, dass das Junge nach den ersten Zellteilungen im Ei abstirbt. So sind beim Zebrafinken bislang nur die ersten Zellteilungen im Ei festgestellt worden. Bei Hühnern dagegen ist es doch gelungen, ein vollständiges Küken aus dem Ei zu bekommen: Bei Tests während der Jahre 1960 bis 1970, bei denen nicht weniger als 8.532 Eier künstlich bebrütet wurden, wurden sieben Küken geboren. Drei davon starben während der ersten Tage, vier von ihnen erreichten das Erwachsenenalter (Sarvella, 1970, 1973). - Diese vier Küken waren alle männlichen Geschlechts. Drei davon, von denen sich später sogar eines als fruchtbar erwies, waren normal diploid und hatten zwei normale Geschlechtschromosomen ZZ. Das vierte Küken war jedoch intersexuell und hatte ein W- und zwei Z-Chromosomen ZZW (Sarvella, 1973). Individuen mit diesem Genotyp erweisen sich häufig als steril. Dieses Phänomen existiert auch bei Säugetieren und beim Menschen. Es gibt Männchen, die genotypisch XXY sind, was als „Syndrom von Klinefelter“ bzw. „Klinefelter-Syndrom“ bekannt ist.

Bei Truthühnern gab es vergleichbare Resultate, und es wurden auch Parthenogenone (Individuen, die sich aus einem unbefruchteten Gameten entwickeln, Graham, 1974) geboren, die sich später als fruchtbar erwiesen. Die Anzahl der Fälle von Parthenogenese liegt deutlich höher als bei Hühnern, und man schätzt, dass sich bei ungefähr 17% der unbefruchteten Eier beim Bebrüten eine Form von Parthenogenese abspielt, die von ersten Zellteilungen bis zu entwickelten Küken reichen kann.

Die Untersuchung an 67 Parthenogenese-Truthuhn-Embryos ergab, dass es allesamt Hähne waren (Poole & Olsen, 1957). Eine weitere Untersuchung bestätigte noch einmal, dass alle Parthenogenese-Küken eine Mischung von haploiden, diploiden und aneuploiden Zellen aufwiesen (Darcey, Buss, Bloom & Olsen 1971). Ein normales Genom – eine Zelle – enthält eine Reihe von Chromosomenpaaren, wovon jedes (mit Ausnahme des Geschlechts-Chromosoms) doppelt vorkommt. Bei „haploid“ existiert bei jedem Paar nur ein Exemplar, bei „diploid“ sind sie alle doppelt vorhanden. „Aneuploid“ meint, dass durch einen Fehler während der Meiose zu viele oder zu wenige eines Chromosom-Typs existieren.

Über die Ursache dieses Phänomens tappt man noch im Dunkeln. Aus dem einen oder anderen Grund beginnt hier eine unbefruchtete Eizelle sich spontan (einige Male) zu teilen. Es gibt verschiedene Untersuchungen und Theorien. Meist wird vermutet, dass es sich um normale haploide Gameten des Weibchens handelt, die sich spontan teilen: Dann ist das Parthenogenese-Küken einfach diploid und hat im Prinzip alle nötigen Chromosomen, um sich normal zu entwickeln. Dass dies nicht ausreicht, belegt die kleine Anzahl überlebender und fruchtbarer Küken. Bei einem intersexuellen Parthenogenese-Küken (das ZZW-Chromosomen hat) kann man vermuten, dass alles mit einem diploiden Gameten begonnen hat. – Aber das sind meine persönlichen Interpretationen, und für eine Bestätigung sind natürlich wissenschaftliche Untersuchungen nötig. Die Tatsache, dass noch kein einziges Parthenogenese-Küken mit ZW oder eventuell WW gefunden wurde, lässt auch vermuten, dass nur das Z-Chromosom für diese Parthenogenese empfänglich ist.

Inzwischen hat sich das Team von Prof. Tim Birkhead von der Universität Sheffield mit diesen Fragen befasst, und die ersten Untersuchungen bestätigen, dass das Rosenköpfchen-Küken tatsächlich ein Fall von Parthenogenese ist. Bei Drucklegung dieses Buches (Herbst 2010) weiß man leider noch keine weiteren Details.

Falls Ihnen nun die Frage auf den Nägeln brennt, ob das auch bei Säugetieren (und also auch beim Menschen) möglich ist, heißt die Antwort: „Ja!“ - Bei Mäusen wurden schon Parthenogenese-Junge festgestellt – allesamt weiblich. Bei Säugetieren hat ja das Weibchen (im Gegensatz zu den Vögeln) zwei aktive Geschlechtschromosomen XX. (Mittwoch 1978). Sogar beim Menschen wurde einige Male festgestellt, dass sich eine Eizelle in der Gebärmutter spontan – ohne vorausgehende Befruchtung – anfing zu teilen. Aber weiter als bis zu einer Reihe von Zellteilungen kam es nicht.

Ist das einfach Zufall, ein neuer, deutlicher Schritt in der Evolution der Natur oder handelt es sich vielleicht um ein Überbleibsel aus der Vergangenheit? Die Entstehung des Geschlechts-Chromosoms bei Vögeln ist ja „gerade einmal ein paar Millionen Jahre alt". – Wer weiß ...

Standardvögel

Das Phänomen des Standardvogels, das bei Wellensittichen heute in der Zucht eine bedeutende Rolle spielt, findet sich bei Agaporniden lediglich beim Rosenköpfchen: Die Vögel, die auf Ausstellungen zu sehen sind, sind viel kräftiger und markanter gefärbt als die ursprüngliche Wildform. Vom Züchter werden sie gelegentlich als „langbefiederte" Rosenköpfchen beschrieben. Diese Vögel haben eine kräftig rot gefärbte Maske und einen blasseren Schnabel. Oft sind ihre Füße für die gängigen Ringe von 4,5 mm zu dick und sie benötigen Ringe von 5 mm Durchmesser.

Als diese Vögel 1992 zum ersten Mal in Belgien auf der BVA-Ausstellung zu sehen waren, sorgte das für Misstrauen und Gerede, wilde Unterstellungen und Zweifel. Die Vogelliebhaberei ist ja bekannt als urkonservativ, und neue Dinge, vor allem wenn sie nicht einfach zu erklären sind, stoßen meist auf eine ganze Reihe von Vorurteilen. Wer einen solchen „langbefiederten" Vogel bekommen und damit züchten konnte, war glücklich. Andere, die diese Vögel nicht besaßen, hatten natürlich ihre Bedenken.

Mit einem Beispiel für solch eine negative Haltung hatte ich selbst kürzlich zu tun: Die „zu rote Maske" bei den langbefiederten Vögeln sollte das Resultat einer Kreuzung mit Pfirsichköpfchen sein. Als ich den Betroffenen darauf aufmerksam machte, dass Bastarde einer solchen Kreuzung unfruchtbar sind, bekam ich die überraschende Antwort: „Ja, vielleicht in der ersten Generation, aber in der dritten Generation sind sie vielleicht doch fruchtbar!" Auf Nachfrage, wie das möglich sein solle, wusste er keine Antwort ...

Die Wiege dieser Vögel müssen wir in den Niederlanden suchen. Jac de Jung kann zu Recht als einer der ersten Züchter dieser Vögel genannt werden. Über die Ursache dieses „langbefiederten" Typs gab es viele Theorien: Kombinationen mit der Unterart *Agapornis roseicollis catumbella*, besondere Fütterung, Hormone, sogar das Polyoma-Virus wurden als mögliche Ursache zitiert. Jac de Jung spricht darüber immer noch ganz offen: Selektion der besten Jungvögel – so kann Schritt für Schritt ein Qualitätsstamm aufgebaut werden. Da die Preise dieser Vögel für jeden erschwinglich waren, hatte dieser Typ innerhalb weniger Jahre die kleinere „normale" Wildform in den meisten Sammlungen verdrängt. Die Proteste von damals sind verstummt, und die meisten Züchter unter uns preisen sich glücklich mit ihren „Langbefiederten". Nachdem man diesen Typ Vogel in der Anfangsphase nur in der grünen Stammform zu sehen bekommen hatte, hat er sich später auf die meisten Mutationen ausgebreitet. Die Züchter sind sich jetzt darüber einig, dass man diese Vögel

Standard-Rosenköpfchen grün

Orangemaske-Rosenköpfchen grün

leicht züchten kann, wenn man einmal an die „Blutlinie" kommt.

Die Tatsache, dass bestimmte Vögel plötzlich größer werden, ist nicht neu und beschränkt sich nicht auf Rosenköpfchen. Jeder kennt wohl auch Wellensittiche, bei denen wir zwei verschiedene Typen haben: die normale Form, so wie wir sie in ihrem natürlichen Habitat in Australien antreffen, und die großen Exemplare, die manchmal als „englische" Wellensittiche bezeichnet werden, weil die ersten größeren Typen in England schon um 1910 gezüchtet wurden. Auch bei Zebrafinken gibt es ähnliche Beispiele. Die Rosenköpfchen wurden im Lauf der Jahre auf verschiedene Weise beschrieben: intensiv, langbefiedert, vom neuen Typ usw. Die Beschreibung „langbefiederte Rosenköpfchen" hat sich am meisten eingebürgert. Aber weil dieser Typ nicht immer längere Federn hat und der Name bei Nichteingeweihten ein völlig falsches Bild hervorruft, sind wir vor ein paar Jahren dazu übergegangen, den Namen „Standardtyp (ST)" für diese Vögel zu gebrauchen, analog zu den größeren Typen bei Wellensittichen.

Trotzdem bleibt die Frage, wie es kommt, dass bestimmte Vögel nun soviel größer werden. Jeder weiß zwar, dass domestizierte Vogelarten aufgrund besserer Fütterung und Selektion im Lauf der Jahre immer größer werden, aber geht das bei der einen Art viel schneller als bei anderen? Wir züchten auch schon seit Generationen Rußköpfchen, Schwarzköpfchen usw. – Warum macht die Statur bei diesen Vögeln nicht solche Sprünge wie beim Rosenköpfchen? Warum erreicht man mit einem normalen Brutpaar selbst nach vielen Jahren Selektion kein vergleichbares Resultat, als wenn man mit einem Brutpaar anfängt, bei dem ein Partner ein Standard-Vogel ist und der andere die normale Wildform? Das alles macht deutlich, dass auch genetisch etwas passieren muss, oder wie die Liebhaber es sagen: „Du musst an die Blutlinie kommen!" Sicher sind auch eine oder mehrere Mutationen mit im Spiel.

Über die richtige Art des Weitervererbens und darüber, welche Gene bei dieser Mutation beteiligt sind, bestehen immer noch Zweifel. Fakt ist, dass wenn wir mit einem „Standard-Vogel" anfangen und den mit einem Vogel vom kleineren Wildform-Typ verpaaren, können wir mit etwas Glück schon nach zwei Generationen größere Vögel züchten.

Meine ersten langbefiederten Vögel habe ich aus zwei Vögeln gezogen, die ich im Handel gekauft hatte. Die Vögel waren in der Farbe der Maske etwas kräftiger rot als normal, aber von der Statur her waren es einfache Vögel. Auf Nachfrage ergab sich, dass es Junge aus Vögeln von Jac de Jung waren, die vom Züchter zum Händler gebracht wurden, weil sie „nicht gut" waren. Bei der ersten Brut hatte ich unter den vier Jungen einen langbefiederten Vogel, der aber leider nach einigen Monaten starb. Bei der zweiten Brut hatte ich wieder ein langbefiedertes Junges (auch aus einem Nest mit vier Jungen), und das blieb glücklicherweise am Leben. Dann kaufte ich bei Hermann Henderickx einen halblangbefiederten Vogel und kreuzte den mit meinem Nachwuchstier. Daraus habe ich bis jetzt schon zehn langbefiederte Vögel gezüchtet (im Verhältnis von 1:3). Einen der langbefiederten kombinierte ich mit einem „normalen" Rosenköpfchen, und nach drei Generationen fielen auch aus diesen Vögeln langbefiederte Junge.

Wenn wir die damaligen „Langbefiederten" mit den heutigen großen Exemplaren vergleichen, stellen wir fest, dass sich die Vögel qua Statur weiterentwickelt haben. Genau wie bei Wellensittichen wird im Lauf der Jahre der Unterschied zwischen „Standard-Typ" und Ursprungsform immer größer. Deshalb vermuteten wir, dass es sich hier um eine autosomal rezessive Vererbung handelt. Und weil bei diesen Vögeln nicht nur die Statur größer ist, sondern auch die Füße dicker sind, die Farbe etwas intensiver ist usw., kamen wir ursprünglich zu der Überzeugung, dass hier mehrere Gene bei der Mutation beteiligt seien und der Ausdruck „multifaktorielle Vererbung" angebracht sei. Aber jetzt gibt es triftige Gründe anzunehmen, dass die dickeren Füße und größere Statur doch von nur einem Gen abhängen könnten.

Myostatin

Myostatin ist ein Eiweiß, das bei der Entstehung von Muskelgewebe beteiligt ist. Die Aufgabe des Myostatins besteht darin, das Muskelwachstum zu einem bestimmten Zeitpunkt abzubremsen: Je höher die Konzentration Myostatin im Körper ist, desto weniger Wachstum der Muskeln. Myostatin und das dafür kodierende Gen wurden 1997 von Alexandra McPherron und Se-Jin Lee entdeckt. Den Wissenschaftlern war es gelungen, bei Mäusen das Myostatin-Gen auszuschalten. Die Folge davon war, dass diese beinahe zweimal soviel Muskelmasse entwickelten wie normal. Später entdeckte man, dass es dasselbe Gen ist, das für die „dickschenkligen" Rinder und Schafe verantwortlich ist, die bei uns schon seit Jahren gezüchtet werden. Bei Schafen wird diese Mutation „callipyge" genannt. Da das Myostatin-Gen leicht festzustellen ist, wurde es kurz darauf auch bei verschiedenen Säugetieren, Fischen und auch bei Vögeln entdeckt. Man nimmt an, dass dieses Gen sich im Lauf der Evolution bei den meisten Arten und selbst beim Menschen verbreitet hat. So wurde 2004 in Deutschland ein Junge geboren, der unnormal kräftiger gebaut war als seine Altersgenossen. Untersuchungen ergaben, dass bei ihm beide Myostatin-Gene (auf jedem Chromosom eins) mutiert waren. Seine Mutter, früher Athletin, hatte offensichtlich auch ein beschädigtes Gen gehabt.

2007 wurde das Gen dann bei der Hunderasse Whippets entdeckt, wo Myostatin verantwortlich zu sein scheint für Exemplare, die wesentlich muskulöser sind als ihre Artgenossen. Darum besteht jetzt die Vermutung, dass Myostatin auch verantwortlich sein könnte für die „Standard"-Wellensittiche und die „Standard"-Rosenköpfchen!

Weitere Untersuchungen zum Myostatin-Gen bei „Dickschenkel"-Rindern ergaben, dass bei der Kombination mit einem normalen Rind die F1-Nachkommen immer eine Muskelmasse aufweisen, die zwischen der der Elterntiere liegt. Diese Situation ist vergleichbar mit dem, was wir bei den Standard-Rosenköpfchen sehen: Kombinationen von F1-Nachkommen untereinander ergeben etwa 25% normale Tiere, 50% Zwischenformen (wie die F1-Nachkommen) und ungefähr 25 % Tiere, die „Dickschenkel" sind. Bei jeder neuen Generation von „Dickschenkel-Tieren" nimmt man jedesmal ein Zunahme von 10 bis manchmal 30% der Muskelmasse wahr, genau wie bei unseren „Standard"-Rosenköpfchen.

Es wird noch interessanter, wenn man das Genom dieser Tiere untersucht. Da ergibt sich, dass das Gen bei „Dickschenkel"-Rindern ein Durchsetzungsvermögen von etwa 95% hat, was bedeutet, dass von den Nachkommen, bei denen das Myostatin-Gen auf beiden Chromosomen mutiert ist (Tiere, die also homozygot für Myostatin sind), ungefähr 5% dabei sind, die nur intermediär starke Muskeln haben. Dieser variable Ausdruck gibt an, dass dieses Gen einer Pleiotropie unterliegt, was seinerseits bedeutet, dass auch andere mutierte

Faktoren Einfluss auf den Ausdruck des Myostatin-Gens haben.

Wenn wir das Letzte auf unsere Standard-Rosenköpfchen übertragen, merken wir, dass bei der Kombination eines grünen Standard-Rosenköpfchens mit einer normalen (kleinen) Wildform die Zuchterfolge vergleichbar sind mit den Zuchtresultaten bei den „Dickschenkel"-Rindern. Wenn wir ein Standard-Rosenköpfchen aber mit anderen Mutationen kombinieren, weisen die Zuchterfolge auch verschiedene Erscheinungsformen auf, genau wie bei den Rindern. Das Einzüchten des Standard-Typs geht viel einfacher bei (geschlechtsgebundenen) SL-Mutationen als bei manchen autosomal-rezessiven Mutationen. Also haben bei unseren Vögeln auch hinzukommende Mutationen Einfluss auf den Ausdruck des Standard-Typs.

Bei Standard-Wellensittichen sehen wir eine vergleichbare Situation. Herr Jan Baumeister, ein respektierter Preisrichter und leidenschaftlicher Züchter von Wellensittichen, kaufte 1978 seine ersten rezessiv-gescheckten Wellensittiche, die er mit einem Standard-Vogel verpaaren wollte, um herauszufinden, wie lange es dauerte, um Junge zu züchten, die die Statur von Standard-Vögeln haben. 1979 waren die ersten Jungen allesamt grün/rezessiv gescheckt und zeigten nur eine minimale Verbesserung in der Statur. Herr Sieb Harkema aus der Provinz Groningen hatte zur gleichen Zeit eine vergleichbare Kombination gemacht, und von dieser Nachzucht bekam Herr Baumeister ein mauve Gelbmaske/rezessiv-geschecktes Weibchen, das keinerlei Statur-Verbesserung aufwies. Herr Baumeister verpaarte es mit einem jungen Männchen von seinem eigenen „speziellen" Paar. Er baute damit einen Stamm auf, und nach etwa neun Generationen wurden die ersten rezessiv-gescheckten Vögel geboren, die gleichwertig waren mit den durchschnittlichen Positurvögeln. Im Jahr darauf wurden rezessiv-gescheckte Vögel geboren, die von der Statur her als Top-Vögel angesehen wurden. Wichtig war, dass diese rezessiv-gescheckten Vögel immer aus Spaltvögeln geboren wurden. Herr Baumeister ging selbst so weit, dass er die Schädelgröße der Vögel verglich. An toten Vögeln wurde eine Sektion vorgenommen und der Schädel vollständig seziert. Aus den Messungen ging hervor, dass der Unterschied zwischen der Schädelgröße (reine Knochenstruktur) einer normalen Wildform und einem Positurvogel während des gesamten Zeitraums lediglich 10% betrug. Daraus schloss Herr Baumeister, dass der größere Kopf beim Standard-Wellensittich wahrscheinlich durch die Befiederung und die Art, wie die Federn „herauswachsen", verursacht wird. Warum dies so ist, wird jetzt deutlich: Wenn die Muskelmasse des Schädels umfangreicher wird, steht sie weiter ab und dadurch auch die Federn. Aus all diesen Gegebenheiten wird deutlich, dass auch hier Myostatin mit im Spiel ist.

Ein weiteres Beispiel für die Zunahme von Muskelmasse finden wir bei der bereits erwähnten Fuß-Dicke des Rosenköpfchens. Der normale Wildtyp kann problemlos mit 4,5-mm-Ringen beringt werden, ein Standard-Vogel benötigt 5 mm.

Natürlich bleibt die Frage, ob die Länge der Federn auch etwas mit Myostatin zu tun hat, noch offen. Nicht alle Standard-Vögel haben etwas längere Federn, und eine ganze Reihe zeigt eine gut anliegende normale Befiederung. Wir sehen bei verschiedenen anderen Vogelarten, dass Mutationen der Federn nichts mit einem größeren Vogeltyp zu tun haben. Ich vermute deshalb, dass die verschiedenen Federtypen durch eine jeweils eigene Mutation verursacht werden.

Die Frage, ob Myostatin etwas mit den manchmal geringeren Brutresultaten bei Standard-Vögeln zu tun hat, würde ich auch negativ beantworten. Ich denke eher, dass der große Inzucht-Prozentsatz damit zu tun hat. Viele Züchter züchten jahrelang mit denselben Blutlinien oder kaufen ihre Vögel bei befreundeten Züchtern. Meist haben die auch Vögel aus verwandten Blutlinien, was zu Inzucht führt. Viele versteckte Mängel kommen hierdurch zum Vorschein: Heterozygoten werden durch Inzucht homozygot für ein bestimmtes Merkmal mit allen dazugehörenden Folgen.

Ausstellungen

Jeder Agapornidenzüchter hat wohl schon einmal mit dem Gedanken gespielt, mit seinen Vögeln an einer Ausstellung teilzunehmen. Es ist immer interessant, die eigenen Vögel mit denen anderer Züchter zu vergleichen. Das kann einen Reichtum an Informationen ergeben, zumindest wenn Sie bereit und willens sind, es objektiv zu betrachten.

Auf Vogel-Ausstellungen werden die Vögel von einem Zucht-/Preisrichter beurteilt. Er bewertet die Vögel nach den Musterbeschreibungen und vergibt Punkte. Der Vogel mit den meisten Punkten ist natürlich Sieger. So können Sie sehen, wo es (möglicherweise) Defizite bei Ihren Vögeln gibt. Diese Information kann Ihnen helfen, zukünftige Elternpaare zusammenzustellen – in der Hoffnung, so die Qualität Ihrer Vögel zu verbessern.

Wettkämpfe

Es gibt verschiedene Clubs und Wettkämpfe in Deutschland. Jeder Club hat seine eigene Art, Wettkämpfe zu organisieren und verschiedene Schauklassenschlüssel.

Bei jedem dieser Vereine gibt es ein technisches Komitee, das sich mit dem Aufstellen dieser Musterbeschreibungen und der Schulung neuer Zucht-/Preisrichter befasst. Auf den Schauen der allgemeinen Clubs sind verschiedene Vogelarten vertreten, und man kann dort sowohl Finken, Kanarien als auch Sittiche und Papageien ausstellen, die nach einem Punkte- oder Prädikatsystem bewertet werden. Anhand von Bewertungsbögen wird eine Übersicht der Eigenschaften des Vogels gemacht. Plus- und Minuspunkte werden dort festgehalten, zusammen mit der Gesamtanzahl der erreichten Punkte des betreffenden Vogels.

Normalerweise sind es die zehn höchstbewerteten Vögel jedes Teilnehmers, die für die allgemeine Klassifizierung angerechnet werden. Die Punkte der allgemeinen Klassifizierung bestimmen letztendlich den allgemeinen Sieger der Schau. Dieses System ist nicht schlecht, aber es hat für die Züchter, die nur eine Art züchten, einen großen Nachteil: Die Wettkampf-Klassen sind in verschiedene Gruppen eingeteilt (Kanarien, Exoten, Sittiche usw.), und alle diese Resultate gelten für die allgemeine Klassifizierung. Wenn Sie nur Agaporniden einschicken, können Sie niemals bei der allgemeinen Klassifizierung zum Zuge kommen. Innerhalb der Reihe der Agaporniden gibt es nur Platz für einen Sieger, der maximal 92 oder 93 Punkte erhält. Jemand, der innerhalb der verschiedenen Reihen Vögel einsendet, hat natürlich viel mehr Chancen, mehrere Preise zu gewinnen. Er kann so in der allgemeinen Klassifizierung höhere Punktzahlen erreichen. Natürlich darf das kein Grund sein, um nicht teilzunehmen. Der olympische Gedanke muss hier im Vordergrund stehen: „Dabeisein ist alles!" Übrigens, das gesellige Zusammensein von Züchtern untereinander und der Austausch von Ideen und Erfahrungen sind natürlich auch ausgesprochen wertvoll.

Eine Sonderstellung nimmt die BVA (Belgische Vereniging Agaporniden) ein, die nur Ausstellungen für Agaporniden organisiert. Stellvertretend für andere Schauen soll deren Bewertungssystem

Ausstellungen sind immer ein guter Treffpunkt

für Agapornidenzüchter. Dabei geht es sicher nicht in erster Linie um Preise, sondern um die Freude am gemeinsamen Hobby.

Prämiertes Lutino-Rosenköpfchen

auf der belgischen BVA-Ausstellung

hier vorgestellt werden. Auf der BVA-Schau wird das Plazierungssystem anstelle des Punktesystems verwendet. Für jeden Farbschlag (plus Dunkelfaktoren) ist eine eigene Schauklasse vorgesehen. So werden alle Lutino-Schwarzköpfchen zusammengefasst, und es gibt eine eigene Schauklasse für Lutino-Pfirsichköpfchen. Diese Schauklassen sind Teil einer größeren Gruppe. Diese sind ihrerseits Teil einer Hauptgruppe.

Der Schauklassenschlüssel besteht aus insgesamt acht Hauptgruppen A-Klasse (junge Vögel) und acht Hauptgruppen B-Klasse (ältere Vögel). Sie stehen für jede Agapornidenart (*Agapornis swinderniaus* kommt nicht vor). Hinzu kommt eine eigene Hauptgruppe für die Stämme. Hier beginnen die Preisrichter erst damit, die Vögel innerhalb derselben Schauklasse miteinander zu vergleichen. Die Vögel können die folgenden Bewertungen bekommen:

- Vorzüglich: Ein Spitzen-Vogel. Es ist selbstverständlich, dass diese Bewertung nur selten zuerkannt wird.
- Sehr gut. Sehr guter Vogel, aber gerade eben kein Spitzen-Vogel.
- Gut. Diese Vögel haben einen kleinen (manchmal zeitlich befristeten) Fehler. Das kann von einem Mangel an Kondition bis zum Fehlen der einen oder anderen Feder reichen.
- Befriedigend: Diese Vögel haben größere (manchmal zeitlich befristete) Fehler.
- Mäßig. Dieser Vogel ist als Ausstellungsvogel nicht geeignet. Solche Vögel können allerdings manchmal noch gute Zuchtvögel sein (wenn z.B. eine Kralle als Folge eines Unglücks fehlt).
- Unzureichend. Das bedeutet, dass der betreffende Vogel nicht als Ausstellungsvogel (z.B. Fehlen von Krallen) und auch nicht als Zuchtvogel (Fehlen der Reinerbigkeit bzw. sehr große Mängel) geeignet ist.

Die drei besten Vögel innerhalb einer Schauklasse werden mit den Titeln „Schauklasse – Gold“, „Schauklasse – Silber“ und „Schauklasse – Bronze“ ausgezeichnet. Vögel, die den Titel „Schauklasse – Gold“ zuerkannt bekommen, „steigen auf“. Sie werden innerhalb derselben Gruppe mit anderen „Schauklasse-Gold-Vögeln“ zusammengestellt, um daraus den Gruppensieger zu wählen. Aus den Gruppensiegern innerhalb einer Hauptgruppe werden schließlich die Hauptgruppen-Sieger gewählt. So kann jemand, selbst wenn er nur einen einzelnen Vogel einsendet, doch Hauptgruppensieger werden. Bei dieser Art der Bewertung werden keine Punkte zuerkannt. Aber jeder Liebhaber bekommt doch eine persönliche Übersicht über seine Vögel – mit der Graduierung, die der Vogel zuerkannt bekam (zusammen mit eventuellen Anmerkungen des Preisrichters).

Die Vögel in den Schauklassen werden immer von minimal zwei Preisrichtern beurteilt, um eine so ehrlich wie mögliche Beurteilung zu garantieren. Für die Beurteilung wird neben einem eigenen BVA-Preisrichter auch auf externe (spezialisierte) Preisrichter zurückgegriffen, die Mitglied im BVA und Agapornidenzüchter sein müssen. Entscheidungen über die Gruppensieger werden durch mindestens vier Preisrichter getroffen, und die Hauptgruppensieger werden von allen anwesenden Preisrichtern zusammen bestimmt.

Weitere wichtige Punkte

Das Training der Vögel ist natürlich für eine Ausstellung sehr wichtig. Sogar ein Vogel in perfekter Kondition, der der Musterbeschreibung völlig entspricht, wird niemals hohe Punktzahlen erreichen, wenn er verschreckt in seinem Käfig herumflattert. Ein Vogel muss sich gut beurteilen lassen. Wenn er ruhig und selbstbewusst auf der Stange sitzen bleibt und sich unerschrocken bewundern und von den Preisrichtern beurteilen lässt, kommen seine Qualitäten besser heraus, und er hat eine viel größere Chance, unter den Gewinnern zu sein. Dazu muss man den Vogel von klein auf an die Gegenwart von Menschen und Ausstellungskäfigen gewöhnen. Viele Züchter beginnen damit schon, wenn die Jungen noch im Nest sitzen. Sie nehmen die Tiere regelmäßig in die Hand und gewöhnen sie so an Menschen. Wenn sie ausgeflogen sind, werden sie regelmäßig in einen Ausstellungskäfig gesetzt und ins Haus mitgenommen, wo sie sich an mehrere Menschen, unbekannte Geräusche, eine andere Umgebung usw. gewöhnen können.

Einige Tage vor dem Wettbewerb werden die Vögel dann in die Käfige gesetzt und regelmäßig nass besprüht. Die Vögel fangen dadurch spontan an, ihre Federn zu putzen. Kleine Unvollkommenheiten wie schmutzige Füße, Krallen oder Schnäbel werden reingewaschen. Diese Körperteile werden auf Wunsch noch mit etwas Baby-Öl „aufpoliert“. Andere Züchter waschen ihre Vögel einige Tage vor der Schau vollständig. Es wird viel Zeit auf die Vorbereitung verwendet, um die Vögel so gut wie möglich aussehen zu lassen.

Sportlichkeit

Wie bei jedem Wettkampf gibt es mehr Nicht-Gewinner als Sieger. Das Wort „Verlierer“ ist unangebraucht, denn jeder Teilnehmer ist faktisch ein Sieger: Es ist ja nicht einfach, Vögel zu züchten und sie dann auch noch für die Ausstellungen vorzubereiten. Das ist nichts, was man innerhalb weniger Tage hinbekommt. Ein Züchter ist Tag für Tag mit dem Versorgen seiner Vögel und dem geduldigen Aufbau seines Stamms beschäftigt. Das Ergebnis dieses jahrelangen Einsatzes ist auf den Ausstellungen zu bewundern – und das verdient Respekt und macht aus jedem Züchter schon einen „Gewinner“. Halten Sie deshalb durch und lassen Sie sich nicht durch Enttäuschungen abschrecken! Wenn Ihr Vogel nicht der Sieger ist, bedeutet das natürlich nicht, dass er nicht gut ist. – Beurteilen ist eine Momentaufnahme, und es hängt alles von Details ab. Was in dieser Woche nicht gelingt, kann vielleicht einige Wochen später gelingen. Denken Sie daran, dass es utopisch ist, bei der ersten Teilnahme schon Preise zu gewinnen. Aber die Gewinner von heute waren auch einmal Anfänger ohne Erfahrung. Nehmen Sie manche Kommentare zu ihren Vögeln also nicht zu ernst und denken Sie daran, dass es leichter ist zu kritisieren als wirklich gute Vögel zu züchten.

Vögel züchten ist eine Freizeitbeschäftigung und eine Form von Entspannung. Seien sie also sportlich! Scheuen Sie sich nicht zuzugeben, dass noch andere gute Vögel vorhanden waren, und seien Sie der erste, der dem Gewinner gratuliert. Stoßen Sie mit ihm auf seinen Sieg an, und es bleibt gesellig.

Der Autor als Preisrichter in Fossano, Italien

Die Bewertung der Schauvögel erfolgt anhand von Musterbeschreibungen mittels eines Punkte-Systems.

Agaporniden weltweit

Früher war der Wellensittich der ungekrönte König der Vogelliebhaberei bei den Papageiartigen. Nun haben auch die Agaporniden weltweit ihren Platz in den Herzen der Liebhaber erobert. Da der normale Züchter ein Bedürfnis an fundierter Information hatte, wurden in verschiedenen Ländern spezielle Vereinigungen für Agaporniden-Liebhaber errichtet. Diese Clubs geben einzig und allein Informationen über Agaporniden und ihre Mutationen. Für Belgien und die Niederlande ist das die „Belgische Vereniging Agaporniden (BVA)“. Für Deutschland ist es die „AZ-AGZ Interessengemeinschaft Agapornis/Forpus“.

Belgische Vereinigung für Agaporniden

Die BVA wurde offiziell am 1. November 1992 gegründet. Im ersten Jahr bekam sie schon fast 200 Mitglieder, und im September 1993 wurde schon die erste BVA-Show in Delle-Winksele abgehalten. Der Club hat in den ersten Jahren schon einiges mitgemacht und die nötigen Stürme überstehen müssen. Es war für eine solche Vereinigung nicht immer ganz einfach.

Mittlerweile ist die BVA zu einer gut funktionierenden internationalen Organisation mit Stellvertretern in verschiedenen europäischen Ländern herangewachsen. Über das zweimonatliche Magazin (in Farbe und mit Fotos) wird exklusiv Information über die verschiedenen Agapornidenarten und ihre Mutationen vermittelt. Die Information ist sowohl für Anfänger als auch für fortgeschrittene Züchter gedacht. Mehr als eine neue Mutation wurde der Welt in diesem Magazin vorgestellt. Um diese Information so aktuell wie möglich zu halten, wird mit verschiedenen Liebhabern im In- und Ausland zusammengearbeitet.

Für die wissenschaftliche Seite des Ganzen wird mit der „MUTAVI Research & Advice Group“ aus den Niederlanden zusammengearbeitet. Dort werden die Federstruktur und die Genetik der verschiedenen Mutationen untersucht. Außerdem gibt es eine Zusammenarbeit mit verschiedenen Tierärzten für den veterinärmedizinischen Aspekt des Hobbys. Indem eindeutige Informationen geliefert werden, sind die Agaporniden aus ihrer vergessenen Ecke geholt und erfahren nun viel Wertschätzung auf Vogelausstellungen. Ihre Hauptaufgabe sieht die BVA darin, die Anliegen der Agapornidenliebhaber weltweit zu beherzigen. So wurden aufgrund eines Vorschlags der BVA mit den verschiedenen niederländischen und belgischen Vereinigungen einheitliche Bezeichnungen für die diversen Farbschläge ausgearbeitet und eindeutige Musterbeschreibungen erstellt. Die jährliche Internationale BVA-Show „Lovebird International, BVA Masters“ ist mittlerweile zur größten Agaporniden-Ausstellung der Welt geworden. Im Jahr 2009 waren mehr als 2.100 Agaporniden zu bestaunen und Besucher und Teilnehmer aus ganz Europa, ja sogar aus den USA anwesend. Jeder Liebhaber sollte einmal dort gewesen sein, und wer als Teilnehmer mit seinen Vögeln einen Preis gewinnt, gehört zu den Besten der Welt.

Belgische Vereniging Agaporniden

BVA Belgien
e-mail: info@agapornidenclub.be
http://www.agapornidenclub.be

Stellvertreter für die Niederlande
Harry Bens
Graafseweg 3
5831 AA Boxmeer
Tel./Fax: 0485 - 575154

Lovebird International, BVA Masters
beginnt immer am zweiten Samstag im September in Belgien
http://www.lovebirdinternational.com
e-mail: info@lovebirdinternational.com

Agaporniden-Vereine auf der ganzen Welt

Nicht nur in Belgien und den Niederlanden gibt es spezielle Vereine für Agaporniden, sondern sie sind über die ganze Welt verbreitet. Die erste Agaporniden-Vereinigung war die „African Love Bird Society" in den USA. Diese wurde 1976 errichtet und ist bis heute aktiv. In den letzten Jahren sind in anderen Ländern auch eine Reihe Agaporniden-Clubs hinzugekommen, und das ist eine positive Entwicklung.

In Deutschland führt die „AZ-AGZ IG Agapornis /Forpus " Tagungen und Spezialschauen durch, wobei die Teilnahme daran nicht abhängig von der Mitgliedschaft in der Interessensgemeinschaft ist. Auf den Ausstellungen wird nach den „Allgemeinen Schaurichtlinien der AZ und der AGZ" bewertet.

Nachfolgend die wichtigsten Kontaktadressen für Agaporniden-Interessierte:

Europa

AZ-AGZ Interessengemeinschaft Agapornis/ Forpus
Hermann Josef Büning
Donnerberg 11
48619 Heek
Deutschland
e-mail: Haermy@web.de

CFA – Club Français des Agapornis
Dominique GILLE
Hotel La Grande Bastide
Route de Valensole
04700 Oraison
France
http://www.club-agapornis.com

Czech Love Bird Society
Miloslav Bla ek
Po ární 10 A
Brno
620 00
Czech Republic

Club Italiano Allevatori Agapornis (CIAA)
c/o Manetti - Via Vingone, 152
50013 Campi Bisenzio (FI)
Italy
http://www.agapornisclub.com

Dansk Agapornis Klub (DAK)
Vildtbaneparken 90
DK-2635 Ishøj
Denmark
e-mail: lovebird@get2net.dk
http://www.danskagapornisklub.dk

Lovebird Society 1990
Mr Tony Mulford
3 Riverside Gardens
Henley in Arden
Solihull
B95 5 JX
UK
http://www.thelovebird1990society.co.uk/

Australien

African Lovebird Society of Australia Inc.
P.O. Box 422
Pennant Hills
NSW 1715
Australia
http://www.nb.au.com/ALBS/

The African Lovebird & Foreign Parrot Society of Qld Inc.
P.O. Box 5587
Brendale MDC
Qld 4500
Australia

Vereinigte Staaten von Amerika

ALBS - African Love Bird Society
P.O. Box 142
San Marcos, CA 92079-0142
http://www.africanlovebirdsociety.com

Asien

Thailand lovebird breeders society
49/3 Soi Samaedam 5 Rama 2rd.
Samaedam Bangkhuntian
Bangkok
10150 Thailand

Grauköpfchen – Männchen

Grauköpfchen – Weibchen

Internationale Musterbeschreibungen

Nachfolgend die internationalen Musterbeschreibungen der einzelnen *Agapornis*-Arten mit Anmerkungen.

Das Grauköpfchen als Ausstellungsvogel

Wenn man ausreichend Geduld hat und seine Vögel gut an die Anwesenheit von Menschen gewöhnt, ist *Agapornis canus* sicher ein idealer Ausstellungsvogel. Man kann sie daher auch regelmäßig auf Ausstellungen bewundern.

Internationale Musterbeschreibung Grauköpfchen-Männchen (BVA):

Stirn: perlgrau
Scheitel: perlgrau
Wangen: perlgrau
Kinn: perlgrau
Vorderhals und Oberbrust: perlgrau
Augen: dunkelbraun mit heller Iris
Oberschnabel: hornfarben
Unterschnabel: grau
Unterbrust, Flanken, Bauch und Analbereich: hellgrün
Rücken: etwas dunkleres Grün als der Rest des Körpers
Große Unterflügeldecken: schwarz
Große Flügelfedern: dunkelgrau mit grünlichen Außenfahnen
Bürzel: etwas dunkler als der Körper
Unterschwanzdecken: wie Körperfarbe
Oberschwanzdecken: wie Bürzel
Schwanzfedern: an der Basis gelblich grün, übergehend in eine schwarze Querbänderung. Die Schwanzspitzen sind grün.
Füße: hellgrau
Krallen: dunkelgrau

Internationale Musterbeschreibung Grauköpfchen-Weibchen (BVA):

Stirn: gräulich grün
Scheitel: gräulich grün
Wangen: gräulich grün
Kinn: gräulich grün
Vorderhals und Oberbrust: hellgrün
Augen : dunkelbraun mit heller Iris
Schnabel: hornfarben
Unterschnabel: grau
Unterbrust, Flanken, Bauch und Analgegend: hellgrün
Rücken: etwas dunkleres Grün als der Rest des Körpers
Große Unterflügeldecken: hellgrün
Große Flügelfedern: dunkelgrau mit grünlichen Außenfahnen
Bürzel: etwas dunkler als der Körper
Unterschwanzdecken: wie Körperfarbe
Oberschwanzdecken: wie Bürzel
Schwanzfedern: an der Basis gelblich grün, übergehend in eine schwarze Querbänderung. Die Schwanzspitzen sind grün.
Füße: hellgrau
Krallen: dunkelgrau

Taranta-Papageien als Ausstellungsvogel

Taranta-Papageien sind sicher sehr gut als Ausstellungsvögel geeignet. Aufgrund ihrer ruhigen Art sind sie mit ein bisschen Geduld gut abzurichten. Sie werden jedoch selten als Haustier gehalten. Wahrscheinlich liegt das am Anschaffungspreis.

Internationale Musterbeschreibung grüne Taranta-Männchen (BVA):

Stirn: tiefrot bis zum Scheitel
Wangen und Kinn: hellgrün
Vorderhals: hellgrün
Augen : dunkelbraun
Augenringe: tiefrot

Schnabel: tiefrot mit weißer Wachshaut
Brust, Bauch, Flanken und Analgegend: hellgrün
Rücken und Flügeldecken: etwas dunkleres Grün als der Rest des Körpers
Unterflügeldecken: schwarz
Große Flügelfedern: schwarz mit minimal grüngelblicher Außenfahne
Flügelränder: schwarz
Bürzel: hellgrün
Oberschwanzdecken: etwas heller als der Bürzel
Unterschwanzdecken: hellgrün
Schwanzfedern: an der Basis gelblich grün, dann in Grün mit einer schwarzen Querbänderung übergehend. Die Spitzen der Schwanzfedern sind grün und die primären Schwanzfedern sind an den Spitzen schwarz.
Füße: dunkelgrau
Krallen: grauschwarz

Internationale Musterbeschreibung grüne Taranta-Weibchen (BVA):

Stirn: hellgrün
Scheitel: hellgrün
Wangen und Kinn: hellgrün
Vorderhals: hellgrün
Augen: dunkelbraun
Augenringe: schwach abstehende gelbgrüne Federchen
Schnabel: tiefrot mit weißer Wachshaut
Brust, Bauch, Flanken und Analgegend: hell grün
Rücken und Flügeldecken: etwas dunkleres Grün als der Rest des Körpers
Unterflügeldecken: schwarz mit grünen Federn
Große Flügelfedern: schwarz mit minimalen grüngelblichen Außenfahnen
Flügelränder: schwarz
Bürzel: hell grün
Oberschwanzdecken: etwas heller grün als der Bürzel
Unterschwanzdecken: hellgrün
Schwanzfedern: an der Basis gelblich grün, dann in Grün mit einer schwarzen Querbänderung übergehend. Die Spitzen der Schwanzfedern sind grün und die primären Schwanzfedern sind an den Spitzen schwarz.
Füße: dunkelgrau
Krallen: grauschwarz

Das Orangeköpfchen als Ausstellungsvogel

Aufgrund der Seltenheit dieser Art ist das Orangeköpfchen nur sporadisch auf Ausstellungen zu finden. Das Problem dabei ist, dass der Stressfaktor für diese Vögel fast immer fatal ist. Darum werden Liebhaber, die Orangeköpfchen ausstellen wollen, zur Vorsicht gemahnt. Es ist besser, zuvor einen eigenen Stamm aufzubauen und erst, wenn es ausreichend eigene Nachzuchten gibt, mit geeigneten Exemplaren an Wettbewerben teilzunehmen.

Internationale Musterbeschreibung Orangeköpfchen-Männchen (BVA):

Stirn: orangerot
Scheitel: orangerot
Wangen: orangerot
Kinn: orangerot
Augen: dunkelbraun, gesäumt mit kleinen weißen und blauen Federchen
Schnabel: orangerot, mit weißer Wachshaut
Brust, Flanken, Bauch und Analgegend: hellgrün
Flügeldecken und Rücken: etwas dunkleres Grün als der Rest des Körpers
Unterflügeldecken: schwarz

Taranta-Papagei – Männchen

Taranta-Papagei – Weibchen

Orangeköpfchen – Männchen

Orangeköpfchen – Weibchen

Große Flügelfedern: dunkelgrau, mit grüner Außenfahne
Flügelbug: schwarz, mit blauen, weißen und gelben Daunenfederchen
Bürzel: himmelblau
Unterschwanzdecken: hellgrün
Schwanzfedern: an der Basis gelb, übergehend in Orangerot mit schwarzer Querbänderung. Die Schwanzspitze ist hellgrün.
Füße: grau
Krallen: dunkelgrau

Internationale Musterbeschreibung Orangeköpfchen-Weibchen (BVA):

Stirn: hell orangerot
Scheitel: hell orangerot
Wangen: hell orangerot
Kinn: hell orangerot
Augen: dunkelbraun, gesäumt von kleinen gelben Federchen
Schnabel: hell orange mit weißer Wachshaut
Brust, Flanken, Bauch und Analgegend: hellgrün
Flügeldecken und Rücken: etwas dunkleres Grün als der Rest des Körpers
Unterflügeldecken: grün
Große Flügelfedern: dunkelgrau mit grüner Außenfahne
Flügelbug: kleine gelbe Federchen
Bürzel: himmelblau
Unterschwanzdecken: hellgrün
Schwanzfedern: an der Basis gelb, übergehend in Orangerot mit schwarzer Querbänderung. Die Schwanzspitze ist hellgrün.
Füße: grau
Krallen: dunkelgrau

Das Rosenköpfchen als Ausstellungsvogel

War es früher so, dass der Wellensittich in West-Europa der meist verbreitete „Krummschnabel“ auf Ausstellungen war, so wird dieser Platz gegenwärtig ohne Zweifel von den Agaporniden eingenommen, und zwar vor allem vom Rosenköpfchen. Das Abrichten dieser Vögel bereitet meist wenig Probleme. Die neuen allgemeinen Musterbeschreibungen innerhalb Deutschlands (sowie Belgiens und der Niederlande) beziehen sich auf den Typ „Standard“-*roseicollis*.

Internationale Musterbeschreibung für grüne Rosenköpfchen (BVA):

Stirn: tiefrot bis zur Grenze mitten auf dem Oberkopf
Scheitel: grün
Wangen: tiefrot mit einem pastellgrauen bis violett-ähnlichen Übergang zum grünen Nacken
Kinn, Vorderhals und Oberbrust: tiefrot (in Deutschland muss die Maske nach AZ-DKB-Musterbeschreibung nach unten heller werden, was mehr der Wildform des Rosenköpfchens entspricht)
Augen: dunkelbraun mit einem blass weiß- bis cremefarbigen befiederten Augenring
Schnabel: hornfarben, Unterschnabel, Schnabelränder und Schnabelspitze ein wenig grünlich
Unterbrust, Flanken, Bauch und Analgegend: hellgrün
Rücken und Flügeldecken: ein wenig dunkleres Grün als der Rest des Körpers
Große Flügelfedern: grüne Außenfahne, grauschwarze Innenfahne
Flügelbug: grün, die Daumenfittiche gelb
Bürzel und Oberschwanzdecken: tief himmelblau
Unterschwanzdecken: hellgrün
Schwanzfedern: überwiegend grün mit einer schwarz-rot-schwarzen Querbänderung in der Mitte, an den Spitzen ein schmal blauer Querstreifen

Füße: grau
Krallen: dunkelgrau bis schwarz

Das Schwarzköpfchen als Ausstellungsvogel

Blaue Schwarzköpfchen kommen zweifelsohne am meisten auf Ausstellungen vor. Bei den Grünen ist es etwas schwieriger, weil die Standardanforderungen eine vollständig gelbe Brust vorschreiben. Jeder, der grüne Schwarzköpfchen züchtet, kann bestätigen, dass es nicht so einfach ist wie es scheint, ein gutes grünes Exemplar ohne roten Hauch auf der gelben Brust zu züchten. Denn selbst in freier Wildbahn haben nicht alle Schwarzköpfchen eine ganz gelbe Brust. Darum ist es sehr wichtig, dass die Züchter weiterhin gut selektieren. Wichtig ist auch die Wahl der Elternvögel. Man darf wohl kaum erwarten, dass die Jungen Champions werden, wenn die Eltern einen kräftigen roten Hauch auf der Brust haben. Andererseits ist es durchaus möglich, dass ein gutgefärbtes Paar Junge hervorbringt, die relativ viel Rot auf der Brust haben. Aber die Zuchterfolge sind trotzdem noch besser, als wenn man von einem Schwarzköpfchenpaar ausgeht, dass bereits viel Rot auf der Brust hat.

Man sieht, dass es nicht immer einfach ist. Da hilft nur Selektion, um das rote Psittacin auf der Brust auszumerzen. Aber man sollte dabei auch nicht übertreiben, denn in den Häkchen der Maskenbefiederung beim Schwarzköpfchen sitzt auch einiges an rotem Psittacin, und wenn man zu viel davon herauszüchtet, würde das (für das Auge unsichtbare) Psittacin in der Maske verschwinden. Wenn das geschieht, verliert der Vogel seine typische schwarze Kopffarbe.

Als ich Schwarzköpfchen züchtete, versuchte ich, mit reinerbigen grünen Vögeln (bei denen keine anderen Farben eingekreuzt waren) zu züchten. So hoffte ich, den roten Hauch auf der Brust bezwingen zu können. Andere Liebhaber schwören darauf, dass die ideale Methode, um das Rot wegzuzüchten darin besteht, grüne Vögel mit blauen zu kreuzen, weil die keine rote Farbe haben. Ich habe dennoch den Eindruck, dass Spaltvögel mehr Rot auf der Brust haben. Aber wie immer, hat da jeder so seine eigene Weisheit.

Internationale Musterbeschreibung für grüne Schwarzköpfchen (BVA):

Stirn, Scheitel, Wangen und Kinn: schwarz
Augen: dunkelbraun mit unbefiedertem weißen Augenring
Schnabel: rot mit weißer Wachshaut
Hals, Nacken und Oberbrust: gelb
Unterbrust, Bauch, Flanken und Analgegend: hellgrün
Rücken und Flügeldecken: etwas dunkleres Grün als der Rest des Körpers
Große Flügelfedern: grüne Außenfahnen und schwarze Innenfahnen
Flügelbug: gelb
Bürzel und Oberschwanzdecken: grün mit mauvem Schimmer
Unterschwanzdecken: hellgrün
Schwanzfedern: überwiegend grün mit einer etwas blasseren Spitze. Die sekundären Schwanzfedern haben in der Mitte eine orangegelbe-schwarze Fleckzeichnung
Füße: grau, Krallen: etwas dunkler grau als die Füße

Das Pfirsichköpfchen als Ausstellungsvogel

Die Wildform des Pfirsichköpfchens ist ein sehr gut geeigneter Vogel für

Rosenköpfchen

Schwarzköpfchen

den Anfänger. Sie stellt wenig Anforderungen, und Zuchterfolge lassen meistens nicht lange auf sich warten. Ein „Kinderspiel", sie zu züchten – sollte man denken, aber nichts ist weniger wahr als das: Das grüne Pfirsichköpfchen ist einer der schwierigsten Vögel, wenn es darauf ankommt, ein gutes Exemplar zu züchten, das den Ausstellungs-Anforderungen entspricht. Allein schon die Tatsache, dass die Wildform des Pfirsichköpfchens so oft gezüchtet wird, ist dann manchmal die Ursache dafür, dass nicht auf die Qualität geachtet wird. Wenn Sie genau hinschauen, erkennen Sie, dass es verschiedene Erscheinungsformen des Pfirsichköpfchens gibt. Doch nicht nur das, auch die früheren unterschiedlichen Standardanforderungen und die verschiedenen Interpretationen der Standardanforderungen sorgten für eine Entwicklung der Vögel in unterschiedliche Richtungen. Man kann zwei Gruppen unterscheiden: So gibt es Vögel mit einer gelben Übergangszone in der Maske, die dann einen mehr bronzegrünen Hinterkopf haben, und es gibt Vögel, die eine mehr ausgesprochen orangerote Maske haben und die dann deutlich mehr roten Farbstoff in den Federn auf dem Hinterkopf haben.

Als in Belgien und den Niederlanden an den gemeinsamen Standardanforderungen gearbeitet wurde, war jeder Mitarbeiter davon überzeugt dass es jetzt eine deutliche Richtlinie für diese Vögel geben musste. Man begann damit, die ersten Beschreibungen des Pfirsichköpfchens gründlich zu studieren und schaute auch nach den Vögeln in freier Wildbahn. Dort musste festgestellt werden, dass beinahe überall die gelbe Übergangszone in der Maske zu finden war. Nirgendwo wurde angegeben, dass viel rote Farbe auf dem Hinterkopf zu finden war. Auch die Untersuchung der Federn brachte ans Licht, dass bei der Wildform des Pfirsichköpfchens nur ein minimaler Teil rotes Psittacin auf dem Hinterkopf zu finden war. Meine persönliche Erfahrung war ebenfalls, dass die Vögel einen überwiegend bronzegrünen Hinterkopf hatten und dort wenig roter Farbstoff zu sehen war. Und auch die Bälge, die ich in verschiedenen Museen zu sehen bekam, bestätigten dies.

Man kann sich zu Recht die Frage stellen, woher diese rote Farbe nun kommt. Zunächst einmal ist es gut zu wissen, dass das rote Psittacin die Farbe ist, die sich am leichtesten in den Federn entwickelt: Man denke nur an den roten Schimmer auf der gelben Brust des Schwarzköpfchens. Dann sind da noch die bestehenden Standardanforderungen, die eine so gleichmäßig orangerote Maske verlangen. Diese Standardanforderung betrifft das Gesamtbild des Vogels, und zugegebenermaßen sind Pfirsichköpfchen am schönsten, wenn sie eine vollständig durchgefärbte orangerote Maske haben.

Man fing deshalb an, auf die orangerote Maskenfarbe hin zu selektieren. Aber das Problem bestand dann darin, dass man keinen Blick mehr für den Hinterkopf hatte und dass man nicht nur rotes Psittacin in der Maske herauszüchtete, sondern dass dieses auch reichlich auf dem Hinterkopf hinzu kam. Auch die Tatsache, dass beim Pfirsichköpfchen in den 90er Jahren des letzten Jahrhunderts die Transmutationen vielfach zum Vorschein kamen, hatte Einfluss auf das rote Psittacin am Hinterkopf. Die meisten Transmutationen kamen über das Schwarzköpfchen, und die schwarze Kopffarbe dieser Vögel besteht auch zum Teil aus rotem Psittacin. So wurde zum Beispiel der Blaufaktor vom Schwarzköpfchen auf das Pfirsichköpfchen übertragen. Es passierte dann, dass blaue F3-Vögel schon als „ausgereift" angesehen wurden und diese schon blau x blau gekreuzt wurden, ohne diese Vögel auch weiterhin durch Rückkreuzung zur reinrassigen Wildform zu korrigieren. So legte man manchmal auch die Merkmale dieser F3-Transmutationen fest. Das hatte Folgen für die Psittacin-Entwicklung bei diesen Vögeln, denn beim Schwarzköpfchen findet man nun einmal viel mehr rotes Psittacin auf dem Hinterkopf wieder als beim Pfirsichköpfchen. Auch bei der Entwicklung des Lutino-Pfirsichköpfchens arbeitete man ausschließlich mit den am meisten roten Exemplaren weiter. Diese waren an der Vorderseite prächtig rot, aber auch der Hinterkopf wurde zu rot gefärbt. Die Kombination dieser Lutino-Vögel mit grünen Exemplaren hinterließen ebenfalls ihre Spuren.

Dass man eine schöne Maskenfarbe wollte, ist nicht das Problem. Aber dass man auf verschiedene Arten rotes Psittacin dort hinzuzüchtete, wo es nicht vorkommen sollte, brachte natürlich Probleme für alle bestehenden Mutationen beim Pfirsichköpfchen mit sich. Manchmal sorgt dies für die nötigen Missverständnisse. Und durch das Vorhandensein von zu viel rotem Psittacin wurde das Eumelanin (der dunkle Farbstoff) zusätzlich auf dem Hinterkopf zurückgedrängt.

Vögel aus der Blaureihe bekommen dann manchmal einen beinahe vollständig verblassten Hinterkopf, weil das Eumelanin da ebenfalls durch das dort farblose Psittacin zurückgedrängt wurde (Bei blauen Vögeln ist das rote Psittacin verschwunden, aber die Vögel haben trotzdem die Erbanlagen mitbekommen, um, einmal zurück in der Grünserie, zu viel rotes Psittacin und zu wenig Eumelanin zu produzieren). Manche Züchter gingen sogar dazu über, diesen Phänotyp mit dem Namen „sable“ zu bezeichnen, ohne dass sie eigentlich begriffen, dass diese Erscheinungsform nur wenig mit einer echten Mutation zu tun hat. Während der Entwicklung der neuen Standardanforderungen hat man dies auch berücksichtigt. Es wird eine so gleichmäßig wie möglich gefärbte orangerote Maske verlangt, aber das Vorhandensein von zu viel rotem Psittacin auf dem Hinterkopf wird als Fehler angesehen, der schwerer wiegt als zum Beispiel eine minimale Übergangszone in der Maske. Der Grund dafür ist einfach: Die gelbe Übergangszone gehört zur reinrassigen Wildform. Das übermäßige rote Psittacin dagegen kann zunächst einmal seine Ursache in verkehrter Selektion haben, aber auch die Folge von verkehrter Selektion bei Transmutation sein.

Pfirsichköpfchen

Internationale Musterbeschreibung für grüne Pfirsichköpfchen (BVA):

Stirn: tief orangerot
Scheitel: bronzegrün, zum Hinterkopf und zum Hals hin allmählich in Ockergelb übergehend
Wangen: tief orangerot mit bronzegrüner Übergangszone zum Hals hin. Diese Übergangszone geht am Auge nach unten
Kinn, Vorderhals und Oberbrust: tief orangerot (in Deutschland muss die Maske nach AZ-DKB-Musterbeschreibung gleichmäßig gelb auslaufen, was mehr der Wildform des Pfirsichköpfchens entspricht)
Augen: dunkelbraun mit unbefiedertem weißen Augenring
Schnabel: rot mit weißer Wachshaut
Unterbrust, Flanken, Bauch und Analgegend: hellgrün
Rücken und Flügeldecken: etwas dunkleres Grün als der Rest des Körpers
Große Flügelfedern: grüne Außenfahnen, blauschwarze Innenfahnen
Flügelbug: gelb
Bürzel und Oberschwanzdecken: violettblau
Unterschwanzdecken: hellgrun
Schwanzfedern: überwiegend grün mit blauer Spitze. Die sekundären Schwanzfedern haben in der Mitte eine orangerote Fleckenzeichnung. Diese Feckenzeichnung ist teilweise umgeben von einer schwarzen Zone
Füße: grau, Krallen etwas dunkler grau als Füße

Rußköpfchen

Bewertungstechnische Anmerkungen zum Pfirsichköpfchen

- Die Farbe der Übergangszone in der Nackengegend muss fließend sein. Das Vorhandensein von fleckigem roten Psittacin auf den Seiten von Hals und Hinterkopf ist ein Fehler.
- Tief orangerote Masken haben international den Vorrang (in Deutschland muss die gelbe Übergangszone in der Maske analog der Wildform vorhanden sein)
- Bei den verschiedenen Farben des Kopfes werden deutliche Abgrenzungen verlangt.
- Der Übergang zwischen Vorderhals und Brustfarbe muss gut begrenzt sein und läuft von Flügelbug zu Flügelbug.
- Das Stirnband muss breit sein, bis zur Höhe der Mitte des Auges.
- Schwarze Flecken oder Streifen in der Befiederung sind falsch.
- Die Querbänderung auf den großen Schwanzfedern wird beinahe vollständig von den Ober- und Unterschwanzdecken bedeckt.
- Zwischen der Farbe des Bürzels und der Oberschwanzdecken wird keine strikte Trennung verlangt.
- Die Wachshaut des Schnabels ist weiß und unverletzt.

Wenn Sie mit dem Züchten von blauen oder andersgefärbten Pfirsichköpfchen anfangen wollen, ist es zuallererst sinnvoll, sich von sehr erfahrenen Züchtern beraten zu lassen. So vermeiden Sie, dass Sie schon von Anfang an mit Bastarden züchten. Es kann nicht oft genug betont werden: Kaufen Sie nie unbedacht beim erstbesten Züchter! Für die Anschaffung guter Pfirsichköpfchen muss man sich ausreichend Zeit nehmen. Bedenken Sie, dass Vögel von geringerer Qualität genauso viel fressen wie gute Vögel, aber dass gute Elternvögel in jedem Fall unverzichtbar sind für das Aufbauen eines guten Stammes.

Wenn Sie trotzdem einige Mutationen anschaffen, kreuzen Sie sie zunächst immer mit einer guten, reinrassigen Wildform. Im folgenden Jahr können Sie dann mit den Spaltjungen weiterarbeiten. Der Aufbau eines Zuchtstammes geht auf diese Art zwar etwas langsamer, aber das Resultat wird sicher erheblich besser sein!

Das Rußköpfchen als Ausstellungsvogel

Internationale Musterbeschreibung für grüne Rußköpfchen (BVA):

Stirn: rostbraun mit einem minimalen schwarzen Stirnband an der Schnabelbasis
Scheitel: dunkel rostbraun, am Hinterkopf in bronzegrün übergehend
Kinn und Wangen: schwarz, in Richtung der Ohrgegend allmählich übergehend in Braunschwarz
Augen: dunkelbraun, Iris etwas heller als die Pupille, umgeben von einem hellweißen unbefiedertem Augenring
Schnabel: rot, nach oben zu blasser werdend, mit weißer Wachshaut an der Basis
Brustlatz: blass orange
Brust, Flanken, Bauch und Analgegend: hellgrün.
Rücken und Flügeldecken: etwas dunkleres Grün als der Rest des Körpers
Große Flügelfedern: hellgrüne Außenfahnen, schwarze Innenfahnen
Flügelbug: gelbgrün
Bürzel und Oberschwanzdecken: hellgrün
Unterschwanzdecken: hellgrün
Schwanzfedern: überwiegend hellgrün mit blasser Spitze. Die sekundären Schwanzfedern haben in der Mitte eine orangegelbe und schwarze Fleckenzeichnung
Füße: grau, Krallen: etwas dunkler grau als Füße

Eine Rarität beim Rußköpfchen?

Während eines meiner Besuche im naturhistorischen Museum Naturalis in Leiden machte Heinz Schnitker mich darauf aufmerksam, dass bei den Bälgen des Rußköpfchens abweichende Formen vorhanden waren. Wo wir in der Typus-Beschreibung dieser Art und bei allen Exemplaren, die wir in unseren Käfigen haben, einen deutlichen dreieckigen lachsfarbenen Latz auf der Oberbrust vorfinden, waren hier in der Tat vier Bälge, die wenig oder überhaupt keinen Latz hatten. Heinz hatte noch nicht weiter darüber nachgedacht, weil er dachte, dass es hier womöglich um junge Exemplare geht. Aber ich konnte ihm schnell deutlich machen, dass bei den Vögeln, die wir in unseren Kollektionen haben, auch die Jungen schon diesen lachsfarbenen Latz haben.

Alle Bälge des Rußköpfchens aus der Sammlung wurden zusammen betrachtet, und tatsächlich: vier der sechzehn vorhandenen Exemplare hatten entweder keinen oder einen minimalen Latz, etwas, was ich persönlich noch nie gesehen hatte.

Nachforschungen im Archiv ergaben, dass diese Vögel nicht direkt aus der Natur stammten, sondern dass diese Bälge von Vögeln aus Menschenobhut abstammten. Diese Bälge wurden dem Museum 1917 vom Tiergarten Rotterdam gegeben und stammten ursprünglich von einem Herrn Blaauw aus 'S Graveland. Ob er die Vögel selbst gezüchtet hat oder ob es Importe waren, werden wir wahrscheinlich nie erfahren. Nicht alle Daten wurden damals sorgfältig notiert, wodurch wir manchmal auf unseren Fragen sitzen bleiben.

Ich habe im Lauf der Jahre schon Rußköpfchen mit einem gelben Latz und sogar mit einem vollständig schwarzen Latz gesehen, aber ohne Latz noch nie. Handelt es sich nun um eine Rarität oder um eine verlorengegangene Variante? Wer weiß....

Das Erdbeerköpfchen als Ausstellungsvogel

Angesichts des beschränkten Vorkommens bei Züchtern begegnet man dem Erdbeerköpfchen leider nur allzu selten auf Ausstellungen. Aber wenn sie einmal an die menschliche Gegenwart gewöhnt sind, sind es ganz ruhige Vögel. Sie sind von daher als Ausstellungsvogel ausgesprochen geeignet.

Internationale Musterbeschreibung für grüne Erdbeerköpfchen (BVA):

Stirn, Scheitel, Wangen und Kinn: hell orangerote Stirn und Scheitel, die übergehen in einen olivgelben Hinterkopf und schließlich in einen grünen Nacken. Die Wangen sind orangerot, durchlaufend bis hinter die Augen; anschließend an der Unterseite fortlaufend bis zur grünen Farbgrenze. Der Brustlatz endet zwei Zentimeter unter der Schnabelspitze.
Augen: dunkelbraun, Iris etwas heller als Pupille, umgeben von einem hellweißen, unbefiederten Augenring
Schnabel: rot, nach oben hin blasser mit weißer Wachshaut an der Basis
Flanken, Bauch und Analgegend: hellgrün
Flügeldecken: etwas dunkleres Grün als der Rest des Körpers
Große Flügelfedern: mit grünen Außenfahnen, schwarzen Innenfahnen

Erdbeerköpfchen

Flügelbug: gelbgrün
Bürzel und Oberschwanzdecken: hellgrün
Unterschwanzdecken: hellgrün
Schwanzfedern: hellgrün mit einem orange-gelben Fleck in der Mitte, übergehend in eine schwarze Blockzeichnung, am Ende schmaler gelber Rand
Füße: grau, Krallen etwas dunkler grau als Füße

Anhang A: Vererbungsmuster bei autosomal rezessiven Mutationen

(gültig für Schwarzköpfchen, Pfirsichköpfchen, Erdbeerköpfchen Rußköpfchen und Taranta-Papageien)

Bei autosomal rezessiven Mutationen können sowohl Männchen als auch Weibchen spalterbig sein. Männchen werden bei den Paarungen immer als erste angegeben, aber bei autosomal rezessiven Mutationen können alle Formeln umgekehrt werden, die Resultate bleiben dieselben.

Einige Zuchtergebnisse:

Wenn man die Ergebnisse einer Kombination wissen will, kann man in der Formel das Wort „**Mutation**" einfach durch den Namen der jeweiligen Mutation (dilute, Bronze-Falbe, Pale-Falbe, Dun-Falbe oder rezessiv gescheckt) ersetzen:

Mutation grün x grün:
100 % grün/Mutation

grün/Mutation x grün/Mutation:
25 % grün
50 % grün/Mutation
25 % Mutation grün

grün/Mutation x grün:
50 % grün
50 % grün/Mutation

grün/Mutation x Mutation grün:
50 % grün/Mutation
50 % Mutation grün

Mutation grün x Mutation grün:
100 % Mutation

Kombinationen mit Dunkelfaktoren

Mutation D grün x grün:
50 % grün/Mutation
50 % D grün/Mutation

D grün/Mutation x Mutation grün:
25 % grün/Mutation
25 % Mutation grün
25 % D grün/Mutation
25 % Mutation D grün

D grün/Mutation x D grün/Mutation:
6,25 % grün
12,5 % grün/Mutation
6,25 % Mutation grün
12,5 % D grün
25 % D grün/Mutation
12,5 % Mutation D grün
6,25 % DD grün
12,5 % DD grün/Mutation
6,25 % Mutation DD grün

Mutation D grün x Mutation D grün:
25 % Mutation grün
50 % Mutation D grün
25 % Mutation DD grün

D grün/Mutation x Mutation DD grün:
25 % D grün/Mutation
25 % Mutation D grün
25 % DD grün/Mutation
25 % Mutation DD grün

D grün/Mutation x DD grün/Mutation:
12,5 % D grün
25 % D grün/Mutation
12,5 % Mutation D grün
12,5 % DD grün
25 % DD grün/Mutation
12,5 % Mutation DD grün

Mutation grün x Mutation DD grün:
100 % Mutation D grün

Kombinationen mit Blau

Diese Ergebnisse berücksichtigen den Prozentsatz an Crossing-over.

Mutation grün x blau:
100 % grün/Mutation/blau

grün/Mutation/blau x grün/Mutation/blau:
6,25 % grün
12,5 % grün/blau
12,5 % grün/Mutation
25 % grün/Mutation/blau
6,25 % blau
12,5 % blau/Mutation
6,25 % Mutation grün
12,5 % Mutation grün/blau
6,25 % Mutation blau

Mutation blau x blau:
100 % blau/Mutation

Mutation blau x blau/Mutation:
50 % blau/Mutation
50 % Mutation blau

Mutation blau x Mutation D grün/blau (Typ 1):
7 % Mutation grün/blau
43 % Mutation blau
43 % Mutation D grün/blau (Typ 1)
7 % Mutation D blau

Mutation blau x Mutation D grün/blau (Typ 2):
43 % Mutation grün/blau
7 % Mutation blau
7 % Mutation D grün/blau (Typ 1)
43 % Mutation D blau

Mutation D blau x Mutation D grün/blau (Typ 1):
3,5 % Mutation grün/blau

21,5 % Mutation blau
21,5 % Mutation D grün/blau (Typ 1)
3,5 % Mutation D grün/blau (Typ 2)
25 % Mutation D blau
21,5 % Mutation DD grün/blau
3,5 % Mutation DD blau

Mutation D blau x Mutation D grün/blau (Typ 2):
21,5 % Mutation grün/blau
3,5 % Mutation blau
3,5 % Mutation D grün/blau (Typ 1)
21,5 % Mutation D grün/blau (Typ 2)
25 % Mutation D blau
3,5 % Mutation DD grün/blau
21,5 % Mutation DD blau

Mutation D blau x Mutation DD blau:
50 % Mutation D blau
50 % Mutation DD blau

Mutation blau x Mutation DD blau:
100 % Mutation D blau

Kombinationen mit aqua

Diese Ergebnisse berücksichtigen den Prozentsatz an Crossing-over.

Mutation grün x aqua:
100 % grün/Mutation/aqua

grün/Mutation/aqua x grün/Mutation/aqua:
6,25 % grün
12,5 % grün/aqua
12,5 % grün/Mutation
25 % grün/Mutation/aqua
6,25 % aqua
12,5 % aqua /Mutation
6,25 % Mutation grün
12,5 % Mutation grün/aqua
6,25 % Mutation aqua

Mutation aqua x aqua:
100 % aqua/Mutation

Schwarzköpfchen D blau

Mutation aqua x aqua/Mutation:
50 % aqua/Mutation
50 % Mutation aqua

Mutation aqua x Mutation D grün/aqua (Typ I):
7 % Mutation grün/aqua
43 % Mutation aqua
43 % Mutation D grün/aqua (Typ 1)
7 % Mutation D aqua

Mutation aqua x Mutation D grün/aqua (Typ 2):
43 % Mutation grün/aqua
7 % Mutation aqua
7 % Mutation D grün/aqua (Typ 1)
43 % Mutation D aqua

Mutation D aqua x Mutation D grün/aqua (Typ 1):
3,5 % Mutation grün/aqua
21,5 % Mutation aqua
21,5 % Mutation D grün/aqua (Typ 1)
3,5 % Mutation D grün/aqua (Typ 2)
25 % Mutation D aqua
21,5 % Mutation DD grün/aqua
3,5 % Mutation DD aqua

Mutation D aqua x Mutation D grün/aqua (Typ 2):
21,5 % Mutation grün/aqua
3,5 % Mutation aqua
3,5 % Mutation D grün/aqua (Typ 1)
21,5 % Mutation D grün/aqua (Typ 2)
25 % Mutation D aqua
3,5 % Mutation DD grün/aqua
21,5 % Mutation DD aqua

Mutation D aqua x Mutation DD aqua:
50 % Mutation D aqua
50 % Mutation DD aqua

Mutation aqua x Mutation DD aqua:
100 % Mutation D aqua

Anhang B: Vererbungsmuster autosomal rezessiver Mutationen

(gültig ausschließlich für das Rosenköpfchen)

Bei autosomal rezessiven Mutationen können sowohl Männchen als auch Weibchen spalterbig sein. Männchen werden bei den Paarungen immer als erste angegeben, aber bei autosomal rezessiven Mutationen können alle Formeln umgekehrt werden, die Resultate bleiben dieselben.

Einige Zuchtergebnisse:

Wenn man die Ergebnisse einer Kombination wissen will, kann man in der Formel „**Mutation**" einfach durch den Namen der jeweiligen Mutation (rezessiv gesäumt, dilute, Bronze-Falbe, Pale-Falbe, Dun-Falbe oder rezessiv gescheckt) ersetzen:

Mutation grün x grün:
100 % grün/Mutation

grün/Mutation x grün/Mutation:
25 % grün
50 % grün/Mutation
25 % Mutation grün

grün/Mutation x grün:
50 % grün
50 % grün/Mutation

grün/Mutation x Mutation grün:
50 % grün/Mutation
50 % Mutation grün

Mutation grün x Mutation grün:
100 % Mutation

Kombinationen mit Dunkelfaktoren

Mutation grün x D grün:
50 % grün/Mutation
50 % D grün/Mutation

Mutation D grün x grün:
50 % grün/Mutation
50 % D grün/Mutation

D grün/Mutation x Mutation grün:
25 % grün/Mutation
25 % Mutation grün
25 % D grün/Mutation
25 % Mutation D grün

D grün/Mutation x D grün/Mutation:
6,25 % grün
12,5 % grün/Mutation
6,25 % Mutation grün
12,5 % D grün
25 % D grün/Mutation
12,5 % Mutation D grün
6,25 % DD grün
12,5 % DD grün/Mutation
6,25 % Mutation DD grün

Mutation D grün x Mutation D grün:
25 % Mutation grün
50 % Mutation D grün
25 % Mutation DD grün

D grün/Mutation x Mutation DD grün:
25 % D grün/Mutation
25 % Mutation D grün
25 % DD grün/Mutation
25 % Mutation DD grün

D grün/Mutation x DD grün/Mutation:
12,5 % D grün
25 % D grün/Mutation
12,5 % Mutation D grün
12,5 % DD grün
25 % DD grün/Mutation
12,5 % Mutation DD grün

Mutation grün x Mutation DD grün:
100 % Mutation D grün

Kombinationen mit Orangemaske

Mutation grün x Orangemaske grün:
100 % grün/Mutation/Orangemaske

grün/Mutation/Orangemaske x grün/Mutation/Orangemaske:
6,25 % grün
12,5 % grün/Orangemaske
12,5 % grün/Mutation
25 % grün/Mutation/Orangemaske
6,25 % Orangemaske grün
12,5 % Orangemaske grün/Mutation
6,25 % Mutation grün
12,5 % Mutation grün/Orangemaske
6,25 % Orangemaske Mutation grün

Orangemaske Mutation grün x Orangemaske grün:
100 % Orangemaske grün/Mutation

Orangemaske Mutation grün x Orangemaske grün/Mutation:
50 % Orangemaske grün/Mutation
50 % Orangemaske Mutation grün

Orangemaske Mutation grün x Mutation D grün/Orangemaske:
25 % Mutation grün/Orangemaske

25 % Orangemaske Mutation grün
25 % Mutation D grün/Orangemaske
25 % Orangemaske Mutation D grün

Orangemaske Mutation D grün x Mutation D grün/Orangemaske:
12,5 % Mutation grün/Orange maske
12,5 % Orangemaske Mutation grün
25 % Mutation D grün/Orangemaske
25 % Orangemaske Mutation D grün
12,5 % Mutation DD grün/Orangemaske
12,5 % Orangemaske Mutation DD grün

Orangemaske Mutation D grün x Orangemaske Mutation DD grün:
50 % Orangemaske Mutation D grün
50 % Orangemaske Mutation DD grün

Orangemaske Mutation grün x Orangemaske Mutation DD grün:
100 % Orangemaske Mutation D grün

Kombinationen mit pale headed

EF pale headed grün x Mutation grün:
50 % grün/Mutation
50 % EF pale headed grün/Mutation

DF pale headed grün x Mutation grün:
100 % EF pale headed grün/Muta tion

EF pale headed grün/Mutation x EF pale headed grün/Mutation:
6,25 % grün
12,5 % grün/Mutation
12,5 % EF pale headed grün
25 % EF pale headed grün/Mutation
6,25 % DF pale headed grün
12,5 % DF pale headed grün/Mutation
6,25 % Mutation grün
12,5 % EF pale headed Mutation grün
6,25 % DF pale headed Mutation grün

EF pale headed grün x Mutation D grün:
25 % grün/Mutation
25 % D grün/Mutation
25 % EF pale headed grün/Mutation
25 % EF pale headed D grün/Mutation

EF pale headed grün x D grün/Mutation:
12,5 % grün
12,5 % grün/Mutation
12,5 % EF pale headed
12,5 % EF pale headed/Mutation
12,5 % D grün
12,5 % D grün/Mutation
12,5 % EF pale headed D grün
12,5 % EF pale headed D grün/Mutation

DF pale headed grün x Mutation D grün:
50 % EF pale headed grün/Muta tion
50 % EF pale headed D grün/Mutation

EF pale headed D grün/Mutation x EF pale headed D grün/Mutation:
1,562 % grün
3,125 % grün/Mutation
3,125 % EF pale headed grün
6,25 % EF pale headed grün/Mutation
1,562 % DF pale headed grün
3,125 % DF pale headed grün/Mutation
1,562 % Mutation grün
3,125 % EF pale headed Mutation grün
1,562 % DF pale headed Mutation grün
3,125 % D grün
6,25 % D grün/Mutation
6,25 % EF pale headed D grün
12,5 % EF pale headed D grün/Mutation
3,125 % DF pale headed D grün
6,25 % DF pale headed D grün/Mu-tation
3,125 % Mutation D grün
6,25 % EF pale headed Mutation D grün
3,125 % DF pale headed Mutation D grün
1,562 % DD grün
3,125 % DD grün/Mutation
3,125 % EF pale headed DD grün
6,25 % EF pale headed DD grün/Mutation
1,562 % DF pale headed DD grün
3,125 % DF pale headed DD grün/Mutation
1,562 % Mutation DD grün
3,125 % EF pale headed Mutation DD grün
1,562 % DF pale headed Mutation DD grün

Insgesamt ergeben sich oben keine 100 %, sondern durch Abrundung einiger Ergebnisse nur 99.996 %.

DF pale headed Mutation D grün x EF pale headed D grün/Mutation:
6,25 % EF pale headed grün/Mutation
6,25 % EF pale headed Mutation grün
6,25 % DF pale headed grün/Mutation

6,25 % DF pale headed Mutation grün
12,5 % EF pale headed D grün/Mutation
12,5 % EF pale headed Mutation D grün
12,5 % DF pale headed D grün/Mutation
12,5 % DF pale headed Mutation D grün
6,25 % EF pale headed DD grün/Mutation
6,25 % EF pale headed Mutation DD grün
6,25 % DF pale headed DD grün/Mutation
6,25 % DF pale headed Mutation DD grün

EF pale headed Mutation D grün x EF pale headed Mutation D grün:
6,25 % Mutation grün
12,5 % EF pale headed Mutation grün
6,25 % DF pale headed Mutation grün
12,5 % Mutation D grün
25 % EF pale headed Mutation D grün
12,5 % DF pale headed Mutation D grün
6,25 % Mutation DD grün
12,5 % EF pale headed Mutation DD grün
6,25 % DF pale headed Mutation DD grün

EF pale headed Mutation grün x EF pale headed Mutation grün:
25 % Mutation grün
50 % EF pale headed Mutation grün
25 % DF pale headed Mutation grün

EF pale headed Mutation grün x DF pale headed Mutation grün:
50 % EF pale headed Mutation grün
50 % DF pale headed Mutation grün

Kombinationen mit aqua

Die Ergebnisse berücksichtigen den entsprechenden Prozentsatz an Crossing-over.

Mutation grün x aqua:
100 % grün/Mutation/aqua

grün/Mutation/aqua x grün/Mutation/aqua:
6,25 % grün
12,5 % grün/aqua
12,5 % grün/Mutation
25 % grün/Mutation/aqua
6,25 % aqua
12,5 % aqua /Mutation
6,25 % Mutation grün
12,5 % Mutation grün/aqua
6,25 % Mutation aqua

Mutation aqua x aqua:
100 % aqua/Mutation

Mutation aqua x aqua/Mutation:
50 % aqua/Mutation
50 % Mutation aqua

Mutation aqua x Mutation D grün/aqua (Typ 1):
7 % Mutation grün/aqua
43 % Mutation aqua
43 % Mutation D grün/aqua (Typ 1)
7 % Mutation D aqua

Mutation aqua x Mutation D grün/aqua (Typ 2):
43 % Mutation grün/aqua
7 % Mutation aqua
7 % Mutation D grün/aqua (Typ 1)
43 % Mutation D aqua

Mutation D aqua x Mutation D grün/aqua (Typ 1):
3,5 % Mutation grün/aqua
21,5 % Mutation aqua
21,5 % Mutation D grün/aqua (Typ 1)
3,5 % Mutation D grün/aqua (Typ 2)
25 % Mutation D aqua
21,5 % Mutation DD grün/aqua
3,5 % Mutation DD aqua

Mutation D aqua x Mutation D grün/aqua (Typ 2):
21,5 % Mutation grün/aqua
3,5 % Mutation aqua
3,5 % Mutation D grün/aqua (Typ 1)
21,5 % Mutation D grün/aqua (Typ 2)
25 % Mutation D aqua
3,5 % Mutation DD grün/aqua
21,5 % Mutation DD aqua

Mutation D aqua x Mutation DD aqua:
50 % Mutation D aqua
50 % Mutation DD aqua

Mutation aqua x Mutation DD aqua:
100 % Mutation D aqua

Kombinationen mit türkis

Diese Ergebnisse der nachfolgenden Kombinationen berücksichtigen den entsprechenden Prozentsatz an Crossing-over.

Mutation grün x türkis:
100 % grün/Mutation/türkis

grün/Mutation/türkis x grün/Mutation/türkis:
6,25 % grün
12,5 % grün/türkis
12,5 % grün/Mutation
25 % grün/Mutation/türkis
6,25 % türkis
12,5 % türkis/Mutation
6,25 % Mutation grün

12,5 % Mutation grün/türkis
6,25 % Mutation türkis

Mutation türkis x türkis:
100 % türkis/Mutation

Mutation türkis x türkis/Mutation:
50 % türkis/Mutation
50 % Mutation türkis

Mutation türkis x Mutation D grün/türkis (Typ 1):
7 % Mutation grün/türkis
43 % Mutation türkis
43 % Mutation D grün/türkis (Typ 1)
7 % Mutation D türkis

Mutation türkis x Mutation D grün/türkis (Typ 2):
43 % Mutation grün/türkis
7 % Mutation türkis
7 % Mutation D grün/türkis (Typ 1)
43 % Mutation D türkis

Mutation D türkis x Mutation D grün/türkis (Typ 1):
3,5 % Mutation grün/türkis
21,5 % Mutation türkis
21,5 % Mutation D grün/türkis (Typ 1)
3,5 % Mutation D grün/türkis (Typ 2)
25 % Mutation D türkis
21,5 % Mutation DD grün/türkis
3,5 % Mutation DD türkis

Mutation D türkis x Mutation D grün/türkis (Typ 2):
21,5 % Mutation grün/türkis
3,5 % Mutation türkis
3,5 % Mutation D grün/türkis (Typ 1)
21,5 % Mutation D grün/türkis (Typ 2)
25 % Mutation D türkis
3,5 % Mutation DD grün/türkis
21,5 % Mutation DD türkis

Mutation D türkis x Mutation DD türkis:
50 % Mutation D türkis
50 % Mutation DD türkis

Mutation türkis x Mutation DD türkis:
100 % Mutation D türkis

Kombinationen mit opalin

Opalin vererbt geschlechtsgebunden rezessiv. Das bedeutet, dass Weibchen niemals spalterbig für eine geschlechtsgebundene Mutation sein können. Wie immer werden in den nachfolgend angeführten Paarungen zuerst die Männchen angegeben.

opalin grün x Mutation grün:
50 % grün/opalin/Mutation (Männchen)
50 % opalin grün/Mutation (Weibchen)

Mutation grün x opalin grün:
50 % grün/opalin/Mutation (Männchen)
50 % grün/Mutation (Weibchen)

grün/opalin/Mutation x grün/Mutation:
6,25 % grün (Männchen)
12,5 % grün/Mutation (Männchen)
6,25 % grün/opalin (Männchen)
12,5 % grün/opalin/Mutation (Männchen)
6,25 % Mutation grün (Männchen)
6,25 % Mutation grün/opalin (Männchen)
6,25 % grün (Weibchen)
12,5 % grün/Mutation (Weibchen)
6,25 % Mutation grün (Weibchen)
6,25 % opalin grün (Weibchen)
6,25 % opalin Mutation grün (Weibchen)
12,5 % opalin grün/Mutation (Weibchen)

grün/opalin/Mutation x Mutation grün:
12,5 % grün/Mutation (Männchen)
12,5 % grün/Mutation/opalin (Männchen)
12,5 % Mutation grün (Männchen)
12,5 % Mutation grün/opalin (Männchen)
12,5 % grün/Mutation (Weibchen)
12,5 % opalin grün/Mutation (Weibchen)
12,5 % Mutation grün (Weibchen)
12,5 % opalin Mutation grün (Weibchen)

grün/opalin/Mutation x opalin Mutation grün:
12,5 % grün/Mutation/opalin (Männchen)
12,5 % Mutation grün/opalin (Männchen)
12,5 % opalin grün/Mutation (Männchen)
12,5 % opalin Mutation grün (Männchen)
12,5 % grün/Mutation (Weibchen)
12,5 % Mutation grün (Weibchen)
12,5 % opalin grün/Mutation (Weibchen)
12,5 % opalin Mutation grün (Weibchen)

Mutation grün/opalin x opalin Mutation grün:
25 % Mutation grün/opalin (Männchen)
25 % opalin Mutation grün (Männchen)
25 % Mutation grün (Weibchen)
25 % opalin Mutation grün (Weibchen)

opalin Mutation grün x grün:
50 % grün/Mutation/opalin (Männchen)
50 % opalin/Mutation (Weibchen)

opalin grün x Mutation D grün:
25 % grün/Mutation/opalin (Männchen)
25 % D grün/Mutation/ opalin (Männchen)
25 % opalin grün/Mutation (Weibchen)
25 % D grün opalin /Mutation (Weibchen)

opalin D grün x Mutation D grün:
12,5 % grün/Mutation/opalin (Männchen)
25 % D grün/Mutation/opalin (Männchen)
12,5 % DD grün /Mutation/opalin (Männchen)
12,5 % grün opalin/Mutation (Weibchen)
25 % D grün opalin /Mutation (Weibchen)
12,5 % DD grün opalin/Mutation (Weibchen)

opalin DD grün x Mutation D grün:
25 % DD grün/Mutation/opalin (Männchen)
25 % D grün/Mutation/opalin (Männchen)
25 % DD grün opalin/Mutation (Weibchen)
25 % D grün opalin /Mutation (Weibchen)

Mutation grün/opalin x opalin Mutation grün:
25 % opalin Mutation grün (Männchen)
25 % Mutation grün /opalin (Männchen)
25 % opalin Mutation grün (Weibchen)
25 % Mutation grün (Weibchen)

Mutation D grün/opalin x opalin Mutation D grün:
6,25 % opalin Mutation grün (Männchen)
12,5 % opalin Mutation D grün (Männchen)
6,25 % opalin Mutation DD grün (Männchen)
6,25 % Mutation/opalin (Männchen)
12,5 % Mutation D grün/opalin (Männchen)
6,25 % Mutation DD grün /opalin (Männchen)
6,25 % opalin Mutation grün (Weibchen)
12,5 % opalin Mutation D grün (Weibchen)
6,25 % opalin Mutation DD grün (Weibchen)
6,25 % Mutation (Weibchen)
12,5 % Mutation D grün (Weibchen)
6,25 % Mutation DD grün (Weibchen)

Orangemaske-Rosenköpfchen aqua

Natürlich kann man in der Opalin-Reihe problemlos auch Kombinationen mit den Dunkelfaktoren machen, dies sowohl mit Orangemaske als auch mit pale headed, aqua und türkis.

Literaturverzeichnis

Ansam, H. A., & Kaul, D. (1978): Translocation heterozygosity in the bird, *Lonchurapunctulata* (Linn.)(Ploceidae: Aves). Nat. Acad. Sci. Letters, 1(2), 83-84.

Ansari, H. A., & Kaul, D. (1979): Somatic chromosomes of black-headed oriole, *Oriolus xanthornus* (Linn.): A probable case of translocation heterozygosity. Cellular and Molecular Life Sciences (CMLS), 35(6), 740-741.

Arndt, T. (1990): 1996. Lexicon of Parrots. Bretten: Arndt-Verlag.

Astaurov, B. L., & Demin, Y. S. (1972): Parthenogenesis in birds. The Soviet Journal of Developmental Biology, 3(2), 95-111.

Baker, N. (1991): Lilian's lovebird *Agapornis lilianae* in the Matumbi Hills Tanzania. Scopus, 15(50), 50 - 52.

Bartelmez, G. W., & Riddle, O. (1924): On parthenogenetic cleavage and on the role of water absorption by the ovum in the formation of the subgerminal cavity in the pigeon's egg. American Journal of Anatomy, 33(1), 57-66.

Boetticher, H. (1926): Mutant of *A. roseicollis*, 34, 18.

Boissy, R. E., Moellmann, G., Trainer, A. T., Smyth, J. R., & Lerner, A. B. (1986): Delayed-amelanotic (DAM or Smyth) chicken: melanocyte dysfunction in vivo and in vitro. The Journal of Investigative Dermatology, 86(2), 149-56.

Bonser, R. (1995): The Young's modulus of feather keratin (Vol. 198, pp. 1029-1033):

Bouet, G. (1961): Oiseaux de l'Afrique tropicale. Volume 2 (pp. 421-798): Office de la recherche scientifique et technique outremer, Paris, France.

Brouwer, G. (1948): Prof. Mr. Dr. Th. van Swinderen (1784 - 1851) en zijn werkzaamheid in het belang van de ornithologie. Ardea - Tijdschrift der Nederlandsche ornithologische vereeniging, 36, 121- 142.

Brush, A. H. (1968): Pigmentation and feather structure in genetic variants of the Gouldian finch, *Poephila gouldiae*. The Auk, 416-430.

Chapin, J. P. (1939): Birds of the Belgian Congo. In Birds of the Belgian Congo (pp. 239 - 243):

Charlesworth, D., & Charlesworth, B. (2005): Sex chromosomes: evolution of the weird and wonderful. Current Biology, 15 (4), 129-131.

Christidis, L., Shaw, D. D., & Schodde, R. (1991): Chromosomal evolution in parrots, lorikeets and cockatoos (Aves: Psittaciformes): Hereditas, 114 (1), 47-56.

Cunningham-van Someren, G. R. (1975): *Agapornis fischeri* Reichenow in Kenya? The Auk, 92(2), 370-371.

D'Angieri, A. (1997): Colored Atlas of Lovebirds.

De Lucca, E. J., & Marco, D. A. (1983): Chromosomal polymorphism in *Forpus xanthopterygius* (Psittaciformes: Aves): Caryologia, 36, 3555-3561.

De Waele, D. (1999, December): Lekenbroeder Jozef Hutsebaut (1886 - 1954): Archivaria, 3 (9), 101 - 114.

Delacour, J. (1942): 'Bird breeding in France.'. Avic. Mag., 7 (5), 28.

Dilger, W. C. (1962): The behavior of lovebirds. Scientific American, 206(1), 88-98.

Dilger, W. (1960): The comparative ethology of the African parrot genus *Agapornis*. Z. Tierpsyhol, 17 (6), 649 - 685.

Dobie, E. (1987): The „Mottled" Variety. Budgerigar World, 64, 27 - 28.

Dyck, J. (1971): Structure and spectral reflectance of green and blue feathers of the Rose-faced Lovebird (*Agapornis roseicollis*): Munksgaard.

Dyck, J. (1992): Reflectance spectra of plumage areas colored by green feather pigments. The Auk, 293-301.

Dyck, J. (1971): Structure and colour-production of the blue barbs of *Agapornis roseicollis* and *Cotinga maynana*. Cell and Tissue Research, 115 (1), 17-29. doi:10.1007/BF00330211

Eberhard, J. (1998): Evolution of nest-building behavior in *Agapornis* parrots. The Auk, 115 (2), 455-464.

Engelbrecht, H. (2009): Kgalagadi Transfrontier Park (Vol. 5):

Feduccia, A. (1999): The Origin and Evolution of Birds. Yale University Press.

Filshie, B. K., & Rogers, G. E. (1962): An electron microscope study of the fine structure of feather keratin. Journal of Cell Biology, 13(1), 1-12.

Forshaw, J. M. (1989): Parrots of the world. 3rd (revised) ed. Lansdowne Editions, Melbourne, Australia.

Foulks, J. (1943): An Analysis of the Source of *Melanophores* in Regenerating Feathers. Physiological Zoology, 351 - 380.

Fridolfsson, A. K., Cheng, H., Copeland, N. G., Jenkins, N. A., Liu, H. C., Raudsepp, T., e.a. (1998): Evolution of the avian sex chromosomes from an ancestral pair of autosomes (Vol. 95, pp. 8147-8152): National Acad Sciences.

Gaiser, & Ochs, B. (1995): Die *Agapornis* Arten und ihre Mutationen (p. 128):

Gauthier, J. A., & Padian, K. (1984): Phylogenetic, functional, and aerodynamic analyses of the origin of birds and their flight. In The beginnings of birds: proceedings of the international *Archaeopteryx* conference, Eichstätt (pp. 185-197):

Gibson, L. J. (1984): Chromosomal changes in mammalian speciation: a literature review. Origins, 11, 67-89.

Graham, C. F. (1974): The production of parthenogenetic mammalian embryos and their use in biological research. Biological Reviews, 49(3), 399-422. doi: 10.1111/j.1469-185X.1974.tb01085.x

Graham, D. G., Tiffany, S. M., & Vogel, F. S. (1978): The toxicity of melanin precursors. J Investig Dermatol, 70(2), 113-116.

Grant, P. R., & Grant, B. R. (1997): Genetics and the origin of bird species (Vol. 94, pp. 7768-7775): National Acad Sciences.

Graves, J. A. M., & Shetty, S. (2001): Sex from W to Z: evolution of vertebrate sex chromosomes and sex determining genes. Journal of Experimental Zoology, 290(5), 449-462.

Griffiths, P. J. (1998): The evolution of feathers from dinosaur hair. Gaia, 399-403.

Hall, B. (1952): A new race of *Agapornis* in Angola. Bulletin of the British Ornithologist's club, 73 (3), 25.

Hartert. (1924): *Agapornis swindernianus emini*. Nov. Zool, 127.

Hartert, E. (1919): Types of birds in the Tring Museum. Nov. Zool, 26, 123-177.

Hayward, J. (1979): Lovebirds and their colourmutations (p. 309): Parrot Society UK.

Hayward, J. (2001): Lovebird and their colourmutations (Revised version.):

Hill, H., & Hill, G. (1987): Eumelanin causes DNA Strand Breaks and Skill Cells. Pigment cell research, 1, 163 - 170.

Hutt, F. (1949): Genetics of the Fowl. In Genetics of the Fowl (pp. 1 - 577).

Literaturverzeichnis

Jardine, W., Lizars, W. H., Selby, P. J., Swainson, W., Stewart, J., Smith, C. H., e.a. (1843): The Naturalist's Library.

Jimbow, K., Szabo, G., & Fitzpatrick, T. B. (1974): Ultrastructural investigation of autophagocytosis of melanosomes and programmed death of melanocytes in White Leghorn feathers: a study of morphogenetic events leading to hypomelanosis. Developmental Biology, 36 (1), 8-23.

Juniper, T., & Parr, M. (1998): Parrots: A Guide to Parrots of the World. Yale University Press.

Kerje, S., Sharma, P., Gunnarsson, U., Kim, H., Bagchi, S., Fredriksson, R., e.a. (2004): The Dominant white, Dun and Smoky color variants in chicken are associated with insertion/deletion polymorphisms in the PMEL17 gene. Genetics, 168 (3), 1507.

Krukenberg, C. (1882): Die Federfarbstoffe der Psittaciden. Vergleichend-physiologische Studien, 3, 29 - 36.

Kuhl, H. (1820): *Psittacus swindernianus*. In Nova Acta (Verhandlungen) Academia Caesarea Leopoldino-Carolina Germanica Naturae Curisorum (Vol. 10, p. 62):

Kushimoto, T., Basrur, V., Valencia, J., Matsunaga, J., Vieira, W. D., Ferrans, V. J., e.a. (2001): A model for melanosome biogenesis based on the purification and analysis of early melanoso-mes. Proceedings of the National Academy of Sciences, 98 (19), 10698.

Lahn, B. T., & Page, D. C. (1999): Four Evolutionary Strata on the Human X Chromosome. Science, 286(5441), 964-967. doi: 10.1126/science.286.5441.964.

Lerner, A. B., Shiohara, T., Boissy, R. E., Jacobson, K. A., Lamoreux, M. L., & Moellmann, G. E. (1986): A Mouse Model for Vitiligo. J Investig Dermatol, 87 (3), 299-304.

Louette, M. (2009, maart 16): Pater Hutsebaut (personal correspondence):

Mayr, E. (1931): Birds collected during the Whitney South Sea Expedition. XII. Notes on Halcyon chloris and some of its subspecies. American Museum Novitates, 469, 10.

Mayr, E. (1963): Animal species and evolution. 797 pp. Harvard University Press, Cam bridge, Mass.

McGraw, K. J., Hill, G. E., & Parker, R. S. (2003): Carotenoid pigments in a mutant cardinal: implications for the genetic and enzymatic control mechanisms of carotenoid metabolism in birds. The Condor, 105 (3), 587-592.

McGraw, K. J., & Nogare, M. C. (2004): Carotenoid pigments and the selectivity of psittacofulvin-based coloration systems in parrots. Comparative Biochemistry and Physiology, Part B, 138 (3), 229-233.

McGraw, K. J., & Nogare, M. C. (2005): Distribution of unique red feather pigments in parrots. Biology Letters, 1 (1), 38-43. doi: 10.1098/rsbl.2004.0269.

McPherron, A. C., & Lee, S. J. (1997): Double muscling in cattle due to mutations in the myostatin gene (Vol. 94, pp. 12457-12461): National Acad. Sciences.

Meerschaert, F. (1957): De eerste witte fischeri. De Vogelwereld, (12), 86 - 87.

Meuller, D., & Hutt, F. (1941): Genetics of the fowl sex-linked imperfect albinism. Journal of inherity, 32, 71 - 80.

Misra, M., & Srivastava, M. D. L. (1976): Somatic chromosomes of *Bubulcus ibis* (L.)(Cattle-Egret): A case of reciprocal translocation. Genetica, 46(2), 155-160.

Mittwoch, U. (1978): Parthenogenesis. Journal of Medical Genetics, 15(3), 165-81.

Moreau, R. E. (1948): Aspects of evolution in the parrot genus *Agapornis*. Ibis, 90(2), 206-239.

Ndithia, Henry, Perrin, & Michael, R. (2006): Diet and foraging behaviour of the Rosy-faced Lovebird *Agapornis roseicollis* in Namibia. Ostrich - Journal of African Ornithology, 77(1-2), 51, 45.

Ndithia, H., & Perrin, M. R. (2006): The spatial ecology of the Rosy-faced Lovebird Agapornis roseicollis in Namibia. Ostrich: Journal of African Ornithology, 77(1):

Ndithia, H., Perrin, M. R., & Waltert, M. (2007): Breeding biology and nest site characteristics of the Rosy-faced Lovebird Agapornis roseicollis in Namibia. Ostrich, 78 (1), 13-20.

Nedin, C. (1999): All About Archaeopteryx.

Neumann, O. (1908): Agapornis swindernianus emini. Bulletin of the British Ornithologist's club, 21, 42.

Nordlund, J. J., & Lerner, A. B. (1982): Vitiligo. It is important. Archives of Dermatology, 118 (1), 5-8.

Oberprieler, U., & Cillié, B. (2008): The bird guide of Southern Africa. Game Parks publishing.

Ochs, B. (1996): De gele zwartoog fischeri. BVA Magazine, 6 (5).

Oellacher, J. (1872): Die veränderungen des unbefruchteten Keimes des Hühneries in
Eileiter und bei Bebrütungsversuchen. Ztschr. Wiss. Zool, 22, 181 - 234.

Olsen, M. W., & Service, A. R. (1975): Avian Parthenogenesis. US Dept. of Agriculture, Agricultural Research Service, [Northeastern Region].

Onsman, I. (1998): Sex-chromosomes in Birds and Mammals; Differences and Similarities. Verkregen van www.mutavi.info.

Onsman, I. (2002): In Quest of Events Leading to Pigmentary Disorders in Several Mutants of the Budgerigar [*Melopsittacus undulatus*] a Light- and Electronmicroscopical Survey. Verkregen van www.mutavi.info.

Onsman, I. (2007): The Cinnamon Dilemma in the Peach Faced Lovebird [*Agapornis roseicollis*]. Verkregen van www.mutavi.info.

Ostrom, J. H. (1974): *Archaeopteryx* and the Origin of Flight. The Quarterly Review of Biology, 49 (1), 27. doi: 10.1086/407902.

Owen, R. (1849): On parthenogenesis: or the successive production of procreating individuals from a single ovum.

Parkes, K. C. (1960): Geographic and seasonal variation in the Black-collared lovebird, *Agapornis swindernianus*. Bulletin of the British Ornithologist's club, 80(1), 3 - 6.

Poole, H., & Olsen, M. (1957): The sex of parthenogenetic turkey embryos. Journal of Heredity, 48, 150 - 154.

Porter, S. (1942): 'Diet of Amazon parrots.'. Avic. Mag., 7(5), 60-61.

Prum, R. O., & Brush, A. H. (2002): The Evolutionary Origin And Diversification Of Feathers. The Quarterly Review of Biology, 77 (3), 261-295.

Prum, R. O., Torres, R. H., Williamson, S., & Dyck, J. (1998): Coherent light scattering by blue feather barbs. Nature, 396(6706), 28-29. doi:10.1038/23838

Prum, R., Torres, R., Kovach, C., Williamson, S., & Goodman, S. (1999):

Coherent light scattering by nanostructured collagen arrays in the caruncles of the malagasy asities (Eurylaimidae: aves): J Exp Biol, 202 (24), 3507-3522.
Prum, R. O., & Brush, A. H. (2002): The Evolutionary Origin And Diversification Of Feathers. The Quarterly Review of Biology, 77(3), 261-295.
Racheli, L. (1999): A Cladistic Analysis of the African Parrot Genus *Agapornis*. Papageienkunde, 3, 9 - 19.
Rees, J. L. (2000): The melanocortin 1 receptor (MC1R): more than just red hair. Pigment Cell Res, 13, 135.
Regal, P. J. (1975): The Evolutionary Origin of Feathers. The Quarterly Review of Biology, 50 (1), 35.
Reichenow, A. (1885): Neue Arten von Kamerun - *Agapornis swindernianus zenkeri*. Ornithologische Monatsberichte , 3, 112.
Reichenow, A. (1896): Zur Vogelfauna von Kamerun. Journal of Ornithology, 44 (1), 1-66. doi: 10.1007/BF02208263.
Ryan, W., & Bernier, P. (1968): Cytological evidence for a spontaneous chromosome translocation in the domestic fowl. Cellular and Molecular Life Sciences (CMLS), 24(6), 623-624. doi: 10.1007/BF02153814.
Sarvella, P. (1970): Sporadic occurrence of parthenogenesis in poultry. The Journal of Heredity, 61 (5), 215-9.
Sarvella, P. (1973): Adult parthenogenetic chickens. Nature, 243 (5403), 171.
Sarvella, P. (1974): Testes structure in normal and parthenogenetic turkeys. The Journal of Heredity, 65 (5), 287-90.
Sato, I., & Kosin, I. L. (1960): A cytological study of the parthenogenetically developing turkey germ discs and embryos. Cytologia (Tokyo):, 25, 256-266.
Schnitker, H. (2009): *Agapornis swindernianus*. maart 11
Schut, E., Hemmings, N., & Birkhead, T. R. (2008): Parthenogenesis in a passerine bird, the Zebra Finch *Taeniopygia guttata*. Ibis, 150(1), 197-199. doi: 10.1111/j.1474-919X.2007.00755.x.
Schweitzer, G. (1898): Emin Pasha, His Life and Work. A. Constable.
Sclater, W. (1903): The Fauna of South-Africa. In The birds of South-Africa, III (pp. 231 - 233):
Selby, P. J. (1836): The naturalis library. In Parrots Ornithology, X, pp. 138 - 140.
Sereno, P. C. (1999): The evolution of dinosaurs. Science, 284 (5423), 2137.
Seth-Smith, D. (1921): 'Stray Notes.' [Mutant of *A. roseicollis*.] Avic. Mag., 12(3), 106-108.
Sibley, C. G., & Monroe, B. L. (1990): Distribution and taxonomy of birds of the world. Yale University Press.
Smyth, J. R., Boissy, R. E., & Fite, K. V. (1981): The DAM chicken: a model for spontaneous postnatal cutaneous and ocular amelanosis. J Hered, 72 (3), 151-156.
Snow, D. (1976): *Agapornis swinderniana* in Ghana. Bulletin of the British Ornithologist's club, 96 (3), 106.
Stradi R.[1], Celentano G., Boles M., & Mercato F. (1997): Carotenoids in Bird Plumage: The Pattern in a Series of Red-Pigmented Carduelinae - The pattern in three *Loxia* species and in Pinicola enucleator. Comparative Biochemistry and Physiology – Part B: Biochemistry and Molecular Biology, 117, 85-91. doi: 10.1016/S0305-0491 (96) 00271-4.
Stradi, R. (1998): The colour of flight. Solei Gruppo Editoriale Informatico, Milan, Italy.
Stradi, R. (1999): Pigmenti e sistematica degli uccelli. Colori in volo: il plumaggio degli uccelli (L. Brambilla, G. Canali, E. Mannucci, R. Massa, N. Saino, R. Stradi, and G. Zerbi, eds.), 117-146.
Stradi, R., Pini, E., & Celentano, G. (2001): The chemical structure of the pigments in Ara macao plumage. Comparative Biochemistry and Physiology, Part B, 130(1), 57-63.
Strunden, H. (1986): Die Namen der Papageien und Sittiche. Bomlitz.
Thompson, J. J. (1987): Lovebirds at Lake Naivasha. Swara.
Turner, D. A. (1991): The genus *Agapornis* in East Africa. Scopus, 15, 52 - 54.
Van den Abeele, D. (2008): Is myostatin the catalyst behind the „standard" birds? Agapornis, 17 (5), 149-153.
van der Linden, H. (2000): Agaporniden. Venlo: Van Spijk.
van der Linden, H. (1989): Agaporniden houden en kweken.
Völker, O. (1936): Ueber den gelben Federfarbstoff des Wellensittichs (*Melopsittacus undulatus* (Shaw)): Journal of Ornithology, 84(4), 618-630. doi: 10. 1007/BF01951014.
Vriends, T. (1972): Agapornissen en dwergpapegaaien (p. 90):
Walker, A. D. (1977): Evolution of the pelvis in birds and dinosaurs. Problems in vertebrate evolution: essays presented to Professor TS Westoll, 319.
Warburton, L., & Perrin, M. R. (ohne Jahreszahl): Roosting requirements and behaviour of the Black-cheeked Lovebird *Agapornis nigrigenis* (Sclater 1906) in Zambia.
Warburton, L., & Perrin, M. (2005a): Foraging behaviour and feeding ecology of the Black-cheeked Lovebird *Agapornis nigrigenis* in Zambia. Ostrich - Journal of African Ornithology, 76, 118-129.
Warburton, L., & Perrin, M. (2005b): Nest-site characteristics and breeding biology of the Black-cheeked Lovebird *Agapornis nigrigenis* in Zambia. Ostrich - Journal of African Ornithology, 76, 162-174.
Warburton, L., & Perrin, M. (2006): The Black-cheeked Lovebird (*Agapornis nigrigenis*) as an agricultural pest in Zambia. Emu, 106 (4), 321-328 .
Warburton, L., & Perrin, M. (2006): Conservation implications of the drinking habits of Black-cheeked Lovebirds *Agapornis nigrigenis* in Zambia. Bird Conservation International, 15 (04), 383-396.
Witkop Jr, C. J. (ohne Jahreszahl): Albinism. Clinics in dermatology, 7(2), 80.
Xu, X., Zheng, X., & You, H. (2009): A new feather type in a nonavian theropod and the early evolution of feathers. Proceedings of the National Academy of Sciences, 106 (3), 832-834. doi: 10.1073/pnas.0810055106
Yu, M., Wu, P., Widelitz, R. B., & Chuong, C. (2002): The morphogenesis of feathers. Nature, 420 (6913), 308-312. doi:10.1038/nature01196
Yamamoto, H., Ito, K., Ishiguro, S. I., & Takeuchi, T. (1987): Gene controlling a differentiation step in the quail melanocyte. Developmental Genetics, 8 (3)
Zhang, F., Zhou, Z., Xu, X., Wang, X., & Sullivan, C. (2008): A bizarre Jurassic maniraptoran from China with elongate ribbon-like feathers. Nature, 455 (7216):1105-1108.
Zimmerman, D. A. (1967): *Agapornis fischeri*, Lybius guifsobalito, and *Stiphrornis erythrothorax* in Kenya. The Auk: 594-595.